Nachrichtentechnik
Herausgegeben von H. Marko
Band 23

Günter Söder

Modellierung, Simulation und Optimierung von Nachrichtensystemen

Mit 145 Abbildungen

Springer-Verlag

Berlin Heidelberg New York
London Paris Tokyo
Hong Kong Barcelona Budapest

Dr.-Ing. habil GÜNTER SÖDER
Technische Universität München
Lehrstuhl für Nachrichtentechnik
Institut für Informationstechnik
Arcisstr. 21
D-80333 München

Dr.-Ing. Dr.-Ing. E. h. HANS MARKO
Universitätsprofessor, Lehrstuhl für Nachrichtentechnik
Technische Universität München

Die Deutsche Bibliothek - CIP-Einheitsaufnahme
Söder, Günter:
Modellierung, Simulation und Optimierung von Nachrichtensystemen / Günter Söder. -
Berlin; Heidelberg; NewYork; London; Paris; Tokyo; Hong Kong; Barcelona; Budapest: Springer, 1993
   (Nachrichtentechnik; Bd. 23)
   ISBN-13: 978-3-540-57215-2   e-ISBN-13: 978-3-642-85022-6
   DOI: 10.1007/ 978-3-642-85022-6
NE: GT

Zur Buchreihe "Nachrichtentechnik"

Die Nachrichten– oder Informationstechnik befindet sich seit vielen Jahrzehnten in einer stetigen, oft sogar stürmisch verlaufenden Entwicklung, deren Ende derzeit noch nicht abzusehen ist. Durch die Fortschritte der Technologie wurden ebenso wie durch die Verbesserung der theoretischen Methoden nicht nur die vorhandenen Anwendungsgebiete ausgeweitet und den sich stets ändernden Erfordernissen angepaßt, sondern auch neue Anwendungsmöglichkeiten erschlossen.

Zu den klassischen Aufgaben der Nachrichtenübertragung und der Nachrichtenvermittlung sind die Nachrichtenverarbeitung und die Datenverarbeitung hinzugekommen, die viele Gebiete des beruflichen und des privaten Lebens in zunehmendem Maße verändern. Die Bedürfnisse und Möglichkeiten der Raumfahrt haben gleichermaßen neue Perspektiven eröffnet wie die verschiedenen Alternativen zur Realisierung breitbandiger Kommunikationsnetze. Neben die analoge ist die digitale Übertragungstechnik, neben die klassische Text–, Sprach– und Bildübertragung ist die Datenübertragung getreten. Die Nachrichtenvermittlung im Raumvielfach wurde durch die elektronische zeitmultiplexe Vermittlungstechnik ergänzt. Satelliten– und Glasfasertechnik haben zu neuen Übertragungsmedien geführt. Die Realisierung nachrichtentechnischer Schaltungen und Systeme ist durch den Einsatz von Elektronenrechnern sowie durch die digitale Schaltungstechnik erheblich verbessert und erweitert worden. Die rasche Entwicklung der Halbleitertechnologie zu immer höheren Integrationsgraden erschließt neue Anwendungsgebiete besonders auf dem Gebiet der digitalen Technik.

Die Buchreihe "Nachrichtentechnik" trägt dieser Entwicklung Rechnung und bietet eine zeitgemäße Darstellung der wichtigsten Themen der Nachrichtentechnik an. Die einzelnen Bände werden von Fachleuten geschrieben, die auf den jeweiligen Gebieten kompetent sind. Jedes Buch soll in ein bestimmtes Teilgebiet einführen, die wesentlichen heute bekannten Ergebnisse darstellen und eine Brücke zur weiterführenden Spezialliteratur bilden. Dadurch soll es sowohl dem Studierenden bei der Einarbeitung in das jeweilige Themengebiet als auch dem im Beruf stehenden Ingenieur oder Physiker als Grundlagen– oder Nachschlagewerk dienen. Die einzelnen Bände sind in sich abgeschlossen, ergänzen einander jedoch innerhalb der Reihe. Damit ist eine gewisse Überschneidung unvermeidlich, ja sogar erforderlich.

Die derzeitige Planung der Reihe umfaßt die mathematischen Grundlagen, die Baugruppen und Systeme sowie die Technik der Signalverarbeitung und der Signalübertragung; eine Ergänzung bildet die Meßtechnik (siehe Schema nächste Seite).

Herausgeber und Verlag danken für alle Anregungen zur weiteren Ausgestaltung dieser Reihe. Die freundliche Aufnahme in der Fachwelt hat die Richtigkeit der Idee, das sich schnell entwickelnde Gebiet der Nachrichtentechnik oder Informationstechnik in einer Buchreihe darzustellen, bestätigt.

München, im Sommer 1993   H. Marko

Bisher erschienene Bände der Buchreihe "Nachrichtentechnik"

Mathematische Grundlagen	Band 1:	Methoden der Systemtheorie (H. Marko)
	Band 4:	Numerische Berechnung linearer Netzwerke und Systeme (H. Kremer)
	Band 7:	Grundlagen digitaler Filter (R. Lücker)
	Band 10:	Grundlagen der Theorie statistischer Signale (E. Hänsler)
	Band 15:	Übungsbeispiele zur Systemtheorie (J. Hofer–Alfeis)
	Band 20:	Mehrdimensionale lineare Systeme (R. Bamler)
Baugruppen und Systeme	Band 3:	Bau hybrider Mikroschaltungen (E. Lüder, vergriffen)
	Band 8:	Nichtlineare Schaltungen (R. Elsner)
Signal- verarbeitung	Band 5:	Prozeßrechentechnik (G. Färber)
	Band 12:	Sprachverarbeitung und Sprachübertragung (K. Fellbaum)
	Band 13:	Digitale Bildsignalverarbeitung (F. Wahl)
	Band 19:	Wissensbasierte Bildverarbeitung (C.-E. Liedtke, M. Ender)
Signal- übertragung	Band 2:	Fernwirktechnik der Raumfahrt (P. Hartl)
	Band 6:	Nachrichtenübertragung über Satelliten (E. Herter, H. Rupp)
	Band 11:	Bildkommunikation (H. Schönfelder)
	Band 14:	Digitale Übertragungssysteme (G. Söder, K. Tröndle)
	Band 16:	Lichtwellenleiter für die optische Nachrichten- übertragung (S. Geckeler)
	Band 17:	Optische Übertragungssysteme mit Über- lagerungsempfang (J. Franz)
	Band 18:	Radartechnik (J. Detlefsen)
	Band 21:	Trelliscodierung (J. Huber)
	Band 22:	Modulationsverfahren (J. Johann)
	Band 23:	Modellierung, Simulation und Optimierung von Nachrichtensystemen (G. Söder)
Ergänzung	Band 9:	Nachrichten-Meßtechnik (E. Schuon, H. Wolf)

Vorwort

Das vorliegende Buch ist bis auf wenige Ergänzungen identisch mit der im Sommer 1992 bei der Fakultät für Elektrotechnik und Informationstechnik der Technischen Universität München eingereichten Habilitationsschrift [206]. Nach Abschluß des Habilitationsverfahrens bin ich der Anregung des Herausgebers dieser Buchreihe gerne nachgekommen, diese Schrift einem größeren Leserkreis zugänglich zu machen.

Dieses Buch soll einen Einblick in die heute gebräuchlichen Methoden zur Untersuchung und Dimensionierung von Nachrichtensystemen vermitteln. Bei der Erstellung des Manuskripts wurde insbesondere versucht, den Zusammenhang zwischen Theorie und den immer mehr an Bedeutung gewinnenden numerischen Verfahren aufzuzeigen.

Im ersten Teil sind die erforderlichen systemtheoretischen Grundlagen zusammengestellt, wobei die Rechnerimplementierung verschiedener Spektraltransformationen im Vordergrund steht. Anschließend werden die Amplitudenverteilung und die Spektraleigenschaften diskreter und kontinuierlicher Zufallssignale behandelt und an typischen Beispielen verdeutlicht. Neben der Berechnung wichtiger Beschreibungsgrößen wie Wahrscheinlichkeitsdichte, Autokorrelationsfunktion und Leistungsdichtespektrum sind stets auch geeignete Simulationsalgorithmen zur Generierung derartiger Zufallsgrößen angegeben. Im letzten Teil werden die abgeleiteten Simulationsmodelle auf verschiedene Verfahren der Digitalsignalübertragung angewandt, und es wird die Optimierung und der Vergleich solcher Systeme hinsichtlich minimaler Fehlerwahrscheinlichkeit diskutiert.

Wie aus dieser kurzen Zusammenfassung hervorgeht, behandelt dieses Buch die Themengebiete "Statistische Signaltheorie" und "Digitale Übertragungstechnik". In beiden Fachgebieten konnte ich seit Beginn meiner Diplomarbeit am Lehrstuhl für Nachrichtentechnik der Technischen Universität München im Jahre 1973 viele Erfahrungen sammeln, sowohl durch eine langjährige Lehrtätigkeit in Übungen und Praktika als auch durch eigene Forschungsarbeiten.

Bei der Manuskripterstellung konnte auf die Praktikumsanleitung [208] "Simulation von Nachrichtensystemen" zurückgegriffen werden. In diesem Praktikum wird die im Buch behandelte Thematik anhand von Graphikprogrammen verdeutlicht und den Studierenden die Umsetzung von Simulationsalgorithmen durch programmtechnische Übungen nähergebracht. Das im Rahmen von 12 Diplomarbeiten entwickelte Softwarepaket mit 18 Graphikprogrammen, das mit dem Deutsch–Österreichischen Hochschul-Software–Preis 1992 ausgezeichnet wurde, kann unter der im Impressum angegebenen Adresse bezogen werden. Hochschuleinrichtungen wird ein Rabatt von 90% gewährt.

Da die nahezu zwanzig Jahre am Lehrstuhl für Nachrichtentechnik für mich nicht nur sehr lehrreich waren, sondern auch – als Zeitmittelwert gesehen – in einer leistungsfördernden, angenehm freien Atmosphäre abliefen, möchte ich die Fertigstellung dieser Arbeit zum Anlaß nehmen, mich bei allen Beteiligten herzlich zu bedanken.

Mein besonderer Dank gilt Herrn em. Prof. Dr.–Ing. Dr.–Ing. E.h. Hans Marko für die Bereitstellung interessanter Fragestellungen und die stete Förderung meiner Forschungsarbeiten. Ich verbinde mit diesem Dank die besten Wünsche für seine am 1. 4. 1993 begonnene Emerituszeit. Herrn Prof. Dr.–Ing. Kurt Antreich danke ich für seine Bereitschaft, als Gutachter beim Habilitationsverfahren mitzuwirken.

Für die ausnehmend gute Zusammenarbeit im Rahmen der "Statistischen Methoden der Nachrichtentechnik" danke ich den Herren Professoren Dr.-Ing. Gert Hauske und Dr.-Ing. Karlheinz Tröndle. Vieles, was ich durch die langjährige Betreuung dieser Vorlesung und durch zahlreiche Diskussionen mit den Vorlesenden gelernt habe, ist in diese Arbeit unzitiert eingeflossen. Ebenso lassen sich viele meiner Forschungsarbeiten nicht von denen von Prof. Tröndle trennen, was unter anderem durch unser gemeinsames Buch "Digitale Übertragungssysteme" [207] dokumentiert wird (englische Übersetzung im Verlag Adtech House: "Optimization of Digital Transmission Systems").

Ausdrücklichen Dank sage ich auch allen derzeitigen und ehemaligen Kollegen für viele fachliche (und darüber hinausgehende) Diskussionen und ausgesprochen hilfreiche Anregungen. Namentlich erwähnen möchte ich Frau Daphne Popescu und die Herren Gottfried Binkert, Dr. Frowin Derr, Dr. Michael Dippold, Dr. Hans Dirndorfer, Manfred Drimmel, Dr. Klaus Eichin, Michael Fleischmann, Prof. Dr. Jürgen Franz, Norbert Hanik, Dr. Dieter Heidner, Prof. Dr. Johannes Huber, Dr. Erich Lutz, Dr. Martin Maier, Bernhard Molocher, Dr. Stephan Neidlinger, Dr. Udo Peters und Helmut Platzer, deren Arbeiten, Ideen und Kritik den Inhalt dieses Buches ebenso beeinflußt haben wie die didaktische Aufbereitung.

Besonders erwähnen möchte ich eine Gruppierung innerhalb der Hochschule, die meines Erachtens bei Danksagungen häufig zu kurz kommt, nämlich die Gruppe der Diplomand(inn)en und Werkstudent(inn)en. Viele der in dieser Schrift dargelegten Untersuchungen und Simulationen sind Ergebnisse von Diplomarbeiten. Auch wenn die Beiträge der einzelnen Diplomanden für dieses Buch unterschiedlich zu gewichten sind, möchte ich allen für die erfolgreiche, aber auch für die fast determiniert gute Zusammenarbeit danken, nämlich (in chronologischer Reihenfolge) den Damen und Herren Dr. Erich Lutz, Prof. Johannes Huber, Michael Wonczak, Richard Stoll, Franz Thaller, Anton Huber, Dr. Klaus–Peter Graf, Adolf Ballweg, Günter Fröschl, Rainer Gebhart, Dr. Christoph Rapp, Bernhard Knull, Christian Riedl, Dr. Daniel Cygan, Günther Banholzer, Manfred Kugler, Gerhard Schöps, Manfred Vorwalter, Michael Elbel, Norbert Hanik, Joachim Keßler, Thomas Kalverkamp, Martin Anderer, Uwe Heinrich, Marcus Kahl, Christoph Chruse, Ralf Sieg, Hans–Jürgen Winkler, Martin Gutmann, Martin Igmandy, Stefan Rasspe, Horst Sauer, Theodoros Papavassiliu, Dorothea Pabst, Oliver Siegel, Erik Hogl, Hans–Peter Christoph, Ludwig Fischer, Hans Held, Thomas Martin, Helmut Frohnwieser, Claus Jun, Christian Wagner, Ludwig Pirig, Christian Berndl, Herbert Götsch, Bertram Gunzelmann, Carsten Wagner, Johannes Wasiljeff, Veit Wiehler, Peter Eck, Jürgen Roider, Faouzi Mhamdi und Michael Beckmann.

Schließlich möchte ich nicht unerwähnt lassen, daß der von mir vorgegebene Termin der Fertigstellung der Habilitationsschrift nicht ohne das Zutun vieler hätte gehalten werden können. Insbesondere danke ich Frau Helga Mörtl und Frau Tatjana Warnick-Tahmaz für die äußerst zuverlässig und engagiert durchgeführten Schreibarbeiten.

Trotz allem wurde es am Ende mit dem Zeitplan immer enger und ich immer weniger ansprechbar. Mich trotz häufiger geistiger Abwesenheit geduldig ertragen zu haben, dafür danke ich meiner Frau Karin mit dem Versprechen, in den nächsten Wochen und Monaten mit einer Arbeit dieses Umfangs nicht zu beginnen.

München, im Juni 1993   Günter Söder

Inhaltsverzeichnis

1 Einführung

Mögliche Strategien bei der Planung und Dimensionierung von Nachrichtensystemen

Eine häufig an Ingenieure gestellte Aufgabe lautet: Die prinzipielle Wirkungsweise eines neu zu konzipierenden Systems sei bekannt; ein mehr oder weniger detailliertes Blockschaltbild liegt vor. Wie müssen nun die einzelnen Komponenten dimensioniert werden, damit das Gesamtsystem die gestellten Anforderungen möglichst gut erfüllt? Welche Randbedingungen sind die kritischsten? Welchen Einfluß besitzen realisierungsbedingte Unzulänglichkeiten wie z. B. Toleranzen und Laufzeiten?

Eine Möglichkeit – wenn auch die schlechteste – wäre es, das System auf *"gut Glück"* aufzubauen und anschließend die einzelnen Systemparameter so lange zu verändern, bis die spezifizierten Anforderungen *"irgendwie"* erfüllt werden. Diese Vorgehensweise versagt bei komplexeren Systemen mit Sicherheit.

Eine zweite Möglichkeit bietet die *analytische Lösung* der gestellten Aufgabe. Hierbei müssen zunächst die physikalischen Eigenschaften der Einzelkomponenten durch mathematisch handhabbare Modelle angenähert werden. Anschließend ist das entscheidende Optimierungskriterium exakt zu definieren und in Abhängigkeit aller freien Systemparameter analytisch darzustellen. Als letzter Schritt erfolgt dann die Optimierung dieser Systemparameter unter Verwendung bekannter mathematischer Verfahren wie z. B. der Differential– oder der Variationsrechnung.

Ist es für ein vorliegendes Problem überhaupt praktikabel, so sollte stets eine solche analytische Optimierung angestrebt werden. Dabei kann zur Unterstützung durchaus ein Rechner eingesetzt werden, beispielsweise für das Lösen umfangreicher Gleichungssysteme oder für die numerische Auswertung komplizierter Integrale.

Eine analytische Lösung des Optimierungsproblems versagt immer dann, wenn zwischen dem Optimierungskriterium und den Systemparametern kein einfacher Zusammenhang besteht. Ein solcher Fall ist beispielsweise dann gegeben, wenn statistische Größen eine dominante Rolle spielen und die elementaren Gesetze der Statistik nicht anwendbar sind. Dies gilt z. B. für alle nichtstationären Zufallsgrößen und viele Zufallsprozesse mit nichtgaußförmiger Amplitudenverteilung. In allen diesen Fällen ist die Simulation ein möglicher und häufig gewählter Weg zur Lösung der gestellten Aufgabe.

Bei der *Systemsimulation* werden alle Komponenten an einem Digitalrechner softwaremäßig nachgebildet, was wiederum eine geeignete Modellierung der technischen

Einrichtungen erfordert. Ein solches Modell muß dabei das zu simulierende Original nicht in allen Details wiedergeben, sollte jedoch dessen Funktionalität hinsichtlich der gestellten Aufgabe ausreichend genau beschreiben. Meist wird ein Kompromiß zwischen mathematischer Handhabbarkeit und dem Bezug zur Realität gefunden werden müssen.

Die Simulation ersetzt in immer größerem Umfang experimentelle Untersuchungen. Dazu werden neben konventionellen Rechnern in zunehmendem Maße Parallelrechner und Signalprozessoren herangezogen, die auch für eine Echtzeitsimulation geeignet sind. Einzelne Systemparameter lassen sich auf diese Weise sehr viel einfacher variieren als bei einem vergleichbaren Hardwaresimulator.

Durch Variation aller unabhängigen Parameter läßt sich die Systemsimulation zur *Systemoptimierung* erweitern. Es ist jedoch anzumerken, daß bei komplexen Systemen auch beim Einsatz leistungsfähiger Rechner unzumutbar große Rechenzeiten entstehen. Die Systemsimulation eignet sich deshalb weniger gut für die Optimierung, sondern eher zur Verifizierung des vorher auf andere Weise optimierten Systems, und sollte daher stets zwischen der Systemoptimierung und einer Realisierung stehen. Sie ist z. B. besonders gut für die Abschätzung von Toleranzeinflüssen und Laufzeitproblemen geeignet.

Zum Inhalt

Das vorliegende Buch soll einen Einblick in die heute gebräuchlichen Methoden zur Modellierung, Simulation und Optimierung von Nachrichtensystemen vermitteln. Die ausgewählten Anwendungsbeispiele stammen dabei meist aus dem Gebiet der digitalen Übertragungsverfahren, doch können die Ergebnisse ebenso auf andere Nachrichtensysteme, z. B. zur Signalverarbeitung oder zur Mustererkennung, übertragen werden.

In den folgenden drei Kapiteln werden zunächst die theoretischen Grundlagen für die Modellierung und Simulation geschaffen. Dabei sind neben den erforderlichen Definitionen und Interpretationen stets auch typische Anwendungsbeispiele angegeben. Außerdem finden Sie häufiger Algorithmen zur Implementierung des dargelegten Problems auf einem Digitalrechner, in einigen Fällen – wenn es das Verständnis des theoretischen Hintergrunds fördert – in Form von fertig formulierten Unterprogrammen und Funktionen. Die gewählte Programmiersprache FORTRAN entspricht zum einen der Generation des Autors, zum anderen eignet sie sich aufgrund nur geringer Restriktionen sehr gut für eine nachvollziehbare Programmierung. Im Anhang finden Sie zusätzlich die C–Versionen der beschriebenen Programme.

Das *Kapitel 2* behandelt wichtige Spektraltransformationen, die den Zusammenhang zwischen Zeit- und Frequenzbereich herstellen, und zwar sowohl bei deterministischen als auch bei stochastischen Signalen. Insbesondere kann damit der Einfluß von Filtern auf ein zu übertragendes Nachrichtensignal in einfacher Weise berücksichtigt werden. Im einzelnen werden in diesem Kapitel die Gesetzmäßigkeiten und Besonderheiten der Fourier-, Laplace- und Z–Transformation dargestellt. Im Mittelpunkt stehen die für eine Rechnerimplementierung geeignete zeitdiskrete Darstellung dieser Verfahren. Weiterhin werden Möglichkeiten aufgezeigt, die auf Zeitdiskretisierung und Zeitbegrenzung zurückzuführenden Fehler zu vermindern. Hierzu gehören z. B. Fensterfunktionen.

Das *Kapitel 3* beschäftigt sich mit Amplitudenverteilungen von Zufallssignalen. Nach den Definitionen wichtiger Beschreibungsgrößen (wie Momente, Wahrscheinlichkeitsdichte- und Verteilungsfunktion) wird insbesondere auf deren numerische Ermittlung eingegangen. Anschließend werden einige spezielle (sowohl kontinuierliche als auch diskrete) Verteilungen behandelt, wobei die Beschreibung der entsprechenden Generierungsalgorithmen stets einen breiteren Raum einnimmt. Als Beispiele der kontinuierlichen Zufallsgrößen werden unter anderem Gleich-, Gauß-, Exponential-, Laplace-, Rice- und Rayleighverteilung angeführt. Spezielle diskrete Zufallsgrößen werden in Form der Binomial- und der Poissonverteilung behandelt. Am Ende dieses Kapitels folgt eine zusammenfassende Darstellung und Interpretation zweidimensionaler Zufallsgrößen.

Das *Kapitel 4* behandelt die Spektraleigenschaften von Zufallsgrößen, d. h. die inneren statistischen Bindungen eines durch einen Zufallsprozeß beschreibbaren statistischen Ereignisses. Nach der Definition der wichtigsten Beschreibungsgrößen wie Autokorrelationsfunktion und Leistungsdichtespektrum werden einige Aspekte der empirischen Ermittlung dieser Größen angesprochen. Anschließend werden die Spektraleigenschaften diskreter Zufallsgrößen anhand zahlreicher Beispiele (z. B. redundanzfreie bzw. redundant-codierte Digitalsignale, PN-Folgen, Markovprozesse, diskrete Kanalmodelle) eingehend beschrieben. Es folgt ein Abschnitt über die Filterung stochastischer Signale, was die Grundlage für die Erzeugung von Zufallsgrößen mit zeitlichen Bindungen ist. Abschließend werden mit dem Matched-Filter und dem Wiener-Kolmogoroff-Filter zwei Frequenzgänge betrachtet, die für spezifische Aufgaben optimal sind.

Im *Kapitel 5* werden die in den vorangegangenen Kapiteln gewonnenen Ergebnisse bei der Simulation und Optimierung digitaler Übertragungssysteme angewandt. Dazu ist es zunächst notwendig, Realisierungsformen und Leistungskenngrößen solcher Systeme darzustellen. Ausgehend von dem einfachsten System mit binärer Basisbandübertragung und Schwellenwertentscheidung werden u. a. Systemkomponenten, Nyquistbedingungen, Augendiagramm und Fehlerwahrscheinlichkeit beschrieben. Weiterhin wird auf die Besonderheiten der codierten und mehrstufigen Übertragungsverfahren eingegangen, und es folgen einige Gedanken zur analytischen und numerischen Systemoptimierung. Im Anschluß daran werden kompliziertere, aber dementsprechend auch bessere Empfängerstrategien (Quantisierte Rückkopplung, Korrelations- und Viterbi-Empfänger) vorgestellt und deren Arbeitsweise an mehreren Beispielen erklärt. Den Abschluß dieses Kapitels bilden trägermodulierte Digitalsysteme (ASK, FSK, PSK).

Gemeinsamkeiten und Unterschiede bei der Untersuchung verschiedenartiger Systeme

Viele der ausgewählten Anwendungsbeispiele stammen aus dem Gebiet der digitalen Übertragungsverfahren. Wichtig für die Verallgemeinerung der vorgestellten Lösungsvorschläge auf andere Bereiche ist, die Gemeinsamkeiten ebenso wie die grundlegenden Unterschiede zwischen dem spezifischen Problem und den hier betrachteten digitalen Übertragungssystemen zu erkennen und in geeigneter Weise zu berücksichtigen.

Zur Verdeutlichung dieser Aussage ein kleines Beispiel: Die Qualität eines jeden Nachrichtensystems wird durch das unvermeidbare Rauschen mehr oder minder stark beeinträchtigt. Dies gilt unabhängig davon, welche Aufgaben das Nachrichtensystem zu erfüllen hat, und ob es sich dabei um ein Analog– oder ein Digitalsystem handelt. Deshalb ist die geeignete Beschreibung der Rauschsignale, z. B. durch die Wahrscheinlichkeitsdichtefunktion und das Leistungsdichtespektrum, eine der oben angesprochenen *"Gemeinsamkeiten"* bei der Untersuchung verschiedener Nachrichtensysteme. Dagegen sind die Auswirkungen eines solchen Rauschsignals in starkem Maße anwendungsspezifisch. Bei einem Analogsystem ist z. B. das Rauschen stets mit einem Qualitätsverlust verbunden, während es sich bei einem Digitalsystem erst dann störend bemerkbar macht, wenn ein gewisser Grenzwert überschritten wird. Dies ist in der obigen Aussage mit den *"grundlegenden Unterschieden zwischen den einzelnen Systemen"* gemeint.

Daneben gibt es eine Vielzahl weiterer Randbedingungen, die die sinnvolle Vorgehensweise bei Systemuntersuchungen beeinflussen. Ein herkömmliches Übertragungssystem, sei es nun analog oder digital, kann stets als "eindimensional" betrachtet werden. Das heißt, daß hier die Signale nur Funktionen einer Variablen, nämlich der Zeit, sind. Ebenso gibt es beim Übergang in den Spektralbereich auch nur eine Frequenz.

Bei einem *Quadraturmodulationsverfahren* bestehen die einzelnen Signale jeweils aus zwei Komponenten, nämlich der Inphase– und der Quadraturkomponente. Beide Komponenten sind aber auch nur Funktionen einer Variablen, nämlich der Zeit, so daß auch hier eindimensionale Transformationen zum Übergang in den Spektralbereich ausreichen. Quadraturmodulationsverfahren lassen sich demnach in gleicher Weise wie die herkömmlichen Übertragungsverfahren behandeln, nur ist der Aufwand doppelt so groß.

Ein anderer Sachverhalt ist in der *Bildverarbeitung* gegeben. Bereits beim einfachsten Beispiel eines ruhenden Schwarzweißbildes ist das Signal – in diesem Fall der Grauwert – eine Funktion zweier Variabler, nämlich der Ortskoordinaten x und y. Beim Übergang in den Spektralbereich muß in diesem Fall eine zweidimensionale Transformation benutzt werden, und es gibt dann auch die beiden voneinander unabhängigen Frequenzvariablen f_x und f_y. Es ist klar, daß hier sehr viel mehr Unterschiede als Gemeinsamkeiten zu den eindimensionalen Übertragungsverfahren zu finden sind. Andererseits lassen sich aber auch die meisten Gesetzmäßigkeiten der zweidimensionalen Transformation aus denen der eindimensionalen Transformation herleiten.

Diese Ausführungen lassen sich beliebig fortsetzen. Bei der Untersuchung von ruhenden Farbbildern müssen drei ("*Rot*", "*Grün*", "*Blau*") zweidimensionale (x, y) Signale verarbeitet werden. Bei der *Bewegtbildverarbeitung* sind die Signale dreidimensional, d. h. abhängig von der Zeit t und den beiden Ortsvariablen x und y. Entsprechend führt die dreidimensionale Fouriertransformation hier auch zu den 3 Frequenzen f_t, f_x und f_y. In der *Sensorik* schließlich ist die Anzahl der Dimensionen noch sehr viel größer (ca. 20 bis 40), und dementsprechend umfangreicher wird auch die Untersuchung solcher Systeme.

Trotz allem gelten viele der nachfolgend aufgeführten Gesetzmäßigkeiten und Eigenschaften für sehr viele Nachrichtensysteme, so daß sich ein Blick in die nachfolgenden Kapitel durchaus lohnen kann. Es bleibt dem Leser vorbehalten, die hier genannten Fakten auf seine spezifischen Probleme zu erweitern.

2 Spektraltransformationen

2.1 Fouriertransformation

Inhalt: Bei der Simulation von Nachrichtensystemen werden häufig Spektraltransformationen zum Übergang vom Zeit– in den Frequenzbereich und umgekehrt angewandt. Zum einen ist damit eine einfache Beschreibung des Einflusses von Filtern auf deterministische Signale möglich. Andererseits können diese Verfahren auch zur Bestimmung der Spektraleigenschaften stochastischer Größen eingesetzt werden. Dieser Abschnitt bringt eine zusammenfassende Darstellung der Fouriertransformation, wobei die numerische Auswertung im Mittelpunkt steht. Ausgehend von der Fourierreihe und dem Fourierintegral werden die Diskrete Fouriertransformation und der unter dem Begriff "Fast–Fouriertransformation" bekannte schnellere Algorithmus behandelt. Abschließend wird auf Besonderheiten der mehrdimensionalen Fouriertransformation eingegangen.

2.1.1 Fourierreihe und Fourierintegral

Jedes periodische Signal $x_P(t)$ läßt sich mit Hilfe der *Fourierreihenentwicklung* als eine Summe komplexer Drehzeiger darstellen:

$$x_P(t) = \sum_{\mu=-\infty}^{+\infty} C_\mu \cdot \exp(j \cdot 2\pi \cdot \mu \cdot \frac{t}{T_P}), \tag{2.1}$$

wobei T_P die Periodendauer von $x_P(t)$ angibt. Die *komplexen Fourierkoeffizienten* können aus einer Periode des Signals $x_P(t)$ bestimmt werden:

$$C_\mu = \frac{1}{T_P} \cdot \int_{-T_P/2}^{T_P/2} x_P(t) \cdot \exp(-j \cdot 2\pi \cdot \mu \cdot \frac{t}{T_P}) \, dt . \tag{2.2}$$

Real– und Imaginärteil des Koeffizienten C_μ erhält man, indem in (2.2) anstelle der komplexen Exponentialfunktion die Cosinus– bzw. Sinusfunktion mit reellem Argument $(-2\pi \cdot \mu \cdot t/T_P)$ eingesetzt wird. Ist die Zeitfunktion $x_P(t)$ reell, was in diesem Abschnitt stets vorausgesetzt wird, so ist der Realteil gerade und der Imaginärteil ungerade, d. h. es ist

$\mathrm{Re}[C_{-\mu}] = \mathrm{Re}[C_{\mu}]$ und $\mathrm{Im}[C_{-\mu}] = -\mathrm{Im}[C_{\mu}]$. Der Koeffizient C_0 ist bei einer reellen Zeitfunktion ebenfalls reell und gibt den *Gleichanteil* des periodischen Signals $x_\mathrm{P}(t)$ an:

$$C_0 = \overline{x_\mathrm{P}(t)} = \frac{1}{T_\mathrm{P}} \cdot \int\limits_{-T_\mathrm{P}/2}^{T_\mathrm{P}/2} x_\mathrm{P}(t)\,\mathrm{d}t \ . \tag{2.3}$$

Aus (2.1) folgt direkt, daß ein periodisches Zeitsignal nur diskrete Frequenzanteile enthalten kann, wobei das Frequenzraster durch $\mu \cdot f_\mathrm{A}$ festliegt (mit $\mu = 0, \pm1, \pm2, ...$). Vergrößert sich die Periodendauer T_P, so wird der Abstand $f_\mathrm{A} = 1/T_\mathrm{P}$ zwischen benachbarten Spektrallinien kleiner. Im Grenzfall eines aperiodischen Signals $x(t)$ mit $T_\mathrm{P} \to \infty$ ergibt sich ein kontinuierliches Spektrum ($f_\mathrm{A} \to 0$).

Mit der Verdichtung der Spektrallinien aufgrund der Vergrößerung der Periodendauer geht im allgemeinen eine Verkleinerung der Fourierkoeffizienten C_μ einher. Betrachtet man ein Signal $x(t)$ endlicher Dauer, beispielsweise einen kurzzeitigen Impuls, so erhält man aus (2.2) im Grenzfall $T_\mathrm{P} \to \infty$ für alle μ: $C_\mu = 0$.

Dagegen strebt das Produkt $C_\mu \cdot T_\mathrm{P}$ einem endlichen Grenzwert $X(\mu \cdot f_\mathrm{A})$ zu, der die spektrale Amplitudenbelegung im Frequenzbereich von $(\mu - \frac{1}{2}) \cdot f_\mathrm{A}$ bis $(\mu + \frac{1}{2}) \cdot f_\mathrm{A}$ angibt. Aus (2.2) folgt mit $T_\mathrm{P} = 1/f_\mathrm{A} \to \infty$ und $x_\mathrm{P}(t) \to x(t)$ für ganzzahlige Werte von μ:

$$X(\mu \cdot f_\mathrm{A}) = \frac{C_\mu}{f_\mathrm{A}} = \int\limits_{-\infty}^{+\infty} x(t) \cdot \exp(-\mathrm{j} \cdot 2\pi \cdot \mu \cdot f_\mathrm{A} \cdot t)\,\mathrm{d}t \ . \tag{2.4}$$

Ersetzt man $\mu \cdot f_\mathrm{A}$ durch die reellwertige Frequenzvariable f (wobei f auch negative Werte annehmen kann), so erhält man das *erste Fourier'sche Integral*

$$X(f) = \int\limits_{-\infty}^{+\infty} x(t) \cdot \exp(-\mathrm{j} \cdot 2\pi \cdot f \cdot t)\,\mathrm{d}t \ . \tag{2.5}$$

Diese Gleichung gilt unter der Voraussetzung, daß die Zeitfunktion $x(t)$ für $t \to -\infty$ und $t \to +\infty$ jeweils gegen 0 strebt und absolut integrierbar ist. In diesem Fall nennt man $X(f)$ die *Fouriertransformierte* von $x(t)$ und kennzeichnet den Funktionalzusammenhang durch $X(f) \bullet\!\!-\!\!\circ\, x(t)$. Beschreibt die Funktion $x(t)$ ein Signal, so wird $X(f)$ auch als die *spektrale Amplitudendichte* oder kurz als das *Spektrum* bezeichnet.

Zum *zweiten Fourier'schen Integral* gelangt man von Gleichung (2.1) durch die Grenzübergänge $f_\mathrm{A} = 1/T_\mathrm{P} \to \mathrm{d}f$, $C_\mu/f_\mathrm{A} \to X(\mu \cdot f_\mathrm{A})$ und $\mu \cdot f_\mathrm{A} \to f$:

$$x(t) = \int\limits_{-\infty}^{+\infty} X(f) \cdot \exp(\mathrm{j} \cdot 2\pi \cdot t \cdot f)\,\mathrm{d}f \ . \tag{2.6}$$

Die beiden Fourierintegrale (2.5) und (2.6) bilden die Grundlage vieler Systemuntersuchungen. Aus ihnen lassen sich die bekannten Gesetzmäßigkeiten der Systemtheorie – wie Additionssatz, Verschiebungssatz und Reziprozitätsgesetz – ableiten, worauf in dieser Arbeit jedoch nicht näher eingegangen werden soll. Hier wird auf die zahlreiche Fachliteratur verwiesen, z. B. [2], [35], [80], [102], [127], [149], [166], [168], [197], [198], [231].

Beispiel 2.1: Ein um den Zeitpunkt $t = 0$ symmetrischer Rechteckimpuls $x(t)$ der Dauer T und der Höhe $\hat{x}$ besitzt gemäß (2.5) das reelle Amplitudenspektrum

$$X(f) = \hat{x} \cdot \int_{-T/2}^{+T/2} \exp(-j \cdot 2\pi \cdot f \cdot t)\, dt = \hat{x} \cdot T \cdot \text{si}(\pi \cdot f \cdot T) , \tag{2.7}$$

wobei $\text{si}(x) = \sin(x)/x$ ist. Liegt der Rechteckimpuls unsymmetrisch zwischen 0 und T, so ist $X(f)$ komplexwertig und weist zusätzlich den Phasenfaktor $\exp(-j \cdot \pi \cdot f \cdot T)$ auf.

Mit Hilfe der Distributionentheorie kann man die Fouriertransformation auch auf stationäre und (weniger als exponentiell) anklingende Zeitfunktionen erweitern. Man erreicht die Konvergenz der beiden Fourierintegrale (2.5) und (2.6) durch die Einführung von Konvergenzfaktoren, die nachträglich durch Grenzübergänge wieder eliminiert werden. Die allgemeinen Gleichungen der Fouriertransformation lauten somit (vgl. [149]):

$$X(f) = \lim_{\varepsilon \to 0} \int_{-\infty}^{+\infty} x(t) \cdot \exp(-\varepsilon \cdot |t|) \cdot \exp(-j \cdot 2\pi \cdot f \cdot t)\, dt , \tag{2.8}$$

$$x(t) = \lim_{\varepsilon \to 0} \int_{-\infty}^{+\infty} X(f) \cdot \exp(-\varepsilon \cdot |f|) \cdot \exp(j \cdot 2\pi \cdot t \cdot f)\, df . \tag{2.9}$$

Durch die Verwendung dieser beiden Gleichungen anstelle von (2.5) und (2.6) können periodische und aperiodische Signale sowie Signale mit Gleichanteil in einheitlicher Form behandelt werden. Wendet man beispielsweise (2.8) auf die konstante Zeitfunktion $x(t) = x_0$ an und führt die analytische Integration für positive und negative Zeiten getrennt durch, so erhält man nach einigen Umformungen für das Amplitudenspektrum:

$$X(f) = x_0 \cdot \lim_{\varepsilon \to 0} \frac{2 \cdot \varepsilon}{\varepsilon^2 + 4 \cdot \pi^2 \cdot f^2} = x_0 \cdot \delta(f) . \tag{2.10}$$

Die so definierte Funktion $\delta(f)$ wird im folgenden als *Diracfunktion* bzw. *Diracimpuls* bezeichnet. Sie ist unendlich schmal (d. h. es ist $\delta(f) = 0$ für $f \neq 0$) und bei der Frequenz $f = 0$ unendlich hoch. Die Impulsfläche ergibt einen endlichen Wert:

$$\int_{-\infty}^{+\infty} \delta(f)\, df = 1 . \tag{2.11}$$

Aus dieser Eigenschaft folgt, daß $\delta(f)$ die Einheit $1/\text{Hz} = \text{s}$ besitzt.

Abschließend ist noch anzumerken, daß die Fouriertransformation nach den Gleichungen (2.8) und (2.9) auch den Zusammenhang zwischen der Autokorrelationsfunktion (vgl. Abschnitt 4.1.1) und dem Leistungsdichtespektrum (vgl. Abschnitt 4.1.2) sowie zwischen der Wahrscheinlichkeitsdichtefunktion und der charakteristischen Funktion von Zufallsgrößen (vgl. Abschnitt 3.1.4) angibt. Für die Wahrscheinlichkeitsrechnung bietet sich durch die Einführung der Diracfunktion der Vorteil, daß diskrete und kontinuierliche Zufallsgrößen einheitlich behandelt werden können.

2.1.2   Diskrete Fouriertransformation

Die im letzten Abschnitt beschriebene Fouriertransformation weist aufgrund der unbegrenzten Ausdehnung des Integrationsintervalls eine unendlich hohe Selektivität auf und ist deshalb ein ideales theoretisches Hilfsmittel der Spektralanalyse. Sollen die Spektralanteile einer Zeitfunktion allerdings numerisch ermittelt werden, so sind die in Abschnitt 2.1.1 angegebenen Transformationsgleichungen aus zwei Gründen ungeeignet:

- Obige Gleichungen gelten für zeitkontinuierliche Signale. Mit Digitalrechnern oder Signalprozessoren können jedoch nur zeitdiskrete Signale verarbeitet werden.

- Für eine numerische Auswertung der Fourierintegrale (2.5) bzw. (2.6) ist es notwendig, das Integrationsintervall auf endliche Werte zu beschränken.

Ein kontinuierliches Signal muß deshalb vor der numerischen Bestimmung seiner Spektraleigenschaften zwei Prozesse durchlaufen, den der *Abtastung* zur Diskretisierung und den der *Fensterung* zur Begrenzung des Integrationsintervalls. Ausgehend von einer aperiodischen, kontinuierlichen Zeitfunktion $x(t)$ entsprechend Bild 2.1(a) und dem dazugehörigen Spektrum $X(f) \bullet\!\!-\!\!\circ x(t)$ wird im folgenden eine speziell für die Rechnerverarbeitung geeignete zeit- und frequenzdiskrete Beschreibung entwickelt (siehe z. B. auch [127]). Zu den einzelnen Schritten der Herleitung korrespondieren die Bilder 2.1(b) bis 2.1(e), wobei jeweils links der Zeit- und rechts der Frequenzbereich dargestellt ist.

Die Abtastung des Zeitsignals $x(t)$ kann durch die Multiplikation mit einem Diracpuls beschrieben werden. Es ergibt sich das im Abstand T_A abgetastete Zeitsignal

$$A\{x(t)\} = x(t) \cdot \sum_{v=-\infty}^{+\infty} T_A \cdot \delta(t - v \cdot T_A) = \sum_{v=-\infty}^{+\infty} x(v \cdot T_A) \cdot T_A \cdot \delta(t - v \cdot T_A) \; . \quad (2.12)$$

Unter einem *Diracpuls* versteht man hierbei eine unendliche Folge von äquidistanten Diracimpulsen mit gleichen Impulsgewichten. Der Diracimpuls $\delta(t)$ im Zeitbereich ist analog zu (2.10) definiert und hat die Einheit 1/s. Die Impulsgewichte seien jeweils gleich T_A, so daß das abgetastete Signal $A\{x(t)\}$ die gleiche Einheit wie $x(t)$ besitzt.

Entwickelt man den Diracpuls in eine Fourierreihe und transformiert diese mit dem Verschiebungssatz in den Frequenzbereich, so ergibt sich folgende Korrespondenz:

$$\sum_{v=-\infty}^{+\infty} T_A \cdot \delta(t - v \cdot T_A) \; \circ\!\!-\!\!\bullet \; \sum_{\mu=-\infty}^{+\infty} \delta(f - \mu \cdot f_P) \; . \quad\quad (2.13)$$

Hierbei gibt f_P den Abstand der Diracfunktionen im Frequenzbereich an:

$$f_P = \frac{1}{T_A} \; . \quad\quad (2.14)$$

Das abgetastete Signal $A\{x(t)\}$ kann mit (2.13) in den Frequenzbereich transformiert werden. Der Multiplikation des Diracpulses mit $x(t)$ entspricht im Frequenzbereich die Faltung mit $X(f)$. Es ergibt sich somit das periodifizierte Spektrum $P\{X(f)\}$:

$$A\{x(t)\} \; \circ\!\!-\!\!\bullet \; P\{X(f)\} = X(f) * \sum_{\mu=-\infty}^{+\infty} \delta(f - \mu \cdot f_P) = \sum_{\mu=-\infty}^{+\infty} X(f - \mu \cdot f_P) \; . \quad (2.15)$$

Die Frequenzperiode der Funktion $P\{X(f)\}$ beträgt ebenfalls f_P.

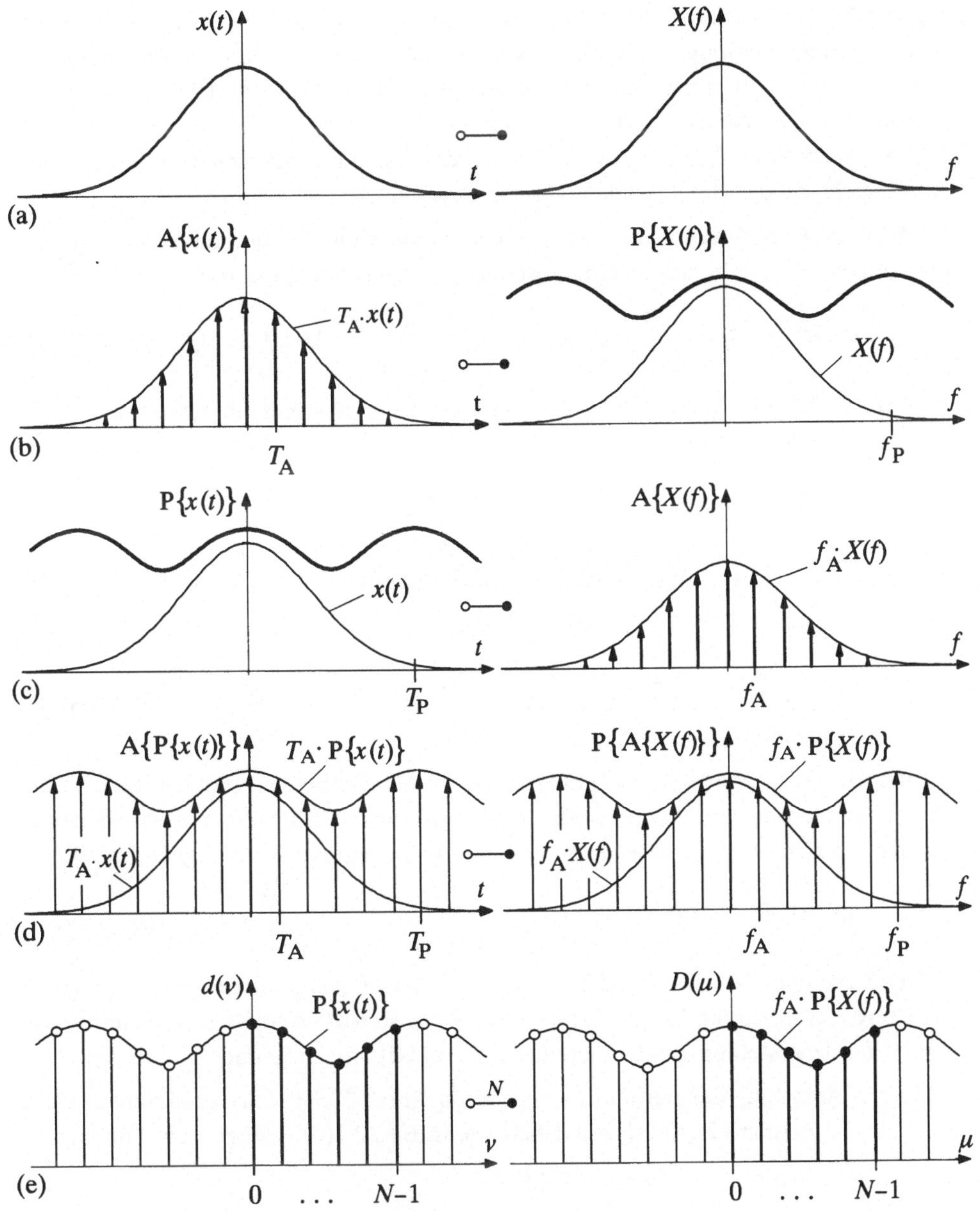

Bild 2.1: Übergang von der kontinuierlichen Fouriertransformation $x(t) \circ\!\!-\!\!\bullet X(f)$ zur diskreten Fouriertransformation $\langle d(\nu)\rangle \circ\!\!-\!\!\!^{N}\!\!\bullet \langle D(\mu)\rangle$ (siehe [127]):

(a) kontinuierliche aperiodische Zeitfunktion bzw. Spektrum,

(b) Abtastung im Zeitbereich, Periodifizierung im Frequenzbereich,

(c) Periodifizierung im Zeitbereich, Abtastung im Frequenzbereich,

(d) finites Signal,

(e) Abtastwerte der Diskreten Fouriertransformation.

Der durch (2.15) beschriebene Zusammenhang ist in Bild 2.1(b) veranschaulicht. Hierbei ist die Frequenzperiode f_P aus Darstellungsgründen bewußt klein gewählt, so daß die Überlappung der zu summierenden Spektren deutlich zu erkennen ist. In der Praxis sollte f_P aufgrund des Abtasttheorems mindestens doppelt so groß sein wie die größte im kontinuierlichen Signal $x(t)$ enthaltene Frequenz. Ansonsten muß mit sogenannten Aliasingfehlern gerechnet werden (vgl. Abschnitt 2.1.3).

Auch die Abtastung von $X(f)$ läßt sich durch eine Multiplikation mit einem Diracpuls beschreiben. Es ergibt sich das im Abstand f_A abgetastete Spektrum

$$\mathrm{A}\{X(f)\} = X(f) \cdot \sum_{\mu=-\infty}^{+\infty} f_\mathrm{A} \cdot \delta(f-\mu \cdot f_\mathrm{A}) = \sum_{\mu=-\infty}^{+\infty} f_\mathrm{A} \cdot X(\mu \cdot f_\mathrm{A}) \cdot \delta(f-\mu \cdot f_\mathrm{A}) . \qquad (2.16)$$

Analog zu (2.13) kann der in (2.16) verwendete Diracpuls (mit Impulsgewichten f_A) in den Zeitbereich transformiert werden:

$$\sum_{\mu=-\infty}^{+\infty} f_\mathrm{A} \cdot \delta(f-\mu \cdot f_\mathrm{A}) \;\bullet\!\!-\!\!\circ\; \sum_{\nu=-\infty}^{+\infty} \delta(t-\nu \cdot T_\mathrm{P}) , \qquad (2.17)$$

wobei T_P der Kehrwert des Frequenzabtastabstandes ist:

$$T_\mathrm{P} = \frac{1}{f_\mathrm{A}} . \qquad (2.18)$$

Gleichzeitig gibt T_P in Anlehnung an die Nomenklatur von Abschnitt 2.1.1 die Periodendauer des periodifizierten Zeitsignals $\mathrm{P}\{x(t)\}$ an.

Mit der Korrespondenz (2.17) kann (2.16) in den Zeitbereich transformiert werden. Die Multiplikation mit $X(f)$ im Frequenzbereich entspricht im Zeitbereich wieder der Faltung mit $x(t)$. Man erhält also das im Abstand T_P periodifizierte Signal $\mathrm{P}\{x(t)\}$:

$$\mathrm{A}\{X(f)\} \;\bullet\!\!-\!\!\circ\; \mathrm{P}\{x(t)\} = x(t) * \sum_{\nu=-\infty}^{+\infty} \delta(f-\nu \cdot T_\mathrm{P}) = \sum_{\nu=-\infty}^{+\infty} x(t-\nu \cdot T_\mathrm{P}) . \qquad (2.19)$$

Dieser Zusammenhang ist in Bild 2.1(c) veranschaulicht. Aufgrund der groben Frequenzrasterung ergibt sich für T_P ein relativ kleiner Wert, so daß sich das periodifizierte Signal $\mathrm{P}\{x(t)\}$ im dargestellten Zeitbereich deutlich von $x(t)$ unterscheidet.

Durch Abtastung der periodifizierten Zeitfunktion $\mathrm{P}\{x(t)\}$ mit äquidistanten Diracimpulsen im Abstand $T_\mathrm{A} = 1/f_\mathrm{P}$ entsteht – wie in Bild 2.1(d) gezeigt – die Funktion

$$\mathrm{A}\{\mathrm{P}\{x(t)\}\} \;\circ\!\!-\!\!\bullet\; \mathrm{P}\{\mathrm{A}\{X(f)\}\} . \qquad (2.20)$$

Die Diracimpulse der periodischen Fortsetzung $\mathrm{P}\{\mathrm{A}\{X(f)\}\}$ der Spektralfunktion fallen allerdings nur dann in das gleiche Frequenzraster wie diejenigen von $\mathrm{A}\{X(f)\}$, wenn die Frequenzperiode f_P ein ganzzahliges Vielfaches des Frequenzabtastabstandes f_A ist:

$$f_\mathrm{P} = N \cdot f_\mathrm{A} , \qquad \text{wobei } N: \text{natürliche Zahl.} \qquad (2.21)$$

Unter Berücksichtigung von (2.14) kann hierfür auch geschrieben werden:

$$N \cdot f_\mathrm{A} \cdot T_\mathrm{A} = 1 . \qquad (2.22)$$

Für die natürliche Zahl N wird in der Praxis meist eine Zweierpotenz verwendet.

Mit der Bedingung (2.22) ist die Reihenfolge von Periodifizierung und Abtastung vertauschbar. In diesem Fall besteht zwischen der Zeit– und der Spektralfunktion folgender Zusammenhang:

$$A\{P\{x(t)\}\} \;=\; P\{A\{x(t)\}\}$$

$$P\{A\{X(f)\}\} \;=\; A\{P\{X(f)\}\} \;. \tag{2.23}$$

Die Zeitfunktion $A\{P\{x(t)\}\}$ besitzt hierbei die Periode T_P, während f_P die Periodendauer der Frequenzfunktion $P\{A\{X(f)\}\}$ kennzeichnet. Zur Beschreibung des diskretisierten Zeit– und Frequenzverlaufs reichen hierbei jeweils N komplexe Zahlenwerte in Form von Diracimpulsgewichten aus. Solche diskreten und periodischen Vorgänge bezeichnet man als *finite Signale* (vgl. Bild 2.1(d)).

Aus den beiden Fourierintegralen (2.5) und (2.6) entstehen mit den Vereinbarungen $dt \rightarrow T_A$, $df \rightarrow f_A$, $t \rightarrow v \cdot T_A$, $f \rightarrow \mu \cdot f_A$ sowie $T_A \cdot f_A = 1/N$ die Beziehungen

$$P\{X(\mu \cdot f_A)\} \;=\; T_A \cdot \sum_{v=0}^{N-1} P\{x(v \cdot T_A)\} \cdot \exp(-j \cdot 2\pi \cdot v \cdot \mu/N) \;, \tag{2.24}$$

$$P\{x(v \cdot T_A)\} \;=\; f_A \cdot \sum_{\mu=0}^{N-1} P\{X(\mu \cdot f_A)\} \cdot \exp(j \cdot 2\pi \cdot v \cdot \mu/N) \;. \tag{2.25}$$

Die Gleichung (2.24) stellt die allgemeine Form der *Diskreten Fouriertransformation (DFT)* dar. Entsprechend bezeichnet man (2.25) als die *inverse DFT (IDFT)*. Aus Gründen einer einfacheren Schreibweise werden nun folgende Substitutionen vorgenommen:

$$d(v) \;=\; P\{x(t)\} \Big|_{t=v \cdot T_A} \;, \tag{2.26}$$

$$D(\mu) = f_A \cdot P\{X(f)\} \Big|_{f=\mu \cdot f_A} \;, \tag{2.27}$$

$$W_N = \exp(-j \cdot 2\pi/N) \;. \tag{2.28}$$

Damit ergibt sich aus (2.24) und (2.25) mit der Bedingung (2.22):

$$\text{DFT}: \qquad D(\mu) = \frac{1}{N} \cdot \sum_{v=0}^{N-1} d(v) \cdot W_N^{v \cdot \mu} \;, \tag{2.29}$$

$$\text{IDFT}: \qquad d(v) = \sum_{\mu=0}^{N-1} D(\mu) \cdot W_N^{-v \cdot \mu} \;. \tag{2.30}$$

Die Koeffizienten $d(v)$ und $D(\mu)$ der Diskreten Fouriertransformation sind im allgemeinen komplexwertig sowie immer periodisch mit der Stützstellenzahl N, d. h. es ist $d(v+N) = d(v)$ und $D(\mu+N) = D(\mu)$. Als Grundintervall für v bzw. μ wird meist der Bereich von 0 bis $N-1$ herangezogen, wie aus Bild 2.1(e) hervorgeht.

Im folgenden werden die N Koeffizienten im Zeitbereich, $d(0) \ldots d(N-1)$, mit $\langle d(v) \rangle$ gekennzeichnet, während $\langle D(\mu) \rangle$ die entsprechenden N Koeffizienten $D(0) \ldots D(N-1)$ des Frequenzbereichs beinhaltet. Der Zusammenhang zwischen diesen Zahlenreihen (Folgen) wird im folgenden durch $\langle D(\mu) \rangle \; \bullet\!\!-\!\!\!\underline{N}\!-\!\!\circ \; \langle d(v) \rangle$ symbolisiert.

Aufgrund obiger Substitutionen (2.26) und (2.27) besitzen die DFT–Koeffizienten $d(v)$
und $D(\mu)$ die Einheit der Zeitfunktion. Ist die zu transformierende Funktion $x(t)$ auf den
Zeitbereich $0 \le t < T_P$ begrenzt, so ist in diesem Bereich $P\{x(t)\} = x(t)$, und die Koeffizienten $d(v)$ geben direkt die Abtastwerte der Zeitfunktion an.

Ist die Zeitfunktion $x(t)$ dagegen gegenüber dem Grundintervall verschoben, die
Gesamtbreite jedoch nicht größer als T_P, so muß die aus Bild 2.2 ersichtliche Zuordnung
zwischen dem Zeitsignal $x(t)$ und den Koeffizienten $d(v)$ getroffen werden.

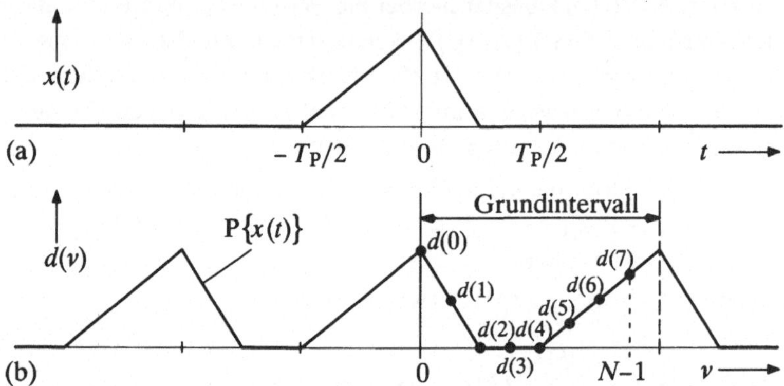

Bild 2.2:   Koeffizienten $d(v)$ einer zeitlich begrenzten Funktion $x(t)$ bei $N = 8$.

Der Koeffizient $D(\mu)$ gemäß (2.27) entspricht dem Fourierkoeffizienten C_μ (vgl. (2.2))
der periodifizierten Zeitfunktion $P\{x(t)\}$. Ist das Spektrum des Zeitsignals $x(t)$ auf $\pm f_P/2$
bandbegrenzt, so daß es bei der Periodifizierung nicht zu einer Überlappung der verschobenen Spektren kommt, können die Abtastwerte des kontinuierlichen Spektrums $X(f)$ mit
der nachfolgenden Gleichung direkt aus den Koeffizienten $D(\mu)$ berechnet werden:

$$
X(\mu \cdot f_A) = \begin{cases} D(\mu)/f_A & \text{für} \quad 0 \le \mu < N/2 \,, \\[2mm] D(\mu + N)/f_A & \text{für} \quad -N/2 \le \mu < 0 \,. \end{cases} \tag{2.31}
$$

Wird dagegen wie in Bild 2.1 der Parameter f_P zu niedrig gewählt, so weichen die DFT–
Koeffizienten $D(\mu)$ von den zu approximierenden Werten $X(\mu \cdot f_A)$ beträchtlich ab.

Die Gleichungen (2.29) und (2.30) der Hin– und Rücktransformation unterscheiden
sich in ihrem prinzipiellen Aufbau nur durch den Faktor $1/N$ sowie im Vorzeichen des
Exponenten des komplexen Drehfaktors W_N gemäß (2.28). Somit kann für die DFT und
die IDFT im Prinzip der gleiche Algorithmus verwendet werden.

Aus der Literatur sind auch andere Definitionen der Koeffizienten $d(v)$ und $D(\mu)$
bekannt. Eine häufig anzutreffende Variante besteht darin, diesen Koeffizienten jeweils
die Einheit der Spektralfunktion und nicht die der Zeitfunktion zuzuweisen, z. B. durch
die Festlegungen $d(v) = T_A \cdot P\{x(v \cdot T_A)\}$ und $D(\mu) = P\{X(\mu \cdot f_A)\}$. In diesem Fall ist der
Faktor $1/N$ nicht vor die Summe in (2.29), sondern vor die in (2.30) zu schreiben. An der
prinzipiellen Vorgehensweise ändert sich dadurch nichts.

2.1.3   Fehlermöglichkeiten bei Anwendung der DFT

Wendet man die Diskrete Fouriertransformation auf beliebige Zeitfunktionen an, so wird es im allgemeinen zu Fehlern kommen. Diese sind im wesentlichen auf die beiden Prozesse *Abtastung* und *Fensterung* zurückzuführen, welche die Information über das zu transformierende Signal bzw. Spektrum auf N (komplexe) Zahlenwerte reduzieren. Im folgenden werden einige Fehlermöglichkeiten bei Anwendung der DFT kurz diskutiert, wobei ausschließlich die Transformation vom Zeit– in den Frequenzbereich betrachtet wird. Bei der Rücktransformation kommt es zu vergleichbaren Effekten.

Wie gut die DFT (2.29) die Ergebnisse der kontinuierlichen Fouriertransformation nach Abschnitt 2.1.1 approximiert, hängt in starkem Maße von den Eigenschaften des vorliegenden Signals und der Wahl der Parameter N und T_P ab. Die weiteren DFT–Parameter f_P, f_A und T_A sind nicht frei wählbar, sondern über die Gleichungen (2.14), (2.18) und (2.22) durch N und T_P festgelegt.

Die Abtastung der Zeitfunktion $x(t)$ im Abstand T_A bewirkt eine periodische Fortsetzung des Spektrums bei ganzzahligen Vielfachen der Frequenz $f_P = 1/T_A$. Besitzt das Spektrum von $x(t)$ ähnlich wie in Bild 2.1 auch Anteile außerhalb des Frequenzbereiches $|f| < f_P/2$, so ist das Abtasttheorem nicht erfüllt (d. h. das Signal ist unterabgetastet), und es kommt zu Überlappungen der zu addierenden, verschobenen Frequenzanteile. Diese nichtreversible Verfälschung bezeichnet man als *Aliasingfehler*.

Eine Verbesserung hinsichtlich dieses Fehlers erreicht man durch eine Vergrößerung der Abtastfrequenz $f_P = 1/T_A$ der Zeitfunktion. Die feinere Abtastung kann bei gleichbleibendem T_P allerdings nur durch eine gleichzeitige Vergrößerung der Stützstellenzahl N erzielt werden, was somit auch einen größeren Rechenaufwand bedeutet.

Bei bandbegrenzten Signalen kann der Aliasingfehler durch eine geeignete Wahl der DFT–Parameter vermieden werden. Dagegen ist bei Impulsen der Aliasingfehler unvermeidbar, da zeitbegrenzte Signale nach dem Reziprozitätsgesetz nicht gleichzeitig auch bandbegrenzt sein können.

Eine weiterer typischer Fehler bei Anwendung der DFT ist auf die Fensterung zurückzuführen. Diesen Fehler bezeichnet man meist als *Abbruchfehler*.

Die im DFT–Algorithmus implizit enthaltene Fensterung entspricht der Multiplikation des Zeitsignals $x(t)$ mit einer Rechteckfunktion der Höhe 1 und der Dauer T_P. Das bedeutet, daß das Ergebnis der DFT im Frequenzbereich nicht mit dem tatsächlichen Spektrum $X(f)$ übereinstimmt, sondern sich aus diesem durch Faltung mit der Spektralfunktion $T_P \cdot \mathrm{si}(\pi \cdot f \cdot T_P)$ ergibt, wobei wie im Beispiel 2.1 die Abkürzung $\mathrm{si}(x) = \sin(x)/x$ verwendet ist. Im Grenzfall $T_P \to \infty$, was bei einem gegebenen Abstand T_A der Abtastwerte auch eine sehr große Stützstellenzahl N bedeutet, entartet diese Funktion zu einem Diracimpuls bei der Frequenz $f = 0$, so daß das Originalspektrum erhalten bleibt.

Bei zeitlich begrenzten, impulsförmigen Signalen läßt sich der Abbruchfehler vermeiden, wenn T_P hinreichend groß gewählt wird. Vergrößert man das Fenster in Bereiche der Zeitfunktion, wo diese bereits hinreichend gut auf Null abgeklungen ist, so erreicht man im Spektrum eine Interpolation. Dieses Verfahren bezeichnet man als *"zero–padding"*.

Die Abtastwerte der Spektralfunktion treten durch die Vergrößerung von T_P dann in einem kleineren Frequenzabstand f_A auf. Ein Informationsgewinn wird durch dieses Anfügen von Nullen jedoch nicht erreicht. Vielmehr wird der Verlauf der Hüllkurve bei Darstellung auf einem Display zwischen den Stützstellen (im Abstand f_A) interpoliert.

Die DFT eines zeitlich unbegrenzten (z. B. periodischen oder stochastischen, mittelwertbehafteten) Zeitsignals wird dagegen meist einen Abbruchfehler hervorrufen, der nur durch besondere Maßnahmen in Grenzen gehalten werden kann (vgl. Abschnitt 2.2).

Ein mögliches Gütekriterium für DFT-Anwendungen, das beide Fehlerarten in geeigneter Weise berücksichtigt, ist die sogenannte *Fehlerenergie* (vgl. [127])

$$E_\mathrm{F} = \frac{f_\mathrm{A}}{N} \cdot \sum_{\mu=0}^{N-1} \left| X(\mu \cdot f_\mathrm{A}) - \frac{D(\mu)}{f_\mathrm{A}} \right|^2 . \tag{2:32}$$

Bei günstiger Wahl der DFT-Parameter N und f_A sollte diese Größe möglichst klein sein. E_F bewertet zum einen die quadratische Abweichung zwischen den N Abtastwerten der Spektralfunktion, $X(\mu \cdot f_\mathrm{A})$, und den entsprechenden Näherungen $D(\mu)/f_\mathrm{A}$ der DFT. Der multiplikative Faktor f_A berücksichtigt weiter die spektrale Auflösung der durch die DFT gewonnenen Werte.

Beispiel 2.2:   Zur Verdeutlichung von Aliasing- und Abbruchfehler sowie der oben definierten Fehlerenergie wird nun der gaußförmige Impuls $x(t) = \hat{x} \cdot \exp(-\pi \cdot t^2 / \Delta t^2)$ von Bild 2.3(a) betrachtet. Das dazugehörige Spektrum $X(f) = \hat{x} \cdot \Delta t \cdot \exp(-\pi \cdot f^2 \cdot \Delta t^2)$ ist aufgrund der Symmetrie bezüglich des Zeitpunktes $t = 0$ rein reell und wegen der in Bild 2.3 gewählten Normierung formgleich mit der Zeitfunktion $x(t)$. Soll dieses Spektrum mit Hilfe der DFT ermittelt werden, so müssen die DFT-Koeffizienten $d(\nu)$ und $D(\mu)$ aufgrund des um $t = 0$ symmetrischen Signalverlaufs vor bzw. nach dem eigentlichen Transformationsalgorithmus entsprechend Bild 2.2 umsortiert werden.

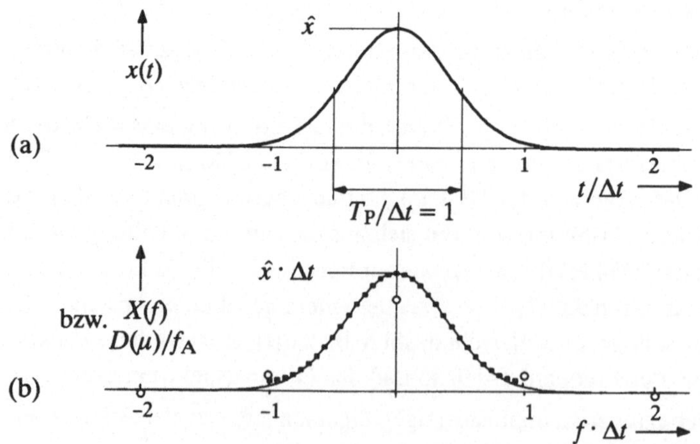

Bild 2.3:   Gaußimpuls (a) und zugehöriges Spektrum (b) mit den Näherungen der DFT für $N = 32$: Kreise (o): $T_\mathrm{P} = \Delta t$, Punkte (•): $T_\mathrm{P} = 16 \cdot \Delta t$.

In Bild 2.3(b) sind neben dem theoretischen Spektralverlauf (durchgezogene Kurve) auch die numerischen Ergebnisse einer DFT mit der Stützstellenzahl $N = 32$ eingetragen. Die Kreise markieren die DFT–Koeffizienten $D(\mu)$ für den Fall $T_P = \Delta t$, die im Abstand $f_A = 1/\Delta t$ auftreten. Die 32 Stützstellenwerte liegen nach der Umsortierung demzufolge im Bereich von $-16/\Delta t$ bis $15/\Delta t$. Aufgrund des großen Abbruchfehlers, der bereits aus dem Zeitverlauf von Bild 2.3(a) zu erahnen ist, wird bei dieser Parameterwahl das Spektrum $X(f)$ nur unzureichend angenähert. Die auf die Impulsenergie normierte Fehlerenergie $E_F/(\hat{x}^2 \cdot \Delta t)$ besitzt einen relativ großen Wert (vgl. (2.32) und Tabelle 2.1).

Tabelle 2.1: Normierte Fehlerenergie $E_F/(\hat{x}^2 \cdot \Delta t)$ bei Anwendung der DFT mit N Stützstellen auf den Gaußimpuls von Bild 2.3(a).

	$T_P = \Delta t$	$T_P = 2 \cdot \Delta t$	$T_P = 4 \cdot \Delta t$	$T_P = 8 \cdot \Delta t$	$T_P = 16 \cdot \Delta t$
$N = 32$	$1,8 \cdot 10^{-3}$	$9,2 \cdot 10^{-6}$	$5,2 \cdot 10^{-14}$	$5,3 \cdot 10^{-14}$	$9,2 \cdot 10^{-6}$
$N = 1024$	$5,5 \cdot 10^{-5}$	$2,7 \cdot 10^{-7}$	$9,6 \cdot 10^{-16}$	$9,1 \cdot 10^{-18}$	$1,0 \cdot 10^{-17}$

Vergrößert man den DFT–Parameter T_P, so nimmt der Abbruchfehler stetig ab. Gleichzeitig gewinnt der Aliasingfehler zunehmend an Bedeutung, da bei konstantem N die Frequenzperiode f_P umgekehrt proportional zu T_P ist. Die Rechtecke in Bild 2.3(b), die die DFT–Koeffizienten $D(\mu)$ für $T_P = 16 \cdot \Delta t$ angeben, verdeutlichen diesen Effekt. Der Abstand der einzelnen Stützstellen im Frequenzbereich beträgt nun $f_A = 1/(16 \cdot \Delta t)$. Mit $N = 32$ folgt daraus für die Frequenzperiode $f_P = 2/\Delta t$, so daß hier die DFT–Näherung bei $f = -1/\Delta t$ einen um den Faktor 2 verfälschten Wert liefert.

Da die oben definierte Fehlerenergie auch den störenden Einfluß des Aliasingfehlers berücksichtigt, steigt E_F bei zu großen Werten von T_P wieder an. Deshalb gibt es für T_P einen optimalen Wert, der bei dem hier betrachteten Zeitsignal und der Stützstellenzahl $N = 32$ bei $T_P \approx 4 \cdot \Delta t$ liegt. Bei einem größeren Wert von N, z. B. $N = 1024$, ergibt sich für T_P ein etwas größerer Optimalwert (vgl. Tabelle 2.1).

Der betrachtete Gaußimpuls eignet sich aufgrund des exponentiellen Abklingens sowohl im Zeit– als auch im Frequenzbereich sehr gut für die Anwendung der Diskreten Fouriertransformation. Bei geeigneter Wahl der Parameter N und T_P ist die verbleibende Fehlerenergie sehr klein und vorwiegend auf Quantisierungsfehler bei der Zahlendarstellung im Rechner zurückzuführen.

Funktionen mit steilen Flanken im Zeit– oder Frequenzbereich, beispielsweise die Rechteckfunktion, sind wegen des langsamen Abklingens im jeweiligen Komplementärbereich weniger gut geeignet. Bei solchen Funktionen ist auch bei großer Stützstellenzahl N mit einer deutlich größeren Fehlerenergie zu rechnen.

Weitere interessante Ergebnisse zu diesem Thema findet man z. B. in [99], [219] und [248]. Eine einfache allgemeine Vorschrift zur optimalen Wahl der DFT–Parameter N und T_P kann leider nicht angegeben werden, da die konkreten Signalformen einen zu großen Einfluß ausüben.

2.1.4   Fast–Fouriertransformation

Ein Nachteil der direkten Berechnung der Zahlenfolgen $\langle D(\mu)\rangle$ bzw. $\langle d(\nu)\rangle$ gemäß (2.29) und (2.30) ist der verhältnismäßig große Rechenaufwand. Ist die Anzahl N der zu transformierenden Werte eine Potenz zur Basis 2, so können rechenzeitgünstigere Algorithmen angewandt werden. Die Vielzahl solcher aus der Literatur bekannten Verfahren, die sich meist nur wenig voneinander unterscheiden, werden unter dem Sammelbegriff *Fast–Fouriertransformation (FFT)* zusammengefaßt. Als Beispiel wird hier der sogenannte Radix–2–Algorithmus von Cooley und Tukey mit Zeitdezimierung und Bitumkehrung am Eingang betrachtet (vgl. z. B. [31], [33], [45], [164], [196]). Dieser basiert ebenso wie die anderen FFT–Algorithmen auf dem Überlagerungssatz der DFT, der zunächst am einfachen Beispiel eines Dreieckimpulses mit $N = 16$ Stützstellen verdeutlicht werden soll.

Die DFT–Koeffizienten $d(\nu)$ zur Beschreibung des Zeitverlaufs seien entsprechend der Spalte 2 von Tabelle 2.2 belegt. Durch Anwendung des DFT–Algorithmus' erhält man die in Spalte 3 angegebenen Koeffizienten $D(\mu)$, die bei Vernachlässigung des Aliasingfehlers proportional zu $\mathrm{si}^2(\pi\cdot\mu/2)$ wären. Der Koeffizient $D(0) = 4$ stimmt mit dem theoretischen Wert exakt überein, der sich aus (2.27) mit der Impulsfläche $X(0) = 64\cdot T_A$ und dem Abstand $f_A = 1/(16\cdot T_A)$ der Abtastwerte im Frequenzbereich berechnen läßt.

Tabelle 2.2: Beispiel der DFT–Koeffizienten $\langle D(\mu)\rangle \bullet\!\!-\!\!\!\xrightarrow{N}\!\!\circ \langle d(\nu)\rangle$ für einen dreieckförmigen Impuls und $N = 16$, sowie verschiedene Teilfolgen.

ν bzw. μ	Gesamtfolge		1. Teilfolge $(N = 16)$		2. Teilfolge $(N = 16)$		1. Teilfolge $(N/2 = 8)$		2. Teilfolge $(N/2 = 8)$	
	$d(\nu)$	$D(\mu)$	$d_1'(\nu)$	$D_1'(\mu)$	$d_2'(\nu)$	$D_2'(\mu)$	$d_1(\nu)$	$D_1(\mu)$	$d_2(\nu)$	$D_2(\mu)$
0	8,0	4,000	8,0	2,000	0,0	2,000	8,0	4,000	7,0	$4{,}000 + \mathrm{j}\cdot0{,}000$
1	7,0	1,642	0,0	0,854	7,0	0,788	6,0	1,708	5,0	$1{,}456 + \mathrm{j}\cdot0{,}603$
2	6,0	0,000	6,0	0,000	0,0	0,000	4,0	0,000	3,0	$0{,}000 + \mathrm{j}\cdot0{,}000$
3	5,0	0,202	0,0	0,146	5,0	0,056	2,0	0,292	1,0	$0{,}043 + \mathrm{j}\cdot0{,}103$
4	4,0	0,000	4,0	0,000	0,0	0,000	0,0	0,000	1,0	$0{,}000 + \mathrm{j}\cdot0{,}000$
5	3,0	0,090	0,0	0,146	3,0	-0,056	2,0	0,292	3,0	$0{,}043 - \mathrm{j}\cdot0{,}103$
6	2,0	0,000	2,0	0,000	0,0	0,000	4,0	0,000	5,0	$0{,}000 + \mathrm{j}\cdot0{,}000$
7	1,0	0,066	0,0	0,854	1,0	-0,788	6,0	1,708	7,0	$1{,}456 - \mathrm{j}\cdot0{,}603$
8	0,0	0,000	0,0	2,000	0,0	-2,000				
9	1,0	0,066	0,0	0,854	1,0	-0,788				
10	2,0	0,000	2,0	0,000	0,0	0,000		Die Koeffizienten mit			
11	3,0	0,090	0,0	0,146	3,0	-0,056		den Indizes 8 ... 15 sind			
12	4,0	0,000	4,0	0,000	0,0	0,000		bei diesen Teilfolgen			
13	5,0	0,202	0,0	0,146	5,0	0,056		nicht definiert			
14	6,0	0,000	6,0	0,000	0,0	0,000				
15	7,0	1,642	0,0	0,854	7,0	0,788				
1	2	3	4	5	6	7	8	9	10	11

Spaltet man die Gesamtfolge $\langle d(\nu)\rangle$ in die zwei Teilfolgen $\langle d_1'(\nu)\rangle$ und $\langle d_2'(\nu)\rangle$ auf, und zwar derart, daß die erste Teilfolge nur die geradzahligen ($\nu = 0, 2, \ldots, N{-}2$) und die zweite Teilfolge nur die ungeradzahligen Koeffizienten ($\nu = 1, 3, \ldots, N{-}1$) beinhalten, während die jeweils anderen Elemente Null gesetzt werden, so erhält man die dazugehörigen Folgen $\langle D_1'(\mu)\rangle \bullet\!\!-\!\!^{N}\!\!-\!\!\circ \langle d_1'(\nu)\rangle$ und $\langle D_2'(\mu)\rangle \bullet\!\!-\!\!^{N}\!\!-\!\!\circ \langle d_2'(\nu)\rangle$ im Spektralbereich. Diese sind in den Spalten 5 und 7 von Tabelle 2.2 angegeben.

Da $d(\nu) = d_1'(\nu) + d_2'(\nu)$ ist, muß nach dem Additionssatz selbstverständlich auch die folgende Gleichung gelten:

$$D(\mu) = D_1'(\mu) + D_2'(\mu).\tag{2.33}$$

Weiterhin ist aus den Werten obiger Tabelle ersichtlich, daß die Koeffizienten $D_1'(\mu)$ und $D_2'(\mu)$ gewisse Symmetrieeigenschaften aufweisen. Die Periode von $\langle D_1'(\mu)\rangle$ beträgt aufgrund des Nullsetzens eines jeden zweiten Koeffizienten in der Folge $\langle d_1'(\nu)\rangle$ nun $N/2$, im Gegensatz zur Periode N der Folge $\langle D(\mu)\rangle$. Die Folge $\langle D_2'(\mu)\rangle$ ist wegen der zusätzlichen Verschiebung im Zeitbereich um einen Abtastwert mit einem Phasenfaktor belegt, der einen alternierenden Vorzeichenwechsel zweier um $N/2$ auseinanderliegender DFT-Koeffizienten zur Folge hat. Für die DFT-Koeffizienten der beiden Teilfolgen gilt somit:

$$D_1'\left(\mu + \frac{N}{2}\right) = D_1'(\mu),\tag{2.34}$$

$$D_2'\left(\mu + \frac{N}{2}\right) = -D_2'(\mu).\tag{2.35}$$

Es ist anzumerken, daß die Berechnung der Spektralfolgen $\langle D_1'(\mu)\rangle$ und $\langle D_2'(\mu)\rangle$ jeweils den gleichen Rechenaufwand wie die direkte Bestimmung von $\langle D(\mu)\rangle$ erfordert, da die entsprechenden Teilfolgen $\langle d_1'(\nu)\rangle$ und $\langle d_2'(\nu)\rangle$ ebenfalls noch aus N Elementen bestehen. Verzichtet man jedoch auf die Abtastwerte $d_1'(\nu) = 0$ mit ungeraden Indizes sowie auf die Abtastwerte $d_2'(\nu) = 0$ mit geraden Indizes, so kommt man zu den beiden in Spalte 8 und 10 von Tabelle 2.2 angegebenen Teilfolgen $\langle d_1(\nu)\rangle$ und $\langle d_2(\nu)\rangle$, die jeweils nur noch die Dimension $N/2$ aufweisen. In den Spalten 9 und 11 sind die dazugehörigen Teilfolgen im Spektralbereich, $\langle D_1(\mu)\rangle \bullet\!\!-\!\!^{N/2}\!\!-\!\!\circ \langle d_1(\nu)\rangle$ bzw. $\langle D_2(\mu)\rangle \bullet\!\!-\!\!^{N/2}\!\!-\!\!\circ \langle d_2(\nu)\rangle$, angegeben.

Ein Vergleich der Zahlenwerte in Tabelle 2.2 macht deutlich, daß für $0 \leq \mu < N/2$ zwischen den einzelnen Koeffizienten folgender Zusammenhang besteht:

$$D_1'(\mu) = \frac{1}{2}\cdot D_1(\mu),\tag{2.36}$$

$$D_2'(\mu) = \frac{1}{2}\cdot D_2(\mu)\cdot W_N^{\mu}.\tag{2.37}$$

Dagegen gilt für die Koeffizienten im Bereich $N/2 \leq \mu < N$:

$$D_1'(\mu) = \frac{1}{2}\cdot D_1\left(\mu - \frac{N}{2}\right),\tag{2.38}$$

$$D_2'(\mu) = -\frac{1}{2}\cdot D_2\left(\mu - \frac{N}{2}\right)\cdot W_N^{\mu}.\tag{2.39}$$

Der durch (2.28) definierte Drehfaktor ergibt sich für das hier betrachtete Beispiel mit $N = 16$ zu $W_N = \exp(-j\cdot\pi/8)$.

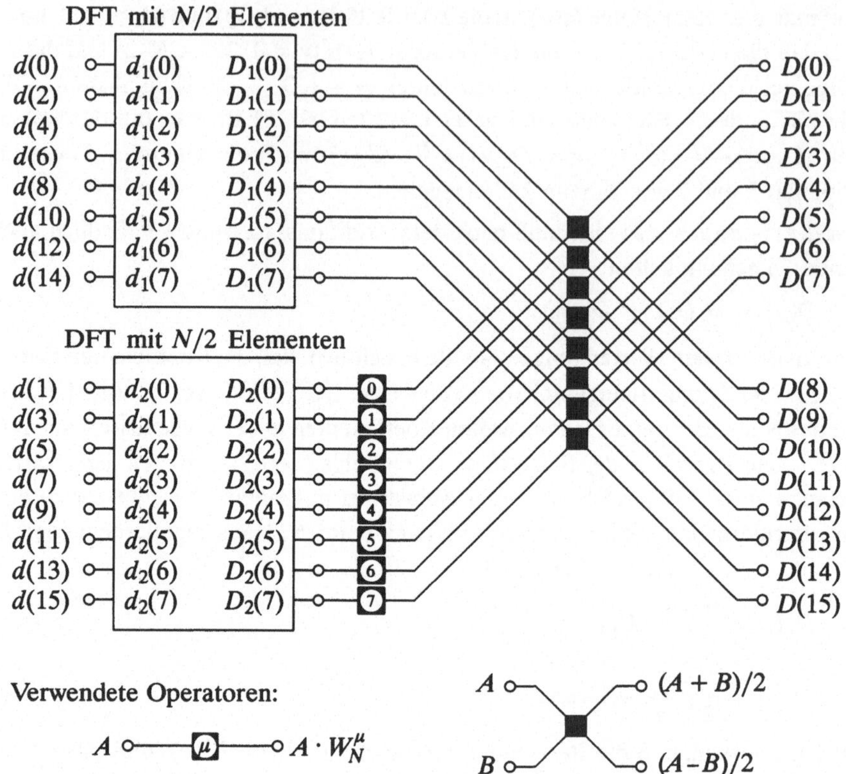

Bild 2.4:   Signalflußplan für den Überlagerungssatz der DFT am Beispiel $N = 16$.

Aus (2.33) sowie (2.36) bis (2.39) läßt sich nun ein Algorithmus ableiten, durch den die DFT–Koeffizienten $D(\mu)$ mit weniger Rechenschritten als nach der Vorschrift (2.29) ermittelt werden können. Dieser Algorithmus ist durch folgende Schritte gekennzeichnet (vgl. Bild 2.4):

– Aufteilung der N Elemente der zu transformierenden Folge $\langle d(\nu)\rangle$ auf zwei Teilfolgen $\langle d_1(\nu)\rangle = \langle d(2\cdot\nu)\rangle$ und $\langle d_2(\nu)\rangle = \langle d(2\cdot\nu+1)\rangle$ mit $0 \le \nu < N/2$,

– Berechnung von $\langle D_1(\mu)\rangle$ und $\langle D_2(\mu)\rangle$ durch getrennte DFT gemäß (2.29) für jede dieser Teilfolgen mit jeweils $N/2$ Feldelementen und halber Abtastrate $1/(2\cdot T_A)$,

– Phasenbelegung von $\langle D_2(\mu)\rangle$ mit $W_N^{\mu} = \exp(-\mathrm{j}\cdot2\pi\cdot\mu/N)$,

– Berechnung der gesuchten Koeffizienten $D(\mu)$ durch Addition $(0 \le \mu < N/2)$ bzw. Subtraktion $(N/2 \le \mu < N)$ der um den Faktor 2 verminderten Teilspektren aufgrund oben beschriebener Symmetrieeigenschaften.

Mit dieser ersten Anwendung des Überlagerungssatzes der DFT reduziert sich der Rechenaufwand etwa um den Faktor 2 (siehe Tabelle 2.4). Durch weitere Anwendungen des Überlagerungssatzes auf die jeweiligen Teilspektren kommt man schließlich zum Signalflußplan von Bild 2.5, der als *Radix–2–Algorithmus* bekannt ist und von Cooley und

Tukey entwickelt wurde. Voraussetzung für die Anwendung des Algorithmus' ist, daß die
Anzahl N der Abtastwerte eine Potenz zur Basis 2 ist. Diese Einschränkung gilt auch für
viele Abwandlungen dieses FFT–Algorithmus', die in der Literatur zu finden sind.

Für Bild 2.5 ist beispielsweise $N = 8$ gewählt, so daß hier der Überlagerungssatz insgesamt $\mathrm{ld}(N) = 3$ mal angewandt werden kann.

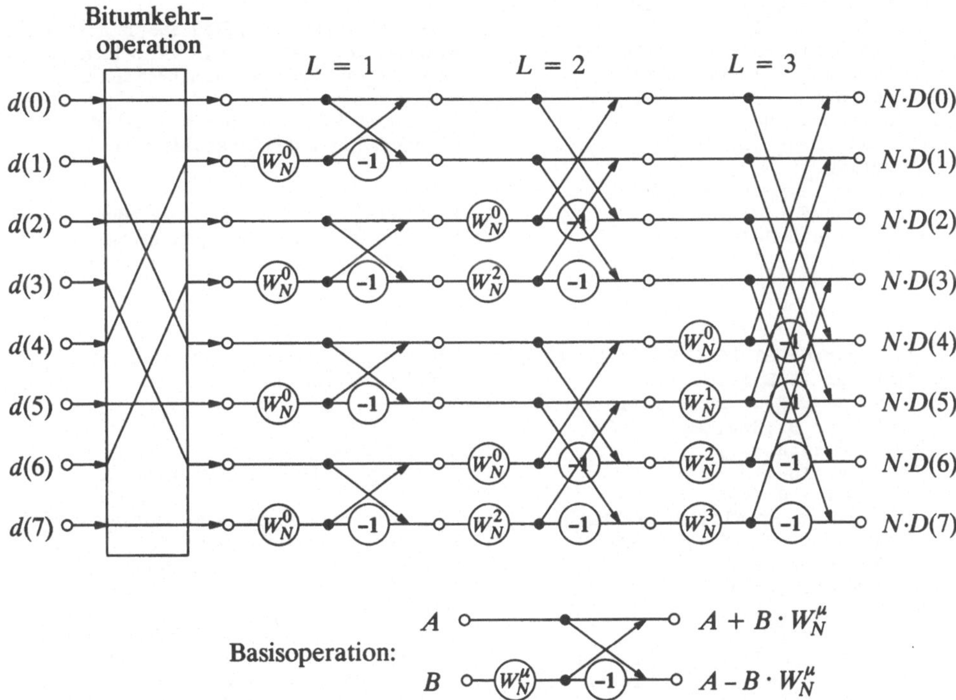

Bild 2.5:   Radix–2–Algorithmus nach Cooley und Tukey für das Beispiel $N = 8$ mit
Bitumkehroperation am Eingang, sowie zugehörige Basisoperation.

Das Programmbeispiel 2.1 zeigt eine mögliche FORTRAN–Version der FFT, wobei
die Übergabeparameter N und TA $(=T_\mathrm{A})$ entsprechend Abschnitt 2.1.2 definiert sind.
Der dritte Parameter dir gibt die Transformationsrichtung an. Bei dir $= 0$ erfolgt die
Transformation vom Frequenz– in den Zeitbereich, bei dir $= 1$ entsprechend vom Zeit–
in den Frequenzbereich.

Da bei der FFT eine "In–Place"–Programmierung möglich ist, reichen N komplexe
Speicherplätze aus. Die beiden Felder Re und Im – jeweils mit der Dimension N –
beinhalten alternativ Real– und Imaginärteil der Abtastwerte $x(\nu \cdot T_\mathrm{A})$ bzw. $X(\mu \cdot f_\mathrm{A})$ von
Zeit– bzw. Spektralfunktion. Bei der Transformation vom Frequenz– in den Zeitbereich
müssen die übergebenen Spektralwerte vor dem eigentlichen FFT–Algorithmus gemäß
(2.27) mit $f_\mathrm{A} = 1/(N \cdot T_\mathrm{A})$ multipliziert werden. Dagegen ist bei der Transformation in
Gegenrichtung am Ende noch durch f_A und wegen (2.29) auch durch N zu dividieren,
was insgesamt der Multiplikation mit T_A entspricht.

Programm 2.1:   Fast–Fouriertransformation gemäß dem Radix–2–Algorithmus nach Cooley und Tukey mit Bitumkehroperation am Eingang.

```
subroutine FFT(N,TA,dir,Re,Im)          : Übergabeparameter siehe Text.
integer L,N,dir,ldN,nue                 :
real Re(0:N-1),Im(0:N-1),TA             :
ldN=nint(alog(real(N))/alog(2.))        : ldN: Logarithmus von N zur Basis 2.
call BUK(N,Re,Im)                       : Aufruf Bitumkehroperation.
if (dir .eq. 1) goto 20                 :
do 10 nue = 0,N-1                       : Falls Transformation von Frequenz- in Zeitbereich:
   Re(nue) = Re(nue)/(N*TA)             : Real- und Imaginärteil der DFT-Koeffizienten
   Im(nue) = Im(nue)/(N*TA)            : nach (2.27) aus Spektralwerten berechnen.
10 continue                             :
20 do 30 L = 1,ldN                      : Eigentlicher FFT-Algorithmus, bestehend aus
   call STUFE(L,N,dir,Re,Im)            : insgesamt ldN Stufen (siehe Bild 2.5).
30 continue                             :
if (dir .eq. 0) return                  :
do 40 nue = 0,N-1                       : Falls Transformation von Zeit- in Frequenzbereich:
   Re(nue) = Re(nue)*TA                 : Real- und Imaginärteil der Spektralwerte aus (2.27)
   Im(nue) = Im(nue)*TA                 : durch Multiplikation mit TA = 1/(N*fA).
40 continue                             :
return                                  :
end                                     :
subroutine STUFE(L,N,dir,Re,Im)         : Unterprogramm zur Berechnung der L-ten Stufe
integer IL,L,N,dir,i,k,m                : des FFT-Algorithmus'.
real Re(0:N-1),Im(0:N-1)                :
real arg,pi,ReW,ImW,ReX,ImX             :
pi = 4.*atan(1.)                        : pi = 4*arctan(1).
IL = 2**(L-1)                           : IL: Anzahl der Drehfaktoren in Stufe L.
do 10 i = 0,IL-1                        :
   arg = -pi*real(i)/real(IL)           : Argument der komplexen Exponentialfunktion.
   if (dir .eq. 0) arg = -arg           : Konjugiert komplex, falls von t- in f-Bereich.
   ReW = cos(arg)                       : Realteil des komplexen Drehfaktors,
   ImW = sin(arg)                       : Imaginärteil des komplexen Drehfaktors.
   do 10 k = i,N-1,2*IL                 : "Butterflys" mit gleichem Drehfaktor.
      m = k+IL                          : Berechnung des Indizes m des 2. Feldelementes.
      ReX = ReW*Re(m) - ImW*Im(m)       : "Butterfly"-Multiplikation mit Drehfaktor,
      ImX = ReW*Im(m) + ImW*Re(m)       : Ergebnis in ReX und ImX.
      Re(m) = Re(k)-ReX                 : "Butterfly"-Subtraktion, Real- und
      Im(m) = Im(k)-ImX                 : Imaginärteil.
      Re(k) = Re(k)+ReX                 : "Butterfly"-Addition, Real- und
      Im(k) = Im(k)+ImX                 : Imaginärteil.
10 continue                             :
return                                  :
end                                     :
subroutine BUK(N,Re,Im)                 : Bitumkehroperation.
integer N,k,kappa,nue                   :
real Re(0:N-1),Im(0:N-1),H              :
kappa = 0                               :
do 20 nue = 1,N-1                       : Für alle v:
   k = N                                :
10 k = k/2                              :
   if (kappa+k .gt. N-1) goto 10        : Berechnung von kappa entsprechend Tabelle 2.3.
   kappa = mod(kappa,k) + k             :
   if (kappa .le. nue) goto 20          :
   H = Re(nue)                          : Umsortierung von Real- und Imaginärteil
   Re(nue) = Re(kappa)                  : des Eingangsfeldes mittels der Hilfsgröße H.
   Re(kappa) = H                        :
   H = Im(nue)                          :
   Im(nue) = Im(kappa)                  :
   Im(kappa) = H                        :
20 continue                             :
return                                  :
end                                     :
```

Die "In–Place"-Programmierung hat allerdings den Nachteil, daß vor dem eigentlichen FFT–Algorithmus die Reihenfolge der Eingangswerte vertauscht werden muß. Dazu dient der Block *"Bitumkehroperation"* in Bild 2.5.

Beispielsweise wird bei der Transformation vom Zeit– in den Frequenzbereich der DFT–Koeffizient $d(v)$ in das (komplexe) Feldelement mit dem Index κ eingetragen. Der Wert von κ ergibt sich, indem v als Dualzahl dargestellt wird und die Bits gemäß Tabelle 2.3 in umgekehrter Reihenfolge geschrieben werden. Die Dezimaldarstellung dieser Dualzahl ist der gesuchte κ–Wert. Das Unterprogramm BUK im Programm 2.1 bewerkstelligt diese Umsortierung mit minimalem Rechenaufwand.

Tabelle 2.3: Zur Verdeutlichung der Bitumkehroperation für $N = 8$.

v	0	1	2	3	4	5	6	7
v als Dualzahl	000	001	010	011	100	101	110	111
Bitumkehrung	000	100	010	110	001	101	011	111
κ	0	4	2	6	1	5	3	7

Anschließend wird der Überlagerungssatz der DFT $ld(N)$ mal angewandt, wobei in Bild 2.5 die einzelnen Stufen (Spalten) mit L durchnumeriert sind. Aus dem Signalflußplan ist ersichtlich, daß stets die gleiche Basisoperation benutzt wird und sich lediglich der Exponent des Drehfaktors sowie der Abstand zweier verknüpfter Eingangswerte ändert. Die in Bild 2.5 dargestellte Basisoperation wird häufig als "Butterfly" bezeichnet.

In der L–ten Stufe gibt es genau $I_L = 2^{L-1}$ verschiedene Drehfaktoren mit den Werten $\exp(\pm j \cdot \pi \cdot i / I_L)$ mit $i = 0$, ... , $I_L{-}1$, wobei das Vorzeichen des Arguments von der Transformationsrichtung abhängt. Der Abstand zweier durch einen Butterfly verknüpfter Eingangswerte beträgt ebenfalls I_L. Da zur Rechenzeitverkürzung hier im Gegensatz zur Basisoperation von Bild 2.4 auf die Division durch 2 in jeder Stufe verzichtet wird, ist bei der Hintransformation das Ergebnis (nach $ld(N)$ Stufen) um den Faktor N zu groß. Das bedeutet, daß die so erhaltenen Spektralwerte noch durch N zu dividieren sind. Bei der Transformation vom Spektral– in den Zeitbereich entfällt diese Division durch N.

Es können noch weitere Maßnahmen zur Reduzierung des Rechenaufwands getroffen werden. Beispielsweise kann auf die manchmal aufwendige Berechnung der Sinus– und Cosinuskomponenten des Drehfaktors verzichtet werden, wenn die entsprechenden Werte in sogenannten "look–up–tables" bereits vorliegen. Weiterhin sollte bei sorgfältiger Programmierung darauf geachtet werden, daß die Phasenbelegung (komplexe Multiplikation) nicht erforderlich ist, wenn der Exponent des Drehfaktors gleich 0 ist.

In Tabelle 2.4 sind für drei verschiedene Werte von N die Anzahl der notwendigen reellen Additionen und Multiplikationen angegeben. Eine komplexe Addition bedeutet zwei reelle Additionen, jede Drehfaktorbelegung erfordert eine komplexe Multiplikation und damit vier reelle Multiplikationen sowie zwei reelle Additionen. Der Rechenaufwand für die Berechnung der Drehfaktoren ist hierbei nicht berücksichtigt.

Tabelle 2.4: Benötigte Anzahl der reellen Additionen (A_r) und Multiplikationen (M_r) bei verschiedenen Verfahren zur numerischen Fouriertransformation komplexwertiger Funktionen (vgl. [248]).

N	DFT-Algorithmus		Überlagerungssatz, einmal angewandt		Radix–2– Algorithmus		Split–Radix– Algorithmus	
	A_r	M_r	A_r	M_r	A_r	M_r	A_r	M_r
256	261.632	262.144	131.200	131.584	5.634	3.076	5.008	1.656
1024	4.192.256	4.194.304	2.097.664	2.099.200	28.674	16.388	25.488	9.336
4096	67.104.768	67.108.864	33.556.480	33.562.624	139.266	81.924	123.792	48.248

Die Zahlenwerte machen deutlich, daß der Radix–2–Algorithmus gegenüber der DFT eine enorme Rechenzeitverkürzung bringt. Während bei der DFT die Anzahl der reellen Additionen und Multiplikationen näherungsweise bzw. exakt $4 \cdot N^2$ beträgt, gilt für den Radix–2–Algorithmus entsprechend Bild 2.5:

$$A_\mathrm{r} = (3 \cdot \mathrm{ld}(N) - 2) \cdot N + 2 \ , \tag{2.40}$$

$$M_\mathrm{r} = (2 \cdot \mathrm{ld}(N) - 4) \cdot N + 4 \ . \tag{2.41}$$

Hierbei sind die oben genannten Beschleunigungsmechanismen berücksichtigt.

Aus der Literatur sind verschiedene Modifikationen des Radix–2–Algorithmus' bekannt. So kann z. B. die Bitumkehroperation entgegen der hier gewählten Darstellung auch nach dem eigentlichen FFT–Algorithmus erfolgen (vgl. [219]). An der Anzahl der benötigten Rechenschritte ändert sich dadurch nichts. Das gleiche gilt für den *Sande–Tukey–Algorithmus*, der zeitgleich mit dem Tukey–Cooley–Algorithmus entwickelt wurde und sich von diesem nur in der Aufspaltung des Drehfaktors $W_N^{\nu \cdot \mu}$ unterscheidet.

Weiterhin wurden einige Versuche unternommen, den FFT–Algorithmus im Hinblick auf eine weitergehende Rechenzeitverkürzung zu modifizieren. So wird beispielsweise beim *Radix–4–Algorithmus* eine Basisoperation mit vier Eingangs– und vier Ausgangsgrößen verwendet. Dadurch können je zwei Stufen zusammengefaßt werden, wodurch sich etwas günstigere Rechenzeiten ergeben. Nachteilig ist die kompliziertere Bitumkehroperation und die Tatsache, daß die Stützstellenzahl N eine Potenz zur Basis 4 sein muß. Für $N = 512$ bzw. $N = 2048$ ist dieser Algorithmus somit nicht einsetzbar.

Das effektivste, jedoch auch das programmiertechnisch komplizierteste numerische Verfahren zur Fouriertransformation ist der *Split–Radix–Algorithmus* (vgl. [58], [59]). Hier werden einige für die Programmierung günstige Eigenschaften des Radix–2– sowie des Radix–4–Algorithmuses kombiniert, wodurch vor allem die Anzahl der notwendigen Multiplikationen merkbar verringert wird (vgl. Tabelle 2.4). Da jedoch die Basisoperation zum einen deutlich komplizierter ist als beim Radix–2–Algorithmus und sich zudem von Stufe zu Stufe ändert, beträgt der Rechenzeitgewinn bei Rechnern mit Gleitkommaarithmetik aufgrund der erforderlichen Blockzustandsbestimmung lediglich ca. 10%. Bei Rechnern ohne Gleitkommaprozessoren ist dieses Verfahren durchaus interessant.

2.1.5 FFT reeller und reell–symmetrischer Funktionen

Der in Abschnitt 2.1.4 beschriebene FFT–Algorithmus sowie die Angaben in Tabelle 2.4 hinsichtlich des Rechenaufwands gelten jeweils für komplexe Ein– und Ausgangswerte. Ist die Zeit– bzw. die Spektralfunktion rein reell oder rein imaginär, so werden viele unnötige Additionen und Multiplikationen mit 0 durchgeführt, auf die ohne Informationsverlust verzichtet werden kann. Im folgenden werden einige Anmerkungen zur effektiveren Gestaltung des FFT–Algorithmus' für diesen Fall gegeben, und zwar am Beispiel der Transformation reeller Zeitfunktionen in den Spektralbereich.

Eine erste Möglichkeit zur Verminderung des Rechenaufwands besteht darin, den komplexen FFT–Algorithmus gleichzeitig auf zwei zu transformierende Folgen $\langle r_1(v)\rangle$ und $\langle r_2(v)\rangle$ anzuwenden, wobei eine dieser reellen Folgen dem Imaginärteil der eigentlichen Eingangsfolge zugewiesen wird. Beispielsweise sei $\langle d(v)\rangle = \langle r_1(v)\rangle + j\cdot\langle r_2(v)\rangle$.

Die beiden zugehörigen, im allgemeinen ebenfalls komplexen Fouriertransformierten $\langle R_1(\mu)\rangle \bullet\!\!-\!\!\!\underset{\circ}{\overset{N}{}}\ \langle r_1(v)\rangle$ und $\langle R_2(\mu)\rangle \bullet\!\!-\!\!\!\underset{\circ}{\overset{N}{}}\ \langle r_2(v)\rangle$ lassen sich sehr einfach aus der Folge $\langle D(\mu)\rangle \bullet\!\!-\!\!\!\underset{\circ}{\overset{N}{}}\ \langle d(v)\rangle$ trennen, da das Spektrum jeder reellen Zeitfunktion hermitisch ist, d. h. einen geraden Real– und einen ungeraden Imaginärteil besitzt. Mit der Aufspaltung

$$D(\mu) = D_R(\mu) + j\cdot D_I(\mu) = [D_{Rg}(\mu) + D_{Ru}(\mu)] + j\cdot[D_{Ig}(\mu) + D_{Iu}(\mu)] \qquad (2.42)$$

gilt für die gesuchten DFT–Koeffizienten der beiden Teilfolgen:

$$R_1(\mu) = D_{Rg}(\mu) + D_{Iu}(\mu) , \qquad\qquad\qquad (2.43)$$

$$R_2(\mu) = D_{Ig}(\mu) - D_{Ru}(\mu) . \qquad\qquad\qquad (2.44)$$

Die geraden und ungeraden Anteile des Real– bzw. Imaginärteils der Koeffizienten $D(\mu)$ können dabei wie folgt bestimmt werden (vgl. [31]):

$$D_{Rg}(\mu) = [D_R(\mu) + D_R(N-\mu)]/2 , \quad D_{Ig}(\mu) = [D_I(\mu) + D_I(N-\mu)]/2 , \quad (2.45)$$

$$D_{Ru}(\mu) = [D_R(\mu) - D_R(N-\mu)]/2 , \quad D_{Iu}(\mu) = [D_I(\mu) - D_I(N-\mu)]/2 . \quad (2.46)$$

Diese Methode ist nur dann sinnvoll, wenn tatsächlich zwei Fouriertransformationen benötigt werden. In diesem Fall wird die Rechenzeit nahezu um den Faktor 2 verringert.

Eine zweite Möglichkeit zur effektiveren Gestaltung des FFT–Algorithmus' bei einer reellen Eingangsfolge $\langle r(v)\rangle$ ist die Aufteilung der N Abtastwerte auf Real– und Imaginärteil einer komplexwertigen Folge $\langle d(v)\rangle$. Der Realteil enthält dann die Koeffizienten $r(v)$ mit geradzahligem v, der Imaginärteil diejenigen mit ungeradzahligem v:

$$d_R(v) = r(2\cdot v) , \qquad\qquad\qquad\qquad (2.47)$$

$$d_I(v) = r(2\cdot v + 1) . \qquad\qquad\qquad\qquad (2.48)$$

Die Laufvariable v nimmt hierbei die Werte $0, \dots , N/2$ an.

Das nachfolgende FORTRAN–Unterprogramm RFFT mit den gleichen Übergabeparametern wie das Programm 2.1 (FFT) arbeitet nach diesem aufwandsreduzierten Algorithmus. Das Übergabefeld Im sollte beim Programmaufruf identisch 0 sein; die übergebenen Werte werden zumindest nicht weiter berücksichtigt.

Programm 2.2:   Fast–Fouriertransformation für reelle Eingangsfolgen.

```
      subroutine RFFT(N,TA,dir,Re,Im)        :  Übergabeparameter siehe Text zu Programm 2.1.
      integer N,Nhalbe,dir,kappa,mue,nue     :
      real Re(0:N-1),Im(0:N-1),TA            :
      real arg,c,pi,s,DRg,DRu,DIg,DIu        :
      pi = 4.*atan(1.)                       :  π = 4*arctan(1).
      Nhalbe = N/2                           :  Länge des komplexen Feldes für die FFT.
      do 10 nue = 0,Nhalbe-1                 :
        Re(nue) = Re(2*nue)                  :  Umsortierung der Eingangsfolge nach
        Im(nue) = Re(2*nue+1)                :  (2.47) und (2.48).
   10 continue                               :
      call FFT (Nhalbe,TA,dir,Re,Im)         :  Aufruf FFT (vgl. Programm 2.1).
      Re(Nhalbe) = Re(0)                     :
      Im(Nhalbe) = Im(0)                     :
      do 20 mue = 0,Nhalbe/2                 :  Nachbehandlung des Ausgabefeldes:
        kappa = Nhalbe-mue                   :  κ = N/2 - μ .
        DRg = (Re(mue)+Re(kappa))/2.         :  gerader reeller Anteil von D(μ).
        DRu = (Re(mue)-Re(kappa))/2.         :  ungerader reeller Anteil von D(μ).
        DIg = (Im(mue)+Im(kappa))/2.         :  gerader imaginärer Anteil von D(μ).
        DIu = (Im(mue)-Im(kappa))/2.         :  ungerader imaginärer Anteil von D(μ).
        arg = pi*mue/Nhalbe                  :  Argument der
        c = cos(arg)                         :  Cosinusfunktion bzw.
        s = sin(arg)                         :  Sinusfunktion.
        if (dir .eq. 0) s = -s               :  Konjugiert komplex (falls von t- in f-Bereich).
        Re(mue) = DRg + DIg*c - DRu*s        :  Realteil von (2.49) für μ = 0 ... N/4,
        Im(mue) = DIu - DIg*s - DRu*c        :  Imaginärteil von (2.49) für μ = 0 ... N/4,
        Re(kappa) = DRg - DIg*c + DRu*s      :  Realteil von (2.49) für μ = N/4 ... N/2,
        Im(kappa) =-DIu - DIg*s - DRu*c      :  Imaginärteil von (2.49) für μ = N/4 ... N/2.
   20 continue                               :
      do 30 mue = 1,Nhalbe-1                 :
        Re(N-mue) = Re(mue)                  :  Realteil symmetrisch um N/2,
        Im(N-mue) = -Im(mue)                 :  Imaginärteil antisymmetrisch um N/2.
   30 continue                               :
      if (dir .eq. 0) then                   :
      do 40 mue = 0,N-1                      :  Falls Transformation von Frequenz- in Zeitbereich:
        Re(mue) = 0.5*Re(mue)                :  Korrektur der Ausgangswerte
        Im(mue) = 0.5*Im(mue)                :  um den Faktor 0,5.
   40 continue                               :
      endif                                  :
      return                                 :
      end                                    :
```

Nach oben beschriebener Aufteilung der mit dem Feld Re übergebenen Eingangs-folge $\langle r(\nu)\rangle$ auf Real- und Imaginärteil von $\langle d(\nu)\rangle$ erfolgt eine FFT mit der Dimension $N/2$. Zur Bestimmung der gesuchten Spektralfolge $\langle R(\mu)\rangle \bullet\!\!\frac{N}{}\!\!\circ \langle r(\nu)\rangle$ aus der Folge $\langle D(\mu)\rangle \bullet\!\!\frac{N/2}{}\!\!\circ \langle d(\nu)\rangle$ ist anschließend noch folgender Zusammenhang zu berücksichtigen:

$$R(\mu)= [D_{Rg}(\mu) + j \cdot D_{Iu}(\mu)] + [D_{Ig}(\mu) - j \cdot D_{Ru}(\mu)] \cdot \exp(- j \cdot \pi \cdot \mu/(N/2)) \ . \tag{2.49}$$

Die hier verwendeten Größen D_{Rg}, D_{Ru}, D_{Ig} und D_{Iu} können analog zu (2.45) und (2.46) berechnet werden, jedoch ist N durch $N/2$ zu ersetzen. Der Ausdruck in der ersten Klammer stellt das μ-te Element der diskreten Fouriertransformierten von $\langle d_R(\nu)\rangle$ dar, während der zweite Klammerausdruck von der Teilfolge $\langle j\cdot d_I(\nu)\rangle$ herrührt. Die Multi-plikation mit der komplexen Exponentialfunktion ist auf die Zeitverschiebung um eine Stützstelle zwischen den beiden Teilfolgen zurückzuführen.

Bei der Transformation vom Frequenz- in den Zeitbereich (dir = 0) müssen die Aus-gangswerte noch um den Faktor ½ korrigiert werden, da das Unterprogramm FFT mit $N/2$ anstelle der tatsächlichen Stützstellenzahl N aufgerufen wurde (vgl. Programm 2.1).

In [179] wird gezeigt, daß sich bei reellen symmetrischen Eingangsfolgen die Dimension der FFT noch einmal um die Hälfte verringern läßt. Programm 2.3 zeigt die dazugehörige Implementierung für die Transformationsrichtung vom Zeit– in den Frequenzbereich.

Das Feld X beinhaltet zu Beginn die reelle Zeitfunktion, und anschließend das ebenfalls reelle Spektrum. Vor der Transformation wird X in einen Vektor Re der Länge $N/2$ umgeformt, dessen gerader Anteil aus den geradzahlig indizierten Elementen der Eingangsfolge gebildet wird, während der ungerade Anteil aus den ungeradzahlig indizierten Elementen besteht. Nach Aufruf des Unterprogramms RFFT (vgl. Programm 2.2) kann die gesuchte reelle Spektralfunktion aus den in den Feldern Re und Im zurückgegebenen Werten rekonstruiert werden. Diese Berechnung geschieht in der Programmschleife mit der Endemarke 30 nach den in [179] beschriebenen Gleichungen. Der Spektralwert $X(0)$ bedarf einer Sonderbehandlung.

Ein Rechenzeitvergleich mit $N = 1024$ reellen Folgenelementen zeigt, daß das Programm RFFT gegenüber dem für komplexe Folgen ausgelegten Programm FFT nur noch ca. 56% der Zeit in Anspruch nimmt. Wird zusätzlich die Symmetrie der Eingangsfolge unter Verwendung des Programms RSFFT ausgenutzt (z. B. für die LDS–Berechnung aus der AKF), so reduziert sich die Rechenzeit auf ca. 36% (bezogen auf FFT).

Programm 2.3: Fast–Fouriertransformation für reelle symmetrische Eingangsfolgen.

```
      subroutine RSFFT(N,TA,X)              :
      integer N,Nhalbe,N4,nue               :
      real X(0:N-1),Re(0:N/2),Im(0,N/2)     :
      real TA,B0,H,pi,s                     :
      pi = 4.*atan(1.)                      :   π = 4*arctan(1).
      Nhalbe = N/2                          :
      N4 = Nhalbe/2                         :
      do 10 nue = 1,N4-1                    :   Erzeugen des reellen Eingangsvektors Re aus
        H = X(2*nue+1)-X(2*nue-1)           :   jeweils 3 Stützwerten des Eingangsvektors X
        Re(nue) = X(2*nue)+H                :   für ν = 1,...,N/4–1
        Re(Nhalbe-nue) = X(2*nue)-H         :   bzw. ν = N/4,...,N/2–1. Hinweis:
   10 continue                             :   der Imaginärteil Im muß nicht vorbelegt werden.
      Re(0) = X(0)                          :
      Re(N4) = X(Nhalbe)                    :
      call RFFT(Nhalbe,TA,1,Re,Im)          :   RFFT mit N/2 und reellem Eingangsvektor Re.
      B0 = 0.                               :
      do 20 nue = 1,Nhalbe-1,2              :
        B0 = B0+X(nue)                      :
   20 continue                             :
      B0 = 2.*B0                            :
      X(0) = Re(0)+B0                       :   Direkte Berechnung des Gleichanteils.
      X(Nhalbe) = Re(0)-B0                  :
      do 30 nue = 1,N4                      :
        s = 2.*sin(2.*pi*nue/N)            :   Rekonstruktion des reellen Spektrums.
        H = Im(nue)/s                       :   im Bereich ν = 1,...,N/2–1.
        X(nue) = Re(nue)+H                  :
        X(Nhalbe-nue) = Re(nue)-H           :
   30 continue                             :
      do 40 nue = 1,Nhalbe-1               :   Zuordnung der oberen symmetrischen
        X(N-nue) = X(nue)                   :   Hälfte des Spektrums.
   40 continue                             :
      return                                :
      end                                   :
```

2.1.6   Zwei– und mehrdimensionale Fouriertransformation

In den Abschnitten 2.1.1 bis 2.1.5 wurde vorausgesetzt, daß die zu transformierende Funktion nur von einer Variablen, nämlich der Zeit t, abhängt. Dementsprechend konnte die Fouriertransformation eindimensional behandelt werden.

Bei vielen Anwendungen treten jedoch Funktionen von mehreren unabhängigen Variablen auf, die eine Erweiterung der eindimensionalen Fouriertransformation erforderlich machen. Anstelle von (2.5) und (2.6) lauten die Fourierintegrale bei n–dimensionaler Betrachtung (vgl. z. B. [10]):

$$X(f_1, \ldots, f_n) = \int\limits_{-\infty}^{+\infty} \ldots \int\limits_{-\infty}^{+\infty} x(t_1, \ldots, t_n) \cdot \exp(-\mathrm{j} \cdot 2\pi \cdot (f_1 \cdot t_1 + \ldots + f_n \cdot t_n)) \; \mathrm{d}t_1 \ldots \mathrm{d}t_n, \quad (2.50)$$

$$x(t_1, \ldots, t_n) = \int\limits_{-\infty}^{+\infty} \ldots \int\limits_{-\infty}^{+\infty} X(f_1, \ldots, f_n) \cdot \exp(\mathrm{j} \cdot 2\pi \cdot (t_1 \cdot f_1 + \ldots + t_n \cdot f_n)) \; \mathrm{d}f_1 \ldots \mathrm{d}f_n. \quad (2.51)$$

Zur Verdeutlichung des Zusammenhangs mit der eindimensionalen Fouriertransformation sind hierbei die n Variablen der Originalfunktion mit $t_1, \ldots, t_n$ und diejenigen der Spektralfunktion mit $f_1, \ldots, f_n$ bezeichnet.

Mehrdimensionale Signale treten z. B. in der Bildverarbeitung auf. Eine ruhende Bildvorlage ist dabei zweidimensional, da der Grauwert eines jeden Bildpunktes sich in Abhängigkeit der beiden Ortskoordinaten ändern kann. Dagegen ist eine Bewegtbildsequenz, z. B. ein Fernsehfilm, dreidimensional, da als weitere Dimension die Zeit hinzukommt. Bei räumlichen Bildern erhöht sich die Zahl der Dimensionen ebenfalls um 1.

Im folgenden sollen einige Aspekte der zweidimensionalen Fouriertransformation am Beispiel bildhafter Signale angesprochen werden. Auf Details kann und soll im Rahmen dieser kurzen Einführung nicht eingegangen werden. Hierzu muß auf die entsprechende Fachliteratur verwiesen werden, z. B. [10], [11], [108], [144], [175], [192] und [240].

Betrachtet werden Bildvorlagen, wie sie beispielsweise in der oberen Hälfte von Bild 2.6 dargestellt sind. Diese sind durch den Grauwert $x(\xi, \eta)$ in Abhängigkeiten der beiden zueinander orthogonalen Ortskoordinaten ξ und η vollständig beschrieben, wobei die Begrenzung $0 \le x(\xi, \eta) \le 1$ gelten soll, und die beiden Extremwerte $x = 0$ bzw. $x = 1$ den Helligkeitwerten "Schwarz" und "Weiß" entsprechen. Nach Anpassung der Nomenklatur an das vorliegende Problem lautet die Fourierkorrespondenz:

$$X(f_\xi, f_\eta) = \int\limits_{-\infty}^{+\infty} \int\limits_{-\infty}^{+\infty} x(\xi, \eta) \cdot \exp(-\mathrm{j} \cdot 2\pi \cdot (f_\xi \cdot \xi + f_\eta \cdot \eta)) \; \mathrm{d}\xi \; \mathrm{d}\eta \; , \quad (2.52)$$

$$x(\xi, \eta) = \int\limits_{-\infty}^{+\infty} \int\limits_{-\infty}^{+\infty} X(f_\xi, f_\eta) \cdot \exp(\mathrm{j} \cdot 2\pi \cdot (\xi \cdot f_\xi + \eta \cdot f_\eta)) \; \mathrm{d}f_\xi \; \mathrm{d}f_\eta \; . \quad (2.53)$$

Die Transformierte $X(f_\xi, f_\eta) \bullet\!\!-\!\!\circ\; x(\xi, \eta)$ einer zweidimensionalen Größe ist ebenfalls eine Funktion zweier unabhängiger Variabler, nämlich der Ortsfrequenzen f_ξ und f_η.

Ein Bild, bestehend aus einem einzelnen helleren Punkt an der Stelle (ξ_0, η_0) vor schwarzem Hintergrund, wird im Ortsbereich durch eine gewichtete Diracfunktion beschrieben:

$$x(\xi,\eta) = x(\xi_0,\eta_0) \cdot \delta(\xi - \xi_0, \eta - \eta_0) \ . \tag{2.54}$$

Die in dieser Gleichung verwendete *zweidimensionale Diracfunktion* besitzt die Eigenschaft, daß ihr Volumen den Wert 1 besitzt:

$$\int\limits_{-\infty}^{+\infty} \int\limits_{-\infty}^{+\infty} \delta(\xi,\eta) \ \mathrm{d}\xi \ \mathrm{d}\eta = 1 \ . \tag{2.55}$$

Sie unterscheidet sich damit bereits in der Einheit von der eindimensionalen Diracfunktion, die entsprechend (2.11) stets die Fläche 1 aufweist.

Für die Fouriertransformierte eines solchen diracförmigen Bildpunktes gilt analog zum eindimensionalen Fall:

$$X(f_\xi, f_\eta) = x(\xi_0, \eta_0) \cdot \exp(-\mathrm{j} \cdot 2\pi \cdot (f_\xi \cdot \xi_0 + f_\eta \cdot \eta_0)) \ . \tag{2.56}$$

Beispiel 2.3: Bild 2.6 zeigt oben einige binäre Ortsfunktionen $x(\xi,\eta) \in \{0, 1\}$. Die in der unteren Hälfte von Bild 2.6 dargestellten Spektralfunktionen wurden auf kohärent-optischem Wege gewonnen (vgl. [175]). Bei diesem Verfahren wird eine ebene Lichtwelle mit einem Diapositiv ("Ortsfunktion") moduliert. Nach der Kirchhoff'schen Fernfeldlösung ist dann die Fernfeldamplitude ein optisches Analogon zur Fouriertransformation. Mit Hilfe einer Sammellinse kann die unendlich ferne Lichtverteilung in der Brennebene abgebildet und auf photographischem Wege aufgezeichnet werden.

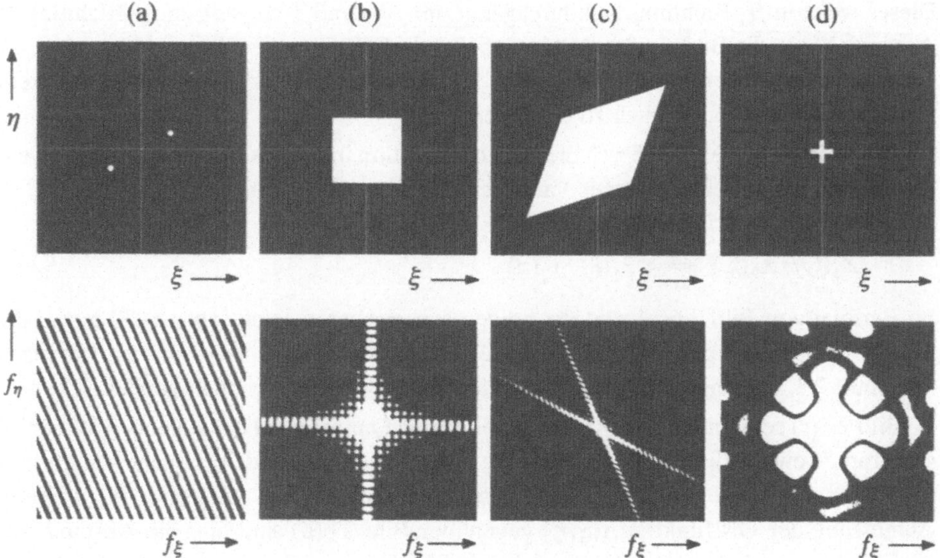

Bild 2.6: Beispiele zweidimensionaler Ortsfunktionen $x(\xi,\eta)$ und dazugehörige Energiespektren $|X(f_\xi, f_\eta)|^2$, entnommen aus [175].

Da alle optischen Empfänger (z. B. Film, Auge, Fernsehkamera) jeweils nur die Licht-intensität registrieren und daher nicht zwischen positiven und negativen Amplituden unterscheiden können, ist hier jeweils das *Energiespektrum* $|X(f_\xi,f_\eta)|^2$ dargestellt.

Besteht die Ortsfunktion wie in Bild 2.6(a) aus zwei weißen Punkten auf schwarzem Hintergrund, so können diese durch Diracfunktionen mit den Impulsgewichten 1 (maxi-male Helligkeit) angenähert werden. Man erhält mit der trigonometrischen Umformung $\exp(j \cdot a) + \exp(-j \cdot a) = 2 \cdot \cos(a)$:

$$x(\xi,\eta) = \delta(\xi + \xi_0, \eta + \eta_0) + \delta(\xi - \xi_0, \eta - \eta_0) \, , \tag{2.57}$$

$$X(f_\xi,f_\eta) = 2 \cdot \cos(2\pi \cdot (f_\xi \cdot \xi_0 + f_\eta \cdot \eta_0)) \, . \tag{2.58}$$

Das Energiespektrum hat für dieses Beispiel somit einen "wellblechförmigen" Verlauf:

$$|X(f_\xi,f_\eta)|^2 = 2 \cdot (1 + \cos(4\pi \cdot (f_\xi \cdot \xi_0 + f_\eta \cdot \eta_0))) \, . \tag{2.59}$$

Längs der Geraden $(f_\xi \cdot \xi_0 + f_\eta \cdot \eta_0) = $ const. ergeben sich jeweils gleiche Energieanteile, die in Bild 2.6(a) durch dunkle (wenig Energie) bzw. helle (viel Energie) Streifen zu erkennen sind. Aufgrund der nichtlinearen, nahezu logarithmischen Eigenschaften des Fotofilms erscheinen dabei die hellen Streifen breiter als die dunklen. In der orthogo-nalen Richtung ist der Übergang zwischen den Minima und Maxima cosinusförmig.

Für die Fouriertransformierte eines Rechtecks mit den Abmessungen $\Delta\xi$ und $\Delta\eta$ sowie dem Helligkeitswert $\hat{x}$ gilt mit $\text{si}(x) = \sin(x)/x$:

$$X(f_\xi,f_\eta) = \hat{x} \cdot \Delta\xi \cdot \Delta\eta \cdot \text{si}(\pi \cdot \Delta\xi \cdot f_\xi) \cdot \text{si}(\pi \cdot \Delta\eta \cdot f_\eta) \, . \tag{2.60}$$

Dieses weist in f_ξ-Richtung Nulldurchgänge im Abstand $1/\Delta\xi$ auf, in f_η-Richtung im Abstand $1/\Delta\eta$. In Bild 2.6(b) ist für den Sonderfall eines Quadrates ($\Delta\xi = \Delta\eta$) das dazugehörige (wiederum näherungsweise logarithmische) Energiespektrum dargestellt, wobei die Nullstellen deutlich zu erkennen sind.

Dieses Beispiel zeigt, daß sich die Spektralfunktion immer dann in das Produkt zweier Funktionen mit jeweils nur einer Variablen zerlegen läßt, wenn dies auch für die Orts-funktion gilt ("Separierungssatz"):

$$X_1(f_\xi) \cdot X_2(f_\eta) \; \bullet\!\!-\!\!\circ \; x_1(\xi) \cdot x_2(\eta) \, . \tag{2.61}$$

Im Beispiel von Bild 2.6(b) sind die beiden separierbaren Funktionen $x_1(\xi)$ bzw. $x_2(\eta)$ jeweils Rechteckfunktionen der Breite $\Delta\xi$ bzw. $\Delta\eta$. Diese besitzen, wie bereits in Abschnitt 2.1.1 gezeigt wurde, jeweils si–förmige Spektralfunktionen gemäß (2.7).

Bild 2.6(c) zeigt ein in 45°–Richtung gedehntes Quadrat und das zugehörige Energie-spektrum. Sowohl die Orts– als auch die Spektralfuntion sind hier nicht separierbar, sondern nur als zweidimensionale Funktionen beschreibbar. Aufgrund der größeren Abmessung der Ortsfunktion $x(\xi,\eta)$ gegenüber Bild 2.6(b) sind hier die Abstände der Nulldurchgänge der Spektralfunktion $X(f_\xi,f_\eta)$ kleiner.

Bild 2.6(d) soll schließlich deutlich machen, daß die zweidimensionale Fouriertrans-formation durchaus auch künstlerische Elemente beinhaltet.

Zur *mehrdimensionalen diskreten Fouriertransformation* gelangt man analog zu Abschnitt 2.1.2 durch die beiden Operationen "Abtastung" und "Periodifizierung". Für das Folgende wird dabei vorausgesetzt, daß der Abstand zweier benachbarter Abtastwerte der Originalfunktion $x(t_1, \ldots, t_n)$ in allen n Richtungen gleich sei und jeweils T_A betrage. Ebenso sei der Abstand f_A zweier Spektralabtastwerte in allen n Dimensionen gleich.

Analog zum eindimensionalen Fall werden nun folgende Substitutionen vorgenommen (vgl. (2.26) und (2.27)):

$$d(v_1, \ldots, v_n) = P_n\{x(t_1, \ldots, t_n)\}\Big|_{t_1 = v_1 \cdot T_A,\; t_2 = v_2 \cdot T_A,\; \text{usw.}} \tag{2.62}$$

$$D(\mu_1, \ldots, \mu_n) = f_A^n \cdot P_n\{X(f_1, \ldots, f_n)\}\Big|_{f_1 = \mu_1 \cdot f_A,\; f_2 = \mu_2 \cdot f_A,\; \text{usw.}} \tag{2.63}$$

Die Koeffizienten $d(v_1, \ldots, v_n)$ der Originalfunktion sind somit die Abtastwerte der periodisch in alle n Dimensionen fortgesetzten Funktion $x(t_1, \ldots, t_n)$. Für die Grundintervalle der einzelnen Laufvariablen gilt dabei:

$$0 \le v_1 \le N_1 - 1, \quad \ldots, \quad 0 \le v_n \le N_n - 1 \; . \tag{2.64}$$

In ähnlicher Weise ergeben sich die Koeffizienten $D(\mu_1, \ldots, \mu_n)$ aus der periodisch fortgesetzten Spektralfunktion durch Abtastung. Wegen der Multiplikation mit f_A^n besitzen diese DFT-Koeffizienten die gleiche Einheit wie die Koeffizienten $d(v_1, \ldots, v_n)$.

Mit den Grundintervallen

$$0 \le \mu_1 \le N_1 - 1, \quad \ldots, \quad 0 \le \mu_n \le N_n - 1 \tag{2.65}$$

lauten somit die Gleichungen der n-dimensionalen diskreten Fouriertransformation und der Rücktransformation analog zu (2.29) und (2.30):

$$D(\mu_1, \ldots, \mu_n) = \frac{1}{N_1 \cdot \ldots \cdot N_n} \sum_{v_1 = 0}^{N_1 - 1} \ldots \sum_{v_n = 0}^{N_n - 1} d(v_1, \ldots, v_n) \cdot \exp(-j \cdot 2\pi \cdot (\frac{v_1 \cdot \mu_1}{N_1} + \ldots + \frac{v_n \cdot \mu_n}{N_n}))$$

bzw. $\tag{2.66}$

$$d(v_1, \ldots, v_n) = \sum_{\mu_1 = 0}^{N_1 - 1} \ldots \sum_{\mu_n = 0}^{N_n - 1} D(\mu_1, \ldots, \mu_n) \cdot \exp(j \cdot 2\pi \cdot (\frac{v_1 \cdot \mu_1}{N_1} + \ldots + \frac{v_n \cdot \mu_n}{N_n})) \; . \tag{2.67}$$

Zur Abschätzung des Rechenaufwands bei n-dimensionaler DFT wird nun vereinbart, daß $N_1 = \ldots = N_n = N$ sei. Um einen DFT-Koeffizienten mit (2.66) zu bestimmen, sind N^n komplexe Multiplikationen und etwa ebensoviele komplexe Additionen erforderlich. Jede komplexe Multiplikation bedeutet vier reelle Multiplikationen sowie zwei reelle Additionen, jede komplexe Addition zwei reelle. Somit beträgt die Anzahl der reellen Operationen (Summe der reellen Additionen und Multiplikationen) zur Bestimmung aller N^n DFT-Koeffizienten:

$$O_{\text{DFT}} \approx 8 \cdot N^{2 \cdot n} \; . \tag{2.68}$$

In Tabelle 2.5 ist O_{DFT} für $N = 512$ und verschiedene Dimensionen ($n = 1, \ldots, 4$) zahlenmäßig angegeben.

Tabelle 2.5: Anzahl O_{DFT} der erforderlichen reellen Rechenoperationen sowie notwendige Rechenzeit T_{DFT} zur Durchführung einer DFT (2.66) bzw. IDFT (2.67) mit $N_1 = \ldots = N_n = 512$, abhängig von der Dimension n.

n	1	2	3	4
O_{DFT}	$2,1 \cdot 10^6$	$5,5 \cdot 10^{11}$	$1,7 \cdot 10^{17}$	$3,8 \cdot 10^{22}$
T_{DFT}	≈ 2 Sekunden	≈ 6 Tage	≈ 4400 Jahre	sehr lange

Um den enormen Anstieg des Rechenaufwands mit steigender Dimension n noch drastischer darzustellen, ist in Tabelle 2.5 neben O_{DFT} auch die resultierende Rechenzeit für die Durchführung einer DFT angegeben, die sich bei einem 1 MFlops–Rechner ergibt (1 MFlops bedeutet 10^6 Float–Operationen pro Sekunde). Bei diesen Zahlenangaben sind allerdings keine Beschleunigungsmechanismen wie z. B. die FFT berücksichtigt.

Zur Vereinfachung der Gleichungen wird nun der zweidimensionale Fall betrachtet:

$$[D(\mu_1,\mu_2)] \overset{N_1,N_2}{\bullet\!\!-\!\!\circ}{}^2 [d(\nu_1,\nu_2)] . \tag{2.69}$$

Die eckigen Klammern kennzeichnen (zweidimensionale) Zahlenfelder im Gegensatz zu (eindimensionalen) Zahlenfolgen, die stets durch $\langle \ldots \rangle$ dargestellt sind.

Aus (2.66) folgt mit $n = 2$ und Aufspaltung der Doppelsumme (vgl. [240]):

$$D(\mu_1,\mu_2) = \frac{1}{N_1} \cdot \sum_{\nu_1=0}^{N_1-1} D_{\mathrm{Z}}(\nu_1,\mu_2) \cdot \exp(-\,\mathrm{j} \cdot 2\pi \cdot \frac{\nu_1 \cdot \mu_1}{N_1}) \tag{2.70}$$

mit

$$D_{\mathrm{Z}}(\nu_1,\mu_2) = \frac{1}{N_2} \sum_{\nu_2=0}^{N_2-1} d(\nu_1,\nu_2) \cdot \exp(-\,\mathrm{j} \cdot 2\pi \cdot \frac{\nu_2 \cdot \mu_2}{N_2}) . \tag{2.71}$$

Jede dieser beiden Gleichungen entspricht einer eindimensionalen DFT. Bild 2.7 soll dies anhand der Parameter $N_1 = 3$, $N_2 = 4$ verdeutlichen. Gesucht sei beispielsweise der DFT–Koeffizient $D(1,2)$. Gleichung (2.70) besagt nun, daß hierzu die Größen $D_{\mathrm{Z}}(0,2)$, $D_{\mathrm{Z}}(1,2)$ und $D_{\mathrm{Z}}(2,2)$ benötigt werden. Diese können gemäß (2.71) aus jeweils einer Zeile (daher Index "Z") der Originalmatrix $[d(\nu_1,\nu_2)]$ durch eindimensionale Fouriertransformation gewonnen werden.

Die Gleichungen (2.70) und (2.71) besagen auch, daß eine zweidimensionale DFT für ein Zahlenfeld mit $N_1 \cdot N_2$ Komponenten aufgrund der Separierbarkeit auf N_1 eindimensionale Transformationen der Länge N_2 und N_2 Transformationen der Länge N_1 zurückgeführt werden kann. Formal läßt sich diese Vorgehensweise wie folgt darstellen:

1.   für $0 \leq \nu_1 \leq N_1-1$: $\langle D_{\mathrm{Z}}(\nu_1,\mu_2) \rangle \overset{N_2}{\bullet\!\!-\!\!\circ} \langle d(\nu_1,\nu_2) \rangle$, $\qquad$ (2.72)

2.   für $0 \leq \mu_2 \leq N_2-1$: $\langle D(\mu_1,\mu_2) \rangle \overset{N_1}{\bullet\!\!-\!\!\circ} \langle D_{\mathrm{Z}}(\nu_1,\mu_2) \rangle$. $\qquad$ (2.73)

Diese eindimensionalen Folgen sind wieder durch $\langle \ldots \rangle$ gekennzeichnet.

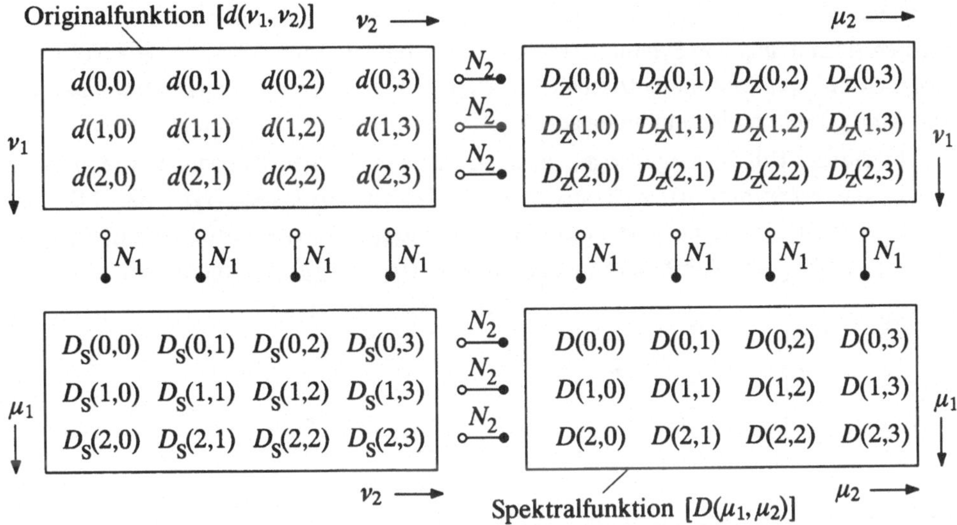

Bild 2.7: Zur Separierbarkeit der zweidimensionalen Fouriertransformation am Beispiel der Zahlenwerte $N_1 = 3$ und $N_2 = 4$.

Bild 2.7 zeigt weiterhin, daß auch ein zweiter Lösungsweg möglich ist, nämlich zuerst die DFT aller Spalten der Originalfunktion mit den N_2 Ergebnissen $D_S(\mu_1, \nu_2)$ und anschließend die Berechnung des gesuchten DFT–Koeffizienten $D(1,2)$ aus den Werten $D_S(1,0)$, $D_S(1,1)$, $D_S(1,2)$ und $D_S(1,3)$. Dieser Lösungsweg kann mathematisch wie folgt formuliert werden:

1. für $0 \leq \nu_2 \leq N_2 - 1$: $\langle D_S(\mu_1, \nu_2) \rangle \overset{N_1}{\bullet\!\!-\!\!\circ} \langle d(\nu_1, \nu_2) \rangle$, (2.74)

2. für $0 \leq \mu_1 \leq N_1 - 1$: $\langle D(\mu_1, \mu_2) \rangle \overset{N_2}{\bullet\!\!-\!\!\circ} \langle D_S(\mu_1, \nu_2) \rangle$. (2.75)

Beide Wege führen mit dem gleichen Rechenaufwand zum gleichen Ergebnis.

Für die folgende Aufwandsabschätzung wird wiederum $N_1 = N_2 = N$ gesetzt. Mit dieser Annahme ergeben sich $2 \cdot N$ eindimensionale Fouriertransformationen, jeweils der Länge N, die sinnvollerweise als FFT (vgl. Abschnitt 2.1.4) realisiert werden. Setzt man weiterhin eine reelle Originalfunktion [$d(\nu_1, \nu_2)$] voraus, so können bei N dieser eindimensionalen Transformationen, nämlich für (2.72) bzw. (2.74), der um den Faktor 2 aufwandsreduzierte Algorithmus "RFFT" (vgl. Programm 2.2) eingesetzt werden.

Für die Anzahl der reellen Rechenoperationen einer zweidimensionalen FFT gilt:

$$O_{\text{2-FFT}} = \frac{3 \cdot N}{2} \cdot O_{\text{1-FFT}} \approx \frac{3 \cdot N^2}{2} \cdot (5 \cdot \mathrm{ld}(N) - 6) . \qquad (2.76)$$

Hierbei ist für $O_{\text{1-FFT}}$ die Summe aus (2.40) und (2.41) verwendet. Damit ergibt sich für $N = 512$ ein Wert von $O_{\text{2-FFT}} \approx 1{,}5 \cdot 10^7$. Bei gleichem Rechner wie für Tabelle 2.5 vorausgesetzt beträgt die Rechenzeit 150 Sekunden gegenüber 6 Tagen bei Anwendung der allgemeinen DFT-Gleichungen (2.66) bzw. (2.67).

Abschließend sei noch darauf hingewiesen, daß bei vielen Anwendungen die Dimension n durch Ausnutzung von Symmetrieeigenschaften reduziert werden kann. Beispielsweise läßt sich bei rotationssymmetrischen Funktionen der Zusammenhang zwischen $x(\xi,\eta)$ und $X(f_\xi,f_\eta)$ durch eine eindimensionale Transformation beschreiben.

In diesem Fall ist es günstiger, anstelle der kartesischen Koordinaten (ξ,η) bzw. (f_ξ,f_η) die Polarkoordinaten (ϱ,ϕ) bzw. (f_ϱ,f_ϕ) zu verwenden (vgl. Bild 2.8). Die Ortsfunktion $x(\xi,\eta)$ geht dann in die Funktion $x_{PK}(\varrho,\phi)=x(\varrho\cdot\cos(\phi),\ \varrho\cdot\sin(\phi))$ über, deren zugehörige Spektralfunktion $X_{PK}(f_\varrho,f_\phi)=X(f_\varrho\cdot\cos(f_\phi),\ f_\varrho\cdot\sin(f_\phi))$ ist.

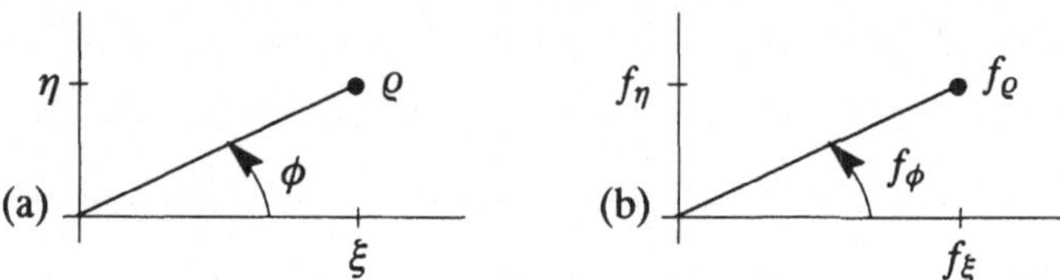

Bild 2.8:   Polarkoordinaten im Ortsbereich (a) und im Spektralbereich (b).

Aus dem Fourierintegral (2.52) ergibt sich mit dieser Koordinatentransformation:

$$X_{PK}(f_\varrho,f_\phi) = \int\limits_{0}^{\infty}\int\limits_{-\pi}^{+\pi} \varrho\cdot x_{PK}(\varrho,\phi)\cdot\exp(-j\cdot 2\pi\cdot f_\varrho\cdot\varrho\cdot\cos(f_\phi-\phi))\ d\phi\ d\varrho\ . \qquad (2.77)$$

Bei einer rotationssymmetrischen Funktion ist nun $x_{PK}(\varrho,\phi)=x_{PK}(\varrho)$ unabhängig von ϕ, so daß $\varrho\cdot x_{PK}(\varrho,\phi)$ aus dem inneren Integral herausgezogen werden kann. Ebenso ist die Transformierte $X_{PK}(f_\varrho,f_\phi)=X_{PK}(f_\varrho)$ unabhängig von f_ϕ. Aus (2.77) erhält man somit die als *Hankel–Transformation* bekannte Korrespondenz

$$X_{PK}(f_\varrho) = 2\pi\cdot\int\limits_{0}^{\infty} \varrho\cdot x_{PK}(\varrho)\cdot B_0(2\pi\cdot f_\varrho\cdot\varrho)\ d\varrho\ , \qquad (2.78)$$

wobei $B_0(.)$ die *Besselfunktion nullter Ordnung* ist, die sich als Sonderfall $(n=0)$ der allgemeinen Definitionsgleichung ergibt (vgl. [32]):

$$B_n(u) = \frac{j^{-n}}{\pi}\cdot\int\limits_{0}^{\pi} \exp(j\cdot u\cdot\cos(a))\cdot\cos(n\cdot a)\ da\ . \qquad (2.79)$$

Man symbolisiert die Hankel–Transformation häufig in gleicher Weise wie die Fouriertransformation durch $x_{PK}(\varrho)\ \circ\!\!-\!\!\bullet\ X_{PK}(f_\varrho)$. In diesem Fall müssen die beiden Argumente zumindest gedanklich durch $\varrho=(\xi^2+\eta^2)^{1/2}$ bzw. $f_\varrho=(f_\xi^2+f_\eta^2)^{1/2}$ ersetzt werden.

Für die Rücktransformation erhält man aus ähnlichen Überlegungen:

$$x_{PK}(\varrho) = 2\pi\cdot\int\limits_{0}^{\infty} f_\varrho\cdot X_{PK}(f_\varrho)\cdot B_0(2\pi\cdot f_\varrho\cdot\varrho)\ df_\varrho\ . \qquad (2.80)$$

Aus (2.78) und (2.80) ist ersichtlich, daß die Hankel–Transformation symmetrisch ist, so daß in beiden Richtungen der gleiche Algorithmus verwendet werden kann.

Beispiel 2.4:   Die Ortsfunktion sei kreisförmig mit dem Radius r:

$$x_{\mathrm{PK}}(\varrho) = \begin{cases} 1 & \text{für } \varrho \leq r\,, \\ 0 & \text{für } \varrho > r\,. \end{cases} \qquad (2.81)$$

Bild 2.9(a) zeigt einen Schnitt durch diese rotationssymmetrische Funktion.

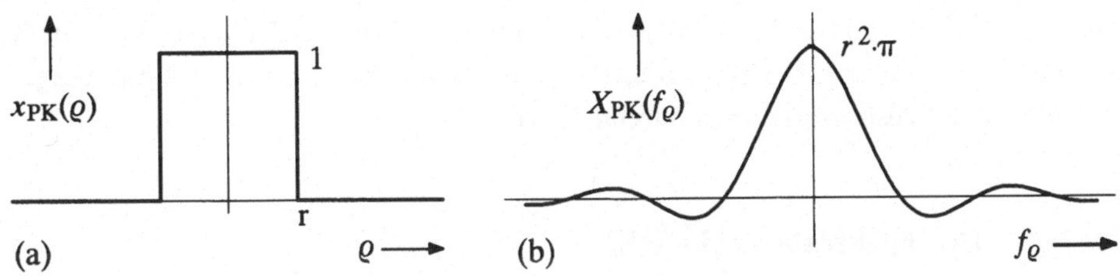

(a)   (b)

Bild 2.9:   Kreisförmige Ortsfunktion (a) und dazugehörige Spektralfunktion (b).

Somit erhält man entsprechend der Hankel–Transformation (2.78) für die ebenfalls rotationssymmetrische Spektralfunktion (vgl. Bild 2.9(b))

$$X_{\mathrm{PK}}(f_\varrho) = 2\pi \cdot \int_0^r \varrho \cdot \mathrm{B}_0(2\pi \cdot f_\varrho \cdot \varrho)\, \mathrm{d}\varrho = r^2 \cdot \pi \cdot \mathrm{somb}(2\pi \cdot r \cdot f_\varrho)\,. \qquad (2.82)$$

Die in dieser Gleichung verwendete Funktion

$$\mathrm{somb}(u) = \frac{2 \cdot \mathrm{B}_1(u)}{u} \qquad (2.83)$$

wird in der Literatur häufig als die *"Sombrero–Funktion"* bezeichnet. $\mathrm{B}_1(u)$ gibt hierbei die *Besselfunktion erster Ordnung* an (vgl. (2.79) mit $n = 1$).

Der Darstellung von Bild 2.9(b) ist zu entnehmen, daß die Sombrero–Funktion in Abhängigkeit der Radialfrequenz f_ϱ einen si–ähnlichen Verlauf besitzt. Der Wert $r^2 \cdot \pi$ bei der Radialfrequenz $f_\varrho = 0$ ist gleich dem Volumen unter der Ortsfunktion.

In Bild 2.10 ist die Sombrero–Funktion im Vergleich zur Funktion $\mathrm{si}(2\pi \cdot r \cdot f_\varrho)$ dargestellt, die nach Beispiel 2.1 die eindimensionale Fouriertransformierte der um $\varrho = 0$ symmetrischen Rechteckfunktion der Breite $2 \cdot r$ ist. Demgegenüber fällt die Hankel–Transformierte der kreisförmigen Ortsfunktion schneller ab (asymptotisch mit $f^{-3/2}$), wobei die Nullstellen zu größeren Werten hin verschoben sind.

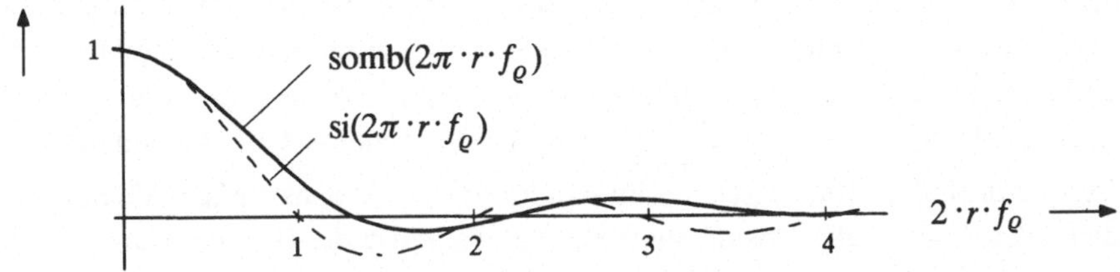

Bild 2.10: Gegenüberstellung von "Sombrero"–Funktion und si–Funktion.

2.2   Spektralanalyse deterministischer Signale

Inhalt: In den folgenden Abschnitten werden solche Probleme angesprochen, die mit der Anwendung der Diskreten Fouriertransformation (DFT) auf zeitlich unbegrenzte, deterministische Signale in Zusammenhang stehen. Nach einer kurzen Erläuterung des spektralen Leckeffektes wird gezeigt, daß dieser störende Einfluß durch die Verwendung einer Fensterfunktion bei der Spektralanalyse abgeschwächt werden kann. Anschließend werden die wichtigsten Gütekriterien der Spektralanalyse genannt und ein Vergleich verschiedener Fensterfunktionen durchgeführt.

2.2.1   Der spektrale Leckeffekt

Im Abschnitt 2.1 wurde bereits auf mögliche Fehler bei der Ermittlung der Spektralfunktion $X(f) \bullet\!\!\!-\!\!\!\!-\!\!\!\circ x(t)$ mittels der Diskreten Fouriertransformation eingegangen. Diese Fehler sind auf die zur Anwendung der DFT notwendige Abtastung und zeitliche Begrenzung des zu untersuchenden Signals $x(t)$ zurückzuführen.

Der durch die Diskretisierung entstehende Aliasingfehler kann dadurch verkleinert werden, daß vor der Abtastung alle oberhalb der durch das Abtasttheorem bestimmten Grenzfrequenz $f_P/2 = 1/(2 \cdot T_A)$ liegenden Spektralanteile durch einen Tiefpaß herausgefiltert werden, was jedoch stets eine Verfälschung des Spektrums zur Folge hat. Eine weitere Möglichkeit zur Verminderung des Bandüberlappungsfehlers ist die feinere Abtastung des Zeitsignals (Verkleinerung von T_A), was allerdings bei gleicher spektraler Auflösung im Frequenzabstand f_A auch eine Vergrößerung der Stützstellenzahl N und damit einen größeren Rechenaufwand bedeutet.

Der von der zeitlichen Begrenzung herrührende Abbruchfehler ist bei impulsartigen Signalen durch geeignete Wahl des DFT–Parameters T_P ebenfalls vermeidbar. Im folgenden betrachten wir jedoch zeitlich unbegrenzte Signale, bei denen ein Abbruchfehler häufig unvermeidbar ist. Dies soll durch ein einfaches Beispiel verdeutlicht werden.

Beispiel 2.5:   Das Spektrum eines periodischen Signals $x(t) = \hat{x} \cdot \cos(2\pi \cdot f_x \cdot t)$ soll mit Hilfe der DFT bestimmt werden, wobei $T_A = 1\,\mu s$ und $N = 32$ beträgt. Daraus folgt für die Breite des Grundintervalls im Zeitbereich (vgl. Abschnitt 2.1.2): $T_P = N \cdot T_A = 32\,\mu s$.

In Bild 2.11 sind für zwei Cosinussignale mit unterschiedlichen Frequenzen f_x jeweils links die DFT–Koeffizienten $d(\nu)$ nach (2.30) angegeben, wobei aus Darstellungsgründen das Grundintervall symmetrisch (d. h. $-N/2 \le \nu < N/2$) gewählt und die Signalamplitude $\hat{x}$ gleich 1 gesetzt ist. Die beiden rechten Bilder zeigen die jeweiligen Ergebnisse der DFT in einer logarithmischen und um die Frequenz $f = 0$ symmetrischen Darstellung.

Wird, wie in Bild 2.11(a), durch die Intervallbreite T_P ein ganzzahliges Vielfaches der Periodendauer $T_x = 1/f_x$ des Cosinussignals erfaßt, so liefert die DFT das richtige Ergebnis. Die beiden Diracfunktionen liegen hier exakt bei den Frequenzen $\pm 4 \cdot f_A = \pm 125\,kHz$ und besitzen jeweils die Höhe 0,5 (d. h. es ist $20 \cdot \lg|D(\mu)| = -6\,dB$).

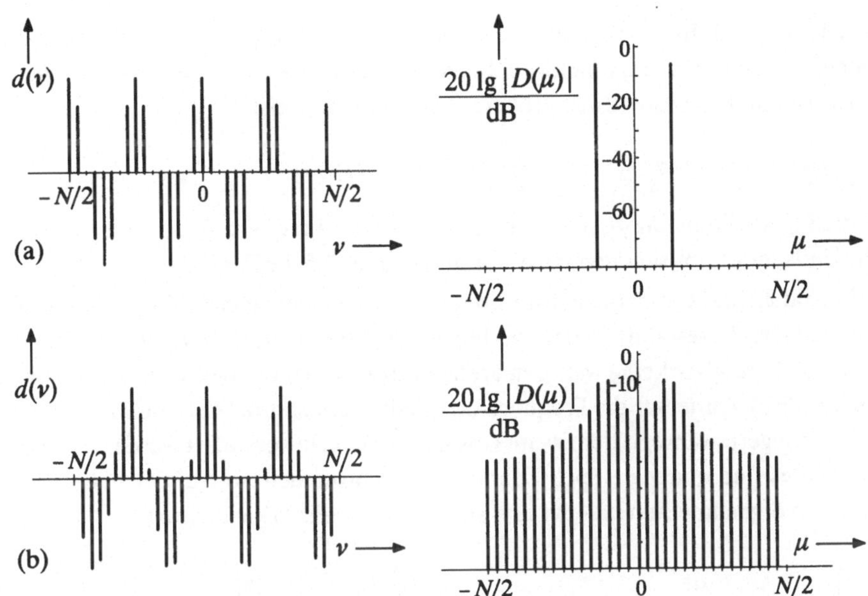

Bild 2.11: Zeitdiskretisiertes und –begrenztes Cosinussignal und das logarithmisch
dargestellte DFT-Ergebnis mit den Parametern $T_A = 1\,\mu s$ und $N = 32$:
- (a) $T_x = 8\,\mu s$, d. h. der Quotient T_P/T_x ist ganzzahlig,
- (b) $T_x = 9{,}25\,\mu s$, d. h. der Quotient T_P/T_x ist nicht ganzzahlig,

Der Grund für das Funktionieren der DFT in diesem Sonderfall ist, daß die periodische Fortsetzung des betrachteten Zeitausschnittes mit dem tatsächlichen Verlauf des Signals $x(t)$ übereinstimmt.

In Bild 2.11(b) ist dagegen die Beobachtungsdauer T_P kein ganzzahliges Vielfaches der Periodendauer T_x. Durch die periodische Fortsetzung des Zeitausschnittes entstehen somit Phasensprünge um π, die zu einer Verfälschung des DFT-Ergebnisses führen. Der Spektralbereich besteht nun nicht mehr aus zwei Diracfunktionen, sondern aus einer annähernd "kontinuierlichen" Frequenzfunktion mit einem Maximum in der Nähe der tatsächlichen Signalfrequenz f_x und einer Reihe weiterer Spektralanteile, die in der Literatur meist *Seitenkeulen* (engl.: *"side lobes"*) genannt werden.

Die beiden nächsten Spektrallinien zu $f_x \approx 108\,\text{kHz}$ liegen bei $3 \cdot f_A = 93{,}75\,\text{kHz}$ sowie bei $4 \cdot f_A = 125\,\text{kHz}$. Diese Linien besitzen etwa die gleichen Amplitudenwerte, während alle anderen Spektrallinien fast um $10\,\text{dB}$ niedriger sind.

Die Verfälschung des Spektrums eines zeitlich unbegrenzten, deterministischen Signals aufgrund der impliziten Zeitbegrenzung der DFT bezeichnet man als den *spektralen Leckeffekt*. Dadurch werden, wie im Beispiel 2.5 gezeigt, im Zeitsignal nicht vorhandene Frequenzkomponenten vorgetäuscht oder es werden tatsächlich enthaltene Spektralanteile durch die Seitenkeulen verdeckt bzw. kompensiert. Dieser zweite Fall soll durch das nachfolgende Beispiel verdeutlicht werden.

Beispiel 2.6:   In Bild 2.12 wird die DFT auf ein periodisches, aus zwei Cosinusanteilen bestehendes Zeitsignal angewandt, wobei die niederfrequentere Cosinusschwingung eine um den Faktor 100 (also 40 dB) größere Amplitude aufweist:

$$x(t) = \hat{x} \cdot \cos(2\pi \cdot f_1 \cdot t) + \frac{\hat{x}}{100} \cdot \cos(2\pi \cdot f_2 \cdot t) \,. \tag{2.84}$$

Die niedrigere Frequenz f_1 sei 125 kHz, die höhere Frequenz f_2 doppelt so groß. Die Periodendauer ergibt sich demnach wie im Beispiel 2.5 zu $T_x = 8\,\mu\text{s}$.

Für Bild 2.12(a) wurde die Fensterbreite T_P gleich einem ganzzahligen Vielfachen der Periodendauer T_x gewählt, so daß die beiden Spektralanteile eindeutig erkennbar sind, und die DFT–Analyse keine weiteren Frequenzkomponenten suggeriert. Beim Übergang zu Bild 2.12(b) wurde nur die Frequenz des niederfrequenteren Cosinusanteils ein wenig weiter verringert, während der zweite Cosinusanteil nicht verändert wurde. Aufgrund des Leckeffektes sind nun viele Spektralanteile neu entstanden, so daß der höherfrequente der beiden Signalanteile verdeckt und somit nicht mehr erkennbar ist.

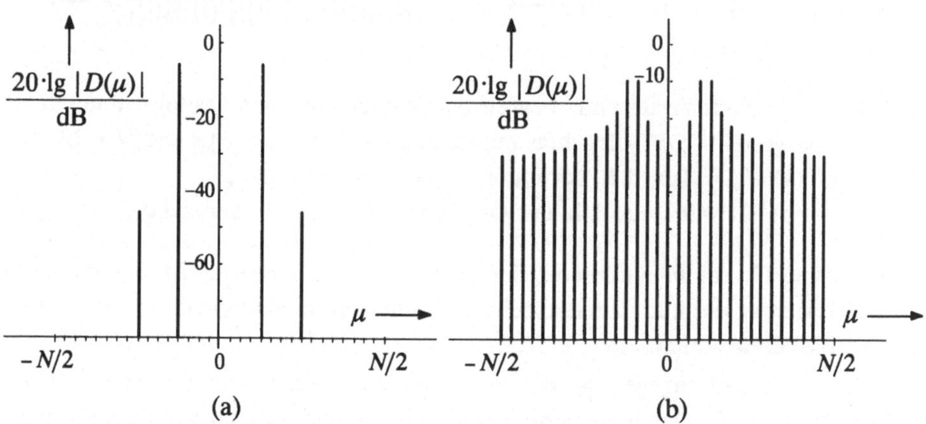

Bild 2.12: Mittels DFT bestimmter Spektralbereich eines periodischen Zeitsignals
gemäß (2.84), bestehend aus der Summe zweier Cosinusanteile:
(a)   Fensterbreite T_P gleich einem Vielfachen der Periodendauer T_x,
(b)   Fensterbreite T_P ungleich einem Vielfachen der Periodendauer.

Die Beispiele 2.5 und 2.6 haben gezeigt, daß zur Bestimmung der Spektralanteile eines zeitlich unbegrenzten Signals $x(t)$ die Anwendung der Diskreten Fouriertransformation (ohne Zusatzmaßnahmen) nicht sinnvoll ist. Die Güte der Spektralanalyse wird in diesem Fall hauptsächlich durch die Anpassung der DFT-Parameter an die vorliegenden Signalparameter bestimmt.

Ist z. B. die Periodendauer T_x eines periodischen Signals bekannt, so sollte die Breite T_P des für die DFT herangezogenen Signalausschnittes ein ganzzahliges Vielfaches von T_x betragen. Die Aufgabe der Spektralanalyse ist jedoch das Auffinden irgendwie gearteter Signalanteile, so daß die Kenntnis der Periodendauer T_x im allgemeinen nicht vorausgesetzt werden kann.

2.2.2   Fensterfunktionen

Es soll nun versucht werden, das Zustandekommen der unerwünschten Seitenkeulen systemtheoretisch zu erklären. Die für die DFT erforderliche Zeitbegrenzung entspricht der Multiplikation des Zeitsignals $x(t)$ mit einer rechteckförmigen Fensterfunktion $w(t)$ der Breite T_P und der Höhe 1. Bild 2.13(a) zeigt links die zeitdiskrete Darstellung

$$w(v) = w(t)\Big|_{t = v \cdot T_\mathrm{A}} \tag{2.85}$$

dieser eigentlich kontinuierlichen Fensterfunktion, wobei die Laufvariable die Werte $-N/2 \le v < N/2$ annehmen kann.

Die *Fensterung*, d. h. die Begrenzung des Zeitsignals auf N diskrete Abtastwerte, bedeutet für den Spektralbereich die Faltung des tatsächlichen, ungefensterten Spektrums $X(f)$ mit der Fouriertransformierten $W(f) \bullet\!\!-\!\!\circ w(t)$ der verwendeten Fensterfunktion.

Im Fall des Rechteckfensters lautet die Fouriertransformierte $W(f) = T_\mathrm{P} \cdot \mathrm{si}(\pi \cdot f \cdot T_\mathrm{P})$. Diese weist bei allen Vielfachen der Frequenz $f_\mathrm{A} = 1/T_\mathrm{P}$ mit Ausnahme der Frequenz $f = 0$ Nulldurchgänge auf, wie auch aus der rechten Darstellung von Bild 2.13(a) zu ersehen ist.

Liegen alle Spektralanteile des zu transformierenden Zeitsignals $x(t)$ genau bei den diskreten Frequenzwerten $\mu \cdot f_\mathrm{A}$ (mit $-N/2 \le \mu < N/2$), wie es beispielsweise für Bild 2.11(a) und 2.12(a) zutrifft, so werden die frequenzdiskreten Abtastwerte des Spektrums durch die Faltung mit $W(f)$ nicht verfälscht.

Liegt dagegen auch nur eine Spektrallinie außerhalb des festgelegten Frequenzrasters, so erhält man durch die Faltung mit $W(f)$ nichtverschwindende Produkte, da die Nullstellen der si–Funktion nun nicht mehr auf den diskreten Abtastwerten des Spektralbereichs zu liegen kommen. Dieser Sachverhalt ist z. B. bei den Bildern 2.11(b) und 2.12(b) gegeben.

Die durch die Begrenzung und die periodische Fortsetzung entstehenden Unstetigkeiten im Zeitbereich lassen sich vermindern, wenn statt einer konstanten '1'–Bewertung des Zeitsignals durch das Rechteckfenster die Randbereiche des Fensters schwächer gewichtet werden als der mittlere Bereich. Bild 2.13 zeigt einige ausgewählte Fensterfunktionen, wobei in Bild 2.13(a) zum Vergleich das bisher ausschließlich betrachtete Rechteckfenster dargestellt ist.

Durch die geringere Bewertung der bei zeitlich unbegrenzten Signalen problematischen Randbereiche weisen die Spektralfunktionen $W(f)$ der Bilder 2.13(b) bis 2.13(g) geringere Seitenschwinger auf als die si–Funktion von Bild 2.13(a), was dementsprechend auch zu geringeren Leckkomponenten führt.

Zeitverläufe, Spektren und Parameter der hier behandelten Fensterfunktionen sind z. B. in [94] ausführlich beschrieben. Grundsätzlich kann gesagt werden, daß die bessere Unterdrückung der Seitenkeulen stets zu Lasten einer merkbaren Verkleinerung und Verbreiterung der Hauptkeule geht und damit die Frequenzauflösung gegenüber der Rechteckfensterung eingeschränkt wird.

(a) $-N/2 \leq \nu < N/2$:

$w(\nu) = 1$

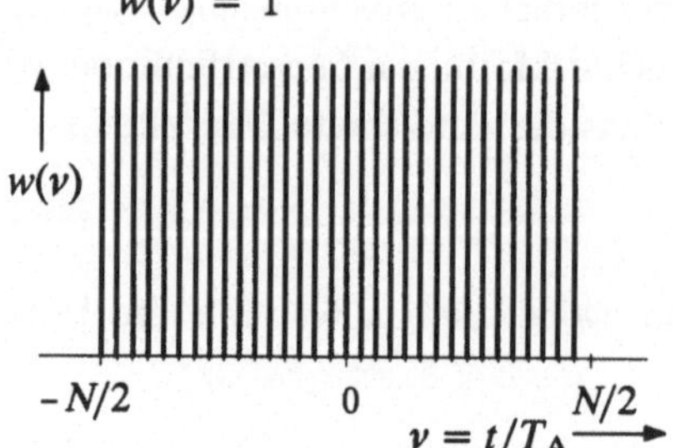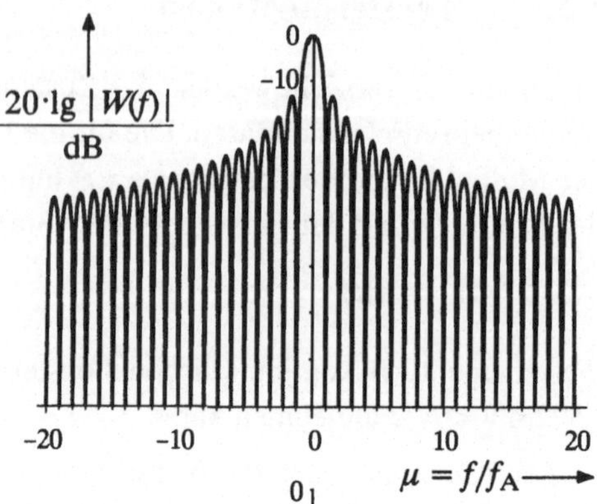

(b) $-N/2 \leq \nu < N/2$:

$w(\nu) = 1 - 2 \cdot |\nu|/N$

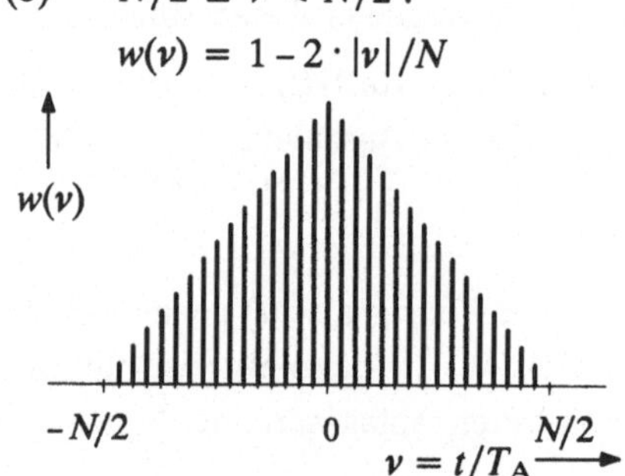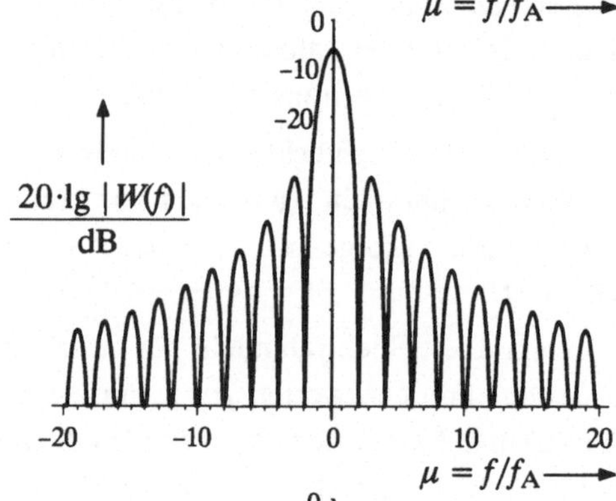

(c) $-N/2 \leq \nu < N/2$:

$w(\nu) = 0{,}50 + 0{,}50 \cdot \cos(2\pi \cdot \nu/N)$

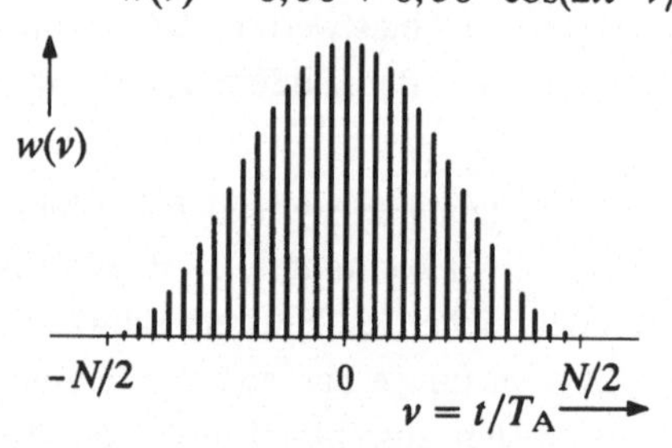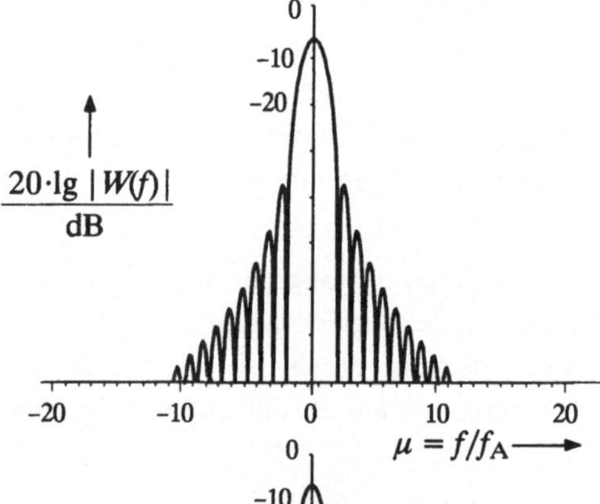

(d) $-N/2 \leq \nu < N/2$:

$w(\nu) = 0{,}54 + 0{,}46 \cdot \cos(2\pi \cdot \nu/N)$

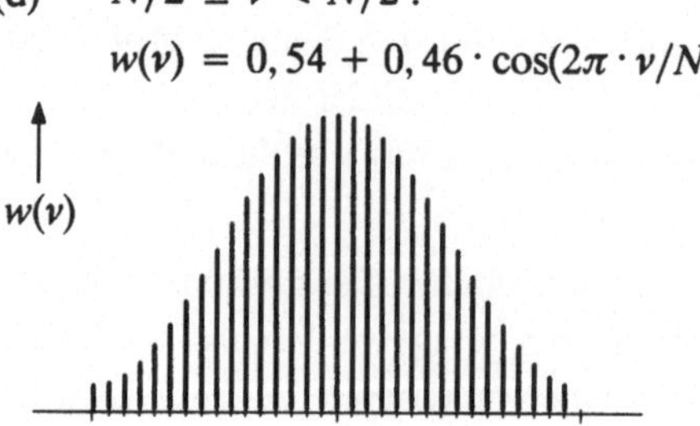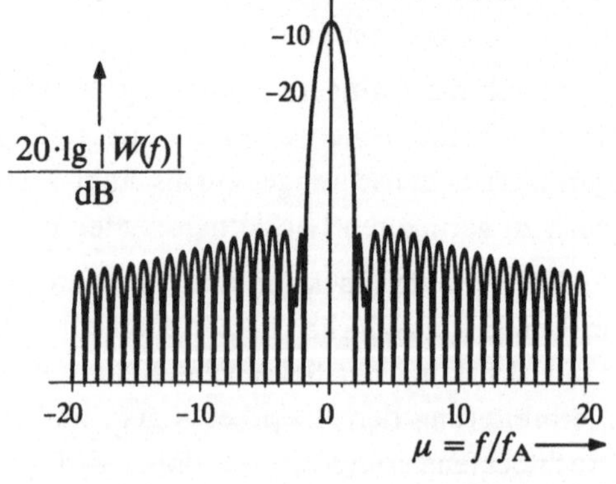

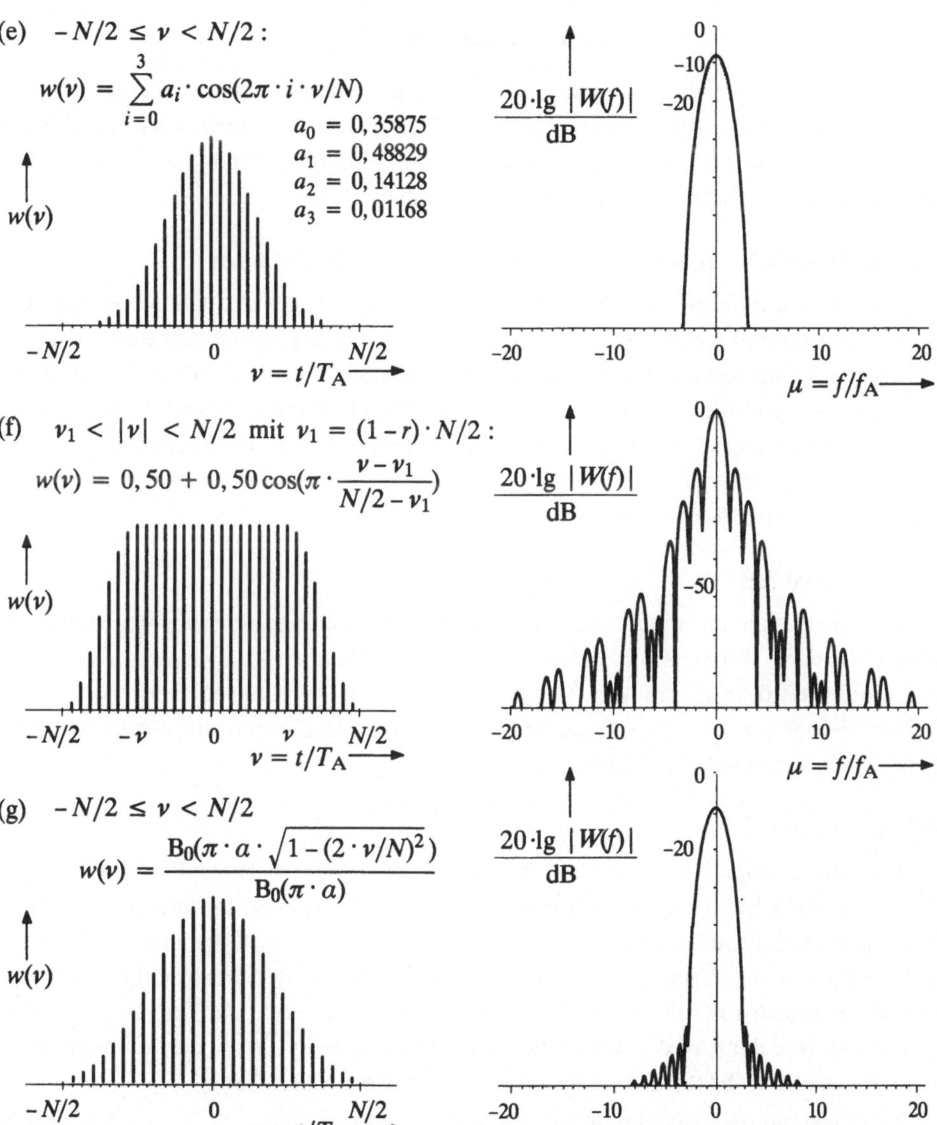

Bild 2.13: Zeitdiskrete Darstellung $w(\nu)$ einiger Fensterfunktionen (links) sowie dazugehörige logarithmierte Betragsspektren $20 \cdot \lg |W(f)|$ in dB (rechts):

    (a) Rechteckfenster,

    (b) Dreieckfenster bzw. Bartlett–Fenster,

    (c) Hanning–Fenster bzw. von–Hann–Fenster,

    (d) Hamming–Fenster,

    (e) Blackman–Harris–Fenster (4. Ordnung),

    (f) Cosinus–roll–off–Fenster bzw. Tukey–Fenster (roll–off $r = 0{,}5$),

    (g) Kaiser–Bessel–Fenster ($\alpha = 3{,}5$), B_0: Besselfunktion gemäß (2.79).

2.2.3   Gütekriterien von Fensterfunktionen

Die Auswahl einer Fensterfunktion muß je nach dem zu untersuchenden Zeitsignal und den gestellten Anforderungen an das DFT–Spektrum erfolgen. Eine für alle Anwendungen ideale Fensterfunktion existiert nicht. Einige Kriterien zur Auswahl einer geeigneten Fensterfunktion sollen nun angesprochen werden.

Minimaler Amplitudenabstand zwischen Haupt– und Seitenkeulen

Die Verfälschung des Spektrums aufgrund des Leckeffektes ist um so geringer und damit das Amplitudenauflösungsvermögen einer Fensterfunktion um so besser, je größer der Abstand zwischen der Haupt– und der höchsten Seitenkeule ist. Beim Rechteckfenster ist dieser Abstand erwartungsgemäß mit 13 dB am geringsten, beim Dreieckfenster aufgrund der zu $\mathrm{si}^2(\pi \cdot f \cdot T_\mathrm{P}/2)$ proportionalen Spektralfunktion $W(f)$ doppelt so groß. Der minimale Amplitudenabstand zwischen Haupt– und Seitenkeule ist beim Blackman–Harris–Fenster mit 92 dB maximal (vgl. Tabelle 2.6).

Seitenkeulenabfall

Da jedoch nicht nur die höchste, sondern auch die weiteren Seitenkeulen zum Leckeffekt beitragen, ist der Seitenkeulenabfall (z. B. in dB/Oktave) ein weiteres Maß für das Amplitudenauflösungsvermögen. Von den in Bild 2.13 angegebenen Fensterfunktionen weisen hierbei das Hanning– sowie das Cosinus–roll–off–Fenster mit 18 dB/Oktave die günstigsten Werte auf (vgl. Tabelle 2.6).

6dB–Bandbreite

Die 6dB–Bandbreite $B_{6\mathrm{dB}}$ ist ein wichtiges Maß für das Frequenzauflösungsvermögen einer Fensterfunktion. Wenn zwei gleich hohe Diracfunktionen im Spektrum noch als zwei unterschiedliche Spektralanteile erkannt werden sollen, muß der sich durch Faltung mit der Fouriertransformierten der Fensterfunktion ergebende Schnittpunkt beider Kurven mindestens 6 dB (Faktor 0,5) unterhalb des Maximalwertes der Kurven liegen (vgl. Bild 2.14). Nur dann sind – wie in der rechten Darstellung – trotz der Summation der beiden getrennten Spektralverläufe noch zwei Maxima erkennbar.

Das bedeutet, daß zwei im Signal vorhandene Spektralanteile bei f_1 und f_2 als solche erkannt werden können, wenn die Differenz $f_2 - f_1$ größer als die 6dB–Bandbreite der verwendeten Fensterfunktion ist.

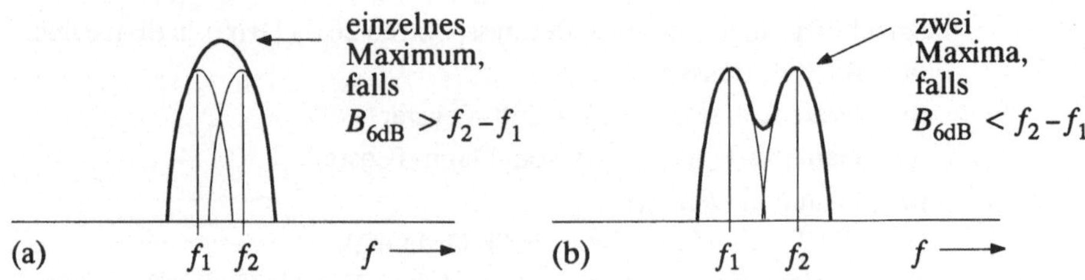

Bild 2.14: Zum Frequenzauflösungsvermögen einer Fensterfunktion.

Fensterfläche

Die Fläche der verwendeten Fensterfunktion $w(t)$ gibt zugleich die Höhe $W(0)$ der Hauptkeule im Spektralbereich an. Während beim Rechteckfenster die auf die Breite T_P normierte Fensterfläche genau 1 ist, und somit die Hauptkeule der Fouriertransformierten die Amplitude 0 dB besitzt, ergibt sich bei jeder anderen Fensterfunktion von Bild 2.13 aufgrund der Unterdrückung der äußeren Stützstellen im Zeitbereich für $W(0)$ ein kleinerer Wert. Dieser kann aus den Abtastwerten $w(v)$ berechnet werden:

$$W(0) = \frac{1}{N} \cdot \sum_{v=-N/2}^{N/2-1} w(v) \ . \tag{2.86}$$

Durch die Verwendung einer anderen Fensterfunktion als dem Rechteckfenster entsteht somit ein Fehler in der Amplitude des DFT–Ergebnisses, der bei Kenntnis der Fensterfunktion jedoch vollständig korrigierbar ist.

Maximaler Skalierungsfehler

Der Skalierungsfehler gibt die Differenz (in dB) an, um welche sich die mit der DFT erhaltene Amplitude von der tatsächlichen Amplitude unterscheidet. Der Amplitudenfehler aufgrund einer kleineren Fensterfläche als 1 ist hierbei als korrigiert vorausgesetzt.

Zur Verdeutlichung dieser Definition betrachten wir ein cosinusförmiges Signal entsprechend Beispiel 2.5. Bei Rechteckfensterung wird die Spektrallinie durch die DFT richtig erfaßt, wenn sie – wie in Bild 2.11(a) – genau im vorgegebenen Frequenzraster $(\mu \cdot f_A)$ liegt. Ist dagegen $f_x \neq \mu \cdot f_A$, so ergeben sich aufgrund der Faltungsprodukte viele Spektrallinien, deren höchste in der Nähe von f_x liegt, jedoch eine kleinere Amplitude als in Bild 2.11(a) aufweist.

Der Skalierungsfehler wird maximal, wenn die Signalfrequenz f_x in der Mitte zwischen zwei diskreten Frequenzwerten liegt. Es ergeben sich dann wie in Bild 2.11(b) zwei nahezu gleich hohe Spektrallinien, die beide um etwa 4 dB kleiner sind als die tatsächliche Spektrallinie.

Der maximale Skalierungsfehler ist somit gleich der Differenz (in dB) zwischen der Fouriertransformierten $W(f)$ an der Stelle $f = 0$ und an der Stelle $f = f_A/2$. Dieser Fehler ist um so geringer, je breiter die Hauptkeule der Fensterfunktion ist.

Es ist jedoch anzumerken, daß bei anderer als bei Rechteckfensterung stets mit einem Skalierungsfehler zu rechnen ist, also auch dann, wenn die Signalfrequenz $f_x = \mu \cdot f_A$ ist. Lediglich für den Maximalwert (bei ungünstigster Lage im Frequenzraster) ergibt sich ein kleinerer Wert.

In Tabelle 2.6 ist unter anderem der maximale Skalierungsfehler für die hier untersuchten Fensterfunktionen angegeben. Es ist zu erkennen, daß die Funktionen nach Blackman–Harris und Kaiser–Bessel aufgrund der sehr breiten Hauptkeule hinsichtlich des maximalen Skalierungsfehlers besonders günstige Werte aufweisen. Dies geht natürlich auf Kosten des Frequenzauflösungsvermögens, d. h. diese beiden Fenster besitzen eine große 6dB–Bandbreite.

Äquivalente Rauschbandbreite

Der Störeinfluß von weißem Rauschen wird durch die äquivalente Rauschbandbreite $\Box f_w$ erfaßt. Der Einfluß von Störungen ist dabei um so geringer und das Signalstörleistungsverhältnis um so größer, je kleiner $\Box f_w$ ist.

Die äquivalente Rauschbandbreite wird aus dem flächengleichen Rechteck des Energiespektrums $|W(f)|^2$ gebildet, wobei als Bezugshöhe der Wert bei der Frequenz $f = 0$ herangezogen wird (vgl. Bild 2.15).

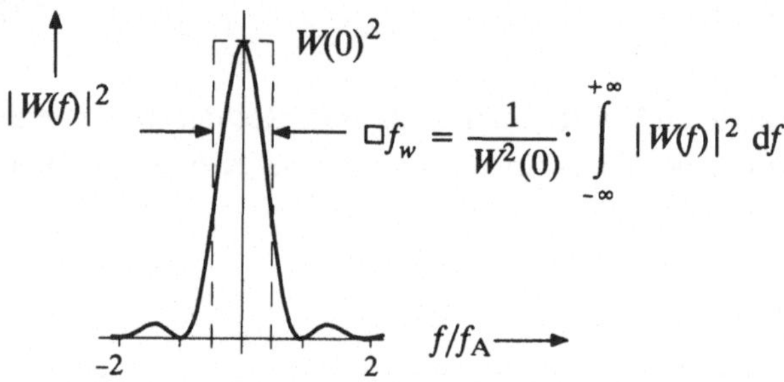

Bild 2.15: Zur Definition der äquivalenten Rauschbandbreite $\Box f_w$.

Beim Rechteckfenster ist die auf den Abstand f_A der Frequenzabtastwerte normierte äquivalente Rauschbandbreite gleich 1. Für jede andere Fensterfunktion ergibt sich für $\Box f_w/f_A$ ein größerer Wert und damit bei Vorhandensein von Rauschstörungen ein ungünstigeres Signalstörleistungsverhältnis. Die hinsichtlich des maximalen Skalierungsfehlers günstigen Funktionen (Blackman–Harris, Kaiser–Bessel) besitzen eine besonders große äquivalente Rauschbandbreite.

Aufgrund des Parseval'schen Theorems (vgl. z. B. [149]) kann $\Box f_w/f_A$ auch aus den Abtastwerten $w(\nu)$ des Zeitsignals berechnet werden:

$$\frac{\Box f_w}{f_A} = \left[N \cdot \sum_{\nu=-N/2}^{N/2-1} w^2(\nu) \right] \Big/ \left[\sum_{\nu=-N/2}^{N/2-1} w(\nu) \right]^2 . \tag{2.87}$$

Maximaler Prozeßverlust

Die beiden zuletzt genannten Gütekriterien, nämlich der maximale Skalierungsfehler sowie der Verlust an Signalstörabstand, der durch die äquivalente Rauschbandbreite $\Box f_w$ beschrieben wird, werden häufig zum maximalen Prozeßverlust V_P zusammengefaßt (ebenfalls in dB). Somit gilt:

$$V_P = 10 \cdot \lg \frac{|W(f = 0)|^2}{|W(f = f_A/2)|^2} + 10 \cdot \lg \frac{\Box f_w}{f_A} . \tag{2.88}$$

Aus Tabelle 2.6 erkennt man, daß der maximale Prozeßverlust für die betrachteten Fensterfunktionen stets Werte zwischen 3 und 4 dB annimmt, wobei Fensterfunktionen mit $V_P > 3{,}7\,\text{dB}$ möglichst nicht verwendet werden sollten.

2.2.4 Vergleich verschiedener Fensterfunktionen

Abschließend werden die in Abschnitt 2.2.2 beschriebenen Fensterfunktionen hinsichtlich der in Abschnitt 2.2.3 genannten Kriterien vergleichend gegenübergestellt. Das Ergebnis ist in Tabelle 2.6 zusammengestellt.

Tabelle 2.6: Kenngrößen der verwendeten Fensterfunktionen.

Fensterfunktion	Kenngröße	Minimaler Abstand Haupt-/Seitenkeule	Seitenkeulenabfall pro Oktave	6 dB-Bandbreite, normiert auf f_A	Fensterfläche $W(0)$, normiert auf T_P	Maximaler Skalierungsfehler	äquivalente Rauschbandbreite, normiert	Maximaler Prozeßverlust V_P
Rechteck		13 dB	6 dB	1,21	1,00	3,92 dB	1,00	3,92 dB
Dreieck		26 dB	12 dB	1,78	0,50	1,82 dB	1,33	3,07 dB
Hanning		32 dB	18 dB	2,00	0,50	1,42 dB	1,50	3,18 dB
Hamming		43 dB	6 dB	1,81	0,54	1,78 dB	1,36	3,10 dB
Blackman–Harris (4. O.)		92 dB	6 dB	2,72	0,36	0,89 dB	2,00	3,85 dB
Cosinus–roll–off (r = 0,5)		15 dB	18 dB	1,57	0,75	2,24 dB	1,22	3,11 dB
Kaiser–Bessel (α = 3,5)		82 dB	6 dB	2,57	0,37	0,89 dB	1,93	3,74 dB

Die wichtigsten Kriterien für die Auswahl einer geeigneten Fensterfunktion sind dabei:

- ein möglichst kleiner Wert für den maximalen Prozeßverlust V_P, der den maximalen Skalierungsfehler und die äquivalente Rauschbandbreite beinhaltet,

- ein möglichst großer minimaler Abstand zwischen Haupt- und Seitenkeule,

- eine möglichst geringe 6dB–Bandbreite aus Gründen einer möglichst guten Frequenzselektivität.

Die Zahlenwerte von Tabelle 2.6 machen deutlich, daß es sich hierbei um teilweise gegenläufige Anforderungen handelt. Fenster mit einem hohen Prozeßverlust (> 3,7 dB) sind neben dem Rechteck die Funktionen von Blackman–Harris und Kaiser–Bessel, die jedoch bezüglich des Haupt/Seitenkeulenabstandes am besten sind. Ein tragbarer Kompromiß hinsichtlich aller drei Kriterien ist das Hamming–Fenster von Bild 2.13(d), das sich im Zeitbereich nur geringfügig vom Hanning–Fenster gemäß Bild 2.13(c) unterscheidet. Trotzdem ist der Unterschied im Spektralbereich beträchtlich.

In [117], [127], [203] und [248] finden sich interessante Beiträge zu diesem Thema. Zusammenfassend ist nochmals zu betonen, daß es *die* ideale Fensterfunktion nicht gibt. Zur vollständigen Spektralanalyse sollten daher mehrere Fensterfunktionen bzw. zumindest eine Fensterfunktion mit verschiedenen Parametern herangezogen werden.

2.3   Spektraltransformationen kausaler Systeme

Inhalt: Die Laplace– und die Z–Transformation haben gegenüber der Fouriertransformation unter anderem den Vorteil, daß der Zusammenhang zwischen einer gegebenen Schaltungsanordnung und den entsprechenden Spektralfunktionen in einfacher Weise angebbar ist. Im folgenden werden diese beiden Transformationen anhand einfacher Beispiele verdeutlicht, wobei stets Kausalität vorausgesetzt wird. Abschließend folgen einige Anmerkungen über den Einsatz digitaler Filter.

2.3.1   Laplacetransformation

Für Zeitfunktionen $x(t)$, deren Betrag mit zunehmenden Werten von t unbeschränkt anwächst, ist die Anwendung der Fouriertransformation nicht geeignet, da das Fourierintegral (2.5) nicht existiert. Erfolgt aber das Anklingen höchstens exponentiell, und ist $x(t)$ ein kausales Zeitsignal, d. h. $x(t)$ ist für alle Zeiten $t < 0$ identisch Null, so kann die *Laplacetransformation* angewandt werden.

Die Gleichungen der Laplacetransformation können aus der Fouriertransformation abgeleitet werden. Ist α eine positive und reelle Zahl, dann folgt aus (2.5):

$$\mathrm{F}\{x(t) \cdot \exp(-\alpha \cdot t)\} = \int_0^\infty x(t) \cdot \exp(-(\alpha + j \cdot 2\pi \cdot f) \cdot t)\, \mathrm{d}t \ . \tag{2.89}$$

Mit der Abkürzung $p = \alpha + j \cdot 2\pi \cdot f$ definiert man als die *Laplacetransformierte* von $x(t)$:

$$X_\mathrm{L}(p) = \mathrm{L}\{x(t)\} = \int_0^\infty x(t) \cdot \exp(-p \cdot t)\, \mathrm{d}t \ . \tag{2.90}$$

Diese ist somit als Fouriertransformierte einer mit $\exp(-\alpha \cdot t)$ multiplizierten kausalen Zeitfunktion interpretierbar. Wie die Fouriertransformation stellt auch die Laplacetransformation eine lineare Operation dar, deren Eigenschaften z. B. in [6], [44], [53], [54], [74], [149] und [231] beschrieben sind. Als Korrespondenzzeichen zwischen Original– und Spektralbereich der Laplacetransformation wird häufig geschrieben: $x(t) \circ\!\!\!-\!\!\!^{\mathrm{L}}\!\!\!-\!\!\!\bullet X_\mathrm{L}(p)$.

Zur Ableitung der Rücktransformationsgleichung geht man wieder von (2.89) aus. Durch Umkehrung erhält man mit $X(f) \bullet\!\!-\!\!-\!\!\circ x(t)$:

$$x(t) \cdot \exp(-\alpha \cdot t) = \mathrm{F}^{-1}\left\{X(\alpha + j \cdot 2\pi \cdot f)\right\} \tag{2.91}$$

bzw.

$$x(t) = \lim_{\beta \to \infty} \int_{-\beta}^{+\beta} X(\alpha + j \cdot 2\pi \cdot f) \cdot \exp((\alpha + j \cdot 2\pi \cdot f) \cdot t)\, \mathrm{d}f \ . \tag{2.92}$$

Mit der Abkürzung $p = \alpha + j \cdot 2\pi \cdot f$ ergibt sich die Rücktransformierte (Zeitfunktion) zu

$$x(t) = \mathrm{L}^{-1}\{X_\mathrm{L}(p)\} = \lim_{\beta \to \infty} \frac{1}{2\pi \cdot j} \int_{\alpha - j \cdot 2\pi \cdot \beta}^{\alpha + j \cdot 2\pi \cdot \beta} X_\mathrm{L}(p) \cdot \exp(p \cdot t)\, \mathrm{d}p \ . \tag{2.93}$$

Die in diesen Gleichungen verwendete Variable β ist ebenso wie α reell und positiv.

Zur Bestimmung der Rücktransformierten gibt es verschiedene Möglichkeiten. Eine sehr elegante Möglichkeit bietet die *Residuenmethode der Funktionentheorie* an, insbesondere dann, wenn $X_L(p)$ als gebrochen rationale Funktion oder in Form der Pol–Nullstellen-Verteilung gegeben ist.

Für den Fall, daß der Grenzwert von $X_L(p)$ für $p \to \infty$ gegen Null strebt, kann der Integrationsweg in der komplexen p–Ebene zu einem geschlossenen Halbkreis mit dem Radius $R \to \infty$ erweitert werden. Daraus ergibt sich für Zeiten $t \geq 0$:

$$x(t) = \lim_{R \to \infty} \frac{1}{2\pi \cdot j} \oint X_L(p) \cdot \exp(p \cdot t) \; dp \; . \tag{2.94}$$

Die Integration erfolgt hierbei über den linken Halbkreis in der komplexen p–Ebene. Dagegen liefert die Integration über den rechten Halbkreis die Zeitfunktion für $t < 0$. Aufgrund der vorausgesetzten Kausalität muß dieses Integral für jede beliebige Funktion $X_L(p)$ den Wert Null annehmen:

$$\lim_{R \to \infty} \frac{1}{2\pi \cdot j} \oint X_L(p) \cdot \exp(p \cdot t) \; dp = 0 \; . \tag{2.95}$$

Diese Bedingung ist nach dem Hauptsatz der Funktionentheorie nur dann zu erfüllen, wenn $X_L(p)$ sowohl innerhalb als auch auf dem Integrationsweg regulär (d. h. differenzierbar und damit auch polfrei) ist.

Das Integral über den linken Halbkreis umschließt demnach sämtliche Singularitäten p_i der Laplacetransformierten von $x(t)$. Gemäß dem *Residuensatz* gilt für Zeiten $t \geq 0$:

$$x(t) = \sum_{i=1}^{I} \operatorname*{Res}_{p=p_i} \left(X_L(p) \cdot \exp(p \cdot t) \right) . \tag{2.96}$$

Dabei gibt der Parameter I die Anzahl der *verschiedenartigen* Pole von $X_L(p)$ an. Entsprechend viele Residuen müssen berechnet werden. Bei den einzelnen Residuen ist wiederum auf die Vielfachheit l der zugrundeliegenden Polstelle $p = p_i$ zu achten.

Handelt es sich an der Stelle $p = p_i$ um einen l–fachen Pol von $X_L(p)$, so bestimmt sich das Residuum nach folgender Formel:

$$\operatorname*{Res}_{p=p_i} \left(X_L(p) \cdot \exp(p \cdot t) \right) = \frac{1}{(l-1)!} \cdot \frac{d^{l-1}}{dp^{l-1}} \left[X_L(p) \cdot (p - p_i)^l \cdot \exp(p \cdot t) \right] \Bigg|_{p=p_i} . \tag{2.97}$$

Für einen einfachen Pol bei $p = p_i$ folgt daraus mit $l = 1$:

$$\operatorname*{Res}_{p=p_i} \left(X_L(p) \cdot \exp(p \cdot t) \right) = X_L(p) \cdot (p - p_i) \cdot \exp(p \cdot t) \Big|_{p=p_i} . \tag{2.98}$$

Die kausale Zeitfunktion $x(t)$ als Laplace-Rücktransformierte einer Funktion $X_L(p)$ mit I verschiedenartigen Polen ergibt sich somit als die Summe der einzelnen Residuen:

$$x(t) = \sum_{i=1}^{I} \left(\frac{1}{(l_i - 1)!} \cdot \frac{d^{l_i-1}}{dp^{l_i-1}} \left[X_L(p) \cdot (p - p_i)^{l_i} \cdot \exp(p \cdot t) \right] \right)_{p=p_i} , \tag{2.99}$$

wobei der Parameter l_i die *Vielfachheit* des i–ten Poles $(i = 1, 2, ..., I)$ angibt.

Beispiel 2.7:   Zur Verdeutlichung der Gleichungen (2.96) bis (2.99) betrachten wir eine komplexe Übertragungsfunktion bezüglich der Frequenzvariablen p,

$$H_{\mathrm{L}}(p) = \frac{p^4 - p^2}{p^5 + 9 \cdot p^4 + 32 \cdot p^3 + 58 \cdot p^2 + 56 \cdot p + 24} \,, \qquad (2.100)$$

die als gebrochen rationale Funktion gegeben ist. Sämtliche Größen sind normiert und damit dimensionslos. Diese Gleichung kann in folgende Form gebracht werden:

$$H_{\mathrm{L}}(p) = \frac{p^2 \cdot (p + 1) \cdot (p - 1)}{(p + 3) \cdot (p + 2)^2 \cdot (p + 1 - j) \cdot (p + 1 + j)} \,. \qquad (2.101)$$

Daraus ist zu ersehen, daß $H_{\mathrm{L}}(p)$ im Endlichen vier Nullstellen und fünf Pole besitzt. Da der Grad von Zähler und Nenner stets übereinstimmen muß, liegt eine weitere Nullstelle im Unendlichen. Der Grenzwert von $H_{\mathrm{L}}(p)$ für $p \to \infty$ geht gegen Null, so daß der Residuensatz anwendbar ist.

Zur Berechnung der Residuen sind die Polstellen maßgeblich, wobei zwischen einfachen und mehrfachen Polstellen zu unterscheiden ist. In diesem Beispiel setzt sich $H_{\mathrm{L}}(p)$ aus einer einfachen reellen ($p_1 = -3$), einer zweifachen reellen ($p_2 = p_3 = -2$) sowie zwei einfachen, konjugiert komplexen Polstellen ($p_4 = -1 + j$, $p_5 = -1 - j$) zusammen. Die dazugehörige Pol–Nullstellen–Verteilung ist in Bild 2.16 zu sehen.

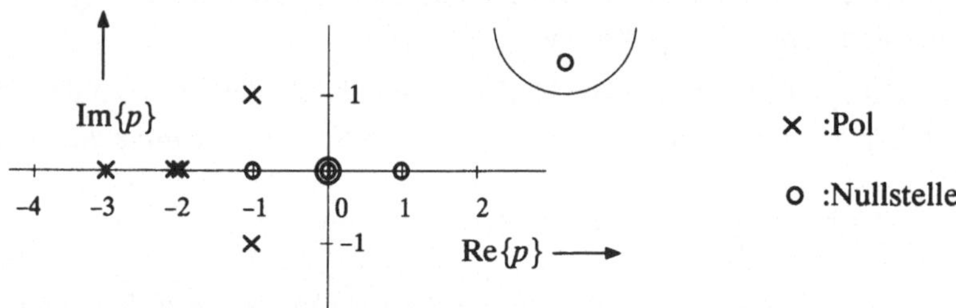

Bild 2.16:   Gegebene Pol–Nullstellen–Verteilung entsprechend (2.101).

Es gibt hier $I = 4$ unterschiedliche Pole. Bei der nachfolgenden Residuenberechnung werden jedoch die beiden konjugiert komplexen Pole p_4 und p_5 gemeinsam berücksichtigt, so daß sich die Impulsantwort $h(t)$ als die Laplace-Rücktransformierte von $H_{\mathrm{L}}(p)$ aus drei additiven Anteilen zusammensetzt:

$$h(t) = h_1(t) + h_{23}(t) + h_{45}(t) \,. \qquad (2.102)$$

Residuum der einfachen reellen Polstelle

Das Residuum der einfachen reellen Polstelle bei $p_1 = -3$ berechnet sich laut (2.98) zu

$$h_1(t) = \operatorname*{Res}_{p = p_1} = \lim_{p \to p_1} \left(H_{\mathrm{L}}(p) \cdot (p - p_1) \cdot \exp(p \cdot t) \right) = \qquad (2.103)$$

$$= \lim_{p \to -3} \left(\frac{p^2 \cdot (p + 1) \cdot (p - 1)}{(p + 2)^2 \cdot (p + 1 - j) \cdot (p + 1 + j)} \cdot \exp(p \cdot t) \right) = 14,4 \cdot \exp(-3 \cdot t) \,.$$

Diese Gleichung gilt für $t \geq 0$. Dagegen ist für $t < 0$ der Beitrag $h_1(t)$ wie auch die beiden weiteren Anteile $h_{23}(t)$ und $h_{45}(t)$ identisch Null ("Kausalität").

Residuum der zweifachen reellen Polstelle

Das Residuum der zweifachen reellen Polstelle bei $p_{23} = -2$ läßt sich aus (2.97) mit $l = 2$ folgendermaßen ermitteln:

$$h_{23}(t) = \operatorname*{Res}_{p=p_{23}} = \lim_{p \to p_{23}} \left(\frac{1}{(2-1)!} \cdot \frac{\mathrm{d}^{2-1}}{\mathrm{d}p^{2-1}} \cdot (H_{\mathrm{L}}(p) \cdot (p - p_{23})^2 \cdot \exp(p \cdot t)) \right). \quad (2.104)$$

Mit der Abkürzung

$$v(p) = \frac{p^2 \cdot (p+1) \cdot (p-1)}{(p+3) \cdot (p+1-\mathrm{j}) \cdot (p+1+\mathrm{j})} = \frac{p^4 - p^2}{p^3 + 5 \cdot p^2 + 8 \cdot p + 6}$$

und deren Ableitung $(w(p) = \mathrm{d}v/\mathrm{d}p)$

$$w(p) = \frac{(4 \cdot p^3 - 2 \cdot p) \cdot (p^3 + 5 \cdot p^2 + 8 \cdot p + 6) - (p^4 - p^2) \cdot (3 \cdot p^2 + 10 \cdot p + 8)}{(p^3 + 5 \cdot p^2 + 8 \cdot p + 6)^2}$$

erhält man für das Residuum der zweifachen reellen Polstelle:

$$h_{23}(t) = \lim_{p \to -2} \left(\frac{\mathrm{d}}{\mathrm{d}p} [v(p) \cdot \exp(p \cdot t)] \right) = \lim_{p \to -2} (w(p) \cdot \exp(p \cdot t) + t \cdot v(p) \cdot \exp(p \cdot t))$$

$$= \exp(-2 \cdot t) \cdot [-14 + 6 \cdot t]. \quad (2.105)$$

Residuen der beiden einfachen, zueinander konjugiert komplexen Pole

Die Residuen der zwei einfachen konjugiert komplexen Polstellen bei $p_4 = -1 + \mathrm{j}$ und $p_5 = -1 - \mathrm{j}$ liefern folgende Beiträge:

$$h_4(t) = \lim_{p \to -1+\mathrm{j}} \left(\frac{p^2 \cdot (p+1) \cdot (p-1)}{(p+3) \cdot (p+2)^2 \cdot (p+1+\mathrm{j})} \cdot \exp(p \cdot t) \right) =$$

$$= \frac{3 - 4 \cdot \mathrm{j}}{10} \cdot \exp(-t) \cdot \exp(\mathrm{j} \cdot t), \quad (2.106)$$

$$h_5(t) = \lim_{p \to -1-\mathrm{j}} \left(\frac{p^2 \cdot (p+1) \cdot (p-1)}{(p+3) \cdot (p+2)^2 \cdot (p+1-\mathrm{j})} \cdot \exp(p \cdot t) \right) =$$

$$= \frac{3 + 4 \cdot \mathrm{j}}{10} \cdot \exp(-t) \cdot \exp(-\mathrm{j} \cdot t). \quad (2.107)$$

Beide Zeitfunktionen sind komplex. Bildet man jedoch die Summe

$$h_{45}(t) = h_4(t) + h_5(t) = \frac{1}{10} \cdot \exp(-t) \cdot [6 \cdot \cos(t) + 8 \cdot \sin(t)], \quad (2.108)$$

so kompensieren sich die imaginären Anteile und man erhält wieder eine reelle Funktion.

In Bild 2.17 ist die Impulsantwort (Laplace–Rücktransformierte) $h(t)$ zusammen mit den hier berechneten Einzelbeiträgen $h_1(t)$, $h_{23}(t)$ und $h_{45}(t)$ dargestellt. Aufgrund der unterschiedlichen Größenordnungen der einzelnen Residuen ist dieses Bild in zwei Teilbilder mit unterschiedlichen Ordinatenmaßstäben aufgespalten.

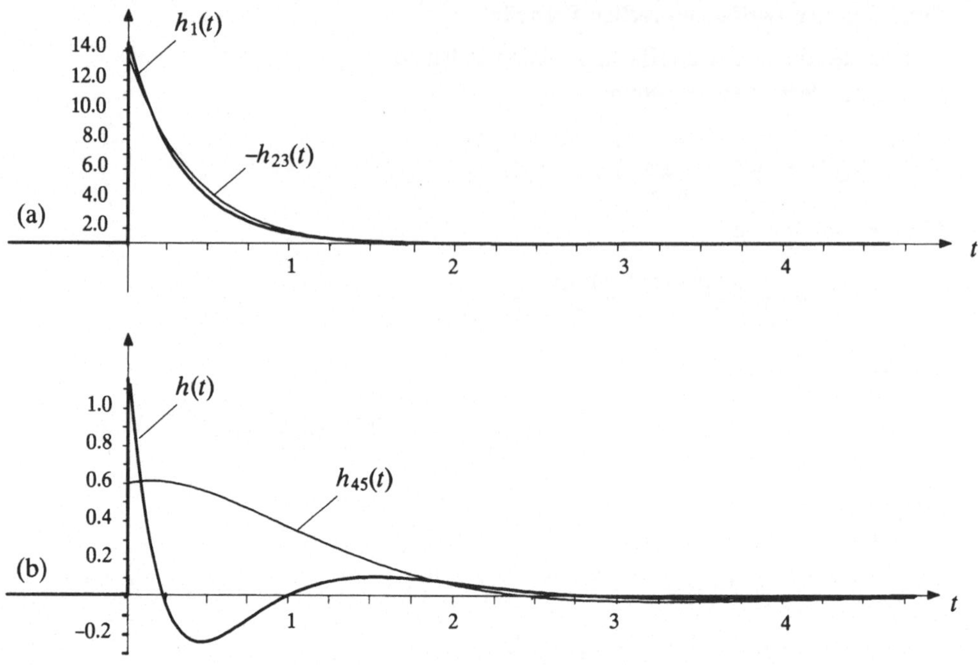

Bild 2.17: Funktion $h(t)$ als Ergebnis der Laplace–Rücktransformation von (2.100)
sowie Einzelbeiträge gemäß (2.103), (2.105) und (2.108).

Der additive Anteil $h_1(t)$ gemäß (2.103), der auf den einfachen reellen Pol bei der komplexen Frequenz $p = p_1$ zurückgeht, steigt zum Zeitpunkt $t = 0$ sprungartig an und fällt dann exponentiell mit der Zeitkonstanten $-1/p_1$ ab. Für die Geschwindigkeit dieses Abfalls ist somit allein die Lage der betrachteten Polstelle ausschlaggebend, während der Maximalwert $h_1(0)$ durch alle anderen Pole und Nullstellen bestimmt wird.

Betrachten wir nun den Anteil $h_{23}(t)$ des zweifachen reellen Poles entsprechend (2.105). Dieser setzt sich selbst wieder aus zwei additiven Anteilen zusammen, wobei der erste Anteil prinzipiell den gleichen Verlauf wie $h_1(t)$ aufweist, jedoch mit unterschiedlichem Vorzeichen. Der zweite Anteil berücksichtigt die Tatsache, daß dieser Pol doppelt vorhanden ist, und verläuft für Zeiten $t \geq 0$ proportional zu $t \cdot \exp(-t/T_{23})$ mit $T_{23} = -1/p_{23}$.

Die beiden zueinander konjugiert komplexen Polstellen bei p_4 und p_5 führen zu gedämpften Cosinus– und Sinusschwingungen (vgl. (2.108) und Bild 2.17(b)). Hierbei sind die beiden Frequenzen der Cosinus– und der Sinusschwingungen identisch und allein durch den Betrag des Imaginärteils von p_4 bzw. p_5 festgelegt. Dagegen bestimmt der Realteil dieses Polpaares die Zeitkonstante der exponentiellen Dämpfungsfunktion.

Der prinzipielle Verlauf eines jeden Anteils ist allein durch die Lage derjenigen Polstelle festgelegt, für den das betreffende Residuum berechnet wurde. Die jeweils anderen Pole sowie sämtliche Nullstellen stellen eine Gewichtung der Einzelbeiträge dar, und sind somit für den Verlauf der resultierenden Impulsantwort $h(t)$ ebenfalls verantwortlich.

Die im Programmbeispiel 2.4 bereitgestellten Funktionen dienen zur Berechnung der Residuen einer Pol–Nullstellen–Verteilung gemäß (2.101) mit dem Zählergrad m und dem Nennergrad n, wobei die Nullstellen und Pole in den komplexen Feldern pi und nj übergeben werden und n ≥ m gelten muß. Der betrachtete Zeitpunkt ist t.

Der komplexe Parameter pakt kennzeichnet, von welcher Polstelle das Residuum bestimmt werden soll, während p eine komplexe Variable darstellt, mit der die eigentliche Residuenberechnung erfolgt. Bei der Residuenberechnung von einfachen reellen bzw. komplexen Polstellen (Funktion RES1) sind pakt und p identisch. Dagegen unterscheiden sich diese Größen bei mehrfachen Polstellen (Funktionen RES2 bzw. RES3), bei denen die Ableitungen gemäß (2.97) mittels mehrfachen Aufrufs der Funktion RES1 und Bildung von Differenzenquotienten numerisch ermittelt werden.

Programm 2.4: Residuenberechnung von einfachen (RES1), zweifachen (RES2) sowie dreifachen (RES3) reellen bzw. komplexen Polstellen.

`complex function RES1(t,m,n,pi,nj,pakt,p)`	Residuum eines einfachen Poles,
`integer m,n,i,j`	Übergabeparameter siehe Text.
`real t`	Hinweis:
`complex pi(10),nj(10),pakt,p,Zaehler,Nenner`	maximal 10 Pole und Nullstellen.
`Zaehler = (1.,0.)`	Vorbelegung des Zählers und des
`Nenner = (1.,0.)`	Nenners, jeweils mit 1.
`do 10 j = 1,m`	Multiplikation von m Faktoren zur
`  Zaehler = (p-nj(j))*Zaehler`	Berechnung des Zählers von (2.103).
`10 continue`	
`do 20 i = 1,n`	Multiplikation von n–1 Faktoren
`  if (pakt .eq. pi(i)) goto 20`	(Ausnahme der Pol bei pakt) zur
`  Nenner = (p-pi(i))*Nenner`	Berechnung des Nenners von (2.103).
`20 continue`	
`RES1 = Zaehler/Nenner*cexp(p*t)`	Residuum–Berechnung nach (2.103).
`return`	Rücksprung.
`end`	
`complex function RES2(t,m,n,pi,nj,pakt)`	Residuum eines zweifachen Poles,
`integer m,n`	Übergabeparameter siehe Text.
`real t,dp`	
`complex pi(10),nj(10),pakt,p,X1,X2,RES1`	
`dp = 0.01`	dp: Verschiebung auf der p–Achse.
`p = pakt+dp`	X1: Wert von $X_L(p)\cdot(p-p_{akt})^2$
`X1 = RES1(t,n,m,pi,nj,pakt,p)`	an der Stelle pakt+dp.
`p = pakt-dp`	X2: Wert von $X_L(p)\cdot(p-p_{akt})^2$
`X2 = RES1(t,n,m,pi,nj,pakt,p)`	an der Stelle pakt-dp.
`RES2 = (X1-X2)/(2.*dp)`	Differenzenquotient.
`return`	Rücksprung.
`end`	
`complex function RES3(t,m,n,pi,nj,pakt)`	Residuum eines dreifachen Poles,
`integer m,n`	Übergabeparameter siehe Text.
`real t,dp`	
`complex pi(10),nj(10),pakt,p,X1,X2,X3,RES1`	
`dp = 0.01`	dp: Verschiebung auf der p–Achse.
`p = pakt+dp`	X1: Wert von $X_L(p)\cdot(p-p_{akt})^3$
`X1 = RES1(t,n,m,pi,nj,pakt,p)`	an der Stelle pakt+dp.
`p = pakt-dp`	X2: Wert von $X_L(p)\cdot(p-p_{akt})^3$
`X2 = RES1(t,n,m,pi,nj,pakt,p)`	an der Stelle pakt-dp.
`p = pakt`	X3: Wert von $X_L(p)\cdot(p-p_{akt})^3$
`X3 = RES1(t,n,m,pi,nj,pakt,p)`	an der Stelle pakt.
`RES3=(X1+X2-(2.*X3))/(2.*dp*dp)`	Differenzenquotient 2. Ordnung.
`return`	Rücksprung.
`end`	

2.3.2   Z–Transformation

Die Laplacetransformation wird meist auf kontinuierliche Signale angewandt. Bei einer Zeitdiskretisierung müssen die Gleichungen (2.90) und (2.93) modifiziert werden.

Wie in Abschnitt 2.1.2 wird für das Folgende vorausgesetzt, daß das zeitdiskrete Signal aus der Abtastung eines kontinuierlichen, kausalen Signals $x(t)$ mit einem Diracpuls gemäß (2.13) hervorgeht:

$$A\{x(t)\} = \sum_{\nu=0}^{+\infty} x(\nu \cdot T_A) \cdot T_A \cdot \delta(t - \nu \cdot T_A) \ . \tag{2.109}$$

Im Unterschied zu (2.12) beginnt die Summation aufgrund der Kausalität mit $\nu = 0$.

Wendet man auf (2.109) die Laplacetransformation (2.90) an, so erhält man mit der Korrespondenz $\delta(t - t_0) \circ\!\!-\!\!\stackrel{L}{-}\!\!\bullet \exp(-p \cdot t_0)$:

$$L\{A\{x(t)\}\} = \sum_{\nu=0}^{+\infty} x(\nu \cdot T_A) \cdot T_A \cdot \exp(-p \cdot \nu \cdot T_A) \ . \tag{2.110}$$

Die Laplacetransformierte besitzt dabei die Einheit einer Spektralfunktion, z. B. V/Hz.

Mit der Substitution $z = \exp(p \cdot T_A)$ definiert man nun die einseitige *Z–Transformierte* der kausalen Folge $\langle x_\nu \rangle$ von Abtastwerten als

$$X_Z(z) = Z\{\langle x_\nu \rangle\} = \sum_{\nu=0}^{+\infty} x_\nu \cdot z^{-\nu} \ , \tag{2.111}$$

und verwendet als Symbol für diesen Funktionalzusammenhang: $X_Z(z) \bullet\!\!-\!\!\stackrel{Z}{-}\!\!\circ \langle x_\nu \rangle$.

Die einzelnen Glieder $x_\nu = x(\nu \cdot T_A)$ der Folge und die Z–Transformierte $X_Z(z)$ haben die gleiche Einheit wie die kontinuierliche Zeitfunktion $x(t)$. Ein Vergleich von (2.110) und (2.111) zeigt, daß zwischen der Laplace- und der Z–Transformierten einer diskreten Größe folgender Zusammenhang besteht:

$$X_L(p) = T_A \cdot X_Z(z) \Big|_{z = \exp(p \cdot T_A)} \ . \tag{2.112}$$

Ist $x(t)$ zugleich fouriertransformierbar, so entsteht aus $T_A \cdot X_Z(z)$ für $z = \exp(j \cdot 2\pi \cdot f \cdot T_A)$ das Fourierspektrum $X(f) \bullet\!\!-\!\!\!-\!\!\circ x(t)$.

Die z–Ebene ist eine nichteindeutige Abbildung der p–Ebene, deren imaginäre Achse auf den Einheitskreis $|z| = 1$ transformiert wird (vgl. Bild 2.18(a)). Die linke p–Halbebene ergibt das Innere des Einheitskreises, $|z| > 1$ repräsentiert die rechte p–Halbebene. Jeder z–Wert entspricht unendlich vielen p–Werten mit unterschiedlichen Imaginärteilen.

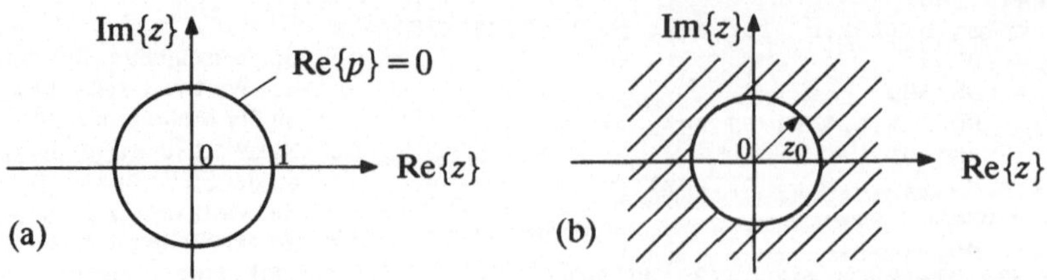

Bild 2.18: Zur Verdeutlichung von z–Ebene (a) und Konvergenzradius (b).

Betrachten wir nun die Reihendarstellung (2.111). Außerhalb eines Kreises um den Nullpunkt der komplexen z-Ebene mit dem Radius z_0 (vgl. Bild 2.18(b)) konvergiert diese Reihe absolut und gleichmäßig. Der *Konvergenzradius z_0* wird dabei durch die Folgenelemente x_ν eindeutig festgelegt, und kann aus dem Pol–Nullstellen–Plan entnommen werden (z_0 ist der größte Abstand eines Poles vom Nullpunkt). Ist der Konvergenzradius $z_0 < 1$, so ist das System stabil. Für $|z| < z_0$ divergiert die Reihe (2.111). Auf dem Kreis $|z| = z_0$ ist sowohl Konvergenz als auch Divergenz möglich.

Für alle Werte im Regularitätsbereich $|z| > z_0$ kann $X_Z(z)$ in eine Laurentreihe um $z = 0$ entwickelt werden. Die Laurentreihe ist eine Potenzreihe mit beidseitig unendlich steigenden und fallenden Potenzen von z:

$$X_Z(z) = \sum_{\nu = -\infty}^{\infty} c_\nu \cdot z^{-\nu}, \qquad (2.113)$$

für deren Koeffizienten allgemein gilt:

$$c_\nu = \frac{1}{2\pi \cdot j} \oint_C X_Z(z) \cdot z^{\nu-1}\, dz \ . \qquad (2.114)$$

Die Kurve C muß dabei den Nullpunkt umschlingen und vollständig im regulären Gebiet der Reihe (2.111) verlaufen.

Unter Berücksichtigung der Kausalität (d. h. $x_\nu = 0$ für negative ν) läßt sich wegen der Eindeutigkeit der Laurentreihenentwicklung die Rücktransformationsformel direkt aus (2.113) und (2.114) herleiten:

$$x_\nu = Z^{-1}\{X_Z(z)\} = \frac{1}{2\pi \cdot j} \oint_C X_Z(z) \cdot z^{\nu-1}\, dz \ . \qquad (2.115)$$

Wie bei der Laplacetransformation ist auch dieses Linienintegral mit Hilfe des Residuensatzes auf elegante Weise bestimmbar. Da sämtliche Singularitäten z_i des Integranden $X_Z(z) \cdot z^{\nu-1}$ innerhalb der Kurve C liegen müssen, kann (2.115) in folgender Weise umgeschrieben werden:

$$\langle x_\nu \rangle = \sum_{i=1}^{I} \operatorname*{Res}_{z=z_i} (X_Z(z) \cdot z^{\nu-1}) \ . \qquad (2.116)$$

Der Parameter I gibt analog zu (2.96) die Anzahl der verschiedenartigen Pole von $X_Z(z)$ an und legt fest, wie viele Residuen zur Ermittlung der diskreten Zeitfunktion $\langle x_\nu \rangle$ berechnet werden müssen. Die einzelnen Residuen ergeben sich nach folgender Formel:

$$\operatorname*{Res}_{z=z_i} (X_Z(z) \cdot z^{\nu-1}) = \frac{1}{(l-1)!} \cdot \frac{d^{l-1}}{dz^{l-1}} \left[X_Z(z) \cdot (z-z_i)^l \cdot z^{\nu-1} \right] \Bigg|_{z=z_i} \ . \qquad (2.117)$$

Wie bei der entsprechenden Gleichung der Laplacetransformation gibt l die Vielfachheit der betrachteten Polstelle an. Für $l = 1$ kann wie in (2.98) auf die Ableitung verzichtet werden. Um die Gemeinsamkeiten sowie die Unterschiede zur Laplacetransformation hervorzuheben, wird das Beispiel 2.7 von Abschnitt 2.3.1 dahingehend modifiziert, daß die Z-Transformation anwendbar ist.

Beispiel 2.8:   Gegeben sei die Z–Transformierte

$$H_Z(z) = \frac{z \cdot (z-1)^2 \cdot (z-0,905) \cdot (z-1,105)}{(z-0,741) \cdot (z-0,819)^2 \cdot (z-0,9-j \cdot 0,09) \cdot (z-0,9+j \cdot 0,09)} \qquad (2.118)$$

mit fünf Nullstellen und fünf Polen (vgl. Bild 2.19). Zwischen den Polen z_i in der z–Ebene und den Polen p_i von Beispiel 2.7 in der p–Ebene gilt folgender Zusammenhang:

$$z_i = \exp(p_i \cdot T_A) \, , \qquad (2.119)$$

wobei $T_A = 0,1$ (normiert) beträgt. Die Tatsache, daß in (2.101) der Realteil aller Pole aus Stabilitätsgründen kleiner Null sein mußte, geht nun in die Beziehung $|z_i| < 1$ über.

Die Nullstellen von Beispiel 2.7 sind in gleicher Weise transformiert. Aus Darstellungsgründen wurde die Nullstelle im Unendlichen hier in den Punkt $z = 0$ gelegt, was eine Zeitverschiebung um eine Stützstelle bedeutet (Diskussion hierzu im Beispiel 2.9).

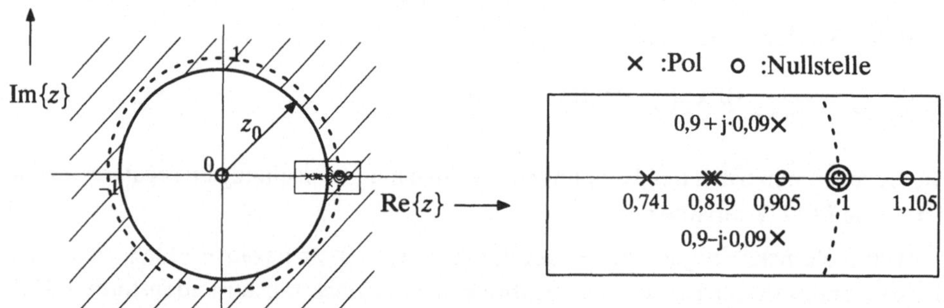

Bild 2.19: Pol–Nullstellen–Verteilung entsprechend (2.118) in der z–Ebene mit Ausschnittvergrößerung im Bereich um $z = 1$.

Das in Bild 2.19 schraffiert eingezeichnete Konvergenzgebiet liegt außerhalb des Kreises um den Nullpunkt mit dem Radius z_0 und umfaßt auch den Einheitskreis. Der Konvergenzradius ist gleich dem größten Abstand eines Poles vom Nullpunkt. Im vorliegenden Beispiel folgt daraus $z_0 = |z_4| = |z_5| = 0,905$. Die Lage der Nullstellen von $H_Z(z)$ spielt hinsichtlich der Kausalität und Stabilität des Systems keine Rolle.

Im folgenden werden analog zu Beispiel 2.7 die Residuen $h_1(v \cdot T_A)$, $h_{23}(v \cdot T_A)$ und $h_{45}(v \cdot T_A)$ berechnet, deren Summe die gesuchte diskrete Impulsantwort $h(v \cdot T_A)$ ergibt.

Residuum der einfachen reellen Polstelle

Das Residuum der einfachen reellen Polstelle bei $z_1 = 0,741$ berechnet sich laut (2.117):

$$h_1(v \cdot T_A) = \operatorname*{Res}_{z=z_1} = \lim_{z \to z_1}\left(H_Z(z) \cdot (z-z_1) \cdot z^{v-1}\right) = \qquad (2.120)$$

$$= \lim_{z \to 0,741} \frac{z \cdot (z-1)^2 \cdot (z-0,905) \cdot (z-1,105) \cdot z^{v-1}}{(z-0,819)^2 \cdot (z-0,9-j \cdot 0,09) \cdot (z-0,9+j \cdot 0,09)} = 19,718 \cdot (0,741)^v.$$

Die Gleichung gilt für alle positiven ganzzahligen Werte der diskreten Zeitvariablen v. Für $v = 0$ ist $h_1(v \cdot T_A)$ maximal. Der Wert zum Zeitpunkt $v + 1$ ergibt sich aus $h_1(v \cdot T_A)$ durch Multiplikation mit $z_1 = 0,741$.

Residuum der zweifachen reellen Polstelle

Das Residuum der zweifachen reellen Polstelle bei $z_{2/3}=0{,}819$ läßt sich aus (2.117) mit $l=2$ wie folgt ermitteln:

$$h_{23}(v \cdot T_A) = \operatorname*{Res}_{z=z_{2/3}} = \lim_{z \to z_{2/3}} \frac{1}{(2-1)!} \cdot \frac{d^{2-1}}{dz^{2-1}}\left[H_Z(z) \cdot (z-z_{2/3})^2 \cdot z^{v-1}\right] = \qquad (2.121)$$

$$= \lim_{z \to 0{,}819} \frac{d}{dz}\left[\frac{z \cdot (z-1)^2 \cdot (z-0{,}905) \cdot (z-1{,}105)}{(z-0{,}741) \cdot (z-0{,}9-j \cdot 0{,}09) \cdot (z-0{,}9+j \cdot 0{,}09)} \cdot z^{v-1}\right].$$

Daraus erhält man das Ergebnis

$$h_{23}(v \cdot T_A) = \left[-19{,}682 + (v-1) \cdot 0{,}859 \right] \cdot 0{,}819^v.$$

Residuen der beiden einfachen, zueinander konjugiert komplexen Pole

Die Residuen der zwei einfachen konjugiert komplexen Polstellen bei $z_4 = 0{,}9 + j \cdot 0{,}09$ und $z_5 = 0{,}9 - j \cdot 0{,}09$ liefern folgende Beiträge:

$$h_4(v \cdot T_A) = \operatorname*{Res}_{z=z_4} = \lim_{z \to z_4} \left(H_Z(z) \cdot (z-z_4) \cdot z^{v-1}\right) = \qquad (2.122)$$

$$= (0{,}487 - j \cdot 0{,}581) \cdot (0{,}9 + j \cdot 0{,}09)^v, \qquad (2.123)$$

$$h_5(v \cdot T_A) = \operatorname*{Res}_{z=z_5} = \lim_{z \to z_5} \left(H_Z(z) \cdot (z-z_5) \cdot z^{v-1}\right) = \qquad (2.124)$$

$$= (0{,}487 + j \cdot 0{,}581) \cdot (0{,}9 - j \cdot 0{,}09)^v. \qquad (2.125)$$

Durch Zusammenfassen der beiden Anteile erhält man die reelle Größe $h_{45}(v \cdot T_A)$.

In Bild 2.20(a) ist die zeitdiskrete Impulsantwort für $T_A = 0{,}1$ (normiert) dargestellt. Deren Einhüllende zeigt einen ähnlichen Verlauf wie die Laplace–Rücktransformierte von Bild 2.17(b). Je kleiner T_A gewählt wird, um so genauer stimmt die Z–Rücktransformierte mit der Laplace–Rücktransformierten überein. Bild 2.20(b) zeigt den Verlauf mit einer um den Faktor 4 feineren Zeitauflösung (d. h. 40 Abtastwerte pro Zeiteinheit).

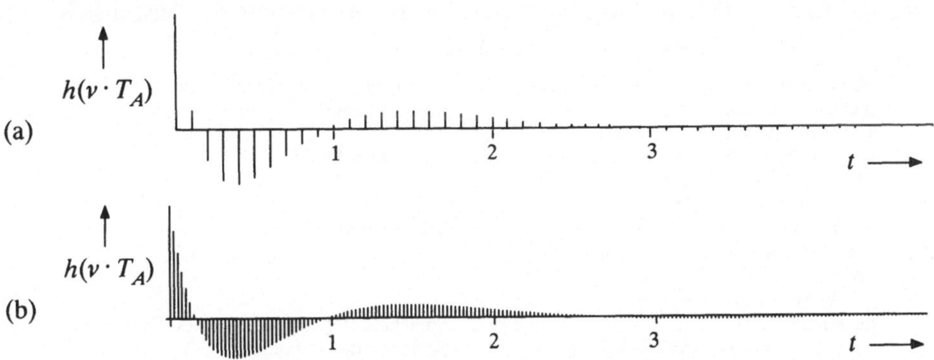

Bild 2.20: Diskrete Impulsantwort $h(v \cdot T_A)$ als Ergebnis der Z–Rücktransformation von (2.118) mit $T_A = 0{,}1$ (a) bzw. $T_A = 0{,}025$ (b).

2.3.3 Digitale Filter

Eine wichtige Anwendung der Z–Transformation stellt die Beschreibung von linearen kausalen zeitdiskreten Systemen entsprechend Bild 2.21 dar. Man spricht in diesem Zusammenhang auch von *digitalen Filtern*.

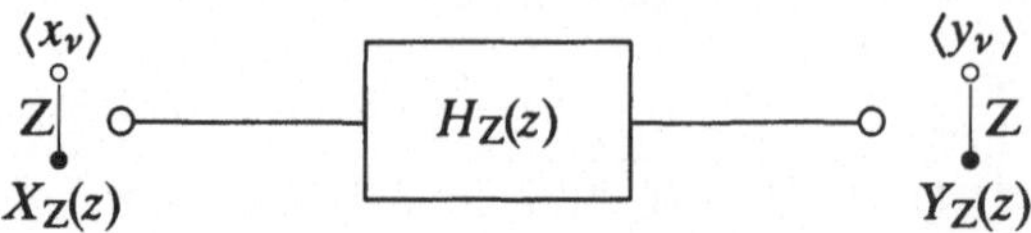

Bild 2.21: Lineares kausales zeitdiskretes System ("Digitales Filter").

Ein solches System gibt die Verknüpfung zwischen der kausalen Eingangsfolge $\langle x_\nu \rangle$ und der kausalen Ausgangsfolge $\langle y_\nu \rangle$ an, und wird im Zeitbereich durch die nachfolgende Differenzengleichung gekennzeichnet:

$$y_\nu = \sum_{\mu=0}^{M} a_\mu \cdot x_{\nu-\mu} + \sum_{\kappa=1}^{M} (-b_\kappa) \cdot y_{\nu-\kappa} \ . \tag{2.126}$$

Die erste Summe beschreibt die Abhängigkeit des aktuellen Ausgangswertes y_ν vom aktuellen Eingangswert x_ν sowie den M vorangegangenen Eingangswerten $x_{\nu-1} \dots x_{\nu-M}$. Dagegen kennzeichnet die zweite Summe die Beeinflussung von y_ν durch die vorherigen Ausgangswerte $y_{\nu-1} \dots y_{\nu-M}$. Sie gibt somit den rekursiven Anteil des Systems an.

Die Differenzengleichung (2.126) kann unmittelbar in das digitale Netzwerk von Bild 2.22 bzw. in das Programm 2.5 umgesetzt werden. Dieses gibt bei jedem Aufruf einen Wert $y = y_\nu$ der Ausgangsfolge ab, wobei der aktuelle Eingangswert $x = x_\nu$ übergeben wird. Die weiteren Übergabeparameter sind die Ordnung M sowie die beiden Koeffizientenfelder a und b sowie der aktuelle Zeitpunkt nue $= \nu$. Beim ersten Aufruf ($\nu = 0$) wird das interne Feld z vorbelegt. Zu späteren Zeitpunkten ($\nu > 0$) beinhalten die Feldelemente z (mue) jeweils die Differenz $a_\mu \cdot x_{\nu-\mu} - b_\mu \cdot y_{\nu-\mu}$.

Programm 2.5:   FORTRAN–Unterprogramm zur Berechnung der Ausgangswerte y_ν eines digitalen Filters M–ter Ordnung.

```
      real function y (x,M,a,b,nue)      : Übergabeparameter siehe Text.
      parameter (Mmax=10)                : Mmax: Maximalwert für die Ordnung des Filters.
      integer M,nue,mue                  :
      real a(0:M),b(1:M),z(1:Mmax)       : z: internes Feld.
      if (nue .eq. 0) then               :
        do 10 mue = 1,M                  :
          z(mue) = 0.                    : Vorbelegung, falls ν = 0.
10      continue                         :
      endif                              :
      y = a(0)*x+z(1)                    :
      do 20 i = 1,M-1                    : Speicherbelegung für nächsten Durchlauf
        z(i) = z(i+1)+a(i)*x-b(i)*y      : Schieben des z-Feldes.
20    continue                          :
      z(M) = a(M)*x-b(M)*y               :
      return                             :
      end                                :
```

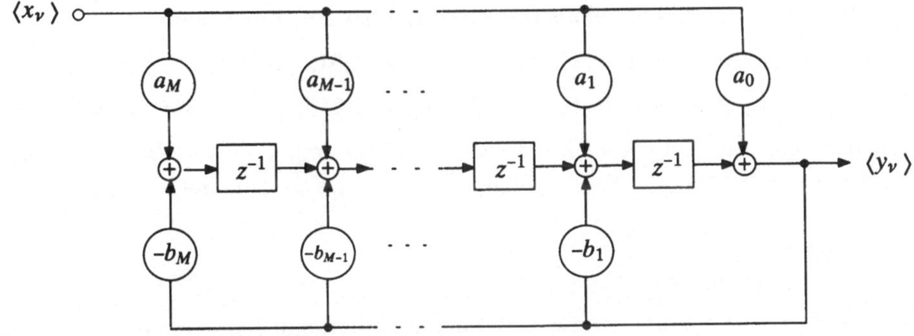

Bild 2.22: Digitales Filter M–ter Ordnung zur Realisierung von (2.126).

Die reellen Koeffizienten a_0 .... a_M sowie b_1 .... b_M in Bild 2.22 sind identisch mit den entsprechenden Koeffizienten von (2.126). M ist die *Ordnung* des Filters. Die mit z^{-1} beschrifteten Rechtecke kennzeichnen jeweils eine Verzögerung um eine Zeiteinheit T_A, wobei die Nomenklatur aus dem Verschiebungssatz $\langle x_{\nu-1}\rangle \circ\!\!\underline{\quad Z\quad}\!\!\bullet\ z^{-1}\!\cdot\! X_Z(z)$ der Z–Transformation abgeleitet ist.

Bild 2.22 und (2.126) beschreibt im allgemeinen ein rekursives Digitalsystem. Mit den Koeffizientenwerten $b_1 =$ .... $= b_M = 0$ ist der Sonderfall eines nichtrekursiven Filters mitenthalten. Ein solches Filter wird z. B. in den Abschnitten 4.3.2 bis 4.3.4 zur Erzeugung von Zufallsgrößen mit statistischen Bindungen herangezogen.

Wendet man auf die Differenzengleichung (2.126) die Z–Transformation an, so erhält man für die Übertragungsfunktion des digitalen Filters:

$$H_Z(z) = \frac{Y_Z(z)}{X_Z(z)} = \frac{\displaystyle\sum_{\mu=0}^{M} a_\mu \cdot z^{-\mu}}{1 + \displaystyle\sum_{\kappa=1}^{M} b_\kappa \cdot z^{-\kappa}} \ . \tag{2.127}$$

Der Zusammenhang zwischen den Filterkoeffizienten und der Z–Übertragungsfunktion soll anhand der in Beispiel 2.8 betrachteten Pol–Nullstellenverteilung erläutert werden.

Beispiel 2.9: Hierzu betrachten wir wieder die Übertragungsfunktion (2.118). Durch Ausmultiplizieren der einzelnen Terme kommt man zur Polynomschreibweise:

$$H_Z(z) = \frac{z^5 - 4{,}01 \cdot z^4 + 6{,}02 \cdot z^3 - 4{,}01 \cdot z^2 + z}{z^5 - 4{,}179 \cdot z^4 + 6{,}985 \cdot z^3 - 5{,}835 \cdot z^2 + 2{,}436 \cdot z - 0{,}407} \ . \tag{2.128}$$

Dividiert man nun noch Zähler und Nenner von (2.128) durch seine höchste Potenz (z^5), so ergibt sich der folgende Ausdruck:

$$H_Z(z) = \frac{1 - 4{,}01 \cdot z^{-1} + 6{,}02 \cdot z^{-2} - 4{,}01 \cdot z^{-3} + z^{-4}}{1 - 4{,}179 \cdot z^{-1} + 6{,}985 \cdot z^{-2} - 5{,}835 \cdot z^{-3} + 2{,}436 \cdot z^{-4} - 0{,}407 \cdot z^{-5}} \ . \tag{2.129}$$

Ein Vergleich mit (2.127) liefert die reellwertigen Filterkoeffizienten für dieses Beispiel.

Für die nichtrekursiven bzw. rekursiven Koeffizienten erhält man somit:

$$a_0 = 1; \quad a_1 = -4{,}01; \quad a_2 = 6{,}02; \quad a_3 = -4{,}01; \quad a_4 = 1; \quad a_5 = 0;$$

$$b_1 = -4{,}179; \quad b_2 = 6{,}985; \quad b_3 = -5{,}835; \quad b_4 = 2{,}436; \quad b_5 = -0{,}407.$$

Gesucht ist nun wie in Beispiel 2.8 die dazugehörige Impulsantwort $\langle h_\nu \rangle \circ\!\!-\!\!\overset{Z}{\bullet} H_Z(z)$. Diese kann mit (2.126) berechnet werden, wobei für $\langle x_\nu \rangle$ die Diracfolge einzusetzen ist:

$$x_\nu = \begin{cases} 1 & \text{für } \nu = 0\,, \\ 0 & \text{für } \nu \neq 0\,. \end{cases} \tag{2.130}$$

Berechnet man $\langle h_\nu \rangle$ auf diese Weise, z. B. mit dem Programm 2.5, so ergibt sich der gleiche Verlauf wie in Bild 2.20(a) dargestellt. Dieser wurde mit der Residuenmethode ermittelt. Der Maximalwert $h_0 = 1$ folgt mit $a_0 = 1$ und $x_0 = 1$ direkt aus (2.126).

Anhand der Darstellung (2.129) soll nun noch der Einfluß der Nullstelle bei $z = 0$ diskutiert werden. Wird diese durch eine Nullstelle im Unendlichen ersetzt, so ergeben sich nach den gleichen Berechnungen für die nichtrekursiven Koeffizienten:

$$a_0 = 0; \quad a_1 = 1; \quad a_2 = -4{,}01; \quad a_3 = 6{,}02; \quad a_4 = -4{,}01; \quad a_5 = 1.$$

Dies bedeutet gegenüber dem oberen Parametersatz eine Verschiebung um eine Stützstelle nach rechts. Der Maximalwert ist dann $h_1 = 1$, während aus $a_0 = 0$ auch $h_0 = 0$ folgt. Der prinzipielle Kurvenverlauf ändert sich jedoch nicht.

Bei einem nichtrekursiven Filter M–ter Ordnung ist die Impulsantwort auf $M + 1$ Abtastwerte begrenzt, die identisch mit den Filterkoeffizienten a_μ sind. Dagegen besitzt ein rekursives Filter gleicher Ordnung – wie im Beispiel 2.9 gezeigt – eine deutlich längere Impulsantwort. Bei manchen Koeffizienteneinstellungen erstreckt sich die Impulsantwort über einen unendlich großen Zeitbereich, was z. B. für die Erzeugung einer zeitdiskreten Sinusfunktion bei der Simulation von Trägerfrequenzsystemen ausgenutzt werden kann.

Beispiel 2.10:   Die rechte Seite der Z–Korrespondenz (vgl. z. B. [149])

$$\sin(\omega_0 \cdot \nu \cdot T_A) \; \circ\!\!-\!\!\overset{Z}{\bullet} \; \frac{z \cdot \sin(\omega_0 \cdot T_A)}{z^2 - 2 \cdot z \cdot \cos(\omega_0 \cdot T_A) + 1} \tag{2.131}$$

gibt die gesuchte Z–Übertragungsfunktion an, die als Antwort auf eine diracförmige Eingangsfolge entsprechend (2.130) eine sinusförmige Ausgangsfolge liefert. Dividiert man Zähler und Nenner jeweils durch z^2, so erhält man:

$$H_Z(z) = \frac{\sin(\omega_0 \cdot T_A) \cdot z^{-1}}{1 - 2 \cdot \cos(\omega_0 \cdot T_A) \cdot z^{-1} + z^{-2}}\,. \tag{2.132}$$

Ein Vergleich mit (2.127) zeigt, daß zur Erzeugung einer zeitdiskreten Sinusfunktion mit der Kreisfrequenz ω_0 und dem Zeitraster T_A ein rekursives Filter zweiter Ordnung ausreichend ist, dessen Koeffizienten wie folgt zu wählen sind:

$$a_0 = 0; \quad a_1 = \sin(\omega_0 \cdot T_A); \quad a_2 = 0; \quad b_1 = -2 \cdot \cos(\omega_0 \cdot T_A); \quad b_2 = 1.$$

Ausführliche Beschreibungen der Eigenschaften digitaler Filter finden sich beispielsweise in [8], [64], [107], [115], [134], [139], [157], [187], [198] und [237].

3 Amplitudenverteilung von Zufallsgrößen

3.1 Definitionen und Beschreibungsgrößen

Inhalt: In diesem Abschnitt werden einige grundlegende Kenngrößen zur Beschreibung zufälliger Ereignisse und Signale erläutert. Zur Charakterisierung der diskreten Zufallsgrößen werden zunächst die Wahrscheinlichkeit und die relative Häufigkeit definiert sowie die Bedingungen für Stationarität, Ergodizität und statistische Unabhängigkeit einer Zufallsfolge angegeben. Anschließend wird auf die kontinuierlichen Zufallsgrößen übergegangen, deren statistische Eigenschaften unter anderem durch Momente, Wahrscheinlichkeitsdichte– und Verteilungsfunktion gekennzeichnet sind. Abschließend wird gezeigt, wie diese Kenngrößen zur Charakterisierung der Amplitudenverteilung eines Zufallssignals numerisch ermittelt werden können, und durch welche Maßnahmen die statistische Sicherheit von Simulationsergebnissen gesteigert werden kann.

3.1.1 Wahrscheinlichkeit und relative Häufigkeit

Signale zur Informationsübertragung sind ebenso wie alle Rauschvorgänge stets von stochastischer Natur und durch zufällige Funktionswerte in Abhängigkeit der Zeit gekennzeichnet. Solche Signale werden im folgenden als *Zufallssignale* bezeichnet. Im Gegensatz zu determinierten Signalen sind Zufallssignale von einem Beobachter in die Zukunft hinein explizit nicht voraussagbar. Zu ihrer Beschreibung sind zunächst einige Begriffe der Wahrscheinlichkeitsrechnung erforderlich.

Ausgangspunkt einer jeden statistischen Untersuchung ist ein *Zufallsexperiment*. Darunter versteht man einen unter gleichen Bedingungen beliebig oft wiederholbaren Versuch mit ungewissem *Ergebnis E*, bei dem jedoch die Menge $\{E_\mu\}$ der möglichen Ergebnisse angebbar ist.

Häufig sind die Ergebnisse eines Versuches Zahlenwerte, z. B. beim Zufallsexperiment "Werfen eines Würfels". Dagegen liefert das Experiment "Werfen einer Münze" die beiden möglichen Ergebnisse "Kopf" und "Wappen". Zur einheitlichen Beschreibung verschiedenartiger Zufallsexperimente und zur besseren Handhabung wurde der Begriff der Zufallsgröße eingeführt.

Definition: Eine *Zufallsgröße* oder *Zufallsvariable* x ist eine eindeutige Abbildung der Ergebnismenge $\{E_\mu\}$ auf die Menge der reellen Zahlen.

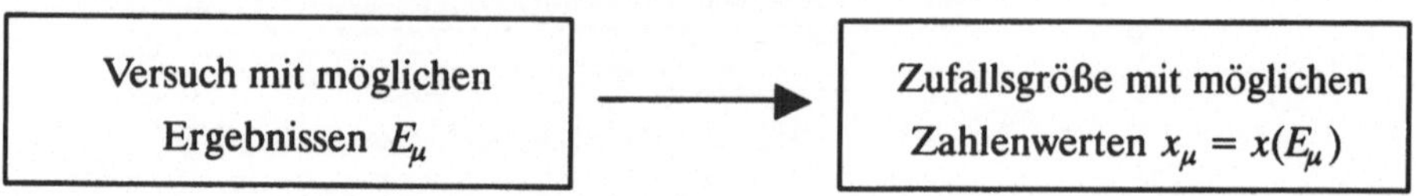

Ergänzend zu dieser Definition wird im folgenden zugelassen, daß Zufallsgrößen neben dem Zahlenwert auch eine Einheit besitzen.

Nach den möglichen Zahlenwerten $x_\mu = x(E_\mu)$ unterscheidet man zwischen *kontinuierlichen* und *diskreten* Zufallsgrößen. Eine kontinuierliche Zufallsgröße, beispielsweise der Momentanwert eines Rauschsignals, kann zumindest in einem gewissen Bereich unendlich viele verschiedene Werte annehmen. Ist dagegen die Menge $\{x_\mu\}$ abzählbar, d. h. die Anzahl der möglichen Werte auf M begrenzt, so ist die Zufallsgröße x immer diskret.

Ein Beispiel für eine diskrete Zufallsgröße ist der Momentanwert eines rechteckförmigen Digitalsignals, wobei M in diesem Sonderfall als der *Symbolumfang* (im Sinne der Codierungstheorie) bzw. als die *Stufenzahl* (aus der Sicht der Übertragungstechnik) bezeichnet wird. Beispielsweise gilt für Bild 3.4: $M = 3$.

Eine diskrete Zufallsgröße wird durch die M Auftrittswahrscheinlichkeiten $p(x=x_\mu)$ beschrieben, wobei folgender Zusammenhang gilt:

$$\sum_{\mu=1}^{M} p(x = x_\mu) = 1 \ . \tag{3.1}$$

Diese Wahrscheinlichkeiten liefern Vorhersagen über das zu erwartende Ergebnis eines statistischen Versuches (*"a–priori–Kenngrößen"*). Sie unterscheiden sich im allgemeinen von den *relativen Häufigkeiten*

$$h_N(x = x_\mu) = \frac{n_\mu}{N} \ . \tag{3.2}$$

Diese erlauben statistische Aussagen bezüglich eines vorher durchgeführten Versuches (*"a–posteriori–Kenngrößen"*). In (3.2) bezeichnet N die Anzahl aller Versuche und n_μ die Anzahl der Versuche mit dem Ergebnis x_μ.

Im Grenzfall $N \to \infty$ stimmt die relative Häufigkeit $h_N(x=x_\mu)$ mit der Wahrscheinlichkeit $p(x=x_\mu)$ überein, zumindest im statistischen Sinne. Dagegen gilt für endliche Werte von N nach dem *"Bernoulli'schen Gesetz der großen Zahlen"* (siehe z. B. [181]):

$$p\left\{ \left| h_N(x = x_\mu) - p(x = x_\mu) \right| \geq \varepsilon \right\} \leq \frac{1}{4 \cdot N \cdot \varepsilon^2} \ . \tag{3.3}$$

Das bedeutet: Die Wahrscheinlichkeit, daß sich die relative Häufigkeit $h_N(x=x_\mu)$ und die dazugehörige Wahrscheinlichkeit $p(x=x_\mu)$ betragsmäßig um mehr als einen Wert ε unterscheiden, ist kleiner oder gleich $1/(4 \cdot N \cdot \varepsilon^2)$. Für ein gegebenes ε und eine gegebene Wahrscheinlichkeit kann daraus der minimale Wert von N berechnet werden. Dies soll das nachfolgende Beispiel verdeutlichen.

Beispiel 3.1: Ein binärer Zufallsgenerator Z liefert die Werte 0 und 1 mit gleichen Auftrittswahrscheinlichkeiten $p(0) = p(1) = 0{,}5$. In mehreren Versuchsreihen wird nun die betragsmäßige Abweichung $\varepsilon(N) = |h_N(Z=1) - p(Z=1)|$ zwischen relativer Häufigkeit und Wahrscheinlichkeit in Abhängigkeit der Anzahl N der jeweils berücksichtigten Binärwerte ermittelt. In Bild 3.1 sind willkürlich drei solche Meßreihen, gekennzeichnet mit (1) ... (3), eingetragen, wobei die eigentlichen Meßpunkte von N bei ganzzahligen Vielfachen von 10.000 liegen. Die Verbindungslinien zwischen diesen Meßpunkten geben also nicht den tatsächlichen Verlauf wieder, sondern dienen lediglich der leichteren Zuordnung.

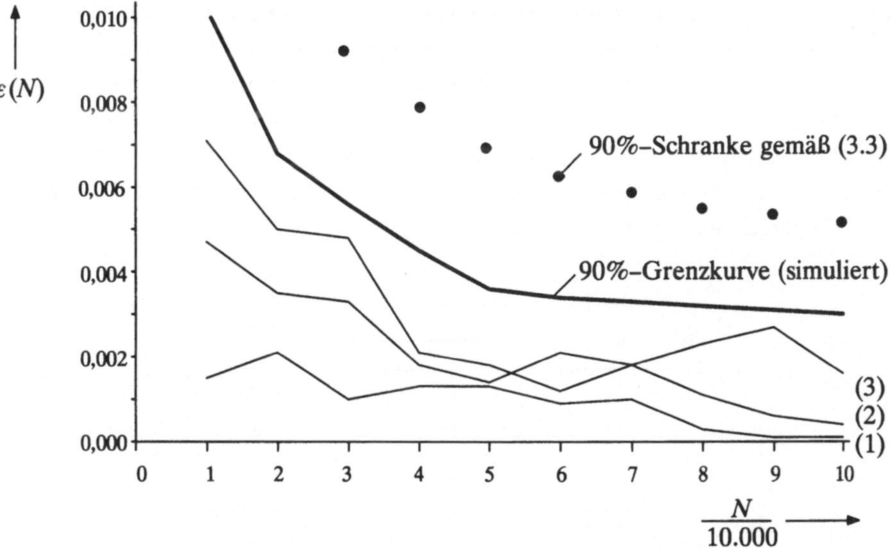

Bild 3.1: Betragsmäßige Abweichung $\varepsilon(N) = |h_N(Z=1) - p(Z=1)|$ zwischen relativer Häufigkeit und Wahrscheinlichkeit in Abhängigkeit von der Anzahl N der berücksichtigten binären Zufallszahlen $(M = 2)$.

Es ist ersichtlich, daß die betragsmäßige Abweichung $\varepsilon(N)$ bei den einzelnen Meßreihen mit wachsendem N nicht notwendigerweise monoton abfällt. Würde man über diese drei Meßreihen mitteln, so würde die abfallende Tendenz der Funktion $\varepsilon(N)$ deutlicher. Bei einer Mittelung über "unendlich viele" Meßreihen ergäbe sich tatsächlich ein stetig abnehmender Kurvenverlauf.

Die hervorgehobene Kurve in Bild 3.1 wurde durch Simulation über 1000 Meßreihen ermittelt, und zwar derart, daß 90% der Meßpunkte unterhalb dieser Grenzkurve lagen. Zum Vergleich ist, durch Punkte markiert, die Schranke eingetragen, die sich aus (3.3) mit der Bedingung $p\{|h_N(Z=1) - 0{,}5| \geq \varepsilon\} \leq 0{,}1$ ergibt. Es wird deutlich, daß die auf der *Tschebyscheff'schen Ungleichung* basierende Formel (3.3) nur eine grobe Schranke für obige Wahrscheinlichkeit darstellt. Eine genauere, wenn auch kompliziertere Grenzkurve wurde z. B. von Bernstein angegeben (vgl. [23] und [181]).

3.1.2   Zufallsprozesse

Bevor auf die Eigenschaften und die Beschreibungsgrößen von Zufallssignalen näher
eingegangen werden kann, muß noch ein wichtiger Begriff der stochastischen Signaltheorie erläutert werden, nämlich der *Zufallsprozeß* oder *stochastische Prozeß*. Dieser
stellt ein mathematisches Modell für eine Schar zufälliger Signale dar, die sich zwar im
allgemeinen voneinander unterscheiden, trotzdem aber gewisse gemeinsame Eigenschaften aufweisen (vgl. z. B. [9], [41], [48], [89], [130], [169], [220], [249], [251]).

Zur Beschreibung eines Zufallsprozesses $\{x_i(t)\}$ gehen wir von der Vorstellung aus,
daß jede stochastische Signalquelle – zumindest gedanklich – beliebig oft realisiert werden kann. Wenn wir z. B. das Ausgangssignal eines binären Zufallsgenerators betrachten,
so nehmen wir an, daß beliebig viele, in ihren physikalischen und dadurch auch statistischen Eigenschaften völlig gleiche Zufallsgeneratoren vorhanden sind, von denen jeder
ein Zufallssignal $x_i(t)$ abgibt, das für alle Zeiten von $-\infty$ bis $+\infty$ existiert (vgl. Bild 3.2).
Jeder Zufallsgenerator gibt jedoch trotz gleicher physikalischer Realisierung ein anderes
Zeitsignal $x_i(t)$ ab, das als dals –s i–*te Mustersignal (Musterfunktion)* dieser stochastischen
Signalquelle bezeichnet wird.

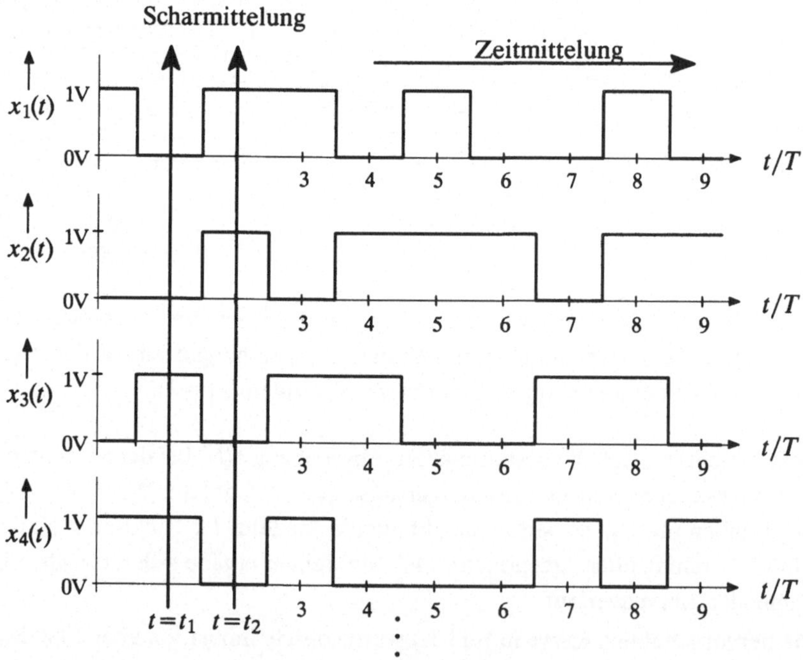

Bild 3.2:   Mustersignale $x_1(t), x_2(t), \ldots$ eines Zufallsprozesses $\{x_i(t)\}$ mit den Eigenschaften ”binär”, ”gleichwahrscheinlich” und ”statistisch unabhängig”.

Der Zufallsprozeß unterscheidet sich also von den sonst in der Statistik üblichen
Zufallsexperimenten dadurch, daß das Ergebnis kein Ereignis ist, sondern ein Zeitsignal.

Dieses Signal beinhaltet mindestens eine stochastische Komponente (z. B. die Amplitude, die Frequenz oder die Phase), und kann von einem Beobachter nicht vorausgesagt werden. Betrachtet man den Zufallsprozeß $\{x_i(t)\}$ zu einem festen Zeitpunkt, so gelangt man wieder zu dem einfacheren Modell von Abschnitt 3.1.1, nach dem das Versuchsergebnis ein Ereignis ist, das einer Zufallsgröße zugeordnet werden kann.

Diese Aussagen sollen nun anhand von Bild 3.2 verdeutlicht werden. Der vorliegende Prozeß $\{x_i(t)\}$ besteht aus einem Ensemble von rechteckförmigen Musterfunktionen, die wie folgt beschrieben werden können:

$$x_i(t) = \sum_{\nu = -\infty}^{+\infty} (a_\nu)_i \cdot g(t - \nu \cdot T) \ . \tag{3.4}$$

Der deterministische *Grundimpuls* $g(t)$ besitzt im Bereich von $-T/2$ bis $+T/2$ den Wert 1V und ist außerhalb 0V. Die Statistik dieses Zufallsprozesses ist auf die dimensionslosen *Amplitudenkoeffizienten* $(a_\nu)_i \in \{0, 1\}$ zurückzuführen, die innerhalb der i–ten Musterfunktion mit der Laufvariablen ν indiziert sind.

Definiert man den Momentanwert der einzelnen Musterfunktionen $x_i(t)$ zum festen Zeitpunkt $t = t_1$ als die Zufallsgröße $x_1 = x_i(t_1)$, so lassen sich die statistischen Eigenschaften dieser Zufallsgröße entsprechend Abschnitt 3.1.1 beschreiben. Die Berechnung der statistischen Kenngrößen muß dabei durch *Scharmittelung* über alle möglichen Musterfunktionen erfolgen (Mittelung über die Laufvariable i). Beispielsweise können die Auftrittswahrscheinlichlichkeiten der diskreten Zufallsgröße $x_1 \in \{0V, 1V\}$ mit (3.2) über die relativen Häufigkeiten berechnet werden.

Zu einem anderen Zeitpunkt $t = t_2$ kann der Zufallsprozeß unterschiedliche Eigenschaften (z. B. andere Auftrittswahrscheinlichkeiten und Mittelwerte) besitzen. Einen solchen Prozeß bezeichnet man dann als nichtstationär. Dagegen stimmen bei *stationären Prozessen* die statistischen Kenngrößen zu jedem beliebigen Zeitpunkt überein.

Eine wichtige Unterklasse der stationären Zufallsprozesse sind die *ergodischen Prozesse*, bei denen jede Musterfunktion $x_i(t)$ repräsentativ für den gesamten Zufallsprozeß ist. Alle statistischen Beschreibungsgrößen eines ergodischen Prozesses lassen sich aus einer einzigen Musterfunktion durch *Zeitmittelung* gewinnen (Mittelung über die Laufvariable ν). Das bedeutet, daß bei einem ergodischen Prozeß alle Zeitmittelwerte einer jeden Musterfunktion mit den entsprechenden Scharmittelwerten zu beliebigen Zeitpunkten übereinstimmen.

Die Ergodizität läßt sich aus einer endlichen Anzahl von Musterfunktionen und endlichen Signalausschnitten nicht nachweisen (vgl. [249]). Trotzdem wird in den meisten Anwendungen hypothetisch von Ergodizität ausgegangen.

Im vierten Kapitel werden die Zufallsprozesse im Zusammenhang mit Autokorrelationsfunktion und Leistungsdichtespektrum ausführlich behandelt. In Kapitel 3 wird, wenn nicht ausdrücklich etwas anderes vermerkt ist, stets Stationarität und Ergodizität vorausgesetzt, so daß die signifikanten Eigenschaften der betrachteten Zufallsprozesse anhand einer Musterfunktion veranschaulicht werden können. Diese Musterfunktion wird im folgenden als das *Zufallssignal* $x(t)$ bezeichnet.

3.1.3   Statistische Unabhängigkeit einer Zufallsfolge

Die Signaldarstellung auf Digitalrechnern erfordert stets eine Zeitdiskretisierung. Aus dem Zufallssignal $x(t)$ wird somit die *Zufallsfolge* $\langle x_\nu \rangle$ mit

$$x_\nu = x(\nu \cdot T_A) \, , \tag{3.5}$$

wobei der Abstand T_A zweier Abtastwerte an die Erfordernisse der Aufgabenstellung angepaßt werden muß. Zur Unterscheidung von den möglichen Zufallswerten x_μ wird zur Kennzeichnung des Zeitpunktes innerhalb der Folge die Laufvariable ν verwendet.

Bei einer Rechnersimulation kann stets nur eine endliche Folge – und dementsprechend nur ein Ausschnitt des Zufallssignals $x(t)$ – betrachtet werden. Für das Folgende wird festgelegt, daß die Variable ν der Reihe nach die Werte 1, 2, ... , N durchläuft.

Eine wichtige Eigenschaft einer zeitlichen Folge von Zufallsgrößen ist die statistische Abhängigkeit bzw. Unabhängigkeit. Betrachtet man beispielsweise zwei direkt aufeinanderfolgende Zufallsgrößen x_ν und $x_{\nu+1}$, so sind diese genau dann statistisch unabhängig, falls für die *bedingten Wahrscheinlichkeiten* gilt:

$$p(x_{\nu+1}|x_\nu) = p(x_{\nu+1}) \, . \tag{3.6}$$

Aus der Stationarität folgt weiterhin, daß $p(x_{\nu+1}) = p(x_\nu)$ ist.

Zur Verdeutlichung der statistischen Abhängigkeit einer Zufallsfolge $\langle x_\nu \rangle$ betrachten wir eines der Mustersignale von Bild 3.2. Ist das Zeitraster T_A sehr viel kleiner als die Dauer T eines Rechteckimpulses, so sind im allgemeinen (d. h. mit Ausnahme der Bitgrenzen) zwei aufeinanderfolgende Abtastwerte x_ν und $x_{\nu+1}$ identisch und die Bedingung (3.6) nicht erfüllt. Die bedingten Wahrscheinlichkeiten ergeben sich in diesem Fall für beliebige Werte von $p(0V)$ und $p(1V)$ zu

$$p(0V_{\nu+1}|0V_\nu) = p(1V_{\nu+1}|1V_\nu) = 1 \, , \tag{3.7}$$

$$p(1V_{\nu+1}|0V_\nu) = p(0V_{\nu+1}|1V_\nu) = 0 \, . \tag{3.8}$$

Die einzelnen Elemente der Zufallsfolge $\langle x_\nu \rangle$ können nur dann statistisch voneinander unabhängig sein, wenn $T_A = T$ (oder ein Vielfaches davon) gewählt wird. Die Bedingung (3.6) der statistischen Unabhängigkeit lautet dann für das hier betrachtete Beispiel eines Binärsignals:

$$p(0V_{\nu+1}|0V_\nu) = p(0V_{\nu+1}|1V_\nu) = p(0V) \, , \tag{3.9}$$

$$p(1V_{\nu+1}|0V_\nu) = p(1V_{\nu+1}|1V_\nu) = p(1V) \, . \tag{3.10}$$

Das bedeutet, daß in diesem Fall das Auftreten von "0V" bzw. "1V" unabhängig davon ist, ob vorher der Amplitudenwert "0V" oder "1V" aufgetreten ist. Da eine statistisch unabhängige Zufallsfolge stets auch stationär ist, sind die Auftrittswahrscheinlichkeiten $p(0V)$ und $p(1V)$ selbstverständlich auch unabhängig vom betrachteten Zeitpunkt ν.

Folgen von diskreten Zufallsgrößen mit statistischen Abhängigkeiten werden häufig durch *Markovketten (Markovprozesse)* beschrieben (vgl. Abschnitt 4.2.5). In Kapitel 3 wird jedoch, wenn nicht explizit etwas anderes angegeben ist, außer der Stationarität stets auch statistische Unabhängigkeit vorausgesetzt.

3.1.4   Wahrscheinlichkeitsdichte- und Verteilungsfunktion

Im Abschnitt 3.1.1 wurde gezeigt, daß die Amplitudenverteilung einer diskreten Zufallsgröße durch ihre M Auftrittswahrscheinlichkeiten bestimmt ist, wobei die Stufenzahl M im allgemeinen einen endlichen Wert besitzt. Nun werden *kontinuierliche Zufallsgrößen* betrachtet. Darunter sollen Zufallsgrößen verstanden werden, deren mögliche Zahlenwerte nicht abzählbar sind ("*wertkontinuierlich*"). Über die Zeitdiskretisierung wird keine Aussage getroffen, d. h. kontinuierliche Zufallsgrößen können durchaus zeitdiskret sein.

Ein Beispiel für eine kontinuierliche Zufallsgröße ist der Momentanwert x eines Rauschsignals. In Bild 3.3 ist der Ausschnitt eines stationären Rauschsignals dargestellt, dessen Momentanwert sich um einen Mittelwert zufällig ändert. Zwischen den einzelnen Abtastwerten bestehen dabei, wie im letzten Abschnitt vorausgesetzt, keine statistischen Bindungen ("*Weißes Rauschen*").

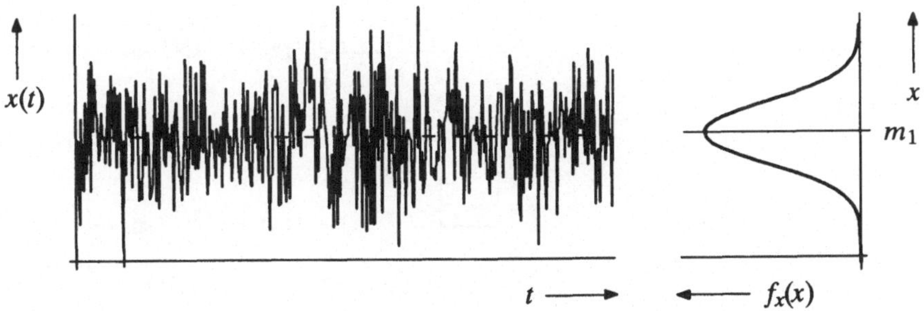

Bild 3.3:   Momentanwert x eines (gaußverteilten) Rauschsignals mit Mittelwert als Beispiel einer kontinuierlichen Zufallsgröße, und zugehörige WDF $f_x(x)$.

Bei einer kontinuierlichen Zufallsgröße x sind die Wahrscheinlichkeiten, daß die Zufallsgröße ganz bestimmte Werte annimmt, identisch 0. Deshalb muß zur Beschreibung von kontinuierlichen Zufallsgrößen auf die *Wahrscheinlichkeitsdichtefunktion (WDF)* übergegangen werden.

Definition: Der Wert der WDF $f_x(x)$ an der Stelle x_μ ist gleich der Wahrscheinlichkeit, daß der Momentanwert der Zufallsgröße x in einem (unendlich kleinen) Intervall der Breite Δx um x_μ liegt, dividiert durch Δx:

$$f_x(x = x_\mu) = \lim_{\Delta x \to 0} \frac{p\{x_\mu - \Delta x/2 \le x \le x_\mu + \Delta x/2\}}{\Delta x}. \tag{3.11}$$

Wahrscheinlichkeit und WDF stehen in ähnlichem Verhältnis zueinander wie ein diskreter Spektralanteil zu einem kontinuierlichen Spektrum (vgl. Abschnitt 2.1.1). Aus dem in Bild 3.3 angegebenen Zeitverlauf und der WDF ist zu erkennen, daß die häufigsten Signalanteile bei $x \approx m_1$ liegen. Obwohl die Dichtefunktion $f_x(m_1)$ den größtmöglichen Wert besitzt, ist die Wahrscheinlichkeit $p(x = m_1)$, daß der Momentanwert exakt gleich dem Mittelwert m_1 ist, identisch 0.

Die Wahrscheinlichkeit, daß die Zufallsgröße zwischen den Grenzen a und b liegt, ist

$$p(a \leq x \leq b) = \int_a^b f_x(x)\, dx \; . \tag{3.12}$$

Als wichtige Normierungseigenschaft ergibt sich daraus mit $a \rightarrow -\infty$ und $b \rightarrow +\infty$ für die Fläche unter der Dichtefunktion:

$$\int_{-\infty}^{+\infty} f_x(x)\, dx = 1 \; . \tag{3.13}$$

Diese Gleichung stellt das Analogon zu (3.1) für kontinuierliche Zufallsgrößen dar.

Aus Gründen einer einheitlichen Darstellung ist es zweckmäßig, die Wahrscheinlichkeitsdichtefunktion auch für diskrete Zufallsgrößen zu definieren. Bild 3.4 zeigt als Beispiel den Ausschnitt eines Rechtecksignals mit den möglichen Werten –1V, 0V und +1V.

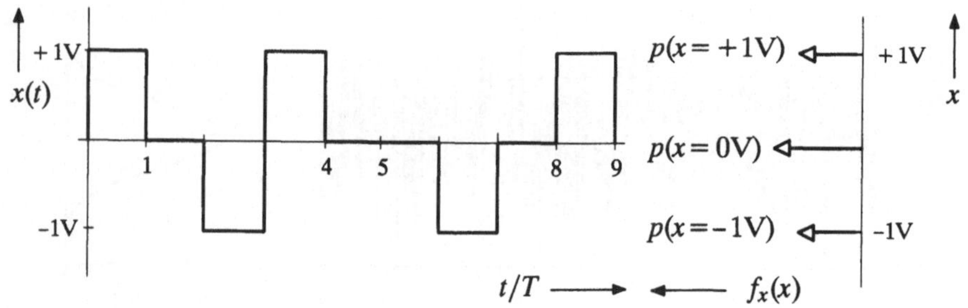

Bild 3.4:   Momentanwert x eines ternären Rechtecksignals als Beispiel einer diskreten Zufallsgröße mit der Stufenzahl $M = 3$, sowie zugehörige WDF.

Wendet man (3.11) auf eine solche diskrete Zufallsgröße an, so zeigt sich, daß die WDF $f_x(x)$ aufgrund des Grenzübergangs $\Delta x \rightarrow 0$ an den Stellen $x = x_\mu$ unendlich große Werte annimmt. Es ergibt sich somit für die WDF eine Summe von *Diracfunktionen* gemäß (2.10), die in der Literatur teilweise auch als Distributionen bezeichnet werden:

$$f_x(x) = \sum_{\mu=1}^{M} p_\mu \cdot \delta(x - x_\mu) \; . \tag{3.14}$$

Die Gewichte der einzelnen Diracfunktionen sind dabei gleich den Auftrittswahrscheinlichkeiten $p_\mu = p(x = x_\mu)$.

Zur Beschreibung von Zufallsgrößen wird häufig auch die *Verteilungsfunktion (VTF)* herangezogen, die wie folgt definiert ist:

$$F_x(r) = p(x \leq r) \; . \tag{3.15}$$

Die Verteilungsfunktion $F_x(r)$ entspricht also der Wahrscheinlichkeit, daß die Zufallsgröße x kleiner oder gleich einem reellen Zahlenwert r ist. Sie kann aus der WDF $f_x(x)$ durch Integration berechnet werden.

Allgemein gilt folgender Zusammenhang:

$$F_x(r) = \lim_{\varepsilon \to 0} \int_{-\infty}^{r+\varepsilon} f_x(x)\,\mathrm{d}x \ . \tag{3.16}$$

Die Berechnung der VTF durch Grenzwertbildung ist aufgrund des "≤"–Zeichens in der Definition (3.15) erforderlich. Bei kontinuierlichen Zufallsgrößen mit dementsprechend stetiger WDF kann auf den Grenzübergang verzichtet werden, und man erhält

$$F_x(r) = \int_{-\infty}^{r} f_x(x)\,\mathrm{d}x \ . \tag{3.17}$$

Da die WDF nichtnegativ ist, steigt $F_x(r)$ zumindest schwach monoton an und liegt stets zwischen den beiden Grenzwerten $F_x(r \to -\infty) = 0$ und $F_x(r \to +\infty) = 1$. Umgekehrt läßt sich die WDF aus der VTF durch Differentiation bestimmen:

$$f_x(x) = \left. \frac{\mathrm{d}F_x(r)}{\mathrm{d}r} \right|_{r=x} \ . \tag{3.18}$$

Der Zusatz "$r=x$" kennzeichnet hierbei, daß das Argument der WDF die Zufallsgröße selbst ist, während als Argument der VTF eine beliebige reelle Variable anzusehen ist.

Für die Berechnung der Verteilungsfunktion einer diskreten Zufallsgröße x muß von der allgemeineren Gleichung (3.16) ausgegangen werden. Mit (3.14) gilt:

$$F_x(r) = \lim_{\varepsilon \to 0} \int_{-\infty}^{r+\varepsilon} \sum_{\mu=1}^{M} p_\mu \cdot \delta(x-x_\mu)\,\mathrm{d}x \ . \tag{3.19}$$

Vertauscht man in dieser Gleichung Integration und Summation, und berücksichtigt, daß die Integration über die Diracfunktion die Sprungfunktion ergibt, so erhält man

$$F_x(r) = \sum_{\mu=1}^{M} p_\mu \cdot \gamma_0(r-x_\mu) \tag{3.20}$$

mit

$$\gamma_0(x) = \lim_{\varepsilon \to 0} \int_{-\infty}^{x+\varepsilon} \delta(u)\,\mathrm{d}u = \left\{ \begin{array}{ll} 0 & \text{für } x < 0 \ , \\ 1 & \text{für } x \geq 0 \ . \end{array} \right. \tag{3.21}$$

Diese Funktion $\gamma_0(x)$ unterscheidet sich von der in der Systemtheorie sonst üblichen Sprungfunktion $\gamma(x)$ dadurch, daß an der Sprungstelle $x = 0$ der rechtsseitige Grenzwert 1 (anstelle des Mittelwertes ½ zwischen links– und rechtsseitigem Grenzwert) gültig ist.

Mit obiger Definition der VTF gilt dann für die Wahrscheinlichkeit von kontinuierlichen und diskreten Zufallsgrößen (sowie von gemischten Zufallsgrößen mit diskreten und kontinuierlichen Anteilen) gleichermaßen:

$$p(a < x \leq b) = F_x(b) - F_x(a) \ . \tag{3.22}$$

Bei rein kontinuierlichen Zufallsgrößen kann das "<"–Zeichen entsprechend (3.12) auch durch "≤" ersetzt werden.

Beispiel 3.2:   Bild 3.5(a) zeigt das Foto "Lena", das häufig als Testvorlage für Bild-codierverfahren dient. Wird dieses Bild in $512 \cdot 512$ Bildpunkte ("Pixel") unterteilt, und ermittelt man für jedes einzelne Pixel die Helligkeit, so erhält man eine Folge $\langle x_\nu \rangle$ von Grauwerten, deren Länge $N = 512^2 = 262.144$ beträgt.

Der Grauwert x ist dabei eine wertkontinuierliche Zufallsgröße, wobei die Zuordnung zu Zahlenwerten willkürlich erfolgt. Beispielsweise sei "Schwarz" durch die normierte Größe $x = 0$ und "Weiß" durch $x = 1$ charakterisiert. Der Zahlenwert $x = 0,5$ kennzeichnet dann eine mittlere Graufärbung.

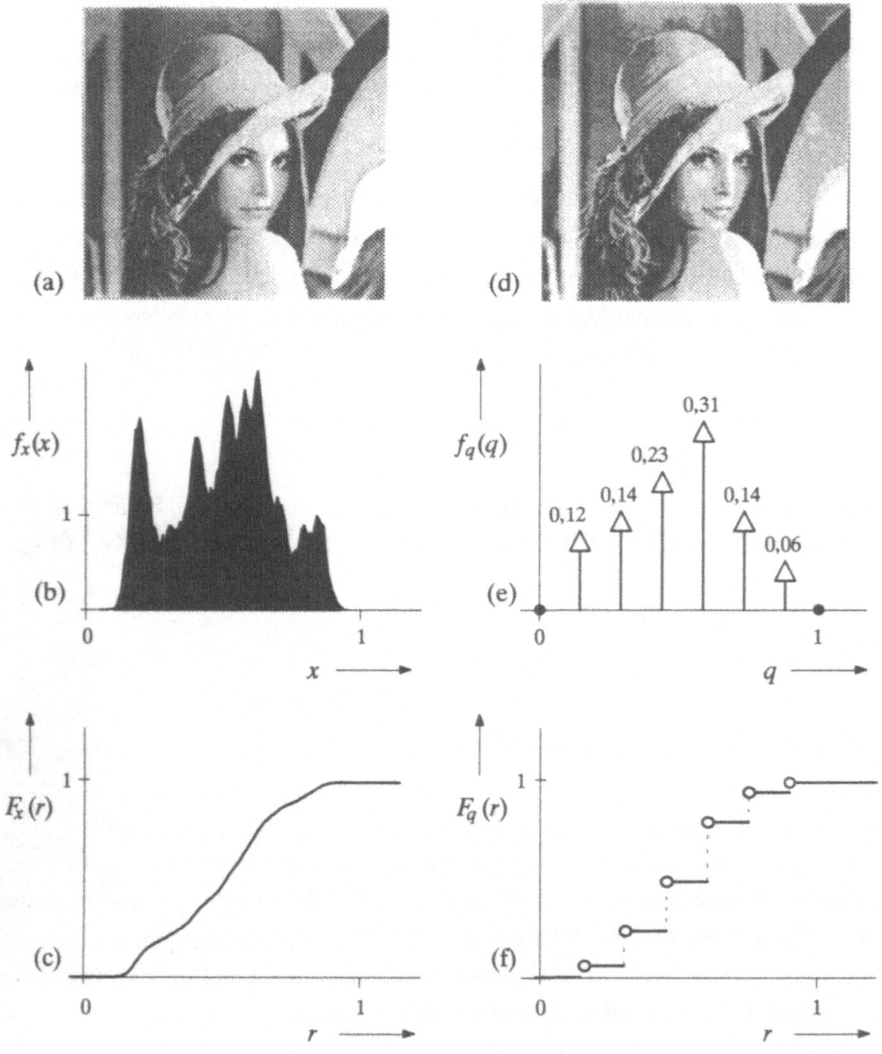

Bild 3.5:   links: Originalbild "Lena" (a) mit zugehöriger WDF (b) und VTF (c),
            rechts: quantisiertes Bild (d) mit zugehöriger WDF (e) und VTF (f).

In Bild 3.5(b) ist die WDF $f_x(x)$ der Zufallsgröße x dargestellt, die in der Literatur auch als *Grauwertstatistik* bezeichnet wird. Es ist ersichtlich, daß im Originalbild einige Grauwerte bevorzugt sind und die beiden Extremwerte $x = 0$ ("tiefes Schwarz") bzw. $x = 1$ ("reines Weiß") sehr selten auftreten. Die Verteilungsfunktion $F_x(r)$ dieser kontinuierlichen Zufallsgröße ist stetig und steigt, wie Bild 3.5(c) zeigt, von 0 auf 1 monoton an.

Wird nun der Grauwert mit 8 Stufen quantisiert, so daß jedes einzelne Pixel durch 3 Bit dargestellt bzw. übertragen werden kann, ergibt sich die diskrete Zufallsgröße q. Durch die Quantisierung geht allerdings ein Teil der Bildinformation verloren, was sich im quantisierten Bild 3.5(d) durch ausgeprägte Konturen auswirkt.

Die dazugehörige Wahrscheinlichkeitsdichtefunktion $f_q(q)$ setzt sich allgemein aus $M = 8$ Diracfunktionen zusammen, wobei bei der hier betrachteten Quantisierung den möglichen Graustufen die Werte $q_\mu = (\mu - 1)/7$ mit $\mu = 1, \ldots, 8$ zugeordnet sind. Das Gewicht der μ-ten Diracfunktion kann dabei aus der WDF $f_x(x)$ des Originalbildes berechnet werden. Mit (3.12) erhält man

$$p_\mu = p(q = q_\mu) = p\left(\frac{2\mu - 3}{14} < x \leq \frac{2\mu - 1}{14}\right) = \int\limits_{(2\mu-3)/14}^{(2\mu-1)/14} f_x(x)\,\mathrm{d}x \,, \qquad (3.23)$$

wobei für die beiden unzulässigen Wertebereiche $x < 0$ bzw. $x > 1$ die WDF $f_x(x)$ jeweils gleich 0 zu setzen ist.

Da im Originalbild die Graustufen $x \approx 0$ bzw. $x \approx 1$ weitgehend fehlen, sind die Wahrscheinlichkeiten $p_1 \approx p_8 \approx 0$, so daß in Bild 3.5(e) nur sechs Diracfunktionen sichtbar sind. Die beiden fehlenden Diracfunktionen bei 0 und 1 sind durch Punkte markiert. Die Verteilungsfunktion $F_q(r)$ von Bild 3.5(f) weist entsprechend (3.20) Unstetigkeitsstellen auf, bei denen jeweils der rechtsseitige Grenzwert gültig ist.

Alle digital erzeugten oder bearbeiteten Bilder sind sowohl orts- als auch amplitudendiskretisiert. Bei heute (1993) üblichen Scannern und Druckern beträgt die örtliche Auflösung meist 300 dpi (*"dots per inch"*), so daß eine mit einem Scanner eingelesene DIN–A4–Seite aus etwa 8,7 Millionen Bildpunkten besteht. Verwendet man zur Amplitudenquantisierung eine *8–Bit–PCM* mit dementsprechend 256 darstellbaren Graustufen, so erfordert die digitale Speicherung einer Seite ca. 8,7 MByte (1 Byte = 8 Bit).

Eine Quantisierung von Grauwertbildern mit mehr als 8 Bit ist aufgrund des begrenzten Auflösungsvermögens des menschlichen Auges nicht sinnvoll. Vielmehr haben psychooptische Untersuchungen gezeigt, daß bereits mit 6 oder 7 Bit, d. h. mit 64 bzw. 128 Amplitudenstufen, ausreichend gute Ergebnisse erzielt werden (vgl. [108]).

Ein weiteres Zahlenbeispiel soll einen Eindruck von den bei Bildsignalen anfallenden Datenmengen vermitteln. Beim HDTV (*"High Definition TeleVision"*, vgl. [245]) sollen pro Sekunde 30 Vollbilder (60 Hz interlaced) mit $1920 \cdot 1035$ Pixeln übertragen werden. Bei einer digitalen Realisierung des HDTV mit drei gleichberechtigten Farbkanälen und 8 Bit Farbtiefe kommt man somit (ohne Berücksichtigung von Austastlücken) zu einer Übertragungsrate von $30 \cdot 1920 \cdot 1035 \cdot 3 \cdot 8 \approx 1{,}43$ GBit/s. Durch geschicktere Codierung der Farbinformation (Stichwort: Y–U–V) kann dieser Wert verringert werden.

3.1.5 Erwartungswerte und Momente

Die Wahrscheinlichkeitsdichtefunktion liefert weitreichende Informationen über die betrachtete Zufallsgröße. Reduzierte Informationen erhält man durch die sogenannten Erwartungswerte und Momente.

Der *Erwartungswert* bezüglich einer beliebigen Funktion $g(x)$ kann mit der WDF $f_x(x)$ in folgender Weise berechnet werden:

$$E[\,g(x)\,] = \int\limits_{-\infty}^{+\infty} g(x) \cdot f_x(x)\;\mathrm{d}x\;. \tag{3.24}$$

Ein Sonderfall eines solchen Erwartungswertes ist z. B. die *charakteristische Funktion*

$$C_x(\omega) = E[\exp(\mathrm{j} \cdot \omega \cdot x)] = \int\limits_{-\infty}^{+\infty} exp(\mathrm{j} \cdot \omega \cdot x) \cdot f_x(x)\;\mathrm{d}x\;. \tag{3.25}$$

Diese ist somit die Fourierrücktransformierte der Wahrscheinlichkeitsdichtefunktion (vgl. (2.6) mit $\omega = 2\pi \cdot f$). Die Anwendung der charakteristischen Funktion $C_x(\omega)$ anstelle der WDF $f_x(x)$ kann ähnliche Vorteile bringen wie der Übergang vom Zeit- in den Frequenzbereich in der Systemtheorie. Hiervon wird beispielsweise in Abschnitt 4.3.4 Gebrauch gemacht.

Setzt man in (3.24) für $g(x) = x^k$, so erhält man das *Moment* k-ter Ordnung:

$$m_k = E[\,x^k\,] = \int\limits_{-\infty}^{+\infty} x^k \cdot f_x(x)\;\mathrm{d}x\;. \tag{3.26}$$

Aus dieser Gleichung folgt mit $k = 1$ für den *linearen Mittelwert*

$$m_1 = E[\,x\,] = \int\limits_{-\infty}^{+\infty} x \cdot f_x(x)\;\mathrm{d}x\;, \tag{3.27}$$

der in Zusammenhang mit Signalen auch als der *Gleichanteil* bezeichnet wird. Analog gilt für den *quadratischen Mittelwert* mit $k = 2$:

$$m_2 = E[\,x^2\,] = \int\limits_{-\infty}^{+\infty} x^2 \cdot f_x(x)\;\mathrm{d}x\;. \tag{3.28}$$

Diese Größe kennzeichnet die (mittlere) *Signalleistung*.

Bei einer diskreten, M-stufigen Zufallsgröße erhält man aus (3.27) und (3.28) unter Verwendung von (3.14):

$$m_1 = \sum_{\mu=1}^{M} p_\mu \cdot x_\mu\;, \tag{3.29}$$

$$m_2 = \sum_{\mu=1}^{M} p_\mu \cdot x_\mu^2\;. \tag{3.30}$$

Hierbei ist berücksichtigt, daß das Integral über die Diracfunktion gleich 1 ist.

Aus dem linearen und dem quadratischen Mittelwert ist nach dem *Satz von Steiner* eine weitere statistische Kenngröße berechenbar, nämlich die *Varianz*

$$\sigma^2 = m_2 - m_1^2 \; . \tag{3.31}$$

Die Varianz σ^2 entspricht physikalisch der *Wechselleistung*, während die *Streuung* σ den *Störeffektivwert* angibt. σ^2 ist ein Sonderfall ($k = 2$) der sogenannten *Zentralmomente*, die im Gegensatz zu den Momenten nach (3.26) jeweils auf den Mittelwert m_1 bezogen sind:

$$\mu_k = E[(x - m_1)^k] = \int\limits_{-\infty}^{+\infty} (x - m_1)^k \cdot f_x(x) \, dx \; . \tag{3.32}$$

Wie in [169] gezeigt wird, können die zentrierten und die nichtzentrierten Momente, μ_k bzw. m_k, ineinander umgerechnet werden. Dabei gilt:

$$\mu_k = \sum_{\kappa=0}^{k} \binom{k}{\kappa} \cdot m_\kappa \cdot (-m_1)^{k-\kappa} \; , \tag{3.33}$$

$$m_k = \sum_{\kappa=0}^{k} \binom{k}{\kappa} \cdot \mu_\kappa \cdot m_1^{k-\kappa} \; . \tag{3.34}$$

Die formalen Größen m_0 und μ_0 können mit (3.26) und (3.32) berechnet werden und ergeben jeweils 1. Das Zentralmoment erster Ordnung ist definitionsgemäß $\mu_1 = 0$.

Aus der Kenntnis von Mittelwert und Varianz läßt sich eine obere Schranke für die Wahrscheinlichkeit, daß sich die Zufallsgröße x betragsmäßig um mehr als einen Wert ε vom Mittelwert m_1 unterscheidet, angeben ("*Tschebyscheff'sche Ungleichung*"):

$$p\{|x - m_1| \geq \varepsilon\} \leq \frac{\sigma^2}{\varepsilon^2} \; . \tag{3.35}$$

Da diese Gleichung im allgemeinen nur eine sehr grobe Näherung darstellt, sollte sie allerdings nur bei unbekanntem Verlauf der WDF $f_x(x)$ angewandt werden.

Die Berechnung der Momente als Erwartungswerte gemäß (3.26) bis (3.28) ist eine *Scharmittelung*, d. h. eine Mittelung über alle möglichen Werte x_μ. Ist der die Zufallsgröße erzeugende stochastische Prozeß $\{x_i(t)\}$ stationär und ergodisch (siehe Abschnitt 3.1.2), so können die Momente m_k auch als Zeitmittelwerte bestimmt werden. Diese Art der Mittelung wird im folgenden durch eine überstreichende Linie gekennzeichnet.

Bei zeitdiskreter Betrachtung wird das Zufallssignal $x(t)$ durch die Zufallsfolge $\langle x_\nu \rangle$ ersetzt. Bei endlicher Folge (d. h., es ist $\nu = 1, 2, \ldots, N$) lauten die Zeitmittelwerte:

$$m_k = \overline{x_\nu^k} = \frac{1}{N} \cdot \sum_{\nu=1}^{N} x_\nu^k \; , \tag{3.36}$$

$$m_1 = \overline{x_\nu} = \frac{1}{N} \cdot \sum_{\nu=1}^{N} x_\nu \; , \tag{3.37}$$

$$m_2 = \overline{x_\nu^2} = \frac{1}{N} \cdot \sum_{\nu=1}^{N} x_\nu^2 \; . \tag{3.38}$$

3.1.6 Numerische Bestimmung von WDF, VTF und Momenten

Die bei einer Simulation an einem Digitalrechner oder auf Spezialprozessoren auftretenden Zufallssignale sind aufgrund des getakteten Betriebes grundsätzlich als zeitdiskret, d. h. stets als eine Zufallsfolge $\langle x_\nu \rangle$, zu betrachten. Berücksichtigt man weiterhin die Darstellung von reellen Zahlen in digitaler Form (z. B. 24 Bit für die Mantisse und 8 Bit für den Exponenten), so erkennt man, daß die Zufallsgrößen im strengen Sinne selbst (wert)diskret sind. Da die minimale Differenz zwischen zwei darstellbaren reellwertigen Zahlen jedoch sehr klein ist, können so simulierte Zufallsgrößen trotzdem als wertkontinuierlich interpretiert werden.

Der Verlauf der WDF $f_x(x)$ einer kontinuierlichen Zufallsgröße x kann aufgrund des endlichen Speicherbereiches numerisch nicht exakt ermittelt werden. Selbst bei einem Rechner mit extrem großem Arbeitsspeicher ist der Grenzübergang $\Delta x \to 0$ in (3.11) nicht durchführbar. Vielmehr muß bei der numerischen WDF–Bestimmung der zulässige Wertebereich $\{x_{min} \ldots x_{max}\}$ in äquidistante Intervalle der Breite Δx unterteilt werden, wie das Programmbeispiel 3.1 zeigt.

Programm 3.1: Unterprogramm zur Berechnung von WDF, VTF und Momenten.

```
subroutine WDFVTF (xM,wdf,vtf,m1,m2,sigma)    : Parameterübergabe
parameter (Anz=201,xmin=-4.02,xmax=4.02,N=10000) : und Deklaration
real xM(Anz),wdf(Anz),vtf(Anz),hN(Anz)         : von Feldern,
real m1,m2,sigma,xmax,xmin,deltax              : Real-Variablen und
integer i,Anz,nue,N                            : Integer-Variablen.

deltax = (xmax-xmin)/float(Anz)                : Vorbelegung von
m1 = 0.                                        : linearem Mittelwert,
m2 = 0.                                        : quadratischem Mittelwert,
do 10  i = 1,Anz                               : sowie den Feldern für
   xM(i) = xmin+(i-0.5)*deltax                 : Intervallmitten,
   hN(i) = 0.                                  : relative Häufigkeiten,
   vtf(i)= 0.                                  : VTF-Stützstellen.
10 continue                                    :
do 20 nue = 1,N                                : Bestimmung der
   xnue = x()                                  : relativen Häufigkeiten,
   i = int((xnue-xmin)/deltax)+1               : durch N-maligen
   hN(i) = hN(i)+1./float(N)                   : Aufruf der Funktion x().
20 continue                                    :
do 30 i = 1, Anz                               : Berechnung der
   wdf(i) = hN(i)/deltax                        : WDF-Stützstellen,
   if (i .eq. 1) then                          :
      vtf(i) = hN(i)                           : VTF-Stützstellen,
   else                                        :
      vtf(i) = vtf(i-1)+hN(i)                  :
   endif                                       : sowie des
   m1 = m1+hN(i)*xM(i)                         : linearen Mittelwerts,
   m2 = m2+hN(i)*xM(i)*xM(i)                   : quadratischen Mittelwerts
30 continue                                    :
sigma = sqrt(m2-m1*m1)                          : und der Streuung.
return                                         : Rücksprung
end                                            :
```

In diesem FORTRAN-Unterprogramm wird für jedes Intervall $I(i)$ mit zugehörigem Mittelwert $x_M(i)$ die Wahrscheinlichkeit $p(i) = p(x_M(i) - \Delta x/2 < x \leq x_M(i) + \Delta x/2)$ durch die entsprechende relative Häufigkeit $h_N(i)$ angenähert.

Bild 3.6 zeigt eine Möglichkeit zur Wahl der Programmparameter x_{max}, x_{min} und Δx. Bei diesen Parameterwerten ergibt sich mit $\text{Anz} = (x_{max} - x_{min})/\Delta x$ für die Anzahl der Intervalle ein ungerader Wert, was einer symmetrischen Darstellung entgegenkommt.

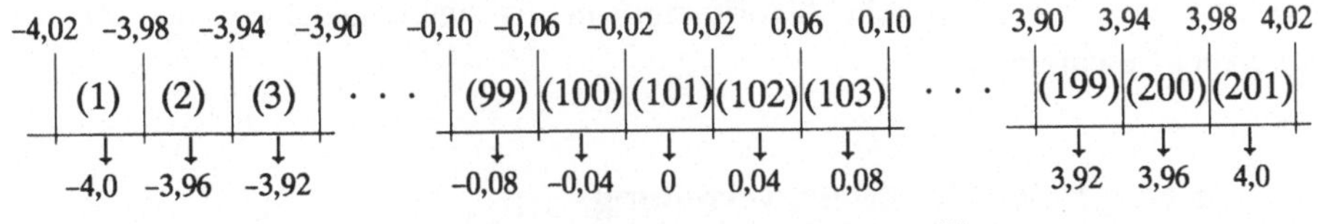

Intervallgrenzen für die Zufallsgröße x

Intervallmittelpunkte im Feld $x_M(i)$

Bild 3.6: Beispiel der Intervallgrenzen und Intervallmittelpunkte für die Zahlenwerte $x_{max} = -x_{min} = 4{,}02$ sowie $\Delta x = 0{,}04$.

Die Bestimmung der gewünschten Größen (WDF, VTF, m_1, m_2 und σ) im unteren Programmteil erfolgt gemäß den Gleichungen (3.11), (3.20), (3.29), (3.30) und (3.31).

Bild 3.7 verdeutlicht am Beispiel einer Gleichverteilung zwischen 1 und 3 den Einfluß des Parameters N (Anzahl der berücksichtigten Zufallsgrößen) auf die Güte der numerisch ermittelten WDF–Werte und Momente. Erwartungsgemäß wird der Fehler bei der WDF–Berechnung mit steigendem N geringer, wobei sich ähnliche Abhängigkeiten wie in Bild 3.1 ergeben. Außerdem hängt die Genauigkeit von der Anzahl der unterscheidbaren Werte ab, die sich mit obigen Parametern zu $\text{Anz} = 51$ ergibt. Für diese Auflösung und $N = 10^6$ liefert die Simulation ein ausreichend genaues Ergebnis (siehe Bild 3.7(c)). Bei einer feineren Unterteilung müßten dagegen mehr Zufallsgrößen betrachtet werden.

Die numerische Berechnung der Momente als integrale Größen ist wesentlich unkritischer als die der WDF–Werte. Für $N = 10^6$ ist der Fehler kleiner als 0,1% (die exakten Werte der Momente betragen $m_1 = 2$, $m_2 = 13/3$, $\sigma^2 = 1/3$). Ebenso weichen die VTF–Stützstellen bereits bei $N = 10^4$ vom tatsächlichen Verlauf (vgl. Bild 3.8) nur unwesentlich ab, da durch die Integration Simulationsungenauigkeiten ausgemittelt werden.

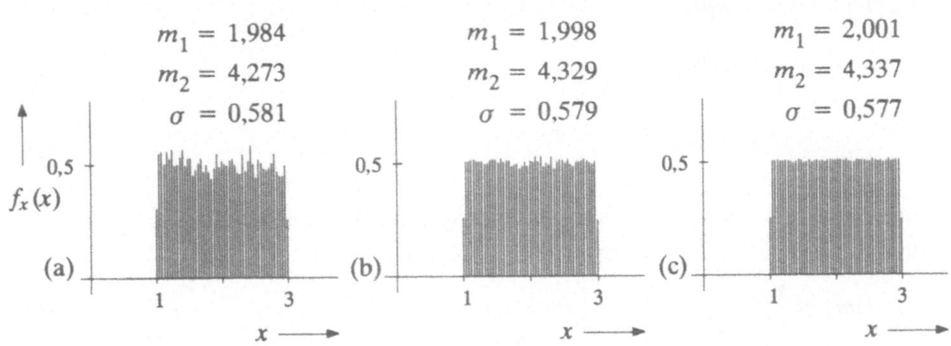

Bild 3.7: Numerisch ermittelte WDF und Verteilungsparameter m_1, m_2 und σ mit $N = 10^4$ (a), $N = 10^5$ (b) und $N = 10^6$ (c).

3.2 Gleichverteilte Zufallsgrößen

Inhalt: Nach der Angabe der wichtigsten Kenngrößen (WDF, VTF, charakteristische Funktion, Momente) folgen einige Beispiele für gleichförmige Amplitudenverteilungen. Anschließend werden die Anforderungen an einen geeigneten Zufallsgenerator formuliert, und zwei unterschiedliche Algorithmen zur Erzeugung gleichverteilter Zufallsgrößen näher beschrieben.

3.2.1 Kenngrößen der Gleichverteilung

Eine Zufallsgröße x heißt *gleichverteilt*, wenn sie nur Werte innerhalb eines gewissen Bereichs (z. B. von x_{min} bis x_{max}) annehmen kann, und jeder Wert innerhalb dieses Intervalls gleichwahrscheinlich ist.

Daraus folgt, daß die Wahrscheinlichkeitsdichtefunktion $f_x(x)$ im Bereich von x_{min} bis x_{max} den konstanten Wert $1/(x_{max} - x_{min})$ besitzt, wobei an den beiden Grenzstellen für $f_x(x)$ jeweils nur der halbe Wert (Mittelwert zwischen links- und rechtsseitigem Grenzwert) zu setzen ist. Die Verteilungsfunktion $F_x(r)$ steigt entsprechend (3.17) im Bereich von x_{min} bis x_{max} linear von 0 auf 1 an (vgl. Bild 3.8).

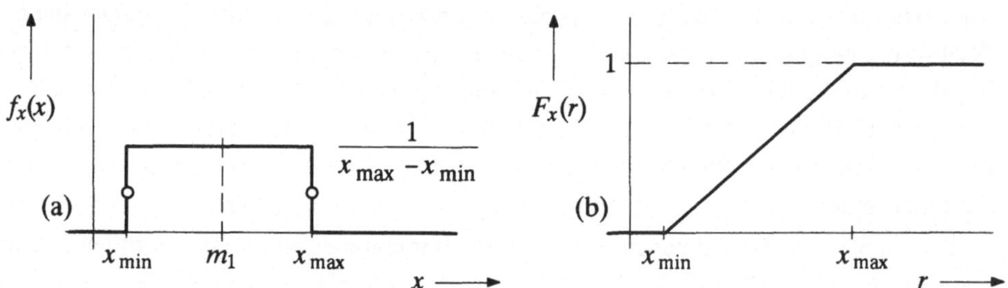

Bild 3.8:   WDF (a) und VTF (b) einer gleichverteilten Zufallsgröße x.

Die Momente und Zentralmomente gemäß (3.26) bzw. (3.32) berechnen sich nach folgenden Gleichungen:

$$m_k = \frac{x_{max}^{k+1} - x_{min}^{k+1}}{(k+1)\cdot(x_{max} - x_{min})} \, , \tag{3.39}$$

$$\mu_k = \frac{(x_{max} - x_{min})^k}{(k+1)\cdot 2^k} \qquad \text{für } k = 2, 4, 6 \ldots . \tag{3.40}$$

Für ungerade Werte von k ist aufgrund der symmetrischen WDF $\mu_k = 0$. Mittelwert und Streuung haben bei der Gleichverteilung folgende Werte:

$$m_1 = \frac{x_{max} + x_{min}}{2} \, , \tag{3.41}$$

$$\sigma = \frac{x_{max} - x_{min}}{2\sqrt{3}} \, . \tag{3.42}$$

Bei symmetrischer WDF (d. h. $x_{min} = -x_{max}$) erhält man $m_1 = 0$ und $\sigma = x_{max}/\sqrt{3}$.

Die charakteristische Funktion kann hier mit der Definitionsgleichung (3.25) sehr einfach bestimmt werden. Man erhält durch Integration von x_{min} bis x_{max}:

$$C_x(\omega) = \frac{\exp(j \cdot \omega \cdot x_{max}) - \exp(j \cdot \omega \cdot x_{min})}{j \cdot \omega \cdot (x_{max} - x_{min})} \,. \tag{3.43}$$

Bei symmetrischer WDF ist $C_x(\omega) = \mathrm{si}(\omega \cdot x_{max})$ rein reell, wobei zwischen den Funktionen $f_x(x)$ und $C_x(\omega)$ der gleiche Funktionalzusammenhang wie zwischen einem Rechteckimpuls und seinem Spektrum besteht (vgl. Beispiel 2.1).

Bild 3.9 zeigt zwei Signale mit gleichförmiger Amplitudenverteilung. In Bild 3.9(a) ist statistische Unabhängigkeit der einzelnen Abtastwerte vorausgesetzt, d. h. x_ν kann alle Werte zwischen x_{min} und x_{max} mit gleicher Wahrscheinlichkeit annehmen, und zwar unabhängig davon, welche Werte in der Vergangenheit ($x_{\nu-1}, x_{\nu-2}, \dots$) auftraten.

Beim sägezahnförmigen Signal von Bild 3.9(b) ist diese Unabhängigkeit nicht gegeben. Sind hier neben den beiden Extremwerten x_{min} und x_{max} die Periodendauer sowie die Anfangsphase bekannt, so ist mit einem einzigen Abtastwert der Zeitverlauf von $-\infty$ bis $+\infty$ festgelegt. Trotzdem weist dieses Signal die gleichen Amplitudenkenngrößen (WDF, VTF, Momente) wie das Zufallssignal von Bild 3.9(a) auf.

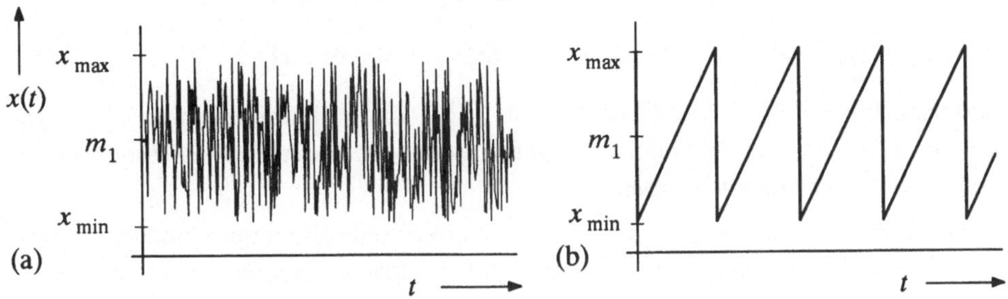

Bild 3.9: Zwei Beispiele für Signale mit gleichförmiger Amplitudenverteilung, Zufallssignal (a) und deterministisches, sägezahnförmiges Signal (b).

Bei der Beschreibung von Nachrichtensystemen sind gleichverteilte Zufallsgrößen eher die Ausnahme. Ein Beispiel für eine solche Zufallsgröße ist die Phase von kreissymmetrischen Störungen, wie sie beispielsweise bei Quadraturmodulationsverfahren auftreten können (vgl. [49]).

Auch in der Bildcodierung wird häufig vereinfachend mit einer Gleichverteilung anstelle der tatsächlichen, im allgemeinen sehr viel komplizierteren Verteilung des Originalbildes (siehe z. B. Bild 3.5) gerechnet, da der Unterschied des Informationsgehaltes zwischen natürlichem Bild und dem auf der Gleichverteilung basierenden Modell relativ gering ist (vgl. [108]).

Die große Bedeutung der gleichverteilten Zufallsgrößen für die Systemsimulation ist aber darauf zurückzuführen, daß entsprechende Zufallsgeneratoren relativ einfach zu realisieren sind, und andere Verteilungen sich daraus leicht ableiten lassen. Hiervon wird in Abschnitt 3.4 noch häufiger Gebrauch gemacht.

3.2.2 Erzeugung gleichverteilter Zufallsgrößen

Seit dem Beginn der Digitalrechentechnik haben sich sehr viele Mathematiker und Informatiker mit der Generierung "möglichst zufälliger" Zahlenfolgen beschäftigt (vgl. z. B. [30], [120], [163], [193], [218]). Während man in der Anfangszeit tatsächlich von zufälligen Ereignissen ausging, indem man beispielsweise den Zufallswert aus den am wenigsten signifikanten Bits des Rechnertaktes ableitete, sind die heute verwendeten Zufallsgeneratoren meist pseudozufällig. Das bedeutet, daß die erzeugte Zufallsfolge als das Ergebnis eines festen Algorithmus' eigentlich deterministisch ist, für den Anwender jedoch aufgrund der großen Periodenlänge P stochastisch erscheint.

Für die Systemsimulation haben *Pseudozufallsgeneratoren* den Vorteil, daß die erzeugten Zufallsfolgen ohne Speicherung reproduzierbar sind, was sowohl den Vergleich verschiedener Konfigurationen als auch die Fehlersuche wesentlich erleichtert.

Im folgenden werden solche Pseudozufallsgeneratoren betrachtet, die zwischen 0 und 1 gleichverteilte Zufallsgrößen liefern. Diese basieren meist auf der sukzessiven Manipulation einer Integervariablen k. Geschieht die Zahlendarstellung im Rechner mit b Bit, so kann diese Variable bei geeigneter Behandlung des Vorzeichenbits alle Werte zwischen 0 und 2^b-1 annehmen. Die hieraus abgeleitete Zufallsgröße

$$x = \frac{k}{2^b - 1} = k \cdot \Delta x \ \in \ \{0, \ \Delta x, \ 2 \cdot \Delta x, \ \ldots, \ 1 - \Delta x, \ 1\} \tag{3.44}$$

ist demnach ebenfalls diskret (Stufenzahl $M = 2^b$). Ist die Bitanzahl b hinreichend groß, so kann x im Rahmen der Simulationsgenauigkeit jedoch durchaus als kontinuierliche Zufallsgröße interpretiert werden.

Die Güte von Zufallsfolgen wird in der Literatur teilweise unterschiedlich bewertet. Nach [30] sollte ein geeigneter Zufallsgenerator folgende Kriterien erfüllen:

(1) Die einzelnen Zufallsgrößen x_ν einer langen Zufallsfolge sollten näherungsweise gleichverteilt sein.

(2) Bildet man aus der Zufallsfolge jeweils nichtüberlappende Paare von Zufallsgrössen, z. B. $(x_\nu, x_{\nu+1})$, $(x_{\nu+2}, x_{\nu+3})$ usw., so sollten diese in einer zweidimensionalen Darstellung innerhalb eines Quadrates ebenfalls gleichverteilt sein.

$$\vdots$$

(n) Bildet man aus der Zufallsfolge schließlich nicht überlappende n–Tupel von Zufallsgrößen, so sollten auch diese innerhalb eines n–dimensionalen Würfels möglichst die Gleichverteilung ergeben.

Die erste Forderung bezieht sich ausschließlich auf die Amplitudenverteilung und ist im allgemeinen leicht zu erfüllen, z. B. bereits durch einen Zufallsgenerator, der ähnlich Bild 3.9(b) der Reihe nach alle möglichen Werte ausgibt (d. h. $x_\nu = x_{\nu-1} + \Delta x$), und nach dem Maximalwert $x_{\nu-1} = 1$ wieder mit $x_\nu = 0$ beginnt.

Die weiteren Bedingungen (2) bis (n) betreffen dagegen die statistische Unabhängigkeit aufeinanderfolgender Zufallswerte (siehe Abschnitt 3.1.3), und sollen somit eine "ausreichende Zufälligkeit" der Folge gewährleisten.

Im folgenden sind zwei Berechnungsvorschriften angegeben, die obigen Bedingungen zumindest approximativ genügen. Dabei wird anstelle der wertkontinuierlichen Folge $\langle x_\nu \rangle$ die Folge $\langle k_\nu \rangle$ von Integerwerten betrachtet. Eine eingehende Analyse dieser Generatoren findet sich in [30] und den dort zitierten Literaturstellen.

Modulo-2-Generator nach Tausworthe. Zur Erzeugung von binären Zufallsfolgen $\langle b_\nu \rangle$ werden meist sogenannte *PN-Generatoren* (PN: pseudo noise) eingesetzt, für die das folgende rekursive Bildungsgesetz gültig ist (vgl. Abschnitt 3.5.2):

$$b_\nu = (g_1 \cdot b_{\nu-1} + g_2 \cdot b_{\nu-2} + \ldots + g_{L-1} \cdot b_{\nu-L+1} + b_{\nu-L}) \bmod 2 \; . \tag{3.45}$$

Die Koeffizienten $g_1 \ldots g_{L-1}$ sind Binärwerte (0 oder 1), die Modulo-2-Operation ist hier durch eine XOR-Verknüpfung einfach zu realisieren.

Solche PN-Generatoren werden meist durch rückgekoppelte Schieberegister der Länge L realisiert, wobei die Rückkopplungen, die den Koeffizienten $g_\lambda = 1$ entsprechen (mit $\lambda = 1, 2, \ldots, L-1$), gemäß primitiven Polynomen angeordnet sind.

Häufig genügt es, daß nur ein Koeffizient g_λ ungleich 0 ist. Bild 3.10 zeigt beispielsweise die Realisierung des PN-Generators mit der Generierungsvorschrift

$$b_\nu = (b_{\nu-3} + b_{\nu-4}) \bmod 2 \; , \tag{3.46}$$

der eine Binärfolge mit der für ein vierstelliges Schieberegister maximalen Periodenlänge $P_{\mathrm{max}} = 15$ erzeugt, solange nicht alle gespeicherten Werte gleichzeitig 0 sind.

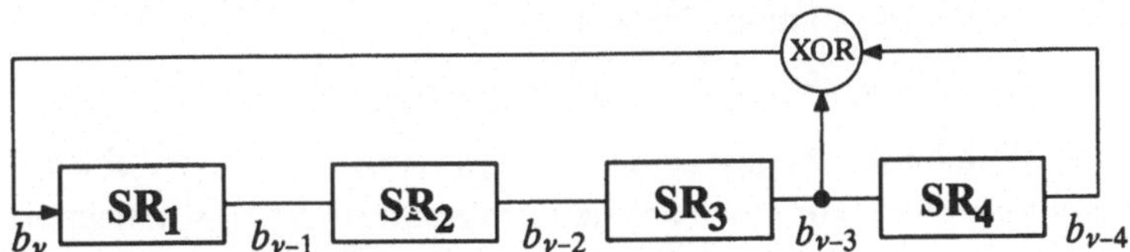

Bild 3.10: Realisierung des PN-Generators (3.46) mit $L = 4$ und $g_1 = g_2 = 0$, $g_3 = 1$.

Aus den im Schieberegister gespeicherten Binärwerten b_ν kann die Folge $\langle k_\nu \rangle$ von Integerwerten entsprechend der Beziehung

$$k_\nu = \sum_{\lambda=1}^{L} SR_\lambda \cdot 2^{L-\lambda} = \sum_{\lambda=1}^{L} b_{\nu-\lambda} \cdot 2^{L-\lambda} \tag{3.47}$$

abgeleitet werden, deren Elemente alle Werte zwischen 1 und 2^L-1 annehmen können.

Der Punkt (1) der oben genannten Anforderungen wird durch diesen von Tausworthe [218] angegebenen Generator gut erfüllt. Wird L genügend groß gewählt, z. B. $L = 31$, so kann die Folge $\langle x_\nu \rangle = \langle k_\nu/(2^L-1) \rangle$ durchaus als gleichverteilt bezeichnet werden.

Dagegen ist die statistische Unabhängigkeit der Folgenelemente nicht optimal. Hierauf wird bereits in [30] und [120] hingewiesen. Eigene Untersuchungen haben ergeben, daß z. B. die AKF $l_x(\tau)$ gemäß Definition (4.6) nicht – wie gewünscht – diracförmig ist, sondern Bindungen über mehrere Folgenelemente bestehen. Dies ist insbesondere bei einer Weiterverarbeitung entsprechend den Abschnitten 3.3 bis 3.6 problematisch.

Lineare Kongruenz.   Das am häufigsten angewandte Verfahren zur Erzeugung der Zufallsfolge $\langle k_\nu \rangle$ basiert auf der linearen Kongruenz. Die rekursive Generierungsvorschrift für einen solchen *"linear congruential generator"* lautet

$$k_\nu = (a \cdot k_{\nu-1} + c) \bmod m \; , \tag{3.48}$$

wobei die statistischen Eigenschaften der Folge entscheidend von den Parametern a, c und m sowie vom Startwert k_0 abhängen.

In der Frühzeit der Zufallsgeneratoren, etwa um 1960, wurde die Basis m meist als eine Zweierpotenz gewählt, wodurch die Modulo–Operation aufgrund der binären Zahlendarstellung in Digitalrechnern sehr einfach zu implementieren war. Ein Beispiel hierfür ist der Zufallsgenerator

$$k_\nu = (25173 \cdot k_{\nu-1} + 13849) \bmod 2^{16} \; . \tag{3.49}$$

Mit den Koeffizienten a und c gemäß (3.49) kann k_ν unabhängig vom Startwert k_0 alle Werte zwischen 0 und $2^{16} - 1$ annehmen. Die Periodendauer beträgt demnach $P = 2^{16}$. Leider besitzt dieser Zufallsgenerator ungünstige statistische Eigenschaften hinsichtlich der Bildung von n–Tupeln (vgl. [152]).

Bessere Ergebnisse erzielt man mit der Basis $m = 2^l - 1$, wobei l eine natürliche Zahl angibt. Weit verbreitet ist bei Rechnern mit 32Bit–Architektur und einem Vorzeichenbit die Basis $m = 2^{31} - 1 = 2.147.483.647$, die z. B. in der weit verbreiteten IMSL–Bibliothek verwendet wird. Der entsprechende Algorithmus lautet:

$$k_\nu = (16807 \cdot k_{\nu-1}) \bmod (2^{31} - 1). \tag{3.50}$$

Alternativ kann auch der Wert $a = 630.360.016$ benutzt werden.

Da hier die additive Komponente $c = 0$ ist, spricht man von einem *"multiplicative congruential generator"*. Für einen solchen ist der Startwert $k_0 = 0$ nicht erlaubt. Für alle anderen Startwerte beträgt die Periodendauer $P = 2^{31}-2$.

Der Algorithmus (3.50) kann auf einem 32Bit–Rechner nicht direkt implementiert werden, da das Ergebnis der Multiplikation bis zu 46 Bit beansprucht. Läßt sich der Multiplikant durch 15 Bit darstellen (was z. B. für $a = 16807$ der Fall ist, nicht jedoch für $a = 630.360.016$), so kann obiger Algorithmus so abgewandelt werden, daß zu keinem Zeitpunkt der Berechnung der Integerzahlenbereich eines 32Bit–Rechners überschritten wird. Dazu berechnet man aus a und m die Integerwerte

$$q = \text{int}(m/a) \; , \tag{3.51}$$

$$r = m - a \cdot q \tag{3.52}$$

und formuliert den Algorithmus (3.50) folgendermaßen:

$$k_\nu = \begin{cases} i & \text{für } i \geq 0 \; , \\ i + m & \text{für } i < 0 \; , \end{cases} \tag{3.53}$$

$$\text{mit} \quad i = a \cdot (k_{\nu-1} \bmod q) - r \cdot s \tag{3.54}$$

$$\text{und} \quad s = \text{int}(k_{\nu-1}/q) \; . \tag{3.55}$$

Das nachfolgende Programmbeispiel 3.2 verdeutlicht die Generierung einer gleichverteilten Zufallsgrößen $x \in \{x_{min} \dots x_{max}\}$ mittels der Funktion x(k,xmin,xmax), wobei die Zufallsfunktion random(k) zwischen 0 und 1 gleichverteilte Werte liefert. Nahezu alle Programmiersprachen bieten ähnliche Unterprogramme oder Funktionen an.

Die hier betrachtete Funktion arbeitet entsprechend den Gleichungen (3.51) bis (3.55) mit $a = 16807$ und $m = 2^{31}-1$, woraus sich die Größen $q = \text{int}(m/a) = 127773$ und $r = m - a \cdot q = 2836$ ergeben. Der Übergabeparameter k gibt den beim letzten Aufruf berechneten Integerwert $(k_{\nu-1})$ an. Beim Rücksprung beinhaltet dieser Parameter den neuen Wert (k_ν).

Wichtig für diesen Algorithmus ist, daß die Rechenoperationen (3.51) bis (3.55) mit 32Bit–Integerwerten (”*Integer*4*”) durchgeführt werden. Bei 16Bit–Operationen kommt es zu Überläufen, die sowohl die gewünschte Gleichverteilung als auch die statistische Unabhängigkeit negativ beeinflussen.

Vor dem erstmaligen Aufruf der Funktion random(k) im Hauptprogramm muß sichergestellt werden, daß k einen erlaubten Wert besitzt (hier: k ≠ 0). Außerdem kann durch eine spezielle Voreinstellung von k an beliebigen Stellen der Zufallsfolge $\langle k_\nu \rangle$ begonnen werden.

Programm 3.2: FORTRAN–Funktion zur Erzeugung einer zwischen x_{min} und x_{max} gleichverteilten Zufallsgröße mit zugehörigem Rahmenprogramm.

```
      program HP1                      :  Rahmen-Hauptprogramm
      real xmin, xmax, x               :  mit Deklarationen.
      integer*4 k,N,nue                :
      read (5,*) xmin, xmax            :  Einlesen der Parameter,
      read (5,*) N                     :  Anzahl der Zufallsgrößen
      read (5,*) k                     :  und des Startwertes.
      if (k .le. 0) k = 1              :  Eventuell Korrektur Startwert.
      do 10 nue = 1,N                  :  N-facher Aufruf der
         write (6,*) x(k,xmin,xmax)    :  Zufallsfunktion x.
   10 continue                         :
      stop                             :  Programmende.
      end                              :

      real function x(k,xmin,xmax)     :  Parameterübergabe der
      real xmin,xmax,r,random          :  Grenzen xmin und xmax
      integer*4 k                      :  und der Integervariablen k.
      r = random(k)                    :  r liegt zwischen 0 und 1,
      x = xmin+(xmax-xmin)*r           :  x zwischen xmin und xmax.
      return                           :  Rücksprung zum Hauptprogramm.
      end                              :

      real function random(k)          :  Zufallsgröße "Lineare Kongruenz".
      implicit integer*4 (a-z)         :  Alle Variablen sind 32Bit-Integer.
      a = 16807                        :
      m = 2147483647                   :
      q = 127773                       :
      r = 2836                         :
      s = int(k/q)                     :  s gemäß (3.55),
      k = a*(k-q*s)-r*s                :  neuer Wert von k gemäß
      if (k .lt. 0) k = k+m            :  (3.53) und (3.54),
      random = float(k)/float(m)       :  Floating-Division durch m,
      return                           :  Rücksprung zur Funktion x.
      end                              :
```

3.3 Gaußverteilte Zufallsgrößen

Inhalt: Dieser Abschnitt beschreibt die charakteristischen Eigenschaften gaußverteilter Zufallsgrößen sowie zwei mögliche Verfahren zur Erzeugung solcher Größen an einem Digitalrechner. Außerdem wird auf die Berechnung der Fehlerwahrscheinlichkeit eines Digitalsystems bei Gauß'schen Störungen eingegangen.

3.3.1 Kenngrößen der Gaußverteilung

Zufallsgrößen mit Gauß'scher Wahrscheinlichkeitsdichtefunktion sind wirklichkeitsnahe Modelle für viele physikalische Größen. Dies gilt insbesondere dann, wenn sich eine Größe aus einer sehr großen Anzahl unabhängiger Beiträge additiv zusammensetzt, eine Eigenschaft, die gerade bei Rauschsignalen häufig anzutreffen ist. Nach dem *zentralen Grenzwertsatz* (vgl. z. B. [169], [181]) besitzt eine solche Linearkombination

$$x = \sum_{i=1}^{I} x_i \qquad\qquad (3.56)$$

im Grenzfall ($I \rightarrow \infty$) unabhängig von den Dichtefunktionen der einzelnen Summanden x_i eine *Gauß'sche Wahrscheinlichkeitsdichtefunktion*:

$$f_x(x) = \frac{1}{\sqrt{2\pi} \cdot \sigma} \, \exp\left(- \frac{(x - m_1)^2}{2 \cdot \sigma^2} \right) . \qquad\qquad (3.57)$$

Die Parameter sind hierbei der Mittelwert m_1 und die Streuung σ. Aus der Darstellung von Bild 3.11(a) geht hervor, daß die Streuung σ als der Abstand von Maximalwert und Wendepunkt aus der glockenförmigen WDF $f_x(x)$ auch graphisch ermittelt werden kann. Ist $m_1 = 0$ und $\sigma = 1$, so spricht man von der *Normalverteilung*.

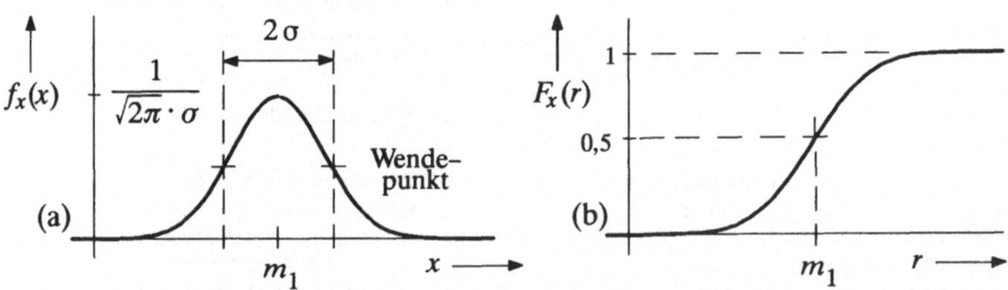

Bild 3.11: WDF (a) und VTF (b) einer gaußverteilten Zufallsgröße x.

Im Gegensatz zur Gleichverteilung können bei der Gaußverteilung beliebig große Amplitudenwerte auftreten, was auch ein Vergleich der Bilder 3.3 und 3.9 deutlich macht. Die charakteristische Funktion $C_x(\omega)$ als die Fourierrücktransformierte der WDF $f_x(x)$ ist hier ebenfalls gaußförmig.

Die Zentralmomente μ_k, identisch mit den Momenten m_k der äquivalenten mittelwertfreien Zufallsgröße, sind bei Gauß'scher WDF – wie auch bei der Gleichverteilung – aufgrund der symmetrischen Verhältnisse für ungerade Werte von k identisch 0. Das Zentralmoment μ_2 ist definitionsgemäß gleich σ^2.

Alle höheren Zentralmomente mit geradzahligen Werten von k lassen sich bei gaußförmiger WDF – und nur bei dieser – durch die Varianz σ^2 ausdrücken:

$$\mu_k = (k-1)\cdot(k-3)\cdot\ \ldots\ \cdot 3\cdot 1\cdot\sigma^k \qquad \text{falls } k \text{ gerade .} \tag{3.58}$$

Daraus können die Momente m_k gemäß (3.26) wie folgt bestimmt werden (vgl. [169]):

$$m_k = \sum_{\kappa=0}^{k}\binom{k}{\kappa}\cdot\mu_\kappa\cdot m_1^{k-\kappa} . \tag{3.59}$$

Diese Gleichung gilt ganz allgemein, d. h. für beliebige Verteilungen.

Die Verteilungsfunktion $F_x(r)$ einer gaußverteilten Zufallsgröße ist punktsymmetrisch um den Mittelwert m_1 (vgl. Bild 3.11(b)). Mit (3.17) und (3.57) erhält man

$$F_x(r) = \phi\left(\frac{r-m_1}{\sigma}\right) , \tag{3.60}$$

wobei $\phi(x)$ das *Gauß'sche Fehlerintegral* angibt:

$$\phi(x) = \frac{1}{\sqrt{2\pi}}\int\limits_{-\infty}^{x}\exp\left(-\frac{u^2}{2}\right)\,\mathrm{d}u . \tag{3.61}$$

Bei vielen Anwendungen ist es zweckmäßig, anstelle von $\phi(x)$ die Komplementärfunktion

$$Q(x) = \frac{1}{\sqrt{2\pi}}\cdot\int\limits_{x}^{+\infty}\exp\left(-\frac{u^2}{2}\right)\,\mathrm{d}u = 1-\phi(x) \tag{3.62}$$

zu verwenden. Beide Funktionsverläufe sind der nachfolgenden Tabelle entnehmen.

Tabelle 3.1: Gauß'sche Fehlerintegrale $\phi(x)$ und $Q(x) = 1-\phi(x) = \phi(-x)$.

x	$20\lg(x)$	$\phi(x)$	$Q(x)$	x	$20\lg(x)$	$\phi(x)$	$Q(x)$
0,0	$-\infty$	0,500000	5,00000E–01	4,6	13,26 dB	0,999998	2,11245E–06
0,2	–13,98 dB	0,579260	4,20740E–01	4,8	13,62 dB	0,999999	7,93328E–07
0,4	–7,96 dB	0,655422	3,44578E–01	5,0	13,98 dB	1,000000	2,86652E–07
0,6	–4,44 dB	0,725747	2,74253E–01	5,2	14,32 dB	1,000000	9,96443E–08
0,8	–1,94 dB	0,788145	2,11855E–01	5,4	14,65 dB	1,000000	3,33204E–08
1,0	0,00 dB	0,841345	1,58655E–01	5,6	14,96 dB	1,000000	1,07176E–08
1,2	1,58 dB	0,884930	1,15070E–01	5,8	15,27 dB	1,000000	3,31575E–09
1,4	2,92 dB	0,919243	8,07567E–02	6,0	15,56 dB	1,000000	9,86588E–10
1,6	4,08 dB	0,945201	5,47993E–02	6,2	15,85 dB	1,000000	2,82316E–10
1,8	5,11 dB	0,964070	3,59303E–02	6,4	16,12 dB	1,000000	7,76885E–11
2,0	6,02 dB	0,977250	2,27501E–02	6,6	16,39 dB	1,000000	2,05579E–11
2,2	6,85 dB	0,986097	1,39034E–02	6,8	16,65 dB	1,000000	5,23096E–12
2,4	7,60 dB	0,991802	8,19754E–03	7,0	16,90 dB	1,000000	1,27981E–12
2,6	8,30 dB	0,995339	4,66119E–03	7,2	17,15 dB	1,000000	3,01063E–13
2,8	8,94 dB	0,997445	2,55513E–03	7,4	17,38 dB	1,000000	6,80922E–14
3,0	9,54 dB	0,998650	1,34990E–03	7,6	17,62 dB	1,000000	1,48065E–14
3,2	10,10 dB	0,999313	6,87138E–04	7,8	17,84 dB	1,000000	3,09536E–15
3,4	10,63 dB	0,999663	3,36929E–04	8,0	18,06 dB	1,000000	6,22096E–16
3,6	11,13 dB	0,999841	1,59109E–04	8,2	18,28 dB	1,000000	1,20194E–16
3,8	11,60 dB	0,999928	7,23480E–05	8,4	18,49 dB	1,000000	2,23239E–17
4,0	12,04 dB	0,999968	3,16712E–05	8,6	18,69 dB	1,000000	3,98580E–18
4,2	12,46 dB	0,999987	1,33457E–05	8,8	18,89 dB	1,000000	6,84081E–19
4,4	12,87 dB	0,999995	5,41254E–06	9,0	19,08 dB	1,000000	1,12859E–19

In Bild 3.12 ist das durch (3.62) definierte komplementäre Gauß'sche Fehlerintegral graphisch dargestellt. $Q(x)$ ist – ebenso wie $\phi(x)$ – analytisch nicht berechenbar; es kann aus der in Programmbibliotheken meist vorhandenen Funktion "erfc(x)" entsprechend $Q(x) = 0{,}5 \cdot \mathrm{erfc}(x/\sqrt{2})$ berechnet werden. Im Programmbeispiel 3.3 wird $Q(x)$ durch eine Reihenentwicklung angenähert, deren Werte in Bild 3.12 durch Kreise markiert sind.

Programm 3.3: FORTRAN–Funktion zur Näherung des komplementären Gauß'schen Fehlerintegrals $Q(x)$, wobei für $x > 1$ der relative Fehler $< 4 \cdot 10^{-3}$ ist.

```
real function Q(x)
implicit real (a-z)
  pi = 4.0*atan(1.)
  v = 1./(x*x)
  sum =  v/(1.+8.*v/(1.+9.*v/(1.+10.*v/(1.+11.*v/(1.+12.*v)))))
  sum =  v/(1.+3.*v/(1.+4.*v/(1.+5.*v/(1.+6.*v/(1.+7.*sum)))))
  Q = 0.5/(exp(x*x/2.)*x/sqrt(2.)*sqrt(pi)*(1.+v/(1.+2.*sum)))
return
end
```

In Bild 3.12 ist – mit Kreuzen markiert – eine weitere Näherung eingetragen, nämlich

$$Q(x) \approx \frac{1}{\sqrt{2\pi} \cdot x} \cdot \exp\left(-\frac{x^2}{2}\right)\,, \tag{3.63}$$

die mit steigendem x immer genauer wird. Ab ca. $x = 3$ ist der relative Fehler $\leq 10\%$.

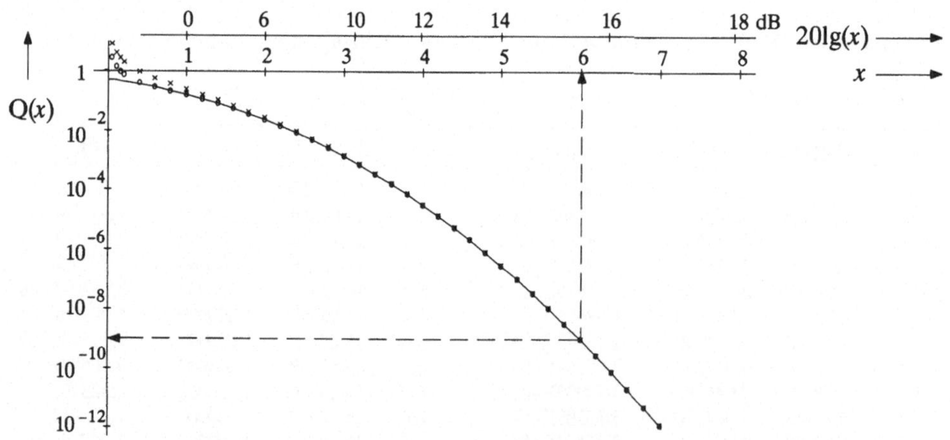

Bild 3.12: Funktion $Q(x)$ und Näherungen gemäß Programm 3.3 ($\circ$) bzw. (3.63) ($\times$).

Beispiel 3.3:   Es wird nun der Einfluß eines stationären additiven gaußverteilten Stör-signals $n(t)$ auf die Qualität von digitalen Übertragungssystemen betrachtet. Die WDF $f_n(n)$ der Störungen ist somit analog zu (3.57) mit Mittelwert $m_1 = 0$ und Streuung σ_n.

Die möglichen Amplitudenstufen des rechteckförmigen Nutzsignals $s(t)$ seien $\pm s_0$ (binäre bipolare Übertragung), so daß für die WDF entsprechend (3.14) gilt:

$$f_s(s) = p(s = -s_0) \cdot \delta(s + s_0) + p(s = +s_0) \cdot \delta(s - s_0)\,. \tag{3.64}$$

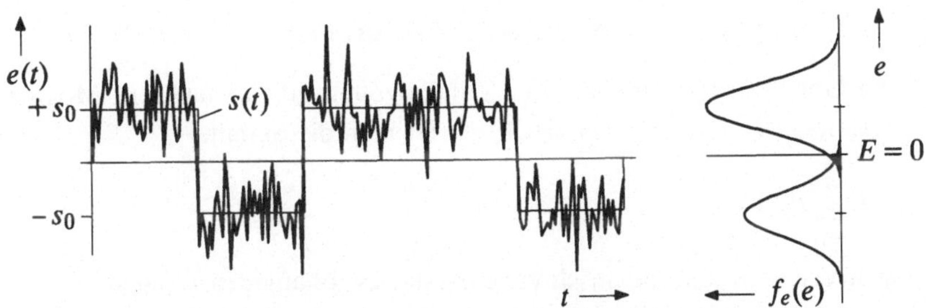

Bild 3.13: Empfangssignal $e(t) = s(t) + n(t)$ eines durch Gauß'sches Rauschen (mit
$\sigma_n = 0,5 \cdot s_0$) gestörten Binärsignals, und zugehörige WDF $f_e(e)$.

Sind Nutz– und Störsignal statistisch voneinander unabhängig, was in vielen Fällen
zutrifft, so ergibt sich für die WDF des Empfangssignals $e(t) = s(t) + n(t)$:

$$f_e(e) = f_s(s) * f_n(n) = \int_{-\infty}^{+\infty} f_s(s) \cdot f_n(e-s)\, ds \ . \tag{3.65}$$

Diese Gleichung gilt allgemein für die WDF der Summe zweier unabhängiger Zufallsgrößen (vgl. [169]). Berücksichtigt man weiter, daß die Faltungsoperation einer gegenüber dem Nullpunkt verschobenen Diracfunktion $\delta(x-x_0)$ mit einer beliebigen Funktion
$f(x)$ das Ergebnis $f(x-x_0)$ liefert, so folgt daraus für die WDF des Empfangssignals:

$$f_e(e) = \frac{p(s = -s_0)}{\sqrt{2\pi} \cdot \sigma_n} \cdot \exp\left(-\frac{(e + s_0)^2}{2 \cdot \sigma_n^2}\right) + \frac{p(s = +s_0)}{\sqrt{2\pi} \cdot \sigma_n} \cdot \exp\left(-\frac{(e - s_0)^2}{2 \cdot \sigma_n^2}\right) . \tag{3.66}$$

In Bild 3.13 ist das Ergebnis der Faltungsoperation dargestellt, wobei die WDF $f_e(e)$
gleich der Summe der beiden gewichteten und um $\pm s_0$ verschobenen Gaußfunktionen
ist. Wird dieses Empfangssignal $e(t)$ einem Schwellenwertentscheider mit der Entscheiderschwelle $E = 0$ zugeführt, so erhält man für die mittlere Fehlerwahrscheinlichkeit

$$p_M = p(s = -s_0) \cdot p(n(T_D) > +s_0) + p(s = +s_0) \cdot p(n(T_D) < -s_0) \ . \tag{3.67}$$

Die Überschreitungswahrscheinlichkeit $p(n(t) > +s_0)$ zu einem beliebigen Zeitpunkt t,
z. B. zum Detektionszeitpunkt T_D, berechnet sich mit (3.12) und (3.62) zu

$$p(n(T_D) > +s_0) = Q\left(\frac{s_0}{\sigma_n}\right) . \tag{3.68}$$

Für die Unterschreitungswahrscheinlichkeit $p(n(T_D) < -s_0)$ erhält man aus Symmetrie-
gründen den gleichen Wert. Hierbei ist bereits berücksichtigt, daß $Q(-x) = 1 - Q(x)$ ist.

Setzt man diese Ergebnisse in (3.67) ein, so ergibt sich für die mittlere Fehlerwahrscheinlichkeit eines durch Gauß'sches Rauschen gestörten bipolaren Binärsignals

$$p_M = Q\left(\frac{s_0}{\sigma_n}\right) , \tag{3.69}$$

und zwar unabhängig von den Auftrittswahrscheinlichkeiten $p(s = +s_0)$ bzw. $p(s = -s_0)$.
Für $s_0/\sigma_n = 6$ gilt beispielsweise $p_M \approx 10^{-9}$ (vgl. Bild 3.12). Bereits durch eine geringfügige
Verkleinerung von s_0 bzw. Vergrößerung von σ_n wächst p_M merklich an.

3.3.2 Erzeugung gaußverteilter Zufallsgrößen

Für die Generierung gaußverteilter Zufallsgrößen gibt es mehrere Möglichkeiten. Bei der sogenannten *"Additionsmethode"* bildet man die Summe

$$s = \sum_{i=1}^{I} u_i \tag{3.70}$$

aus I gleichverteilten und statistisch voneinander unabhängigen Zufallsgrößen u_i. Nach dem *zentralen Grenzwertsatz* ist s mit guter Näherung gaußverteilt, wenn I hinreichend groß gewählt wird. Dieses Ergebnis folgt auch aus (3.65), da die I-fache Faltung einer Rechteckfunktion mit sich selbst für große Werte von I zur Gaußfunktion führt.

Sind die I Zufallsgrößen u_i jeweils gleichverteilt zwischen 0 und 1, so beträgt der Mittelwert $m_u = 1/2$ und die Streuung $\sigma = \sqrt{1/12}$. Die entsprechenden Größen der Summe s können dann mit den allgemeinen Rechenregeln für Erwartungswerte ermittelt werden, wobei für I statistisch unabhängige Summanden gilt:

$$m_s = I \cdot m_u = I/2 \; , \tag{3.71}$$

$$\sigma_s = \sqrt{I} \cdot \sigma_u = \sqrt{I/12} \; . \tag{3.72}$$

Soll nun eine gaußverteilte Zufallsgröße x mit Mittelwert m_x und Streuung σ_x erzeugt werden, so muß noch folgende lineare Transformation durchgeführt werden:

$$x = m_x + \frac{\sigma_x}{\sigma_s} \cdot (s - m_s) \; . \tag{3.73}$$

Die Zufallsgröße $(s - m_s)$ ist mittelwertfrei und besitzt die Streuung σ_s. Durch Multiplikation mit dem Faktor σ_x/σ_s wird die Streuung zu σ_x, während der Mittelwert 0 nicht verändert wird. Der gewünschte Mittelwert m_x muß deshalb noch hinzuaddiert werden.

Das Bildungsgesetz für eine gaußverteilte Zufallsgröße x lautet demnach unter Berücksichtigung von (3.71) und (3.72):

$$x = m_x + \frac{\sigma_x}{\sqrt{I/12}} \cdot \left[(\sum_{i=1}^{I} u_i) - \frac{I}{2} \right] \; . \tag{3.74}$$

Die auf diese Weise approximierte gaußverteilte Zufallsgröße liefert allerdings nur Werte im Bereich von $\pm 3 \cdot I \cdot \sigma_x$ um den Mittelwert m_x. Dies läßt sich sehr einfach nachweisen, indem man in (3.74) für alle u_i den Wert 0 bzw. für alle u_i den Wert 1 einsetzt. Der Fehler gegenüber der theoretischen Gaußverteilung ist an diesen Grenzen am größten und wird für steigendes I geringer.

Für $I = 12$ vereinfacht sich die Generierungsvorschrift (3.74) zu

$$x = m_x + \sigma_x \cdot \left[(\sum_{i=1}^{12} u_i) - 6 \right] \; , \tag{3.75}$$

was besonders bei rechenzeitkritischen Anwendungen, z. B. bei einer Echtzeitsimulation, ausgenutzt werden kann.

Bild 3.14(a) zeigt die WDF der nach (3.74) erzeugten Zufallsgröße für verschiedene Werte von I. Für $I = 2$ ergibt sich aufgrund der Faltung zweier Rechteckfunktionen eine dreieckförmige WDF $f_x(x)$, mit zunehmendem I nähern sich die WDF–Kurven optisch dem tatsächlichen Verlauf immer mehr an. Die Kurve für $I = 12$ ist in dieser Darstellung von einer exakten Gaußkurve nicht mehr zu unterscheiden.

In Bild 3.14(b) sind die Überschreitungswahrscheinlichkeiten $P(x > r)$ für die obige Näherung (3.74) dargestellt. Im Grenzfall $I \to \infty$ ergibt sich hierfür der tatsächliche Verlauf entsprechend der Q–Funktion (siehe (3.62)). Aus dieser logarithmischen Darstellung geht hervor, daß bei der Additionsmethode mit endlichen Werten von I erhebliche Abweichungen vom tatsächlichen Kurvenverlauf auftreten, insbesondere für größere Werte von r und damit im Bereich kleiner Fehlerwahrscheinlichkeiten.

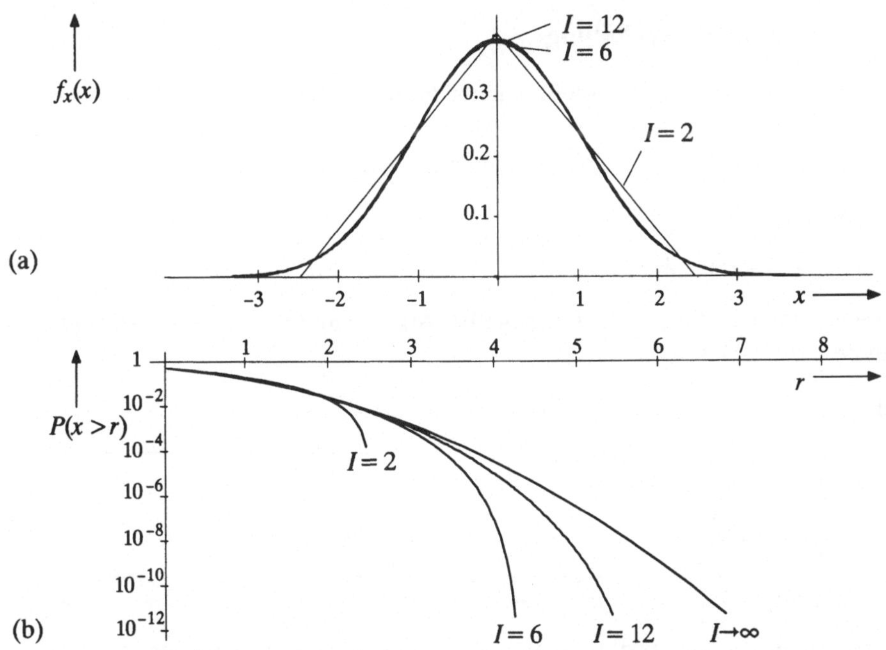

Bild 3.14: WDF (a) und Überschreitungswahrscheinlichkeit (b) einer entsprechend (3.74) approximierten gaußverteilten Zufallsgröße $(m_x = 0,\ \sigma_x = 1)$.

Eine weitere elegante Methode zur Erzeugung einer Gaußverteilung wurde von Box und Muller angegeben (vgl. [29]). Dabei wird die Zufallsgröße x durch eine nichtlineare Transformation aus den beiden zwischen 0 und 1 gleichverteilten und statistisch voneinander unabhängigen Zufallsgrößen u und v erzeugt (siehe Programmbeispiel 4.2):

$$x = m_x + \sigma_x \cdot \cos(2\pi \cdot u) \cdot \sqrt{2 \cdot \ln(1/v)} \ . \tag{3.76}$$

Der theoretische Hintergrund für die Gültigkeit dieser Generierungsvorschrift basiert auf den Gesetzmäßigkeiten für zweidimensionale Zufallsgrößen (vgl. Abschnitt 3.6). Im Gegensatz zur Erzeugung nach (3.74) ist hier der Wertebereich nicht begrenzt, so daß bei einer Simulation auch beliebig kleine Wahrscheinlichkeiten dargestellt werden können. Die Rechenzeit liegt in der Größenordnung der Additionsmethode mit $I = 12$.

3.4   Weitere kontinuierliche Verteilungen

Inhalt: Es folgen einige weitere kontinuierliche Verteilungen, die für die statistische Untersuchung von Nachrichtensystemen von Bedeutung sind. Im einzelnen sind dies die Exponential-, Laplace-, Gamma-, Erlang-, Chi²-, Rayleigh-, Rice- und die Cauchy-Verteilung. Neben den jeweiligen statistischen Kenngrößen – wie Momente, WDF und VTF – sowie einigen Anwendungsbeispielen werden stets auch Algorithmen zur Generierung der entsprechenden Zufallsgrößen angegeben.

3.4.1   Exponentialverteilung

Eine kontinuierliche Zufallsgröße x heißt *(negativ-)exponentialverteilt*, wenn sie nur nichtnegative Werte annehmen kann, und dabei die WDF mit steigendem x exponentiell abnimmt, d. h. wenn für $x > 0$ (bzw. $r > 0$) entsprechend Bild 3.15 gilt:

$$f_x(x) = \lambda \cdot \exp(-\lambda \cdot x) \,, \tag{3.77}$$

$$F_x(r) = 1 - \exp(-\lambda \cdot r) \,. \tag{3.78}$$

Definitionsgemäß sei $f_x(0) = \lambda/2$. Für negative Argumente ($x < 0$ bzw. $r < 0$) sind beide Funktionen identisch 0.

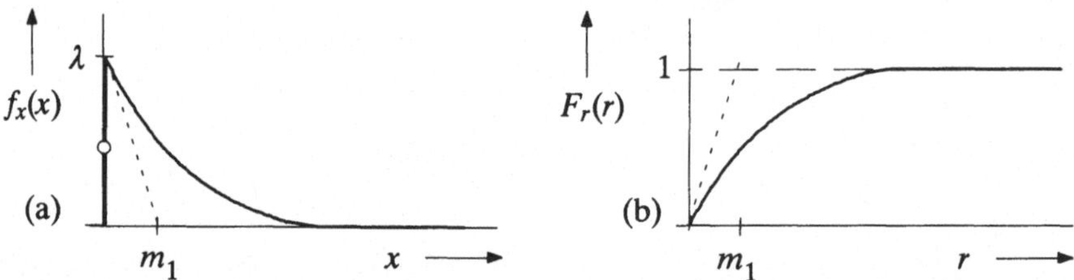

Bild 3.15: WDF (a) und VTF (b) einer exponentialverteilten Zufallsgröße x.

Vergleicht man das in Bild 3.16 dargestellte Zeitsignal $x(t)$ einer solchen Zufallsgröße mit den entsprechenden Verläufen von Gleichverteilung (Bild 3.9) und Gaußverteilung (Bild 3.3), so erkennt man die einseitige Begrenzung ($x_{min} = 0$) sowie die Anhäufung von Funktionswerten nahe 0.

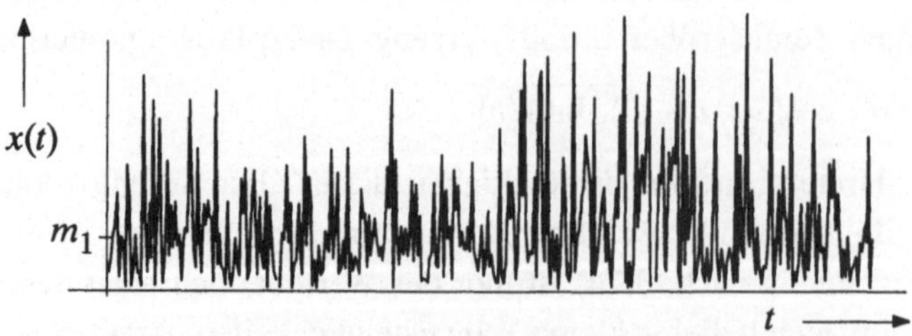

Bild 3.16: Ausschnitt aus dem Zeitverlauf einer exponentialverteilten Zufallsgröße.

Aus (3.26) und (3.77) folgt für die Momente:

$$m_k = \frac{k!}{\lambda^k} \ . \tag{3.79}$$

Je größer der Verteilungsparameter λ ist, um so kleiner sind Mittelwert und Streuung:

$$m_1 = \frac{1}{\lambda} \ , \tag{3.80}$$

$$\sigma = \sqrt{m_2 - m_1^2} = \frac{1}{\lambda} \ , \tag{3.81}$$

und um so steiler erfolgt der Abfall der WDF in Bild 3.15(a).

Große Bedeutung besitzt die Exponentialverteilung z. B. für Zuverlässigkeitsuntersuchungen, wobei in diesem Zusammenhang auch der Begriff *"Lebensdauerverteilung"* üblich ist. Bei diesen Anwendungen ist die Zufallsgröße oft die Zeit t, die bis zum Ausfall einer Komponente vergeht (vgl. [194]). Außerdem ist anzumerken, daß die Exponentialverteilung eng mit der Poissonverteilung zusammenhängt, worauf in Abschnitt 3.5.4 noch näher eingegangen werden wird.

Zur Erzeugung einer (negativ–)exponentialverteilten Zufallsgröße x kann beispielsweise eine *nichtlineare Transformation* herangezogen werden. Besitzt eine kontinuierliche Zufallsgröße u die WDF $f_u(u)$, so gilt für die WDF der an der nichtlinearen Kennlinie $x = g(u)$ transformierten Zufallsgröße x allgemein:

$$f_x(x) = \left. \frac{f_u(u)}{|g'(u)|} \right|_{u=h(x)} \ . \tag{3.82}$$

Hierbei gibt $g'(u)$ die Ableitung der Kennlinie und $h(x)$ die Umkehrfunktion zu $g(u)$ an.

Die Gleichung (3.82) gilt allerdings nur unter der Voraussetzung, daß die Ableitung $g'(u)$ ungleich 0 ist. Bei einer Kennlinie mit horizontalen Abschnitten (d. h. $g'(u) = 0$) treten in der WDF zusätzliche Diracfunktionen auf, wenn die Eingangsgröße in diesem Bereich Anteile besitzt. Die Gewichte dieser Diracfunktionen können mit (3.12) berechnet werden.

Für das Folgende wird vorausgesetzt, daß die zu transformierende Zufallsgröße u gleichverteilt zwischen 0 und 1 sei. Die nichtlineare Kennlinie $x = g(u)$ ist derart zu bestimmen, daß die Zufallsgröße x eine WDF gemäß (3.77) aufweist.

Durch Umstellen von (3.82) erhält man für den Bereich $0 \leq u \leq 1$:

$$|g'(u)| = \left. \frac{f_u(u)}{f_x(x)} \right|_{x=g(x)} = \frac{1}{\lambda} \cdot \exp(\lambda \cdot g(u)) \ . \tag{3.83}$$

Für eine monoton steigende Funktion $x = g(u)$ gilt nun mit $|g'(u)| = dx/du$:

$$du = \lambda \cdot \exp(-\lambda \cdot x) \ dx \ . \tag{3.84}$$

Daraus erhält man durch unbestimmte Integration auf beiden Seiten der Gleichung:

$$u = K - \exp(-\lambda \cdot x) \ . \tag{3.85}$$

Die Konstante K wird mit der (eigentlich willkürlichen) Bedingung berechnet, daß die Eingangsgröße $u = 0$ auf die Ausgangsgröße $x = 0$ abgebildet wird. Man erhält $K = 1$.

Daraus folgt für die monoton steigende Transformationskennlinie

$$x = \frac{1}{\lambda} \cdot \ln\left(\frac{1}{1-u}\right) . \tag{3.86}$$

Bei der Rechnerimplementierung von (3.86) ist sicherzustellen, daß für die gleichverteilte Zufallsgröße u der kritische Wert 1 ausgeschlossen wird.

Unter der Annahme einer monoton fallenden Kennlinie (d. h. mit $|g'(u)| = -\mathrm{d}x/\mathrm{d}u$) erhält man anstelle von (3.85) und (3.86):

$$u = \exp(-\lambda \cdot x) , \tag{3.87}$$

$$x = \frac{1}{\lambda} \cdot \ln\left(\frac{1}{u}\right) . \tag{3.88}$$

Diese Transformationskennlinie wird z. B. im Programm 3.4 (Abschnitt 3.4.2) verwendet. Der kritische Wert $u = 0$ ist hierbei ausgeschlossen.

Bild 3.17 verdeutlicht die Erzeugung der exponentialverteilten Zufallsgröße x aus der gleichverteilten Größe u anhand der Kennlinie (3.88). Ist der aktuelle Wert von u relativ klein (z. B. $u = u_1$), so ergibt sich aufgrund der monoton fallenden Kennlinie für die Ausgangsgröße x ein relativ großer Wert x_1. Ein größerer Wert (z. B. $u = u_2$) liefert dagegen einen deutlich kleineren x–Wert. Alle Werte aus dem hell bzw. dunkel unterlegten Intervallen um u_1 bzw. u_2 werden in die entsprechenden Bereiche um x_1 bzw. x_2 transformiert, wobei Δx_1 deutlich größer als Δx_2 ist. Da die Intervallflächen um u_1 bzw. u_2 gleich groß sind, und dies aufgrund der eindeutigen Abbildung auch für die Flächen um x_1 bzw. x_2 gilt, ist das Intervall um x_2 deutlich höher als dasjenige um x_1. Dies erklärt die Anhäufung von relativ kleinen Funktionswerten bei der Exponentialverteilung.

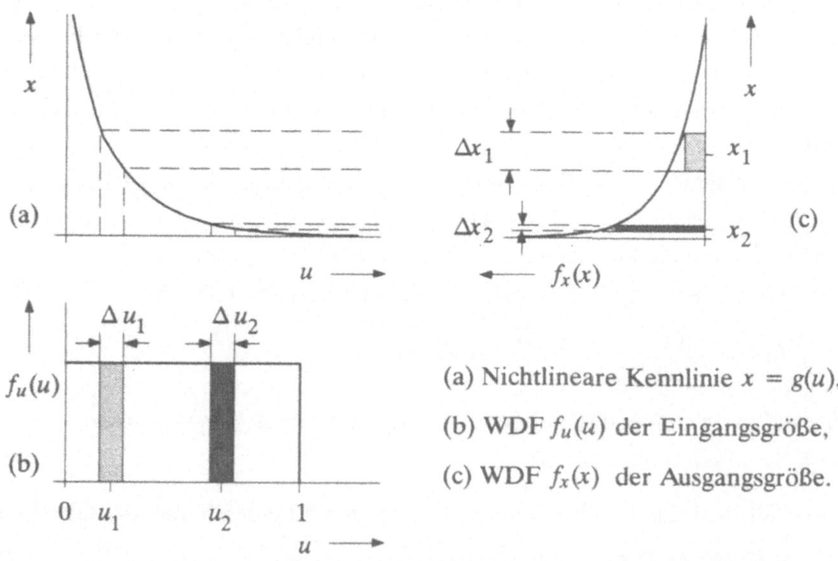

Bild 3.17: Erzeugung einer exponentialverteilten Zufallsgröße x aus einer Gleichverteilung durch Transformation mittels der Kennlinie (3.88).

3.4.2 Laplaceverteilung

Die *Laplaceverteilung* ist das symmetrische Äquivalent zur Exponentialverteilung. WDF und VTF lauten allgemein:

$$f_x(x) = \frac{\lambda}{2} \cdot \exp(-\lambda \cdot |x - m_1|) \, , \tag{3.89}$$

$$F_x(r) = \begin{cases} \dfrac{1}{2} \cdot \exp(\lambda \cdot (r - m_1)) & \text{für } r \leq m_1 \, , \\[2ex] 1 - \dfrac{1}{2} \cdot \exp(-\lambda \cdot (r - m_1)) & \text{für } r > m_1 \, . \end{cases} \tag{3.90}$$

Im folgenden wird der Mittelwert vereinfachend zu $m_1 = 0$ gesetzt. Die Momente m_k sind mit dieser Voraussetzung für ungeradzahlige Werte von k identisch 0 und für geradzahlige Werte von k durch (3.79) gegeben.

Bei der Generierung einer laplaceverteilten Zufallsgröße wird ähnlich wie bei der Exponentialverteilung vorgegangen, doch geht man hier zweckmäßigerweise von einer symmetrischen, zwischen -1 und $+1$ gleichverteilten Eingangsgröße aus.

Das Programmbeispiel 3.4 zeigt eine Funktion zur Erzeugung von exponential- und laplaceverteilten Zufallsgrößen, wobei die Unterscheidung anhand des Übergabeparameters CH getroffen wird. Zur Generierung einer Gleichverteilung zwischen 0 und 1 wird wieder der Zufallsgenerator random(k) von Programmbeispiel 3.2 benutzt. Die Transformation geschieht entsprechend der Kennlinie (3.88). Für die Laplaceverteilung ist diese durch Multiplikation mit der Signum–Funktion leicht modifiziert.

Programm 3.4: FORTRAN–Funktion zur Generierung einer exponentialverteilten (CH = 'e') bzw. laplaceverteilten (CH = 'l') Zufallsgröße.

```
      real function elz(CH,k,lambda)    : Übergabeparameter sind:
      character CH                      : Charactervariable 'e' oder 'l',
      integer*4 k                       : Integervariable für random(k),
      real lambda,random,u,vz           : lambda = λ nach (3.77) bzw. (3.89).
      if (CH .eq. 'e') then             : Exponentialverteilung:
 10     u = random(k)                   : u ist gleichverteilt zwischen 0 und 1,
        if (u .eq. 0.) goto 10          : kritischer Wert 0 ausschließen.
      elseif (CH .eq. 'l') then         : Laplaceverteilung:
 20     u = 2. * random(k) -1.          : u ist gleichverteilt zwischen -1 und +1,
        if (u .eq. 0.) goto 20          : kritischer Wert 0 ausschließen.
      else                              :
        elz = 0.                        :
        return                          : Andere Characterwerte sind unzulässig.
      endif                             :
      vz = 1.                           :
      if (u .lt. 0.) vz = -1.           : Vorzeichen: vz = sign(u).
        elz = vz*alog(1./abs(u))/lambda : Nichtlineare Transformation (3.88).
      return                            :
      end                               :
```

Die Laplaceverteilung spielt vor allem bei der Beschreibung bandpaßgefilterter Daten eine wichtige Rolle, wie das nachfolgende Beispiel zeigen soll.

Beispiel 3.4:   Es wird wie in Abschnitt 3.1.4 die Bildvorlage "Lena" betrachtet. Wird dieses Bild in $512 \cdot 512$ Bildpunkte unterteilt und zeilenweise abgetastet, so erhält man die Folge $\langle x_\nu \rangle$ von Grauwerten mit der Grauwertstatistik von Bild 3.18(b).

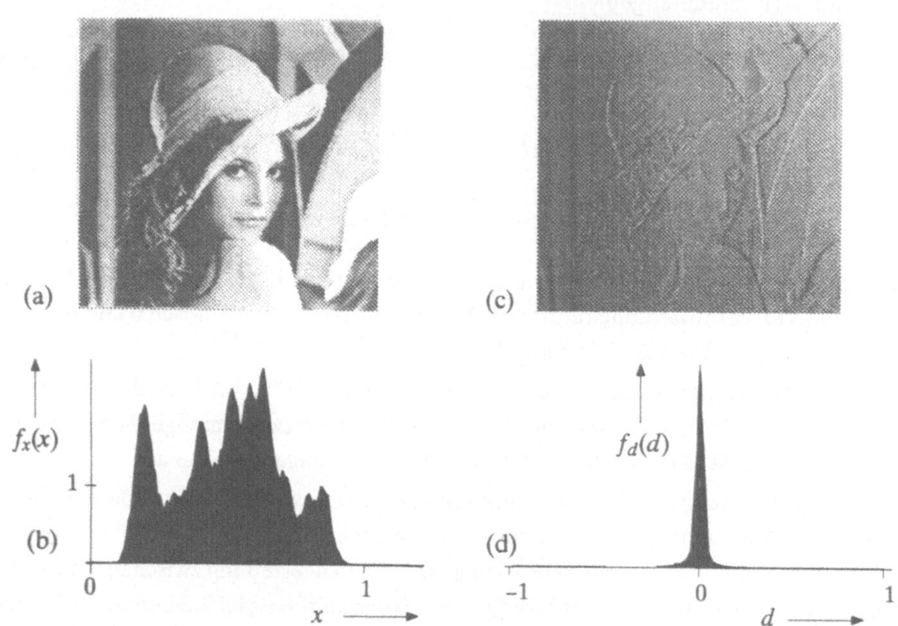

Bild 3.18: links: Originalbild "Lena" (a) und zugehörige WDF (b),
rechts: DPCM–Bild (c) und zugehörige WDF (d).

Eine Möglichkeit der Datenreduktion bietet die *Differentielle Pulscodemodulation* (*DPCM*). Diese berücksichtigt die Tatsache, daß benachbarte Punkte (einer Zeile) annähernd gleiche Helligkeitswerte aufweisen, so daß der Aufwand für die Speicherung und Übertragung der Folge $\langle d_\nu \rangle$ mit $d_\nu = x_\nu - x_{\nu-1}$ gegenüber der Folge $\langle x_\nu \rangle$ entscheidend reduziert werden kann.

Bild 3.18(c) zeigt das differenzcodierte Bild, wobei die Graustufendifferenz $d_\nu = 0$ (d. h. $x_\nu = x_{\nu-1}$) durch eine mittlere Graufärbung dargestellt ist. Ein gegenüber dem Mittelwert helleres Pixel kennzeichnet einen positiven Wert von d_ν (d. h. einen Übergang von einem dunkleren zu einem helleren Punkt im Originalbild), ein eher dunkles Pixel entsprechend einen negativen Differenzwert. Die Extremwerte "Weiß" und "Schwarz" treten im DPCM–Bild sehr viel seltener als im Originalbild auf, nämlich nur bei scharfen Übergängen.

In Bild 3.18(d) ist die dazugehörige WDF $f_d(d)$ dargestellt. Es ist zu erkennen, daß die Folge $\langle d_\nu \rangle$ näherungsweise eine Laplaceverteilung aufweist (vgl. [108]). Die Entropie des DPCM–Bildes beträgt ca. 5 Bit/Pixel gegenüber 7,5 Bit/Pixel beim Originalbild, d. h. der Aufwand für Übertragung und Speicherung wird durch die DPCM etwa um den Faktor 1,5 reduziert. Diese Reduktion ist allein auf die unterschiedliche WDF zurückzuführen. Bei Quantisierung des Differenzbildes ist eine weitere Entropiereduktion möglich.

3.4.3 Gamma- und Erlangverteilung

Eine Zufallsgröße heißt *gammaverteilt*, wenn die WDF für $x \geq 0$ folgende Form besitzt:

$$f_x(x) = \frac{\lambda^\kappa}{\Gamma(\kappa)} \cdot x^{\kappa-1} \cdot \exp(-\lambda \cdot x) \, . \tag{3.91}$$

Die beiden Verteilungsparameter λ und κ sind hierbei positive und reellwertige Größen. Mittelwert und Streuung sind durch $m_1 = \kappa/\lambda$ bzw. $\sigma = \sqrt{\kappa}/\lambda$ gegeben. Der Grund für die Namensgebung ist die Verwendung der Gammafunktion in der Definitionsgleichung

$$\Gamma(x) = \int\limits_0^\infty u^{x-1} \cdot \exp(-u) \, \mathrm{d}u \, . \tag{3.92}$$

Ist der Parameter κ eine natürliche Zahl, so spricht man von der *Erlangverteilung*. Aufgrund des mathematischen Zusammenhangs $\Gamma(\kappa) = (\kappa-1)!$ für ganzzahlige Werte von κ läßt sich die WDF einer erlangverteilten Zufallsgröße auch wie folgt darstellen:

$$f_x(x) = \frac{\lambda^\kappa}{(\kappa-1)!} \cdot x^{\kappa-1} \cdot \exp(-\lambda \cdot x) \qquad (\kappa = 1, \, 2, \, \dots) \, . \tag{3.93}$$

Aus (3.93) und Bild 3.19 geht hervor, daß die Exponentialverteilung (vgl. Abschnitt 3.4.1) ein Sonderfall der Erlangverteilung mit $\kappa = 1$ ist. Mit steigendem κ wird das Verhältnis von Streuung zu Mittelwert entsprechend $\sigma/m_1 = 1/\sqrt{\kappa}$ immer kleiner.

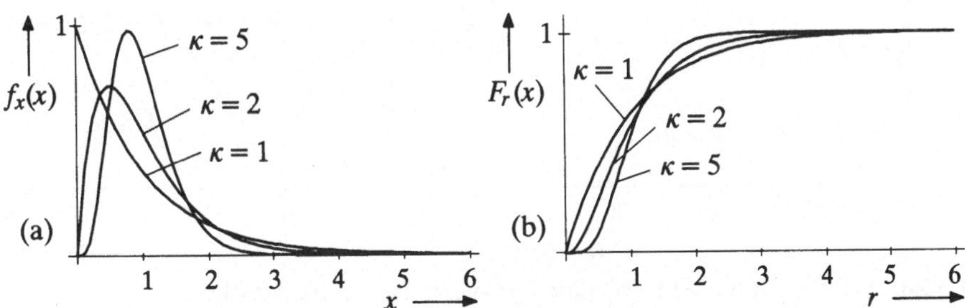

Bild 3.19: WDF (a) und VTF (b) einer erlangverteilten Zufallsgröße für verschiedene Werte von $\kappa = \lambda$ (d. h. der Mittelwert ist stets $m_1 = \kappa/\lambda = 1$).

Die naturwissenschaftlichen Disziplinen, in denen Gamma- bzw. Erlangverteilungen eine große Bedeutung besitzen, sind vielfältig. Im Bereich der Nachrichtentechnik treten sie vor allem bei der Konzipierung von Kommunikationsnetzen auf, worauf im Zusammenhang mit Poissonprozessen im Abschnitt 3.5.4 noch eingegangen wird.

Zur Erzeugung einer erlangverteilten Zufallsgröße mit den Parametern λ (positiv) und κ (ganzzahlig) geht man von exponentialverteilten Zufallsgrößen x_i aus, jeweils mit $m_1 = \sigma = 1/\lambda$. Die Generierung dieser Größen kann z. B. gemäß Programmbeispiel 3.4 erfolgen. Die Summe aus κ solcher, statistisch voneinander unabhängiger Zufallsgrößen x_i besitzt dann eine Wahrscheinlichkeitsdichtefunktion entsprechend (3.93).

Eine allgemeine Gammaverteilung (mit reellem κ) läßt sich nicht so einfach erzeugen. Hier muß auf eine Transformation von Zufallsgrößen (vgl. Abschnitt 3.4.1) zurückgegriffen werden, wobei die analytische Bestimmung der Kennlinie meist nicht trivial ist.

3.4.4   Chi–Quadrat–Verteilung

Als weiterer Sonderfall läßt sich aus der Gammaverteilung von (3.91) mit den speziellen Parametern $\lambda = 1/2$ und $\kappa = k/2$ die sogenannte *Chi–Quadrat–Verteilung* ableiten, die auch als *Helmert–Pearson–Verteilung* bekannt ist. Die Bezeichnung "χ^2-Verteilung" ist darauf zurückzuführen, daß bei vielen Anwendungen für das Argument $x = \chi^2$ eingesetzt wird, z. B. bei den sogenannten χ^2-Tests (vgl. Beispiel 3.5 sowie [72], [128] und [194]).

WDF und VTF lauten bei einer χ^2-verteilten Zufallsgröße für positive Argumente:

$$f_x(x) = \frac{1}{2^{k/2}\cdot \Gamma(\frac{k}{2})} \cdot x^{(k/2-1)} \cdot \exp(-\frac{x}{2}) , \tag{3.94}$$

$$F_x(r) = \frac{1}{2^{k/2}\cdot \Gamma(\frac{k}{2})} \cdot \int_0^r u^{(k/2-1)} \cdot \exp(-\frac{u}{2}) \, du . \tag{3.95}$$

Die positive ganze Zahl k bezeichnet dabei den *Freiheitsgrad* der Verteilung. Mittelwert und Streuung sind durch $m_1 = k$ bzw. $\sigma = \sqrt{2 \cdot k}$ gegeben. Man erzeugt eine solche Verteilung als Summe der Quadrate von k normalverteilten und statistisch voneinander unabhängigen Zufallsgrößen.

Bild 3.20 zeigt die Dichte– und die Verteilungsfunktion für einige Freiheitsgrade k.

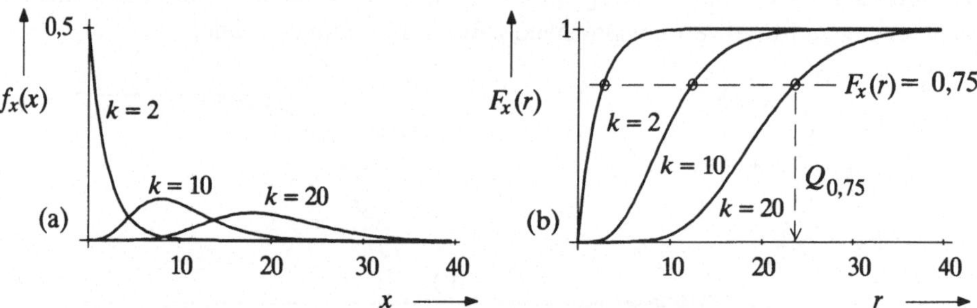

Bild 3.20: WDF (a) und VTF (b) einer χ^2-verteilten Zufallsgröße.

Anhand von Bild 3.20(b) soll eine weitere Kenngröße der beschreibenden Statistik erläutert werden, nämlich das Quantil. Bei einer kontinuierlichen Zufallsgröße x und einer dementsprechend streng monoton steigenden Verteilungsfunktion $F_x(r)$ bezeichnet man als das *q–Quantil* Q_q dasjenige Argument r, für das gilt:

$$P(x \leq Q_q) = F_x(Q_q) = q . \tag{3.96}$$

Tabelle 3.2: Quantile der χ^2-Verteilung.

$q \backslash k$	5	10	15	20	25	30	35	40	45	50
0,25	2,68	6,74	11,04	15,45	19,94	24,48	29,05	33,66	38,29	42,94
0,50	4,35	9,34	14,34	19,34	24,34	29,34	34,34	39,34	44,34	49,34
0,75	6,63	12,55	18,25	23,83	29,34	34,80	40,22	45,62	50,99	56,33
0,95	11,07	18,31	25,00	31,41	37,65	43,77	49,80	55,76	61,66	67,51

In der Darstellung von Bild 3.20(b) sind die Quantile für $q = 0,75$ eingezeichnet. Dieses Quantil wird in der Literatur häufig als das *obere Quartil* bezeichnet. In Tabelle 3.2 sind die Quantile der χ^2-Verteilung abhängig von q und k angegeben (vgl. [194]).

Beispiel 3.5: Es wird eine typische Anwendung des χ^2-Tests betrachtet. Gegeben seien Stichproben zweier Zufallsgrößen x und y, jeweils mit Stichprobenumfang $N = 100$ (vgl. Bild 3.21). Im Rahmen einer vorgegebenen statistischen Sicherheit soll die Frage geklärt werden, ob es sich hierbei um gaußverteilte Zufallsgrößen handelt, oder ob die Hypothese "Gaußverteilung" eher abzulehnen ist.

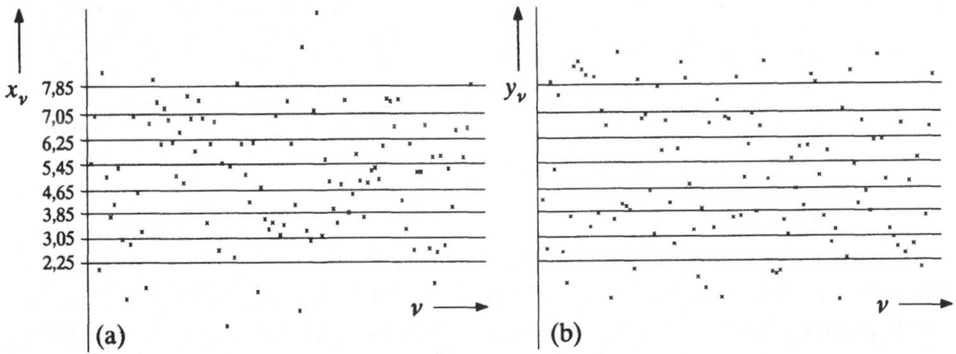

Bild 3.21: Stichprobenmengen ($N = 100$) zweier Zufallsgrößen x und y, sowie die bei diesem Beispiel gewählte Klasseneinteilung für den χ^2-Test.

Die Vorgehensweise beim χ^2-Anpassungstest soll anhand der Zufallsgröße x erläutert werden. Man bestimmt zunächst Mittelwert und Streuung der Stichprobenmenge mittels (3.31), (3.37) und (3.38). Im vorliegenden Fall ergibt sich $m_x = 5,05$ und $\sigma_x = 1,998$.

Anschließend wird der Wertebereich von x in eine endliche Anzahl M von Klassen K_μ unterteilt. Die Klasseneinteilung ist weitgehend willkürlich, doch ist darauf zu achten, daß die Anzahl n_μ der Stichproben in keiner Klasse den Wert 5 unterschreitet.

Im betrachteten Beispiel wurde eine Einteilung in $M = 8$ Klassen vorgenommen. Die Intervallgrenzen wurden symmetrisch zum Mittelwert m_x gewählt und können Bild 3.21 und Tabelle 3.3 entnommen werden. Die beiden Randbereiche ($x \leq 2,25$ und $x > 7,85$) wurden zu einer Klasse zusammengefaßt. Dies ist erlaubt, da eine Klasse nicht notwendigerweise ein zusammenhängendes Intervall bilden muß.

Als nächster Schritt sind die Wahrscheinlichkeiten zu berechnen, die sich aufgrund der hypothetisch angenommenen Verteilung (hier: Gaußverteilung) für die einzelnen Klassen K_μ ergeben. Als Verteilungsparameter werden die empirisch ermittelten Größen (hier: Mittelwert, Streuung) herangezogen. Wird die Klasse K_μ durch die Werte r_μ und $r_{\mu+1}$ begrenzt, so lauten diese Wahrscheinlichkeiten bei einem Test bezüglich Gaußverteilung:

$$p_\mu = p(r_\mu < x \leq r_{\mu+1}) = \phi\left(\frac{r_{\mu+1} - m_x}{\sigma_x}\right) - \phi\left(\frac{r_\mu - m_x}{\sigma_x}\right). \tag{3.97}$$

Diese Werte sind für die beispielhaften Intervallgrenzen in Tabelle 3.3 angegeben.

Tabelle 3.3: Zahlenwerte des χ^2-Anpassungstests (links unten für x, rechts oben für y).

μ	1	2	3	4	5	6	7	8
K_μ	$< 2,25$ $\geq 7,85$	$> 2,25$ $\leq 3,05$	$> 3,05$ $\leq 3,85$	$> 3,85$ $\leq 4,65$	$> 4,65$ $\leq 5,45$	$> 5,45$ $\leq 6,25$	$> 6,25$ $\leq 7,05$	$> 7,05$ $\leq 7,85$
p_μ	0,162	0,078	0,116	0,146	0,158	0,146	0,116	0,078
$N \cdot p_\mu$	16,2	7,8	11,6	14,6	15,8	14,6	11,6	7,8
n_μ	13 \\ 28	9 \\ 9	14 \\ 17	8 \\ 11	19 \\ 8	14 \\ 10	13 \\ 12	10 \\ 5
ε_μ	0,61 \\ 8,70	0,19 \\ 0,19	0,51 \\ 2,56	3,02 \\ 0,91	0,62 \\ 3,89	0,03 \\ 1,47	0,18 \\ 0,02	0,63 \\ 1,00

Das Produkt $N \cdot p_\mu$ gibt dann die zu erwartende Anzahl von Stichproben in der Klasse K_μ wieder, unter der Voraussetzung, daß die hypothetisch angenommene Verteilung zutrifft. Als Entscheidungsmaß wird nun folgende Summe von Abweichungen gebildet:

$$S = \sum_{\mu=1}^{M} \frac{(n_\mu - N \cdot p_\mu)^2}{N \cdot p_\mu} \; . \tag{3.98}$$

Je kleiner dieses Entscheidungsmaß bei gleichen Testparametern ist, um so größer ist die Wahrscheinlichkeit, daß die angenommene Gaußverteilung zutreffend ist. Für die Zufallsgröße x ergibt sich $S_x = 5{,}79$. Die einzelnen Summanden $\varepsilon_\mu = (n_\mu - N \cdot p_\mu)^2/(N \cdot p_\mu)$ können der letzten Zeile von Tabelle 3.3 entnommen werden.

Ein Vergleich dieses Entscheidungsmaßes mit der χ^2-Verteilungsfunktion gemäß (3.95) erlaubt eine wahrscheinlichkeitsbasierte Entscheidung über die Annahme oder Ablehnung der aufgestellten Hypothese. Für diese Entscheidungsfindung müssen dabei folgende Randbedingungen festgelegt werden:

- der *Freiheitsgrad k*; dieser ist gleich der Anzahl M der Merkmalsklassen, vermindert um die Anzahl der durch die Hypothese getroffenen Festlegungen,

- die *Signifikanzzahl a*; diese gibt die Wahrscheinlichkeit an, mit der eine richtige Hypothese verworfen wird.

Im vorliegenden Beispiel beträgt $k = 5$, da eine Einteilung in 8 Klassen vorgenommen wurde und durch die hypothetische Annahme "Gaußverteilung" sowie die beiden Parameter m_x und σ_x bereits über 3 Freiheitsgrade verfügt wurde. Die Signifikanzzahl sei, wie in der Literatur meist angegeben, $a = 5\,\%$. Die Bedeutung dieser Größe, die für das Verständnis aller Signifikanztests äußerst wichtig ist, kann z. B. in [128] nachgelesen werden.

Der χ^2-Anpassungstest besagt nun, daß die Hypothese angenommen werden kann, wenn das Entscheidungsmaß S entsprechend (3.98) kleiner oder gleich dem Quantil Q_{1-a} gemäß (3.96) ist. Bei $S > Q_{1-a}$ ist die Hypothese zu verwerfen.

Aus Tabelle 3.2 erhält man für $k = 5$ das Quantil $Q_{0,95} = 11{,}07$. Nach dem χ^2-Anpassungstest handelt es sich somit bei der Stichprobe x um eine Gaußverteilung (was auch zutrifft). Dagegen ergibt sich für die Zufallsgröße y von Bild 3.21(b) das Entscheidungsmaß $S_y = 18{,}74$. Aufgrund dieses Testergebnisses ist hier die Hypothese "Gaußverteilung" abzulehnen (y ist tatsächlich gleichverteilt).

3.4.5   Rayleigh- und Riceverteilung

Nun werden zwei Verteilungen beschrieben, die bei der Simulation von Digitalsystemen mit cosinusförmigem Träger und inkohärenter Demodulation eine wichtige Rolle spielen, nämlich die *Rayleigh-* und die *Riceverteilung*.

Dazu betrachten wir die Zufallsgröße

$$x = \sqrt{(C + u)^2 + v^2} \, , \tag{3.99}$$

wobei C eine Konstante ist, während u und v jeweils als gaußverteilt und mittelwertfrei ($m_u = m_v = 0$) angenommen werden. Die beiden Zufallsgrößen u und v seien außerdem statistisch voneinander unabhängig und besitzen die gleiche Streuung: $\sigma_u = \sigma_v = \lambda$.

In der Nachrichtentechnik ist diese Konstellation z. B. bei Hüllkurvendemodulation gegeben, wobei x den Betrag eines amplitudenmodulierten Nutzsignals angibt, das durch schmalbandiges Gauß'sches Rauschen gestört wird. C sei die Amplitude des Nutzsignals, die hier als konstant angenommen wird. Der Anteil u des Rauschsignals sei in Phase mit dem Trägersignal, während v den hierzu orthogonalen Rauschanteil kennzeichnet.

Im allgemeinen, d. h. für $C \neq 0$, ist die Zufallsgröße x von (3.99) riceverteilt. Für den Sonderfall $C = 0$ ergibt sich die Rayleighverteilung, die z. B. aus der im letzten Abschnitt angegebenen χ^2-Verteilung abgeleitet werden kann.

Hierzu betrachten wir zunächst die Zufallsgröße $y = u^2 + v^2$. Nach den Ausführungen von Abschnitt 3.4.4 liegt für y eine χ^2-Verteilung mit dem Freiheitsgrad $k = 2$ vor. Berücksichtigt man die Streuungen $\sigma_u = \sigma_v = \lambda$, so folgt aus (3.94) für $y \geq 0$:

$$f_y(y) = \frac{1}{2 \cdot \lambda^2} \cdot \exp(-\frac{y}{2 \cdot \lambda^2}) \, . \tag{3.100}$$

Die WDF der rayleighverteilten Zufallsgröße erhält man entsprechend der Beschreibung im Abschnitt 3.4.1 durch Transformation an der Kennlinie $x = \sqrt{y}$:

$$f_x(x) = \frac{x}{\lambda^2} \cdot \exp(-\frac{x^2}{2 \cdot \lambda^2}) \, . \tag{3.101}$$

Daraus folgt für die Rayleigh-Verteilungsfunktion:

$$F_x(r) = 1 - \exp(-\frac{r^2}{2 \cdot \lambda^2}) \, . \tag{3.102}$$

Für negative Argumente ($x < 0$ bzw. $r < 0$) sind beide Funktionen identisch 0.

Eine riceverteilte Zufallsgröße besitzt demgegenüber die folgende Wahrscheinlichkeitsdichtefunktion:

$$f_x(x) = \frac{x}{\lambda^2} \cdot \exp(-\frac{C^2 + x^2}{2 \cdot \lambda^2}) \cdot \text{B}_0(\frac{x \cdot C}{\lambda^2}) \, . \tag{3.103}$$

Für negative x-Werte gilt wiederum: $f_x(x) = 0$. Die Funktion

$$\text{B}_0(x) = \sum_{\kappa=1}^{\infty} \frac{(-1)^{\kappa}}{\kappa! \cdot \Gamma(\kappa + 1)} \left(\frac{x}{2}\right)^{2\kappa} \tag{3.104}$$

bezeichnet wie in Abschnitt 2.2.6 die Besselfunktion nullter Ordnung.

Das k-te Moment einer rayleighverteilten Zufallsgröße ergibt sich allgemein zu

$$m_k = (2 \cdot \lambda^2)^{k/2} \cdot \Gamma(1 + \frac{k}{2}) \, , \tag{3.105}$$

woraus Mittelwert und Streuung folgendermaßen berechnet werden können:

$$m_1 = \lambda \cdot \sqrt{\frac{\pi}{2}} \, , \tag{3.106}$$

$$\sigma = \lambda \cdot \sqrt{2 - \frac{\pi}{2}} \, . \tag{3.107}$$

Bei der Riceverteilung ist der Ausdruck für das Moment m_k deutlich komplizierter und nur mit Hilfe hypergeometrischer Funktionen angebbar. Ist λ jedoch sehr viel kleiner als C, was häufig zutrifft, so ist der Mittelwert $m_1 \approx C$ und die Streuung $\sigma \approx \lambda$.

Bild 3.22(a) und (b) zeigen Ausschnitte aus den Zeitverläufen einer rayleigh– und einer riceverteilten Zufallsgröße sowie die zugehörigen Dichtefunktionen gemäß (3.101) bzw. (3.103). Aus diesem Bild ist zu erkennen, daß bei der oberen Zufallsgröße die WDF stets unsymmetrisch zum Mittelwert ist, während die Riceverteilung für $\lambda \ll C$ durch eine Gaußverteilung mit der Streuung λ und dem Mittelwert C angenähert werden kann.

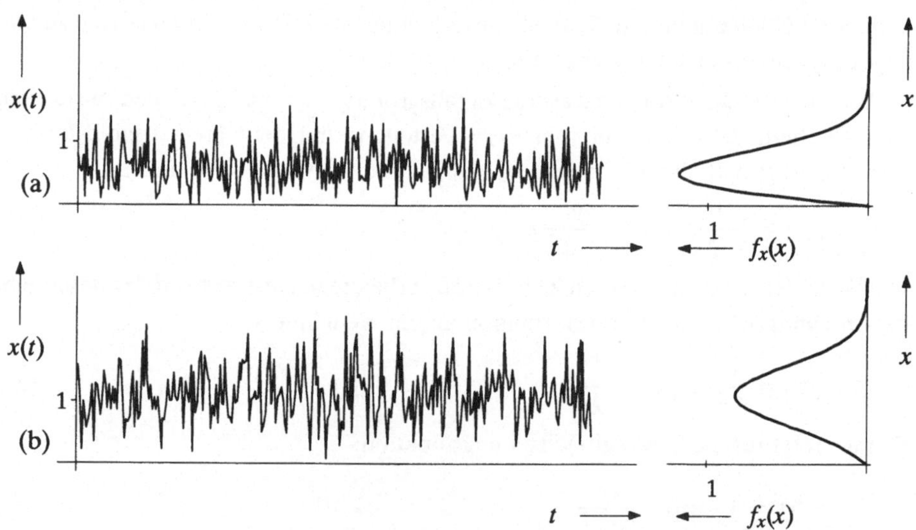

Bild 3.22: Zeitverlauf und WDF einer rayleighverteilten Zufallsgröße mit $\lambda = \frac{1}{2}$ (a) und einer riceverteilten Zufallsgröße mit $\lambda = \frac{1}{2}$ und $C = 1$ (b).

Die Erzeugung einer rayleigh– bzw. riceverteilten Zufallsgröße kann beispielsweise entsprechend (3.99) erfolgen. Im Fall der Rayleighverteilung führt jedoch die Transformation einer zwischen 0 und 1 gleichverteilten Zufallsgröße u an der Kennlinie

$$x = \sqrt{2 \cdot \lambda^2 \cdot \ln(1/u)} \tag{3.108}$$

meist schneller zum Erfolg, wenn ein Rechner mit Gleitkommaarithmetik benutzt wird. Die entsprechende FORTRAN-Funktion ist ähnlich der von Programmbeispiel 3.4.

3.4.6 Cauchyverteilung

Eine mittelwertfreie Zufallsgröße x bezeichnet man als *cauchyverteilt*, falls für WDF und VTF entsprechend Bild 3.23 gilt:

$$f_x(x) = \frac{1}{\pi} \cdot \frac{\lambda}{\lambda^2 + x^2} \, , \tag{3.109}$$

$$F_x(r) = \frac{1}{2} + \frac{1}{\pi} \cdot \arctan(\frac{r}{\lambda}) \, . \tag{3.110}$$

Mit ansteigendem Parameter λ nimmt die Breite der WDF zu, und die VTF wird flacher.

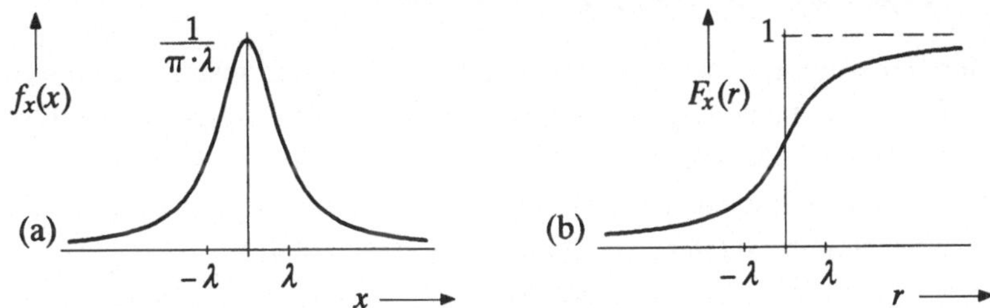

Bild 3.23: WDF (a) und VTF (b) einer cauchyverteilten Zufallsgröße x.

Bild 3.24 zeigt, daß eine solche Zufallsgröße deutlich mehr Anteile bei großen Amplitudenwerten aufweist als beispielsweise die gaußverteilte Zufallsgröße von Bild 3.3. Dies hat zur Folge, daß alle Momente m_k mit $k \geq 2$ bei dieser Verteilung unendlich groß sind, was sich durch Einsetzen von (3.109) in die Definitionsgleichung (3.26) leicht zeigen läßt. Insbesondere besitzt die Cauchyverteilung auch eine unendlich große Streuung ($\sigma \to \infty$).

Bild 3.24: Zeitverlauf einer cauchyverteilten Zufallsgröße x.

Bei der Generierung einer cauchyverteilten Zufallsgröße x geht man analog zu Abschnitt 3.4.2 von einer zwischen -1 und $+1$ gleichverteilten Eingangsgröße u aus, und verwendet die Transformationskennlinie

$$x = \lambda \cdot \tan(\frac{\pi}{2} \cdot u) \, . \tag{3.111}$$

Eine zweite Möglichkeit zur Generierung einer solchen Zufallsgröße nutzt die Tatsache, daß der Quotient u/v zweier gaußverteilter, mittelwertfreier Größen u und v ebenfalls cauchyverteilt ist, wobei der Verteilungsparameter $\lambda = \sigma_u/\sigma_v$ beträgt.

3.5 Diskrete Zufallsgrößen

Inhalt: Im folgenden werden die Eigenschaften diskreter Zufallsgrößen beschrieben sowie verschiedene Algorithmen zu deren Erzeugung angegeben. Diese eignen sich z. B. für die Simulation von Digitalsignalen. Als Sonderfälle werden die Binomial- und die Poissonverteilung ausführlicher behandelt. Weiterhin finden Sie in diesem Kapitel eine zusammenfassende Darstellung der PN-Generatoren.

3.5.1 Erzeugung diskreter Zufallsgrößen

Bei der Generierung einer diskreten Zufallsgröße x wird zweckmäßigerweise wieder von einer (zwischen 0 und 1) gleichverteilten Zufallsgröße u ausgegangen. Da die WDF $f_x(x)$ der diskreten Größe x sich aus einer Summe von Diracfunktionen zusammensetzt (vgl. Bild 3.25(a)), muß nach den Erläuterungen von Abschnitt 3.4.1 hier eine Kennlinie mit ausschließlich horizontalen Abschnitten benutzt werden.

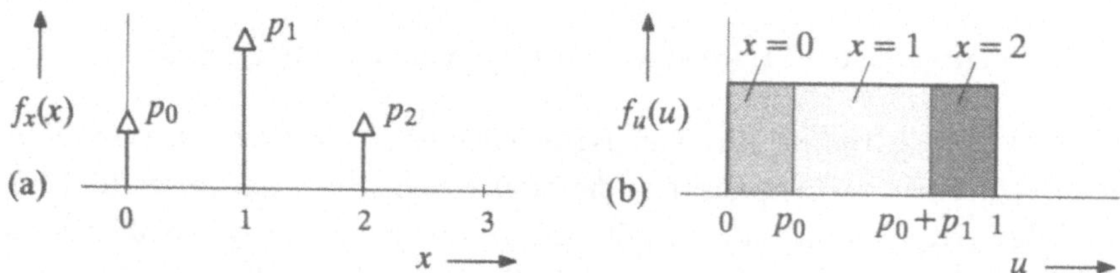

Bild 3.25: Erzeugung einer ternären Zufallsgröße $x \in \{0, 1, 2\}$ mit den Wahrscheinlichkeiten p_0, p_1, p_2 (a) aus einer gleichverteilten Zufallsgröße u (b).

Bild 3.25 zeigt das Prinzip am Beispiel $M = 3$, wobei mit $p_\mu = p(x=\mu)$ die Auftrittswahrscheinlichkeiten bezeichnet sind. Ist der aktuelle Wert von u kleiner als p_0, so wird $x = 0$ gesetzt. Im Bereich $p_0 \le u < p_0+p_1$ gilt $x = 1$, darüberhinaus wird die diskrete Zufallsgröße zu $x = 2$. Das folgende Programmbeispiel verdeutlicht diesen Algorithmus.

Programm 3.5: FORTRAN-Funktionen zur Erzeugung von M-stufigen Zufallsgrößen mit Wertevorrat $\{0, 1, \dots, M{-}1\}$ und den Wahrscheinlichkeiten p_μ.

```
integer function x1(k,M,p)     : Erzeugung einer diskreten Zufallsgröße mit beliebigen
integer M,mue,k                : Wahrscheinlichkeiten, die im Feld p übergeben werden.
real p(0:7),u,grenze           : Maximale Stufenzahl: M=8.
grenze = 0                     : Variable für den Grenzwert zweier Intervalle.
u = random(k)                  : u gleichverteilt zwischen 0 und 1 (siehe Programm 3.2).
do 10 mue = 0,M-1              :
   grenze = grenze+p(mue)      : Berechnung der M Intervallgrenzen.
   if (u .lt. grenze) then     : Nichtlineare Transformation entsprechend Bild 3.25.
     x1 = mue                  : Zuweisung des Integerwertes.
     return                    : Rücksprung zum Hauptprogramm.
   endif                       :
10 continue                    :
   end                         :
```

```
integer function x2(k,M)    : Erzeugung einer diskreten Zufallsgröße mit gleichen
integer M,k                 : Auftrittswahrscheinlichkeiten, wobei M beliebig ist.
real u,v                    :
u = random(k)               : u gleichverteilt zwischen 0 und 1 (siehe Programm 3.2).
v = M*u                     : v gleichverteilt zwischen 0 und M.
x2 = int(v)                 : Zuweisung des Integerwertes.
return                      : Rücksprung zum Hauptprogramm.
end                         :
```

Die Funktion `x1(k,M,p)` liefert eine diskrete, M-stufige Zufallsgröße mit beliebig wählbaren Auftrittswahrscheinlichkeiten, die im Feld p übergeben werden. Die maximale Stufenzahl beträgt in diesem Beispiel $M_{max} = 8$. Der Parameter k wird für den Zufallszahlengenerator `random(k)` benötigt, wobei die Anmerkungen zu Programmbeispiel 3.2 zu beachten sind.

Die Funktion `x2(k,M)` ist eine schnellere Implementierung für den Sonderfall gleichwahrscheinlicher Auftrittswahrscheinlichkeiten, d. h. $p_\mu = 1/M$ für $\mu = 0, \ldots, M{-}1$. Das folgende Beispiel zeigt eine Einsatzmöglichkeit eines solchen Zufallsgenerators.

Beispiel 3.6: In Bild 3.26 ist ein sehr einfaches Modell eines digitalen Übertragungssystems dargestellt. Dieses gibt trotz großer Vereinfachungen gegenüber der Realität wichtige Systemeigenschaften wieder, und ist für einige Anwendungen durchaus ausreichend, z. B. für Effizienzuntersuchungen von Codes.

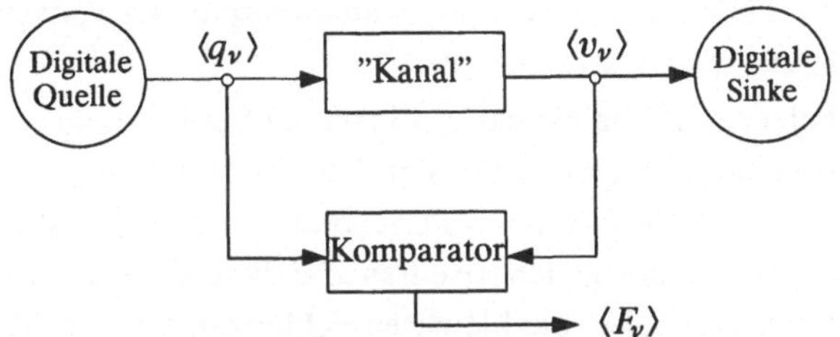

Bild 3.26: Einfachstes Modell eines digitalen Übertragungssystems.

Die zu übertragende Information der Quelle wird durch die *Quellensymbolfolge* $\langle q_\nu \rangle$ beschrieben, die bei fehlerfreier Übertragung mit der *Sinkensymbolfolge* $\langle v_\nu \rangle$ identisch ist. Der mit "Kanal" bezeichnete Block ist ein digitales Modell des Übertragungskanals einschließlich der Störungen und der technischen Sende- und Empfangseinrichtungen hinsichtlich Fehlerwahrscheinlichkeit. Bei M-stufiger Übertragung verwendet man hierfür eine $M*M$-Matrix. Die Stufenzahl sei für dieses Beispiel $M = 2$.

Eine weitere Systembeschreibungsgröße ist die *Fehlerfolge* $\langle F_\nu \rangle$, deren Elemente wie folgt definiert sind:

$$F_\nu = \begin{cases} 0 & \text{falls } v_\nu = q_\nu \text{ (d. h. unverfälschtes Symbol)}, \\ 1 & \text{falls } v_\nu \neq q_\nu \text{ (d. h. verfälschtes Symbol)}. \end{cases} \tag{3.112}$$

Die Fehlerfolge beinhaltet Informationen über die zeitliche Abfolge der Übertragungsfehler. Damit können z. B. wichtige Rückschlüsse über die Eignung von Codier- und Modulationsverfahren gezogen werden.

Die statistischen Bindungen der Fehlerfolge $\langle F_\nu \rangle$ sind für Untersuchungen von Kanälen mit Bündelfehlercharakteristik von besonderer Bedeutung (vgl. Abschnitt 4.2.6). Vorerst wird jedoch vereinfachend vorausgesetzt, daß die einzelnen Übertragungsfehler F_ν statistisch voneinander unabhängig auftreten, und daß die beiden Binärsymbole 0 und L mit gleicher Wahrscheinlichkeit verfälscht werden.

Ein solcher *"Binary Symmetric Channel (BSC)"* ist durch das Modell von Bild 3.27 vollständig beschreibbar. Für viele Anwendungen ist das BSC–Modell durchaus realistisch. Dieses Modell ist durch einen Parameter, nämlich die Fehlerwahrscheinlichkeit p, festgelegt. Bei Gauß'schen Störungen kann diese Verfälschungswahrscheinlichkeit mit (3.69) berechnet werden.

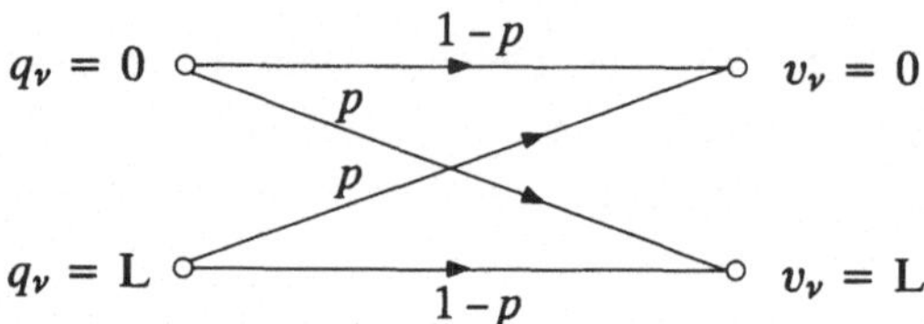

Bild 3.27: BSC–Modell zur Beschreibung statistisch unabhängiger Fehler.

Für die Simulation eines solchen Kanals mit statistisch unabhängigen Fehlern kann beispielsweise die Funktion "x1" von Programmbeispiel 3.5 verwendet werden, wobei $M = 2$, $p_0 = 1-p$ und $p_1 = p$ zu setzen ist.

Bei kleiner Fehlerwahrscheinlichkeit p kann die Verwendung von "x1" allerdings zu numerischen Problemen führen. Soll die Simulation z. B. an einem 16Bit–Rechner durchgeführt werden, an dem ein Pseudozufallsgenerator gemäß (3.49) zur Verfügung steht, so beträgt die Rasterung der gleichverteilten Zufallsgröße u lediglich $\Delta u \approx 2^{-16}$. Der Algorithmus "x1" versagt daher bei kleineren Fehlerwahrscheinlichkeiten ($p \leq 1{,}5 \cdot 10^{-5}$) mit Sicherheit. Doch auch bei etwas größeren Fehlerwahrscheinlichkeiten, z. B. $p = 10^{-4}$, sind die Simulationsergebnisse aufgrund der für diese Anwendung unzureichenden Statistik des Pseudozufallsgenerators in Frage zu stellen.

Diese Schwierigkeiten werden umgangen, wenn anstelle der direkten Generierung der binären Fehlerfolge $\langle F_\nu \rangle$ diese auf dem Umweg über den Fehlerabstand A gemäß Bild 3.28 erzeugt wird. Dieser gibt den Abstand zweier benachbarter Übertragungsfehler an und ist ebenfalls eine diskrete Zufallsgröße.

$$\text{Fehlerfolge } \langle F_\nu \rangle: \qquad \dots 1\,0\,1\,0\,0\,0\,0\,1\,0\,0\,0\,1\,1\,0\,1 \dots$$

$$\text{Fehlerabstand } A: \qquad \dots \quad 2 \quad\ 5 \quad\ \ 4 \quad 1\ 2 \quad \dots$$

Bild 3.28: Zur Definition des Fehlerabstandes A innerhalb der Fehlerfolge $\langle F_\nu \rangle$.

Im Gegensatz zu der binären Fehlergröße F_ν ist der Wertebereich der Zufallsgröße A die Menge der natürlichen Zahlen: $A \in \{1, 2, 3, \dots\}$. Der Fehlerabstand $A = 1$ kennzeichnet nach dieser Definition zwei aufeinanderfolgende Übertragungsfehler.

Bei einem Übertragungssystem mit statistisch unabhängigen Fehlern können die Wahrscheinlichkeiten $P(A = \mu)$ in einfacher Weise berechnet werden:

$$P(A = 1) = p \ ,$$
$$P(A = 2) = p \cdot (1 - p) \ ,$$
$$\vdots$$
$$P(A = \mu) = p \cdot (1 - p)^{\mu - 1} \ . \tag{3.113}$$

Das bedeutet, daß die Auftrittswahrscheinlichkeiten $P(A = \mu)$ mit steigendem μ exponentiell abnehmen. Zur Generierung einer Folge von Fehlerabständen kann daher von einer exponentialverteilten Zufallsgröße x (vgl. Abschnitt 3.4.1) ausgegangen werden. Die Zufallsgröße A ergibt sich dann aus der Transformation an der Kennlinie:

$$A = 1 + \mathrm{int}(x) \ . \tag{3.114}$$

In Bild 3.29 ist die Vorgehensweise anhand der Dichtefunktionen $f_x(x)$ und $f_A(A)$ erläutert.

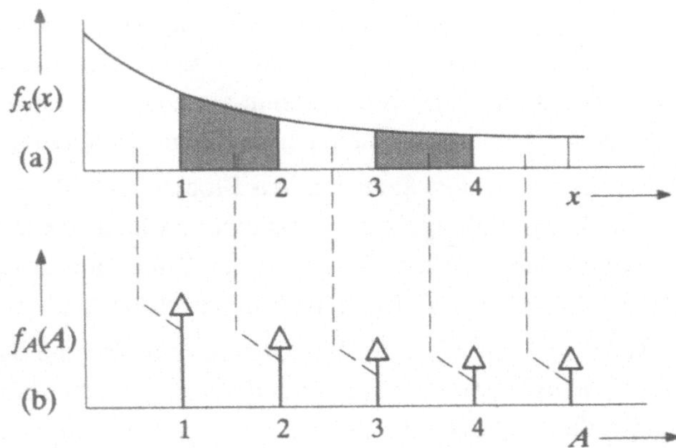

Bild 3.29: Dichtefunktion $f_x(x)$ und $f_A(A)$ zur Generierung des Fehlerabstandes A.

Zu bestimmen ist nun noch die Rate λ der Exponentialverteilung. Aus der Beziehung

$$P(A = \mu) = \int_{\mu - 1}^{\mu} \lambda \cdot \exp(-\lambda \cdot x) \, dx \tag{3.115}$$

und (3.113) erhält man hierfür nach einigen algebraischen Umformungen:

$$\lambda = \ln\left(\frac{1}{1 - p}\right) . \tag{3.116}$$

Während bei direkter Simulation der Fehlerfolge $\langle F_\nu \rangle$ zu jedem Zeitpunkt ν ein Zufallsgeneratoraufruf notwendig ist, werden bei der Fehlerabstandssimulation nach Bild 3.29 mit jedem Aufruf A Elemente der Fehlerfolge, im Mittel also $E[A] = 1/p$ Bit, simuliert.

Bei hinreichend kleinen Werten von p ist so ein beträchtlicher Rechenzeitgewinn zu erzielen. Eigene Untersuchungen ergaben eine Rechenzeitverkürzung um ca. den Faktor 10^5 bei $p = 10^{-6}$. Ist p dagegen relativ groß (z. B. $p \geq 0{,}1$), so ist die Fehlerabstandssimulation nicht zu empfehlen.

3.5.2   PN–Generatoren

Eine weitere Möglichkeit zur Erzeugung einer binären Zufallsgröße $b_v \in \{0, 1\}$ mit für viele Anwendungsfälle hinreichend guten statistischen Eigenschaften bieten die sogenannten *PN–Generatoren*. Die Bezeichnung "PN", die für "Pseudonoise" steht, soll hierbei deutlich machen, daß die durch einen solchen Generator erzeugte Folge $\langle b_v \rangle$ im strengen Sinne nicht stochastisch ist, sondern periodische und damit deterministische Eigenschaften aufweist. Ist die Periodenlänge P jedoch hinreichend groß, so erscheint die Folge $\langle b_v \rangle$ für einen Betrachter als zufällig.

Ein Vorteil der PN–Generatoren liegt darin, daß die Zufallsfolge bei Kenntnis einiger weniger Parameter reproduzierbar ist. Aus dieser Eigenschaft heraus ergeben sich auch die wichtigsten Anwendungen, z. B. die Fehlerhäufigkeitsmessung bei der Digitalsignalübertragung.

Die *Bitfehlerquote*, in der englischsprachigen Literatur meist als *Bit Error Rate (BER)* bezeichnet, ist dabei entsprechend (3.2) definiert als der Quotient n_F/N, wobei n_F die Anzahl der bei der Übertragung von insgesamt N Symbolen aufgetretenen Fehlentscheidungen angibt. Für große Werte von N stimmt diese empirisch ermittelte Größe mit der a–priori–Kenngröße "Fehlerwahrscheinlichkeit" sehr gut überein.

Zur Messung der Bitfehlerquote kann z. B. das Blockschaltbild von Bild 3.26 benutzt werden. Ist die Quellensymbolfolge eine PN–Folge, so kann diese beim Empfänger reproduziert werden, so daß ein Vergleich der beiden Symbolfolgen $\langle q_v \rangle$ und $\langle v_v \rangle$ auch bei räumlich getrennten Sender und Empfänger durchführbar ist.

Ein weiteres wichtiges Einsatzfeld der PN–Generatoren sind die *Bandspreizverfahren* (*"Spread Spectrum Systems"*). Dabei wird das Sendesignal mit einer binären Zufallsfolge moduliert, deren Symbolfolgefrequenz deutlich höher als die Bitfrequenz ist. Dadurch kann – unter gewissen Randbedingungen – eine merkliche Störminderung erzielt werden. Weiterhin bietet sich dadurch die Möglichkeit der Mehrfachausnutzung von Kanälen (*"Codemultiplex"*). Da am Empfänger wieder die gleiche Folge phasenrichtig zugesetzt werden muß, ist auch hier der Einsatz von reproduzierbaren PN–Generatoren üblich.

PN–Generatoren werden meist durch rückgekoppelte Schieberegister realisiert (vgl. Abschnitt 3.2.2). Bild 3.30 zeigt eine solche Anordnung, wobei zu jedem Taktzeitpunkt der Inhalt des Registers um eine Stelle nach rechts geschoben wird.

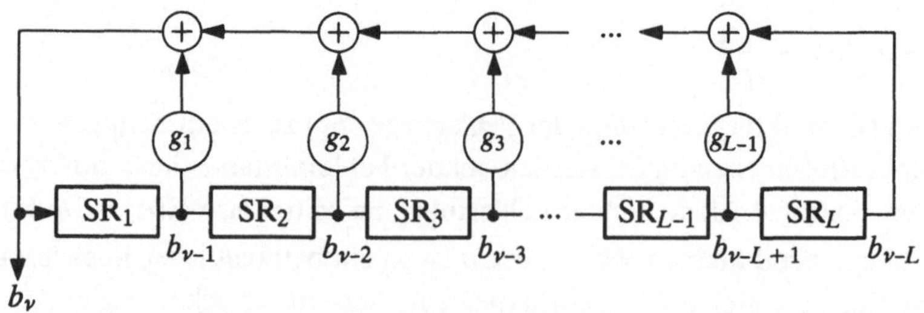

Bild 3.30: PN–Generator der Länge L zur Erzeugung einer Binärfolge $\langle b_v \rangle$.

Für das aktuell erzeugte Symbol gilt mit $g_l \in \{0, 1\}$ und $l = 1, 2, \ldots, L{-}1$:

$$b_\nu = (g_1 \cdot b_{\nu-1} + g_2 \cdot b_{\nu-2} + \ldots + g_{L-1} \cdot b_{\nu-L+1} + b_{\nu-L}) \bmod 2 \ . \tag{3.117}$$

Die zu vorangegangenen Zeitpunkten generierten Binärwerte $b_{\nu-1} \ldots b_{\nu-L}$ sind in den Speicherzellen $SR_1 \ldots SR_L$ dieses Schieberegisters abgelegt. Die Koeffizienten $g_1 \ldots g_{L-1}$ sind ebenfalls Binärwerte, wobei eine "1" eine Rückkopplung an der entsprechenden Stelle kennzeichnet und eine "0" keine Rückkopplung.

Die Modulo-2-Addition kann z. B. durch eine XOR-Verknüpfung realisiert werden:

$$(x + y) \bmod 2 = x \ \text{XOR} \ y = \begin{cases} 0 & \text{falls } x = y \ , \\ 1 & \text{falls } x \neq y \ . \end{cases} \tag{3.118}$$

Die statistischen Eigenschaften der erzeugten PN-Folge werden im wesentlichen durch die Koeffizienten g_l ($l = 1, 2, \ldots, L{-}1$) bestimmt. Zur Kennzeichnung unterschiedlicher PN-Generatoren werden oft Polynome der Art

$$G(D) = g_0 + g_1 \cdot D + \ldots + g_{L-1} \cdot D^{L-1} + g_L \cdot D^L \tag{3.119}$$

verwendet. Hierbei ist $g_0 = g_L = 1$ zu setzen und D ein formaler Parameter, der eine Verzögerung um einen Takt angibt. D^L kennzeichnet dann eine Verzögerung um L Takte.

Ist das Polynom $G(D)$ primitiv, so entsteht eine PN-Folge maximaler Periodenlänge $P_{max} = 2^L{-}1$. Voraussetzung hierfür ist, daß nicht alle Elemente des Schieberegisters mit Nullen vorbelegt sind, da sonst entsprechend (3.117) zu jedem späteren Zeitpunkt wieder das Symbol "0" erzeugt wird.

Ein Polynom $G(D)$ vom Grad L wird dann als *primitiv* bezeichnet, wenn die Division $(D^N{-}1)/G(D)$ für keinen kleineren Wert als $N = 2^L{-}1$ den Rest 0 ergibt (vgl. z. B. [253]).

Beispiel 3.7: Zur Verdeutlichung obiger Aussagen werden nun verschiedene PN-Generatoren vom Grad $L = 4$ betrachtet, die durch die Koeffizienten g_1, g_2 und g_3 festgelegt sind. In Tabelle 3.4 sind die Merkmale dieser Generatoren zusammengefaßt. Als Kurzbezeichnung für die unterschiedlichen Konfigurationen ist, wie in der Literatur üblich, die Oktaldarstellung der Binärzahl $(g_4\,g_3\,g_2\,g_1\,g_0)$ gewählt.

Tabelle 3.4: Mögliche PN-Generatoren der Länge $L = 4$.

g_1	g_2	g_3	$G(D)$	Oktal-kennung	$\langle b_\nu \rangle$	Perioden-länge P
0	0	0	$1 + D^4$	(21)	1001 1001	4
0	0	1	$1 + D^3 + D^4$	(31)	1001 101011110001001	15
0	1	0	$1 + D^2 + D^4$	(25)	1001 111001	6
0	1	1	$1 + D^2 + D^3 + D^4$	(35)	1001 1101001	7
1	0	0	$1 + D + D^4$	(23)	1001 000111101011001	15
1	0	1	$1 + D + D^3 + D^4$	(33)	1001 001	3
1	1	0	$1 + D + D^2 + D^4$	(27)	1001 0111001	7
1	1	1	$1 + D + D^2 + D^3 + D^4$	(37)	1001 01001	5

Die Oktaldarstellung soll anhand des Polynoms $1 + D^3 + D^4$ erklärt werden, dessen Koeffizienten $(g_4 g_3 g_2 g_1 g_0) = (11001)$ sind. Daraus ergibt sich die Oktalkennung (31).

Betrachten wir nun einige Anordnungen. Bei der Konfiguration mit der Oktalkennung (21) wird nur die Anfangsbelegung zyklisch wiederholt. Die Periodenlänge ist in diesem Fall abhängig von der Anfangsbelegung und nicht größer als $P = 4$. Ähnliche (wenn auch nicht identische) Eigenschaften weist die Konfiguration (37) auf.

Weiterhin ist aus Tabelle 3.4 ersichtlich, daß die zueinander reziproken Anordnungen genau gleiche statistische Eigenschaften besitzen. Das zum Polynom $G(D)$ reziproke Polynom $G_R(D)$ ist dabei wie folgt definiert:

$$G_R(D) = D^L \cdot G(D^{-1}) \,. \tag{3.120}$$

Beispielsweise lautet das zum Polynom $G(D) = 1 + D^2 + D^3 + D^4$ reziproke Polynom:

$$G_R(D) = D^4 \cdot (1 + D^{-2} + D^{-3} + D^{-4}) = D^4 + D^2 + D + 1 \,. \tag{3.121}$$

Die zugehörigen Ausgangsfolgen dieser beiden Konfigurationen (35) und (27) sind zueinander invers. Das bedeutet, daß die Ausgangsfolge $1001110 \ldots 1001110$ von (35), von rechts nach links gelesen, die Ausgangsfolge der reziproken Anordnung (27) ergibt: $0111001 \ldots 0111001$. Die Periodenlänge beträgt in beiden Fällen $P = 7$.

Von besonderem Interesse sind PN–Generatoren, die Folgen maximaler Periodenlänge liefern. Im Fall $L = 4$ beträgt $P_{max} = 15$, und es gibt – wie ebenfalls aus Tabelle 3.4 hervorgeht – zwei mögliche Konfigurationen, die eine solche Folge liefern. Diese beiden Anordnungen (23) bzw. (31) sind zueinander reziprok, die dazugehörigen Polynome $1 + D + D^4$ bzw. $1 + D^3 + D^4$ primitiv.

Anhand der Konfiguration (31) soll dies gezeigt werden. Entsprechend obiger Definition eines primitiven Polynoms des Grades $L = 4$ muß die Division von $(D^{15}-1)$ durch $(D^4 + D^3 + 1)$ ohne Rest möglich sein. Wie die folgende Rechnung zeigt, trifft dies zu.

$$
\begin{array}{l}
(D^{15} - 1) : (D^4 + D^3 + 1) = D^{11} + D^{10} + D^9 + D^8 + D^6 + D^4 + D^3 + 1 \,. \\[2pt]
\underline{D^{15} + D^{14} + D^{11}} \\
\quad /\quad D^{14} + D^{11} + 1 \\
\qquad \underline{D^{14} + D^{13} + D^{10}} \\
\qquad\quad /\quad D^{13} + D^{11} + D^{10} + 1 \\
\qquad\qquad \underline{D^{13} + D^{12} + D^9} \\
\qquad\qquad\quad /\quad D^{12} + D^{11} + D^{10} + D^9 + 1 \\
\qquad\qquad\qquad \underline{D^{12} + D^{11} + D^8} \\
\qquad\qquad\qquad\quad /\quad/\quad D^{10} + D^9 + D^8 + 1 \\
\qquad\qquad\qquad\qquad \underline{D^{10} + D^9 + D^6} \\
\qquad\qquad\qquad\qquad\quad /\quad/\quad D^8 + D^6 + 1 \\
\qquad\qquad\qquad\qquad\qquad \underline{D^8 + D^7 + D^4} \\
\qquad\qquad\qquad\qquad\qquad\quad /\quad D^7 + D^6 + D^4 + 1 \\
\qquad\qquad\qquad\qquad\qquad\qquad \underline{D^7 + D^6 + D^3} \\
\qquad\qquad\qquad\qquad\qquad\qquad\quad /\quad D^4 + D^3 + 1 \\
\qquad\qquad\qquad\qquad\qquad\qquad\qquad \underline{D^4 + D^3 + 1} \\
\qquad\qquad\qquad\qquad\qquad\qquad\qquad\qquad 0
\end{array}
\tag{3.122}
$$

Hierbei ist berücksichtigt, daß in der Modulo-2-Algebra $+1$ und -1 identisch sind. Da der Ausdruck (D^N-1) für $N < 15$ nicht durch $G(D)$ teilbar ist, handelt es sich hier um ein primitives Polynom, d. h. die Länge der Ausgangsfolge $\ldots 100110101111000 \ldots$ ist maximal ($P = 15$). Auch hier läßt sich die Ausgangsfolge der reziproken Anordnung (23) durch Spiegelung ermitteln. Man erhält die Folge $\ldots 000111101011001 \ldots$.

In einer Folge maximaler Länge $P_{max} = 2^L-1$ beträgt die Anzahl direkt aufeinanderfolgender Einsen L, die der direkt aufeinanderfolgenden Nullen $L-1$. Pro Periode P_{max} ist stets eine "1" mehr als Nullen enthalten. Dies führt dazu, daß sich der lineare Mittelwert einer PN-Folge gegenüber einer echt zufälligen Binärfolge mit gleichwahrscheinlichen Symbolen geringfügig vergrößert. Ist die PN-Ausgangsfolge bipolar, d. h. es ist $b_\nu \in \{-1,+1\}$, so ist der Mittelwert (Gleichanteil) $m_1 = 1/(2^L-1)$. Der quadratische Mittelwert (mittlere Leistung) beträgt wie bei jeder bipolaren Binärfolge $m_2 = 1$.

In [253] sind alle PN-Generatoren maximaler Länge bis zum Grad $L = 34$ angegeben. Aus der entsprechenden Tabelle ist ersichtlich, daß bei jedem PN-Generator maximaler Länge die Anzahl der Rückkopplungen (d. h. die Anzahl der Koeffizienten $g_l = 1$ mit $l = 1, 2, \ldots, L$) geradzahlig ist. Aber nicht jede Anordnung mit geradzahliger Anzahl von Rückkopplungen führt zu einer Folge maximaler Länge.

Für Applikationen, die eine hohe Geschwindigkeit erfordern, sind Generatoren mit nur zwei Rückkopplungen sehr nützlich. Das bedeutet, daß die zugehörigen Generatorpolynome aus drei Gliedern bestehen. Einige dieser Konfigurationen sind in Tabelle 3.5 zusammengestellt.

Tabelle 3.5: PN-Generatoren maximaler Länge mit nur zwei Rückführungen.

Grad	Polynom $G(D)$	reziprokes Polynom $G_R(D)$	Periodenlänge P
2	$1+D\ +D^2$	identisch	3
3	$1+D^2+D^3$	$1\ +D\ +D^3$	7
4	$1+D^3+D^4$	$1\ +D\ +D^4$	15
5	$1+D^3+D^5$	$1\ +D^2+D^5$	31
6	$1+D^5+D^6$	$1\ +D\ +D^6$	63
7	$1+D^4+D^7$	$1\ +D^3+D^7$	127
9	$1+D^5+D^9$	$1\ +D^4+D^9$	511
10	$1+D^7+D^{10}$	$1\ +D^3+D^{10}$	1023
15	$1+D^{14}+D^{15}$	$1\ +D\ +D^{15}$	32.767
23	$1+D^{18}+D^{23}$	$1\ +D^5+D^{23}$	8.388.607
31	$1+D^{28}+D^{31}$	$1\ +D^3+D^{31}$	2.147.483.647

In Abschnitt 4.2.3 werden die Autokorrelationsfunktion und das Leistungsdichtespektrum von PN-Folgen berechnet. Es zeigt sich, daß sich diese Kenngrößen von den entsprechenden Größen einer tatsächlichen binären Zufallsfolge nur unwesentlich unterscheiden, solange die Periodenlänge P hinreichend groß ist. Bei kleinem P ist ein deutlicher Einbruch im Leistungsdichtespektrum bei der Frequenz $f = 0$ zu beobachten.

3.5.3   Binomialverteilung

Die Binomialverteilung stellt einen häufigen Sonderfall einer diskreten Verteilung dar. Eine Zufallsgröße x heißt *binomialverteilt* oder *bernoulliverteilt*, wenn ihr Wertevorrat $\{0, 1, 2, \dots, I\}$ beträgt und gleichzeitig für die WDF gilt:

$$f_x(x) = \sum_{\mu=0}^{I} p(x = \mu) \cdot \delta(x-\mu) \tag{3.123}$$

mit

$$p(x = \mu) = \binom{I}{\mu} \cdot p^\mu \cdot (1-p)^{I-\mu} \tag{3.124}$$

und

$$\binom{I}{\mu} = \frac{I!}{\mu! \cdot (I-\mu)!} = \frac{I \cdot (I-1) \cdot \dots \cdot (I-\mu+1)}{1 \cdot 2 \cdot \dots \cdot \mu} \ . \tag{3.125}$$

Für die Verteilungsfunktion der Binomialverteilung erhält man mit (3.20):

$$F_x(r) = \sum_{\mu=0}^{I} p(x = \mu) \cdot \gamma_0(r-\mu) \ , \tag{3.126}$$

wobei $\gamma_0(x)$ die Sprungfunktion gemäß (3.21) kennzeichnet.

Die beiden frei wählbaren Parameter in Gleichung (3.124) sind die charakteristische Wahrscheinlichkeit p und der Maximalwert I. Der Symbolumfang (d. h. die Anzahl der möglichen Werte von x) beträgt somit $M = I+1$. Bild 3.31(a) zeigt die WDF $f_x(x)$ für die speziellen Zahlenwerte $I = 5$ und $p = 0{,}3$.

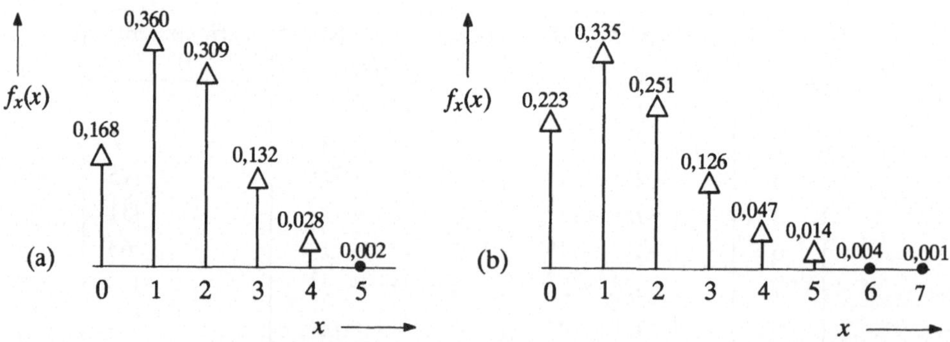

Bild 3.31: Wahrscheinlichkeitsdichtefunktionen diskreter Zufallsgrößen, binomialverteilt mit $I = 5, p = 0{,}3$ (a)   bzw. poissonverteilt mit $\alpha = 1{,}5$ (b).

Die Binomialverteilung ergibt sich beispielsweise für den Fall, daß die Summe

$$x = \sum_{i=1}^{I} b_i \tag{3.127}$$

aus I binären Zufallsgrößen $b_i \in \{0, 1\}$ als neue Zufallsgröße betrachtet wird, wenn die einzelnen Komponenten statistisch voneinander unabhängig sind und jeweils die Werte "0" und "1" mit den Wahrscheinlichkeiten $(1-p)$ bzw. p annehmen.

Die Auftrittswahrscheinlichkeiten (3.124) lassen sich wie folgt interpretieren: Da alle Ausgangsgrößen b_i entweder "0" oder "1" sind, ist das Ereignis $x = \mu$ gleichbedeutend damit, daß genau μ-mal eine "1" und gleichzeitig $(I-\mu)$-mal eine "0" auftritt. Da bei der Summenbildung in (3.127) die Reihenfolge der Nullen und Einsen keine Rolle spielt, muß weiterhin die Anzahl der Permutationen durch den ersten Faktor "I über μ" berücksichtigt werden.

Zur Generierung einer binomialverteilten Zufallsgröße kann z. B. die Definitionsgleichung (3.127) herangezogen werden. Eine weitere Möglichkeit bietet eine Funktion ähnlich "x1" von Programmbeispiel 3.5 mit den Auftrittswahrscheinlichkeiten gemäß (3.124). Diese zweite Methode führt bei großen Werten von I schneller zum Erfolg, insbesondere dann, wenn die Zuordnung der gleichverteilten Eingangsgröße u zu den $I+1$ möglichen Ausgangswerten kaskadiert erfolgt.

Für die Momente gilt nach den Rechenregeln für Erwartungswerte allgemein:

$$m_k = \mathrm{E}[\,x^k\,] = \sum_{\mu=0}^{I} \mu^k \cdot \binom{I}{\mu} \cdot p^\mu \cdot (1-p)^{I-\mu} \; . \qquad (3.128)$$

Daraus und aus (3.31) folgt insbesondere für den linearen Mittelwert und die Streuung:

$$m_1 = I \cdot p \; , \qquad\qquad (3.129)$$

$$\sigma = \sqrt{I \cdot p \cdot (1-p)} \; . \qquad\qquad (3.130)$$

Die maximale Streuung $\sigma = \sqrt{I}/2$ ergibt sich für die charakteristische Wahrscheinlichkeit $p = 0{,}5$. Je mehr p von diesem Wert abweicht, um so kleiner ist die Streuung, und um so unsymmetrischer wird der Verlauf der WDF. Für die in Bild 3.31(a) betrachtete binomialverteilte Zufallsgröße ergeben sich die Kenngrößen zu $m_1 = 1{,}5$ und $\sigma \approx 1{,}0$.

Für sehr große Werte von I kann die Binomialverteilung durch die im nächsten Abschnitt beschriebene Poissonverteilung angenähert werden (siehe Beispiel 3.8). Ist gleichzeitig das Produkt $I \cdot p \gg 1$, so geht die Binomialverteilung nach dem Grenzwertsatz von de Moivre–Laplace in eine diskrete Gaußverteilung über, und es gilt für die Auftrittswahrscheinlichkeiten näherungsweise (vgl. (3.57) und (3.124)):

$$p(x = \mu) \approx \frac{1}{\sqrt{2\pi \cdot I \cdot p \cdot (1-p)}} \cdot \exp\!\left(-\frac{(\mu - I \cdot p)^2}{2 \cdot I \cdot p \cdot (1-p)}\right) \; . \qquad (3.131)$$

Die Verteilungsfunktion kann in diesem Fall durch (3.60) angenähert werden. Es gilt

$$F_x(r) = P(x \le r) \approx \phi\!\left(\frac{r - I \cdot p}{\sqrt{I \cdot p \cdot (1-p)}}\right) \; , \qquad (3.132)$$

wobei Mittelwert und Streuung entsprechend (3.129) und (3.130) berücksichtigt sind.

Die Binomialverteilung findet in der Nachrichtentechnik ebenso wie in anderen Disziplinen mannigfaltige Anwendungen. Beispielsweise beschreibt sie die Verteilung von Ausschußstücken in der statistischen Qualitätskontrolle (vgl. [194]). Ebenso muß sie zur Berechnung der Restfehlerwahrscheinlichkeiten bei blockweiser Codierung herangezogen werden (vgl. [173]). Eine weitere Anwendung zeigt das folgende Beispiel.

Beispiel 3.8:   Jeder Anbieter und Betreiber von ISDN–Geräten und –Systemen muß gewisse Anforderungen hinsichtlich der (Bit–)Fehlerquote einhalten, die z. B. durch die CCITT–Empfehlung G.821 (*"Error Performance"*) spezifiziert sind (vgl. [39]). Diese besagt unter anderem, daß für jedes Übertragungssystem – über einen sehr langen Zeitraum gemittelt – folgende Minimalanforderungen einzuhalten sind:

– Mindestens 90% aller 1–Minuten–Intervalle müssen eine Fehlerquote kleiner als 10^{-6} besitzen, was bei einer Bitrate von 64 kbit/s weniger als 5 Bitfehler / Minute bedeutet.

– Mindestens 99,8% aller 1–Sekunden–Intervalle müssen eine Fehlerquote kleiner als 10^{-3} aufweisen (d. h. bei gleicher Bitrate von 64 kbit/s weniger als 65 Fehler).

– Mindestens 92% der 1–Sekunden–Intervalle sollten völlig fehlerfrei sein.

Für das Folgende wird von der stark vereinfachenden Annahme ausgegangen, daß die Übertragungsfehler statistisch unabhängig sind (siehe Beispiel 3.6). Die Verfälschungswahrscheinlichkeit jedes einzelnen Symbols betrage p.

Bezeichnet man mit x_M bzw. x_S die Anzahl der Übertragungsfehler in 1–Minuten– bzw. 1–Sekunden–Intervallen, so lauten die drei G.821–Kriterien:

$$(a) \quad p(x_M \leq 4) \overset{!}{\geq} 0,9 \ ,$$

$$(b) \quad p(x_S \leq 64) \overset{!}{\geq} 0,998 \ , \tag{3.133}$$

$$(c) \quad p(x_S = 0) \overset{!}{\geq} 0,92 \ .$$

Die beiden Zufallsgrößen x_M und x_S sind jeweils binomialverteilt, so daß mit (3.123) und (3.124) für die Wahrscheinlichkeitsdichtefunktionen gilt:

$$f_{x_M}(x_M) = \sum_{\mu=0}^{3.840.000} \binom{3.840.000}{\mu} \cdot p^{\mu} \cdot (1-p)^{3.840.000-\mu} \cdot \delta(x_M - \mu) \ , \tag{3.134}$$

$$f_{x_S}(x_S) = \sum_{\mu=0}^{64.000} \binom{64.000}{\mu} \cdot p^{\mu} \cdot (1-p)^{64.000-\mu} \cdot \delta(x_S - \mu) \ . \tag{3.135}$$

Dabei geben die Werte 3.840.000 bzw. 64.000 die Anzahl der in einer Minute bzw. einer Sekunde übertragenen Binärsymbole an. Aufgrund der großen Zahlenwerte kann es bei der Auswertung von (3.124) zu numerischen Problemen kommen. Diese lassen sich durch die Verwendung von Gleitkommaoperationen und eine sinnvolle Reihenfolge der Multiplikationen und Divisionen in (3.125) vermindern.

Für jedes der drei G.821–Kriterien soll nun der minimale Wert von p bestimmt werden, für den die Bedingungen von (3.133) gerade noch erfüllt sind. Für das dritte Kriterium (*"Errored Seconds"*) ist die Bestimmung des Grenzwertes sehr einfach. Aus der Bedingung $(1-p_{ES})^{64.000} \geq 0,92$ folgt direkt:

$$p_{ES} \leq 1 - \exp\left(\frac{\ln 0,92}{64.000}\right) \approx 1,3 \cdot 10^{-6} \ . \tag{3.136}$$

Für diese Bitfehlerwahrscheinlichkeit beträgt der Anteil der fehlerfreien Sekunden etwa 92 %. Ist dagegen $p \geq 10^{-4}$, so sind nahezu alle 1–Sekunden–Intervalle fehlerbehaftet.

Die analytische Lösung der Ungleichungen (a) und (b) ist dagegen nicht möglich, da durch die Summation Polynome höheren Grades entstehen. Hier müssen vielmehr die Lösungen numerisch gefunden werden. Beispielsweise lautet die Bestimmungsgleichung für das erste der G.821–Kriterien (*"Degraded Minutes"*) mit $I = 3.840.000$:

$$(1-p)^I + I \cdot p \cdot (1-p)^{I-1} + \frac{I \cdot (I-1)}{2} \cdot p^2 \cdot (1-p)^{I-2} + \qquad (3.137)$$

$$\frac{I \cdot (I-1) \cdot (I-2)}{6} \cdot p^3 \cdot (1-p)^{I-3} + \frac{I \cdot (I-1) \cdot (I-2) \cdot (I-3)}{24} \cdot p^4 \cdot (1-p)^{I-4} \geq 0,9 \; .$$

Die numerische Lösung führt zu dem Ergebnis $p_{DM} \leq 0,63 \cdot 10^{-6}$.

Nähert man die Binomialverteilung durch die im nächsten Abschnitt beschriebene Poissonverteilung mit $\alpha = I \cdot p$ an, so erhält man folgende Bestimmungsgleichung:

$$\left(1 + \alpha + \frac{\alpha^2}{2} + \frac{\alpha^3}{6} + \frac{\alpha^4}{24}\right) \cdot \exp(-\alpha) \; \geq 0,9 \; . \qquad (3.138)$$

Die numerische Lösung dieser Ungleichung ergibt $a \leq 2,42$. Daraus errechnet sich der gleiche Grenzwert $p_{DM} \leq 2,42/3.840.000 \approx 0,63 \cdot 10^{-6}$ wie oben. Der Rechenaufwand ist dabei sehr viel geringer als die Lösung von (3.137), bei der es zu numerischen Ungenauigkeiten und möglicherweise auch zu Bereichsüberschreitungen kommen kann.

Dagegen führt hier die Verwendung der Gaußnäherung (3.131) zu einem merkbaren Fehler. Mit dieser Näherung ergibt sich aus (3.132) und (3.133) die Gleichung

$$\phi\left(\frac{4 - I \cdot p}{\sqrt{I \cdot p \cdot (1-p)}}\right) \geq 0,9 \; , \qquad (3.139)$$

und mit den Werten des Gauß'schen Fehlerintegrals aus Tabelle 3.1:

$$\frac{4 - I \cdot p}{\sqrt{I \cdot p \cdot (1-p)}} \geq 1,3 \; . \qquad (3.140)$$

Mit der für kleine Fehlerwahrscheinlichkeiten gültigen Näherung $(1-p) \approx 1$ erhält man die quadratische Gleichung $I \cdot p + 1,3 \cdot \sqrt{I \cdot p} - 4 \leq 0$ mit der Lösung $p_{DM} \leq 0,55 \cdot 10^{-6}$. Der Grund für das um etwa 12% verfälschte Ergebnis ist, daß beim vorliegenden Problem die Bedingung $I \cdot p \gg 1$ nicht erfüllt ist (vielmehr ist $I \cdot p \approx 2,1$).

Auch für das zweite Kriterium (*"Severely Errored Seconds"*) liefert die Poissonnäherung mit großer Genauigkeit das gleiche Ergebnis wie die Binomialverteilung, nämlich $p_{SES} \leq 0,69 \cdot 10^{-3}$. Der Fehler der Gaußnäherung ist in diesem Fall kleiner als 1%, da obige Bedingung mit $I \cdot p \approx 44$ relativ gut erfüllt ist.

Die Ergebnisse zeigen, daß bei einem Kanal mit statistisch unabhängigen Fehlern das G.821–Kriterium "Degraded Minutes" das am schwierigsten zu erfüllende ist. Bei einem solchen Kanal, der durch einen einzigen Parameter, nämlich durch die zu allen Zeiten gleichbleibende Fehlerwahrscheinlichkeit p beschrieben wird, sind die beiden anderen Kriterien eigentlich überflüssig. Bei realen Kanälen, die im allgemeinen von einer Vielzahl von Parametern abhängen und bei denen Bündelfehler eine große Rolle spielen, haben dagegen alle drei Bedingungen ihre Berechtigung. Die Grenzwerte können dann auch nicht mehr analytisch ermittelt werden, sondern nur mittels einer Simulation.

3.5.4　Poissonverteilung

Die Poissonverteilung ist ein Grenzfall der Binomialverteilung gemäß (3.123) und (3.124), wobei von den Annahmen $I\to\infty$ und $p\to 0$ ausgegangen wird. Zusätzlich wird vorausgesetzt, daß das Produkt $I\cdot p = \alpha$ einen endlichen Wert besitzt, der die mittlere Anzahl der Einsen in einer festgelegten Zeiteinheit angibt.

Berücksichtigt man diese Voraussetzungen in (3.124), so folgt für die Auftrittswahrscheinlichkeiten einer *poissonverteilten* Zufallsgröße x:

$$p(x = \mu) = \lim_{I\to\infty} \frac{I!}{\mu!\cdot(I-\mu)!} \cdot \left(\frac{\alpha}{I}\right)^{\mu} \cdot \left(1-\frac{\alpha}{I}\right)^{I-\mu} . \tag{3.141}$$

Daraus erhält man nach einigen algebraischen Umformungen:

$$p(x = \mu) = \frac{\alpha^{\mu}}{\mu!} \cdot \exp(-\alpha) . \tag{3.142}$$

Mittelwert und Streuung der Poissonverteilung ergeben sich direkt aus (3.129) bzw. (3.130) durch Grenzwertbildung:

$$m_1 = \lim_{\substack{I\to\infty\\p\to 0}} I\cdot p = \alpha , \tag{3.143}$$

$$\sigma = \lim_{\substack{I\to\infty\\p\to 0}} \sqrt{I\cdot p\cdot(1-p)} = \sqrt{\alpha} . \tag{3.144}$$

Daraus ist ersichtlich, daß bei der Poissonverteilung $\sigma^2 = m_1$ gilt.

Im Gegensatz zur Binomialverteilung kann eine poissonverteilte Zufallsgröße beliebig große (ganzzahlige) Werte annehmen, d. h. die Menge der möglichen Werte ist nicht abzählbar. Da jedoch keine Zwischenwerte auftreten können, spricht man auch hier von einer diskreten Verteilung.

In Bild 3.31(b) ist die Wahrscheinlichkeitsdichtefunktion

$$f_x(x) = \sum_{\mu=0}^{\infty} p(x = \mu)\cdot\delta(x-\mu) \tag{3.145}$$

dargestellt. Der Verteilungsparameter ist dabei mit $\alpha = 1{,}5$ so gewählt, daß sich der gleiche Mittelwert wie bei der binomialverteilten Zufallsgröße von Bild 3.31(a) ergibt. Auch aus diesem Bild ist ersichtlich, daß bei gleichem Mittelwert $\alpha = I\cdot p$ die Poissonverteilung eine größere Streuung als die Binomialverteilung besitzt. Sowohl sehr kleine Werte, z. B. $x = 0$, als auch sehr große Werte sind hier häufiger anzutreffen als bei einer binomialverteilten Zufallsgröße. Dementsprechend besitzt die WDF von Bild 3.31(b) in der Nähe des Mittelwertes etwas geringere Anteile als diejenige von Bild 3.31(a).

Im folgenden sollen die Gemeinsamkeiten und Unterschiede zwischen binomial- und poissonverteilten Zufallsgrößen herausgearbeitet werden. Die Binomialverteilung ist zur Beschreibung von solchen stochastischen Ereignissen geeignet, die durch einen vorgegebenen Takt gekennzeichnet sind. Beispielsweise beträgt die Taktzeit T bei dem im letzten Abschnitt betrachteten 64 kbit/s–ISDN–Kanal etwa 15,6 Mikrosekunden. Nur in diesem

Zeitraster treten binäre Ereignisse auf. Im Beispiel 3.8 sind diese die fehlerfreie ($x = 0$) oder fehlerhafte ($x = 1$) Übertragung der einzelnen Quellensymbole. Die Binomialverteilung ermöglicht nun statistische Aussagen über die Anzahl der in einem längeren Zeitintervall $T_I = I \cdot T$ zu erwartenden Übertragungsfehler.

Auch die Poissonverteilung macht Aussagen über die Anzahl der Binärereignisse in einem endlichen Zeitintervall. Geht man hierbei vom gleichen Betrachtungszeitraum T_I aus, und vergrößert man die Anzahl I der Teilintervalle immer mehr, so wird die Taktzeit T, zu der jeweils ein neues Binärereignis ("0" oder "1") eintritt, immer kleiner. Mit dem Grenzübergang $I \to \infty$ geht $T \to 0$. Das bedeutet, daß bei der Poissonverteilung die binären Ereignisse nicht nur zu diskreten, durch ein Zeitraster vorgegebenen Zeitpunkten eintreten können, sondern jederzeit. Bild 3.32 soll diesen Sachverhalt verdeutlichen.

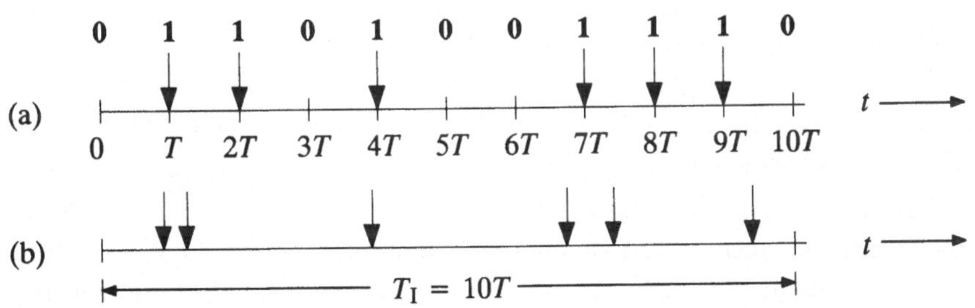

Bild 3.32: Mögliche Zeitpunkte der Binärereignisse bei einer binomialverteilten Zufallsgröße (a) und bei einer poissonverteilten (b) Zufallsgröße.

Da nun in dem endlichen Zeitintervall T_I unendlich viele Binärereignisse möglich sind, darf die charakteristische Wahrscheinlichkeit p für das Auftreten einer "1" bei einem einzelnen Binärereignis nicht einen endlichen Wert besitzen. Daher muß beim Übergang von der Binomial– zur Poissonverteilung der Grenzübergang $I \to \infty$ durch den gleichzeitigen Grenzübergang $p \to 0$ mit der Nebenbedingung, daß das Produkt $I \cdot p = \alpha$ einen endlichen Wert besitzt, kompensiert werden.

Der Verteilungsparameter α ist dimensionslos und gibt unter anderem den Erwartungswert der poissonverteilten Zufallsgröße an. Häufig wird im Zusammenhang mit der Poissonverteilung auch von der *Rate* gesprochen, die wie folgt definiert ist:

$$\lambda = \frac{\alpha}{T_I} \ . \tag{3.146}$$

Diese ist dimensionsbehaftet und besitzt die Einheit 1/s.

Die Poissonverteilung beschreibt die Ergebnisse eines *Poissonprozesses*. Dieser dient häufig als Modell für Folgen von Ereignissen, die zu zufälligen Zeitpunkten eintreten. Beispiele für derartige Ereignisse sind der Ausfall von Bauelementen oder Geräten, eine weitverbreitete Aufgabenstellung der Zuverlässigkeitstheorie. Weitere Beispiele sind das Schrotrauschen bei optischer Übertragung und der Beginn von Telefongesprächen in einer Vermittlungsstelle. Anhand dieses letzten Fachgebietes sollen nun einige charakteristische Eigenschaften der Poissonverteilung näher erläutert werden.

Beispiel 3.9:   Die *Verkehrstheorie* beschäftigt sich u. a. mit der Planung und Auslegung von Vermittlungsstellen. Sinn und Zweck der Verkehrstheorie ist es dabei, Rechenregeln und Tabellen zu erstellen, nach welchen die Optimierung und Dimensionierung solcher Einrichtungen unter technischen und wirtschaftlichen Aspekten erfolgen kann. Für diese Aufgabe sind Kenntnisse darüber, wie oft und zu welchen Zeitpunkten Fernsprechteilnehmer Verbindungen aufbauen und wie lange sie dabei Vermittlungseinrichtungen im Mittel in Anspruch nehmen, von großer Wichtigkeit.

Es ist nicht die Absicht des Autors, hier das weite Feld der Verkehrstheorie umfassend darzulegen. Dazu soll auf die entsprechende Fachliteratur – z. B. [19], [195], [212] – verwiesen werden. Dieses Beispiel soll vielmehr dazu dienen, anhand einiger willkürlich ausgewählter Teilaspekte die Merkmale der Poissonverteilung und den Zusammenhang mit anderen Verteilungen zu verdeutlichen.

Wie in fast allen Bereichen der Technik ist es auch in der Verkehrstheorie nicht möglich, für die Verkehrsintensität ein einfaches und dazu allgemeingültiges Modell anzugeben. Vielmehr ist die Verkehrsintensität in starkem Maße nichtstationär und von vielen Parametern abhängig.

Bei der Planung von Nachrichtenvermittlungsstellen geht man stets davon aus, daß dem Teilnehmer auch zu Zeiten starken Verkehrsaufkommens eine zufriedenstellende Verbindungsmöglichkeit angeboten werden muß (*"worst case"*). Man legt daher für die Dimensionierung die Verkehrsintensität der verkehrsstärksten Stunde am verkehrsstärksten Wochentag der verkehrsstärksten Jahreszeit zugrunde.

Für diese sogenannte *Hauptverkehrsstunde* darf aufgrund von Messungen angenommen werden, daß das Verkehrsaufkommen stationären Charakter hat, das heißt, daß der *mittlere Abstand* zwischen zwei Vermittlungswünschen sowie die *mittlere Dauer* der Belegungen konstant und damit zeitunabhängig sind, zumindest für eine betrachtete Einrichtung. Die Anzahl x der in einem festen Zeitintervall T_I eintreffenden Vermittlungswünsche kann dabei als poissonverteilt gemäß (3.142) und (3.145) angenommen werden.

Die Annahme der Poissonverteilung impliziert, daß sehr viele Teilnehmer einen Vermittlungswunsch anmelden können, jeder Teilnehmer seinen Anschluß nur zu einem Bruchteil der Zeit benutzt (etwa 10 bis 60 Minuten pro Tag) und daß die von den Fernsprechteilnehmern erzeugten Verbindungswünsche rein zufällig entstehen.

Gehen z. B. bei einer Vermittlungsstelle im Mittel neunzig Vermittlungswünsche pro Minute ein, so lauten die Wahrscheinlichkeiten, daß in einem beliebigen Zeitraum von einer Minute genau μ Belegungen vorgenommen werden:

$$p(x_M = \mu) = \frac{90^\mu}{\mu!} \cdot \exp(-90) . \tag{3.147}$$

Mit größter Wahrscheinlichkeit treten hierbei die Werte $x_M = 89$ und $x_M = 90$ auf:

$$p(x_M = 89) = \frac{90^{89}}{89!} \cdot \exp(-90) = \frac{90^{90}}{90!} \cdot \exp(-90) = p(x_M = 90) . \tag{3.148}$$

Diese (wahrscheinlichsten) Werte bezeichnet man als die *Modalwerte*. Bei der Poissonverteilung sind diese gleich α (falls α ungerade) bzw. α und $\alpha-1$ (falls α geradzahlig).

Betrachtet man anstelle der Zufallsgröße x_M die in einer Sekunde eingehenden Vermittlungswünsche als neue Zufallsgröße x_S, so ist diese nach dem Additionssatz ebenfalls poissonverteilt. Dieser besagt, daß die Summe zweier (oder auch mehrerer) poissonverteilter Zufallsgrößen wiederum poissonverteilt ist, falls die Zufallsgrößen statistisch voneinander unabhängig sind.

Nach (3.146) ist nun jedoch der Verteilungsparameter $\alpha = \lambda \cdot T_I = 1{,}5$ einzusetzen:

$$p(x_S = \mu) = \frac{1{,}5^\mu}{\mu!} \cdot \exp(-1{,}5) \ . \tag{3.149}$$

Die entsprechenden Wahrscheinlichkeiten können Bild 3.31(b) entnommen werden.

Neben x_M und x_S kann noch eine weitere Zufallsgröße definiert werden, nämlich die Zeitspanne τ zwischen zwei direkt aufeinanderfolgenden Vermittlungswünschen. Es kann gezeigt werden (vgl. [89]), daß die Zeitdifferenz τ exponentialverteilt ist und dementsprechend eine Wahrscheinlichkeitsdichtefunktion gemäß (3.77) besitzt:

$$f_\tau(\tau) = \lambda \cdot \exp(-\lambda \cdot \tau) \ . \tag{3.150}$$

Die mittlere Zeitdifferenz zwischen zwei eingehenden Vermittlungswünschen kann mit (3.80) berechnet werden. Sie beträgt $E[\tau] = 1/\lambda$. Im obigen Zahlenbeispiel erhält man für den mittleren Abstand eingehender Belegungsversuche 667 Millisekunden.

Eine weitere wichtige Kenngröße in der Verkehrstheorie ist das *"Verkehrsangebot"*. Dieses gibt den Quotienten aus der mittleren Belegungsdauer T_B und dem mittleren Abstand $1/\lambda$ einfallender Belegungsversuche an:

$$A = \lambda \cdot T_B \ [\text{Erl}] \ . \tag{3.151}$$

Beispielsweise beträgt bei 90 Vermittlungswünschen pro Minute und einer mittleren Belegungsdauer von $T_B = 90$ Sekunden das Verkehrsangebot $A = 135$ Erl.

Betrachtet man anstelle der Zeitdifferenz zwischen zwei direkt aufeinanderfolgenden Vermittlungswünschen die Zeitdauer, die bis zum Eintreffen des κ–ten Vermittlungswunsches vergeht, als neue Zufallsgröße τ_κ, so kann deren WDF durch κ–fache Faltung der WDF $f_\tau(\tau)$ berechnet werden. Das Ergebnis ist die Erlangverteilung von (3.93) mit den Parametern λ und κ.

Diese Verteilung spielt unter anderem für die Berechnung der Verlustwahrscheinlichkeit von Vermittlungseinrichtungen eine Rolle, die wie folgt definiert ist (vgl. [212]):

$$V = \frac{\text{abgewiesene Vermittlungswünsche}}{\text{angebotene Vermittlungswünsche}} \ . \tag{3.152}$$

Ist das Verkehrsangebot gleich A und die Anzahl der abgehenden Leitungen gleich N, so erhält man für die Wahrscheinlichkeit, daß alle N Leitungen gleichzeitig belegt sind:

$$V = \frac{A^N}{N! \cdot \sum_{i=0}^{N} \dfrac{A^i}{i!}} \ . \tag{3.153}$$

Diese Beziehung ist in der Literatur als *Erlang'sche Verlustformel* bekannt. Dort finden sich auch Tabellen für die Verlustwahrscheinlichkeit V in Abhängigkeit von N und A.

Zur Generierung einer poissonverteilten Zufallsgröße kann die Tatsache ausgenutzt werden, daß die Zeitabstände τ zwischen den einzelnen Ereignissen einer Exponentialverteilung genügen. Ausgehend von zwischen 0 und 1 gleichverteilten Zufallsgrößen u_i (siehe Abschnitt 3.2.2) lassen sich verschiedene Zeitintervalle τ_i mittels einer Transformationskennlinie gemäß (3.88) erzeugen:

$$\tau_i = \frac{1}{\lambda} \cdot \ln\left(\frac{1}{u_i}\right) . \tag{3.154}$$

Die poissonverteilte Zufallsgröße x ergibt sich dann als die kleinste natürliche Zahl, die die nachfolgende Bedingung erfüllt:

$$\sum_{i=1}^{x+1} \tau_i > T_{\mathrm{I}} . \tag{3.155}$$

Bild 3.33 verdeutlicht diesen Algorithmus für zwei benachbarte Zeitintervalle. Im ersten Intervall wird $x = 3$ gesetzt, da $\tau_1 + \tau_2 + \tau_3 \leq T_{\mathrm{I}}$, die Summe $\tau_1 + \tau_2 + \tau_3 + \tau_4$ aber größer als T_{I} ist. Für das zweite Intervall ergibt sich aus den Zeitspannen τ_1' bis τ_5' als Wert der poissonverteilten Zufallsgröße $x = 4$.

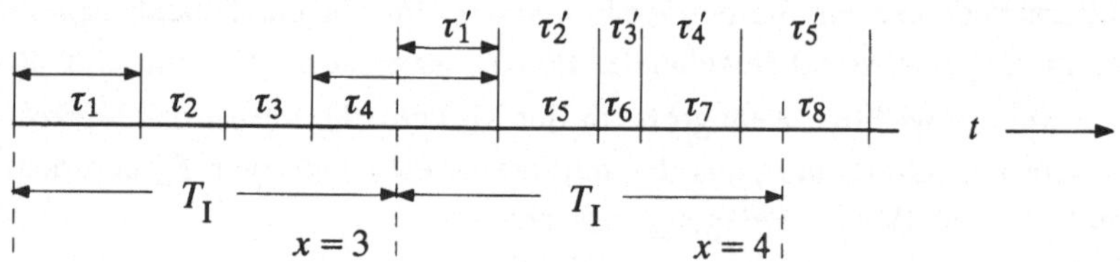

Bild 3.33: Zur Generierung einer poissonverteilten Zufallsgröße x.

Weiterhin geht aus Bild 3.33 hervor, daß die erste Zeitdifferenz τ_1' im zweiten Intervall bereits durch die Zeitdifferenzen des ersten Intervalls festliegt:

$$\tau_1' = \tau_1 + \tau_2 + \tau_3 + \tau_4 - T_{\mathrm{I}} . \tag{3.156}$$

Dieser Sachverhalt muß immer dann berücksichtigt werden, wenn die Rate λ relativ klein ist. Ist dagegen $\lambda \gg 1$, so ist der Fehler gering, wenn auch τ_1' entsprechend (3.154) als neue, von den vorher erzeugten Zeitspannen unabhängige Größe generiert wird.

Mit dieser Näherung, dem Wert $\alpha = \lambda \cdot T_{\mathrm{I}}$ gemäß (3.146) und der algebraischen Umformung $\ln(a) + \ln(b) = \ln(a \cdot b)$ können die Gleichungen (3.154) und (3.155) folgendermaßen zusammenfaßt werden (vgl. [194]):

$$\prod_{i=1}^{x+1} u_i < \exp(-\alpha) . \tag{3.157}$$

Die gleichverteilten Zufallsgrößen u_i, die z. B. mittels des Zufallsgenerators *"random(k)"* von Programmbeispiel 3.2 erzeugt werden können, werden solange multipliziert, bis das Produkt kleiner als $\exp(-\alpha)$ ist. Die zu erzeugende poissonverteilte Zufallsgrößen x ergibt sich dann aus der Anzahl der multiplizierten u_i-Werte abzüglich 1. Der hier beschriebene Weg zur Generierung einer Poissonverteilung ist dem in Abschnitt 3.5.1 angegebenen Algorithmus aus Rechenzeitgründen vorzuziehen.

3.6 Zweidimensionale Zufallsgrößen

Inhalt: Zum Abschluß dieses Kapitels und zur Überleitung zu den Korrelationsfunktionen werden nun zweidimensionale Zufallsgrößen betrachtet. Auch diese lassen sich durch Wahrscheinlichkeitsdichtefunktion (WDF) und Verteilungsfunktion (VTF) sowie verschiedene Momente beschreiben. Weiterhin wird der Korrelationskoeffizient zur quantitativen Erfassung der linearen statistischen Abhängigkeiten zweier Zufallsgrößen eingeführt. Als Sonderfall werden zweidimensionale Gauß'sche Zufallsgrößen betrachtet.

3.6.1 Wahrscheinlichkeitsdichtefunktion und Verteilungsfunktion

Zur Beschreibung der Wechselbeziehungen zwischen zwei stochastischen Größen x und y ist es zweckmäßig, die Einzelkomponenten zu einer zweidimensionalen Zufallsgröße (x, y) zusammenzufassen. Die Komponenten x und y können dabei wiederum Signale sein, z. B. der Real- und Imaginärteil eines phasenmodulierten Signals.

Die meisten der bisherigen Definitionen und Kenngrößen können problemlos auf den zweidimensionalen Fall erweitert werden. Beispielsweise gilt in Analogie zu (3.11) für die WDF der zweidimensionalen Zufallsgröße an der Stelle (x_μ, y_μ):

$$f_{xy}(x = x_\mu, y = y_\mu) =$$

$$\lim_{\substack{\Delta x \to 0 \\ \Delta y \to 0}} \frac{p\{(x_\mu - \Delta x/2 \le x \le x_\mu + \Delta x/2) \cap (y_\mu - \Delta y/2 \le y \le y_\mu + \Delta y/2)\}}{\Delta x \cdot \Delta y} . \tag{3.158}$$

Hierbei kennzeichnet das Symbol "$\cap$" die logische UND–Verknüpfung. Analog zu (3.15) kann auch die zweidimensionale Verteilungsfunktion definiert werden:

$$F_{xy}(r_x, r_y) = p\{(x \le r_x) \cap (y \le r_y)\} . \tag{3.159}$$

Im folgenden beschränken wir uns auf kontinuierliche Zufallsgrößen, für deren (stetige) VTF man in Anlehnung an (3.17) folgenden Ausdruck erhält:

$$F_{xy}(r_x, r_y) = \int_{-\infty}^{r_y} \int_{-\infty}^{r_x} f_{xy}(x, y) \, \mathrm{d}x \, \mathrm{d}y . \tag{3.160}$$

Über einem kartesischen Koordinatensystem als dritte Dimension aufgetragen, steigt die VTF $F_{xy}(r_x, r_y)$ von links unten nach rechts oben monoton an (vgl. Bilder 3.36 und 3.38). Im Grenzfall $r_x \to \infty$ und $r_y \to \infty$ ergibt sich $F_{xy}(r_x, r_y) = 1$. Daraus erhält man die Normierungsbedingung für die WDF einer zweidimensionalen Zufallsgröße:

$$\int_{-\infty}^{+\infty} \int_{-\infty}^{+\infty} f_{xy}(x, y) \, \mathrm{d}x \, \mathrm{d}y = 1 . \tag{3.161}$$

Im Gegensatz zu den eindimensionalen Zufallsgrößen, bei denen die Fläche unter der Wahrscheinlichkeitsdichtefunktion stets den Wert 1 ergibt, ist demnach bei zweidimensionalen Zufallsgrößen das Volumen unter der WDF immer gleich Eins.

Die Dichtefunktion kann in Umkehrung zu (3.160) aus der Verteilungsfunktion durch partielle Differentiation nach r_x und r_y berechnet werden:

$$f_{xy}(x,y) = \left. \frac{d^2 F_{xy}(r_x,r_y)}{dr_x \, dr_y} \right|_{\substack{r_x = x \\ r_y = y}} . \tag{3.162}$$

Bei eindimensionalen Zufallsgrößen beschreibt (3.18) den gleichen Zusammenhang.

Die Wahrscheinlichkeit, daß die kontinuierliche Zufallsgröße x einen Wert im Intervall zwischen x_1 und x_2 besitzt und gleichzeitig die Zufallsgröße y zwischen y_1 und y_2 liegt, kann man sowohl aus der WDF als auch aus der VTF berechnen:

$$p\{(x_1 \leq x \leq x_2) \cap (y_1 \leq y \leq y_2)\} = \int_{y_1}^{y_2} \int_{x_1}^{x_2} f_{xy}(x,y) \, dx \, dy =$$

$$= F_{xy}(x_2,y_2) - F_{xy}(x_1,y_2) - F_{xy}(x_2,y_1) + F_{xy}(x_1,y_1) . \tag{3.163}$$

Da WDF und VTF die gleichen Informationen über die zweidimensionale Zufallsgröße beinhalten und beide Größen eindeutig ineinander umgerechnet werden können, genügt es, nur eine der beiden näher zu betrachten. Dies sei im folgenden die WDF.

In Bild 3.34 und 3.35 in Abschnitt 3.6.2 sind jeweils die Momentanwerte von zweidimensionalen Zufallsgrößen als Punkte in die (x, y)–Ebene eingetragen. Bereiche mit vielen Punkten, die dementsprechend dunkel wirken, kennzeichnen große Werte der Wahrscheinlichkeitsdichtefunkion $f_{xy}(x, y)$. Dagegen besitzt die Zufallsgröße (x, y) in eher hellen Bereichen verhältnismäßig wenig Anteile.

Anhand der zweidimensionalen WDF $f_{xy}(x, y)$ können die statistischen Eigenschaften der Zufallsgröße (x, y) sehr viel detaillierter abgeschätzt werden als mit den beiden eindimensionalen Dichtefunktionen $f_x(x)$ und $f_y(y)$. Diese beiden Funktionen

$$f_x(x) = \int_{-\infty}^{+\infty} f_{xy}(x,y) \, dy \tag{3.164}$$

und

$$f_y(y) = \int_{-\infty}^{+\infty} f_{xy}(x,y) \, dx \tag{3.165}$$

werden häufig auch als *Randwahrscheinlichkeitsdichtefunktionen* bezeichnet. Sie liefern lediglich statistische Aussagen über die Einzelkomponenten x und y, nicht jedoch über die Bindungen zwischen diesen.

Beispielsweise lassen die beiden Randwahrscheinlichkeitsdichten $f_x(x)$ und $f_y(y)$ von Bild 3.34 und Bild 3.35 erkennen, daß sowohl x als auch y gaußähnlich und mittelwertfrei sind, und daß die Zufallsgröße x eine größere Streuung als y aufweist. Die Randwahrscheinlichkeitsdichten liefern jedoch keine Information darüber, daß bei der in Bild 3.35 betrachteten Zufallsgröße statistische Bindungen zwischen den beiden Komponenten bestehen. Dagegen ist aus der zweidimensionalen WDF $f_{xy}(x, y)$ ersichtlich, daß bei einem großen x–Wert im statistischen Mittel auch der Wert von y größer ist als bei kleinem x.

3.6.2   Statistische Abhängigkeit und Korrelation

Sind die beiden Komponenten x und y statistisch unabhängig, so gilt für die Wahrscheinlichkeit von (3.163) nach den elementaren Gesetzmäßigkeiten der Statistik:

$$p\{(x_1 \le x \le x_2) \cap (y_1 \le y \le y_2)\} = p(x_1 \le x \le x_2) \cdot (y_1 \le y \le y_2) \ . \qquad (3.166)$$

Hierfür kann mit (3.12) auch geschrieben werden:

$$p\{(x_1 \le x \le x_2) \cap (y_1 \le y \le y_2)\} = \int\limits_{x_1}^{x_2} f_x(x) \ dx \cdot \int\limits_{y_1}^{y_2} f_y(y) \ dy \ . \qquad (3.167)$$

Ein Vergleich von (3.163) und (3.167) macht deutlich, daß bei statistischer Unabhängigkeit folgende Bedingung erfüllt sein muß:

$$f_{xy}(x,y) = f_x(x) \cdot f_y(y) \ . \qquad (3.168)$$

Beispielsweise sind die beiden Zufallsgrößen x und y von Bild 3.34 statistisch unabhängig.

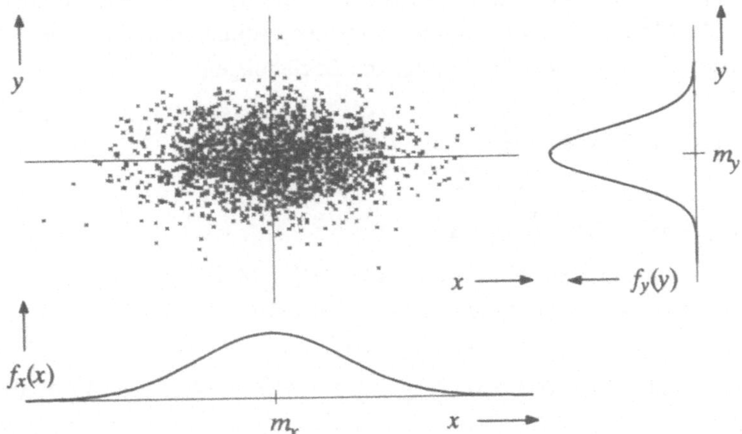

Bild 3.34: Ein- und zweidimensionale Dichtefunktionen $f_x(x)$, $f_y(y)$ und $f_{xy}(x,y)$ einer Zufallsgröße (x,y) mit statistisch unabhängigen Komponenten ($\varrho_{xy} = 0$).

Hier liefert jeder Schnitt parallel zur y–Achse eine Funktion, die formgleich mit der Randwahrscheinlichkeitsdichtefunktion $f_y(y)$ ist. Der Proportionalitätsfaktor γ ist dabei abhängig vom betrachteten x–Wert x_0:

$$f_{xy}(x_0,y) = \gamma \cdot f_y(y) \quad \text{mit} \quad \gamma = \gamma(x_0) \ . \qquad (3.169)$$

Ebenso sind alle Schnitte parallel zur x–Achse formgleich mit der WDF $f_x(x)$.

Die Zufallsgröße (x,y) von Bild 3.35 erfüllt die Bedingungen (3.168) bzw. (3.169) nicht. Das bedeutet, daß hier die Komponenten x und y statistisch voneinander abhängen. Je größer der x-Wert ist, desto größer ist im statistischen Mittel auch die y-Komponente.

Ein Sonderfall der statistischen Abhängigkeit ist die *Korrelation*. Darunter versteht man – wie für Bild 3.35 vorausgesetzt – eine *lineare Abhängigkeit* zwischen x und y.

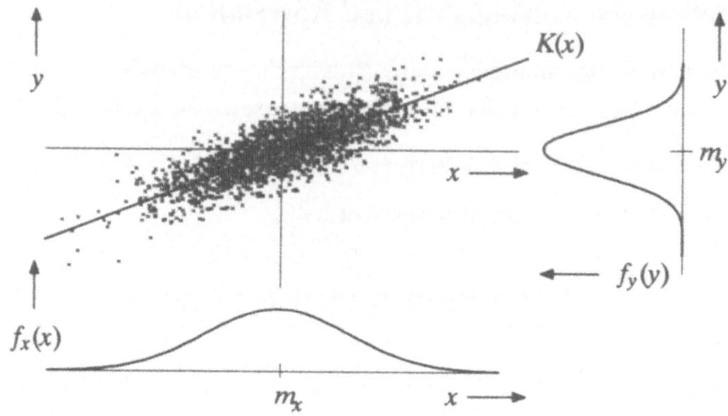

Bild 3.35: Ein– und zweidimensionale Dichtefunktionen $f_x(x)$, $f_y(y)$ und $f_{xy}(x,y)$ sowie
Korrelationsgerade $K(x)$ zweier korrelierter Zufallsgrößen ($\varrho_{xy} \approx 0{,}8$).

Zur quantitativen Erfassung der Korrelation benötigt man verschiedene Erwartungswerte. Für die Momente und Zentralmomente der zweidimensionalen Zufallsgröße (x,y) gelten analog zu (3.26) bzw. (3.32) folgende Beziehungen:

$$m_{kl} = \mathrm{E}[x^k \cdot y^l] = \int\limits_{-\infty}^{+\infty} \int\limits_{-\infty}^{+\infty} x^k \cdot y^l \cdot f_{xy}(x,y) \; \mathrm{d}x \, \mathrm{d}y \; , \tag{3.170}$$

$$\mu_{kl} = \mathrm{E}[(x - m_x)^k \cdot (y - m_y)^l] \; . \tag{3.171}$$

Hierbei sind die linearen Mittelwerte $m_{10} = \mathrm{E}[x]$ bzw. $m_{01} = \mathrm{E}[y]$ mit m_x bzw. m_y abgekürzt. Besondere Bedeutung besitzt die *Kovarianz* ($k = l = 1$)

$$\mu_{11} = \mathrm{E}[(x - m_x) \cdot (y - m_y)] = \int\limits_{-\infty}^{+\infty} \int\limits_{-\infty}^{+\infty} (x - m_x) \cdot (y - m_y) \cdot f_{xy}(x,y) \; \mathrm{d}x \, \mathrm{d}y \; , \tag{3.172}$$

die ein Maß für die lineare statistische Abhängigkeit zweier Zufallsgrößen ist. Im folgenden wird μ_{11} durch μ_{xy} ersetzt, falls sich die Kovarianz auf die Größen x und y bezieht.

Häufig wird als Beschreibungsgröße anstelle der Kovarianz der *Korrelationskoeffizient*

$$\varrho_{xy} = \frac{\mu_{xy}}{\sigma_x \cdot \sigma_y} \tag{3.173}$$

verwendet, für den aufgrund obiger Normierung stets $-1 \leq \varrho_{xy} \leq +1$ gilt. Sind die beiden Zufallsgrößen x und y unkorreliert, so ist $\varrho_{xy} = 0$. Dagegen ist bei strenger linearer Abhängigkeit (das heißt, x und y sind direkt proportional) $\varrho_{xy} = \pm 1$.

Aus (3.171) kann abgeleitet werden, daß die Kovarianz mit dem nichtzentrierten Moment $m_{11} = \mathrm{E}[x \cdot y]$ – im folgenden m_{xy} genannt – wie folgt zusammenhängt:

$$\mu_{xy} = m_{xy} - m_x \cdot m_y \; . \tag{3.174}$$

Dies ist für die numerische Auswertung von Vorteil, da m_{xy}, m_x und m_y im Gegensatz zur Kovarianz μ_{xy} direkt aus den Folgen $\langle x_\nu \rangle$ und $\langle y_\nu \rangle$ ermittelt werden können.

Die beiden in Bild 3.35 betrachteten Zufallsgrößen x und y sind positiv korreliert, wobei $\varrho_{xy} \approx 0{,}8$ beträgt. Das bedeutet, daß bei einem größeren x-Wert im statistischen Mittel auch y einen größeren Wert besitzt als bei kleinem x. Dagegen drückt ein negativer Korrelationskoeffizient aus, daß y mit steigendem x im Mittel kleiner wird.

Man kann nun in die (x, y)-Ebene eine Gerade $K(x)$ durch den Punkt (m_x, m_y) einzeichnen, und zwar derart, daß die mittlere quadratische Abweichung von dieser Geraden – in y-Richtung betrachtet – minimal wird (vgl. Bild 3.35):

$$\overline{\varepsilon_y^2} = \frac{1}{N} \sum_{\nu=1}^{N} [\, y_\nu - K(x_\nu) \,]^2 = \text{Minimum} \; . \tag{3.175}$$

Man bezeichnet $K(x)$ als *Korrelationsgerade*, mitunter auch als Regressionsgerade. Die Gleichung dieser Korrelationsgeraden, die als eine Art "statistische Symmetrieachse" interpretiert werden kann, lautet:

$$y = K(x) = \frac{\sigma_y}{\sigma_x} \cdot \varrho_{xy} \cdot (x - m_x) + m_y \; . \tag{3.176}$$

Der Winkel, den die Korrelationsgerade zur x-Achse einnimmt, ist demnach:

$$\theta_{y \to x} = \arctan\left(\frac{\sigma_y}{\sigma_x} \cdot \varrho_{xy}\right) \; . \tag{3.177}$$

Durch diese Nomenklatur soll verdeutlicht werden, daß es sich hier um die Regression von y auf x handelt. Die Regression von x auf y, d. h. die Minimierung der mittleren quadratischen Abweichung in x-Richtung, ergibt im allgemeinen eine andere Gerade.

Die numerische Ermittlung der Momente und des Korrelationskoeffizienten könnte analog zum Programmbeispiel 3.1 über die (zweidimensionale) WDF erfolgen. Im Programmbeispiel 3.6 werden diese Größen jedoch direkt aus den Zeitfolgen bestimmt.

Programm 3.6: Unterprogramm zur Berechnung des Korrelationskoeffizienten und des Winkels der Korrelationsgeraden (`rhoxy` $= \varrho_{xy}$, `Theta` $= \theta_{y \to x}$).

```
subroutine KORR(rhoxy,Theta)     : Rückgabeparameter: rhoxy,Theta.
implicit real(a-z)               : Alle Größen reellwertig außer:
integer nue,N                    : nue: Variable für Schleifendurchlauf,
parameter (N=10000)              : N: Anzahl der Zufallsgößen.
data m1x/0./,m1y/0./,m2x/0./     : Vorbelegung der Momente und
data m2y/0./,mxy/0./,muexy/0./   : Erwartungswerte mit Nullen.
pi = 4.*atan(1.)                 : Belegung von π.
do 10 nue = 1,N                  : Schleife der Länge N mit
  call ZG(x,y)                   : Aufruf der 2-dimensionalen Zufallsgröße,
  m1x = m1x+x/N                  : linearer Mittelwert der "x"-Komponente,
  m1y = m1y+y/N                  : linearer Mittelwert der "y"-Komponente,
  m2x = m2x+x*x/N                : quadratischer Mittelwert von "x",
  m2y = m2y+y*y/N                : quadratischer Mittelwert von "y",
  mxy = mxy+x*y/N                : Erwartungswert von "x·y".
10  continue                     :
  sigmax = sqrt(m2x-(m1x*m1x))   : Berechnung der Streuung σx,
  sigmay = sqrt(m2y-(m1y*m1y))   : der Streuung σy,
  muexy = mxy-(m1x*m1y)          : der Kovarianz μxy,
  rhoxy = muexy/(sigmax*sigmay)  : des Korrelationskoeffizienten ρxy
  Theta = atan(rhoxy*sigmay/sigmax) : und des Winkels der Korrelationgeraden
  Theta = Theta*(180./pi)        : K(x) in Grad.
  return                         : Rücksprung zum Hauptprogramm.
  end                            :
```

3.6.3 Zweidimensionale Gauß'sche Zufallsgrößen

Für den Sonderfall einer mittelwertfreien Gauß'schen Zufallsgröße lautet die zweidimensionale Wahrscheinlichkeitsdichtefunktion gemäß (3.158):

$$f_{xy}(x,y) = \frac{1}{2\pi\sigma_x\sigma_y\sqrt{1-\varrho_{xy}^2}} \cdot \exp\left[-\frac{1}{2(1-\varrho_{xy}^2)} \cdot \left(\frac{x^2}{\sigma_x^2} + \frac{y^2}{\sigma_y^2} - 2\varrho_{xy}\cdot\frac{x\cdot y}{\sigma_x\cdot\sigma_y}\right)\right] , \quad (3.178)$$

wobei ϱ_{xy} den durch (3.173) definierten Korrelationskoeffizienten angibt. Die beiden Randwahrscheinlichkeitsdichtefunktionen $f_x(x)$ und $f_y(y)$ sind ebenfalls gaußverteilt mit den Streuungen σ_x bzw. σ_y. Ersetzt man in (3.178) x durch $(x-m_x)$ und y durch $(y-m_y)$, so ergibt sich der allgemeine Fall einer Gauß'schen Zufallsgröße mit Mittelwert.

Bild 3.36 zeigt die WDF und die VDF einer zweidimensionalen Gauß'schen Zufallsgröße (x, y) mit relativ starker positiver Korrelation der Einzelkomponenten ($\varrho_{xy} = 0{,}8$).

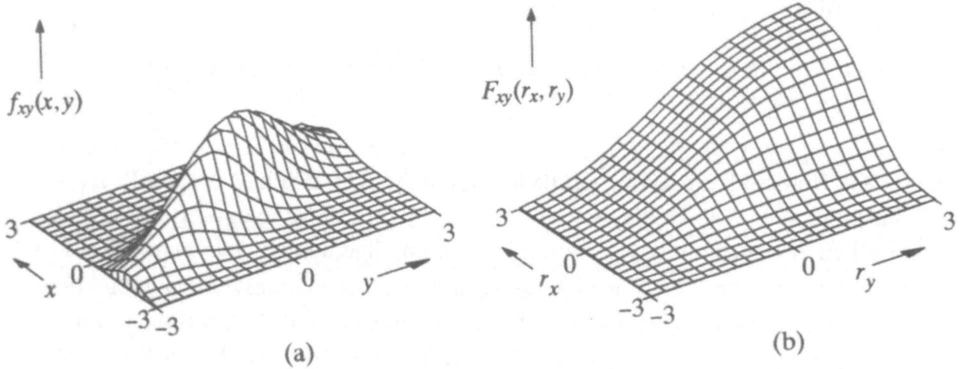

(a)   (b)

Bild 3.36: WDF (a) und VTF (b) einer zweidimensionalen Gauß'schen Zufallsgröße mit korrelierten Einzelkomponenten ($\sigma_y = 2\cdot\sigma_x;\ \varrho_{xy} = 0{,}8$).

Aus der Beziehung $f_{xy}(x, y) = $ const. können die Höhenlinien der WDF berechnet werden, die Ellipsen ergeben:

$$\frac{x^2}{\sigma_x^2} + \frac{y^2}{\sigma_y^2} - 2\cdot\varrho_{xy}\cdot\frac{x\cdot y}{\sigma_x\cdot\sigma_y} = \text{const.}. \qquad (3.179)$$

Deren Form hängt außer vom Korrelationskoeffizienten ϱ_{xy} auch vom Quotienten σ_y/σ_x ab. In Bild 3.37 sind die Höhenlinien für $\varrho_{xy} = 0{,}8$ und drei verschiedene Quotienten σ_y/σ_x dargestellt.

Weiterhin sind in dieses Bild die jeweiligen Korrelationsgeraden $K(x)$ entsprechend (3.176) eingezeichnet. Es ist zu erkennen, daß diese flacher verlaufen als die gestrichelt eingezeichneten Ellipsenhauptachsen, deren Neigungswinkel zur x-Achse

$$\varphi = \frac{1}{2}\cdot\arctan\left(2\cdot\varrho_{xy}\cdot\frac{\sigma_x\cdot\sigma_y}{\sigma_x^2-\sigma_y^2}\right) \qquad (3.180)$$

beträgt. Dies geht auch aus den in Bild 3.37 angegebenen Werten für die Winkel φ und $\theta_{y\to x}$ hervor. In allen drei Fällen ist der Winkel $\theta_{y\to x}$ deutlich kleiner als φ.

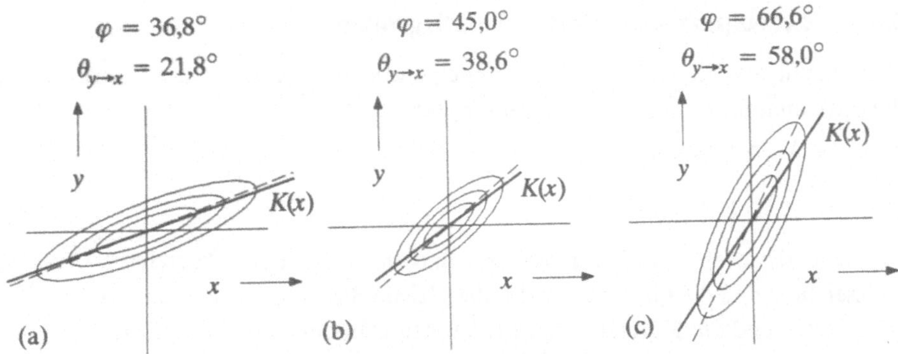

Bild 3.37: Höhenlinien einer Gauß'schen WDF mit Hauptachse und Korrelationsgerade für $\varrho_{xy} = 0{,}8$ und $\sigma_y/\sigma_x = 0{,}5$ (a), $\sigma_y/\sigma_x = 1$ (b) und $\sigma_y/\sigma_x = 2$ (c).

Ist $\varrho_{xy} = 0$, so sind die Komponenten x und y unkorreliert, und die Höhenlinien ergeben Kreise (falls $\sigma_x = \sigma_y$) oder Ellipsen in Ausrichtung des Koordinatensystems (falls $\sigma_x \neq \sigma_y$). Die für Bild 3.38 zugrundeliegende Zufallsgröße (x, y) erfüllt diese Bedingung.

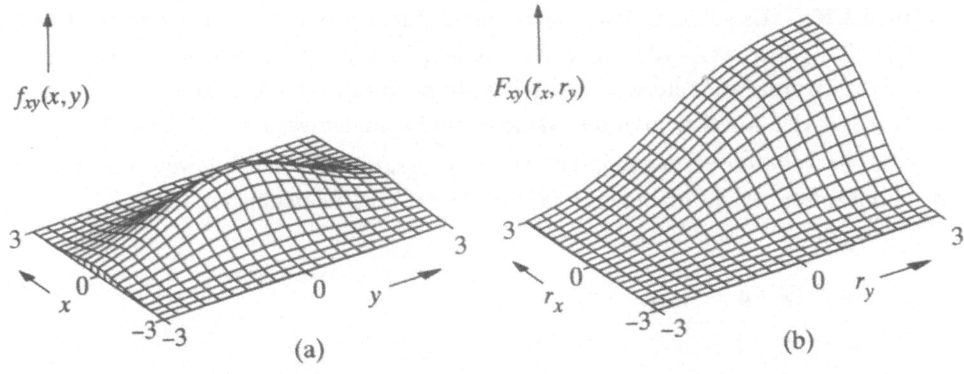

Bild 3.38: WDF (a) und VTF (b) einer zweidimensionalen Gauß'schen Zufallsgröße mit $\sigma_y/\sigma_x = 2$, wobei die Einzelkomponenten x und y unkorreliert sind.

Gleichung (3.178) zeigt, daß für $\varrho_{xy} = 0$ die Beziehung $f_{xy}(x, y) = f_x(x) \cdot f_y(y)$ gilt. Das bedeutet aber, daß bei einer Gauß'schen Dichtefunktion aus der Nichtkorreliertheit auch die statistische Unabhängigkeit folgt.

Bei anderen Verteilungen trifft diese Aussage nicht zu. Zwar sind zwei korrelierte Zufallsgrößen mit Sicherheit statistisch abhängig. Dagegen kann aus der Abhängigkeit nicht unbedingt auf die Korreliertheit, d. h. auf die lineare Abhängigkeit, geschlossen werden. Ein Beispiel hierfür sind die beiden Zufallsgrößen x und $y = x^2$. Diese eindeutig ineinander umrechenbaren Größen sind natürlich auch "statistisch abhängig". Da die Abhängigkeit jedoch nicht linear ist, ergibt sich z. B. für die Kovarianz bei mittelwertfreien Größen: $\mu_{xy} = \mathrm{E}[x \cdot y^2] = \mathrm{E}[x^3] = m_{30}$. Sind die beiden Komponenten x und y jeweils symmetrisch verteilt, so gilt $\mu_{xy} = 0$ bzw. $\varrho_{xy} = 0$. Trotz strenger (deterministischer) Abhängigkeit sind demnach x und y unkorreliert.

3.6.4 Erzeugung korrelierter Zufallsgrößen

Leitet man aus den beiden mittelwertfreien und statistisch voneinander unabhängigen Zufallsgrößen u und v die neuen Zufallsgrößen

$$x = X_u \cdot u + X_v \cdot v \tag{3.181}$$

und

$$y = Y_u \cdot u + Y_v \cdot v \tag{3.182}$$

ab, so sind diese ebenfalls mittelwertfrei und im allgemeinen korreliert. Unter der Voraussetzung, daß die Größen u und v die gleiche Streuung σ besitzen, ergibt sich für die Varianzen und die Kovarianz der beiden neu gebildeten Zufallsgrößen:

$$\sigma_x^2 = (X_u^2 + X_v^2) \cdot \sigma^2 \,, \tag{3.183}$$

$$\sigma_y^2 = (Y_u^2 + Y_v^2) \cdot \sigma^2 \,, \tag{3.184}$$

$$\mu_{xy} = (X_u \cdot Y_u + X_v \cdot Y_v) \cdot \sigma^2 \,. \tag{3.185}$$

Diese Eigenschaft kann zur Erzeugung korrelierter Zufallsgrößen ausgenutzt werden.

Beispiel 3.10:   Es soll eine zweidimensionale Zufallsgröße (x, y) entsprechend (3.181) und (3.182) generiert werden. Die statistischen Kenngrößen seien σ_x, σ_y und ϱ_{xy}. Da außer diesen drei Parameterwerten keine weiteren Voraussetzungen getroffen werden, ist einer dieser vier Koeffizienten frei wählbar. Im folgenden wird $Y_v = 0$ gesetzt.

Mit der weiteren Festlegung, daß die Ausgangsgrößen u und v jeweils die Streuung $\sigma = 1$ aufweisen, erhält man aus (3.183) bis (3.185) die Gleichungen:

$$\begin{aligned}
Y_u &= \sigma_y \,, \\[4pt]
X_u &= \sigma_x \cdot \varrho_{xy} \,, \\[4pt]
X_v &= \sigma_x \cdot \sqrt{1 - \varrho_{xy}^2} \,.
\end{aligned} \tag{3.186}$$

Beispielsweise kann zur Erzeugung einer zweidimensionalen Zufallsgröße mit den Kenngrößen $\sigma_x = 1$, $\sigma_y = 2$ und $\varrho_{xy} = 0{,}8$ der Parametersatz $X_u = 0{,}8$; $X_v = 0{,}6$; $Y_u = 2$; $Y_v = 0$ verwendet werden.

Sind die Größen u und v gaußverteilt, so besitzt auch (x, y) eine Gauß'sche Wahrscheinlichkeitsdichtefunktion entsprechend (3.178). Die hier angegebenen Zahlenwerte führen zu einer WDF entsprechend Bild 3.36. Mit einem anderen Parametersatz, z. B. $X_u = 0{,}99$; $X_v = 0{,}14$; $Y_u = Y_v = \sqrt{2}$, ergeben sich identische statistische Eigenschaften.

Dagegen werden bei nichtgaußverteilten Zufallsgrößen u und v die Form der WDF $f_{xy}(x, y)$ und der beiden Randwahrscheinlichkeitsdichten $f_x(x)$ und $f_y(y)$ durch die Wahl der Koeffizienten entscheidend geprägt. Verschiedene Parametersätze führen hier zu unterschiedlichen statistischen Eigenschaften, auch wenn die Streuungen σ_x und σ_y sowie der Korrelationskoeffizient ϱ_{xy} jeweils die gleichen sind. Bei gleichverteilten Größen u und v ergeben sich für $f_{xy}(x, y)$ im allgemeinen Parallelogramme, deren Größe und Lage vom Parametersatz abhängen. Die zwei Randwahrscheinlichkeitsdichten $f_x(x)$ und $f_y(y)$ sind als Faltungsprodukt zweier unterschiedlich breiter Gleichverteilungen i. a. trapezförmig.

4 Spektraleigenschaften von Zufallsgrößen

4.1 Definitionen und Beschreibungsgrößen

Inhalt: Zur Beschreibung der inneren statistischen Bindungen von Zufallsprozessen bzw. Zufallssignalen werden häufig die Autokorrelationsfunktion sowie das Leistungsdichtespektrum herangezogen. Demgegenüber beschreiben Kreuzkorrelationsfunktion und Kreuzleistungsdichtespektrum die linearen statistischen Abhängigkeiten zwischen zwei betrachteten Prozessen. Im folgenden werden diese Kenngrößen anhand typischer Beispiele erklärt und insbesondere auf die Probleme bei der numerischen Bestimmung näher eingegangen.

4.1.1 Autokorrelationsfunktion

In Abschnitt 3.1.2 wurde bereits kurz die Bedeutung der Zufallsprozesse für statistische Untersuchungen diskutiert sowie die Begriffe ”Stationarität” und ”Ergodizität” erläutert. Diese beiden Eigenschaften mußten vorausgesetzt werden, um die Verteilungskenngrößen nicht nur als Scharmittelwerte über alle Musterfunktionen, sondern auch als Zeitmittelwerte anhand einzelner Zufallssignale veranschaulichen zu können.

Zur quantitativen Erfassung der statistischen Bindungen müssen die Charakteristika der Zufallsprozesse nochmals eingehend diskutiert werden. Dazu wird der in Bild 4.1 dargestellte Prozeß $\{x_i(t)\}$ betrachtet.

Im Gegensatz zum Zufallsprozeß von Bild 3.2 können hier die einzelnen Musterfunktionen $x_i(t)$ zu allen beliebigen Zeiten alle beliebigen Werte annehmen. Das bedeutet, daß dieser Zufallsprozeß sowohl wert- als auch zeitkontinuierlich ist. Ein solcher Prozeß wird z. B. bei der Untersuchung des thermischen Rauschens zugrunde gelegt. Dabei wird von der Vorstellung ausgegangen, daß beliebig viele, in ihren physikalischen und damit auch in ihren statistischen Eigenschaften völlig gleiche Widerstände vorhanden sind, von denen jeder ein stochastisches Signal $x_i(t)$ abgibt, das für alle Zeiten von $-\infty$ bis $+\infty$ existiert. Jeder rauschende Widerstand gibt dabei trotz gleicher physikalischer Realisierung ein anderes Zeitsignal $x_i(t)$ ab.

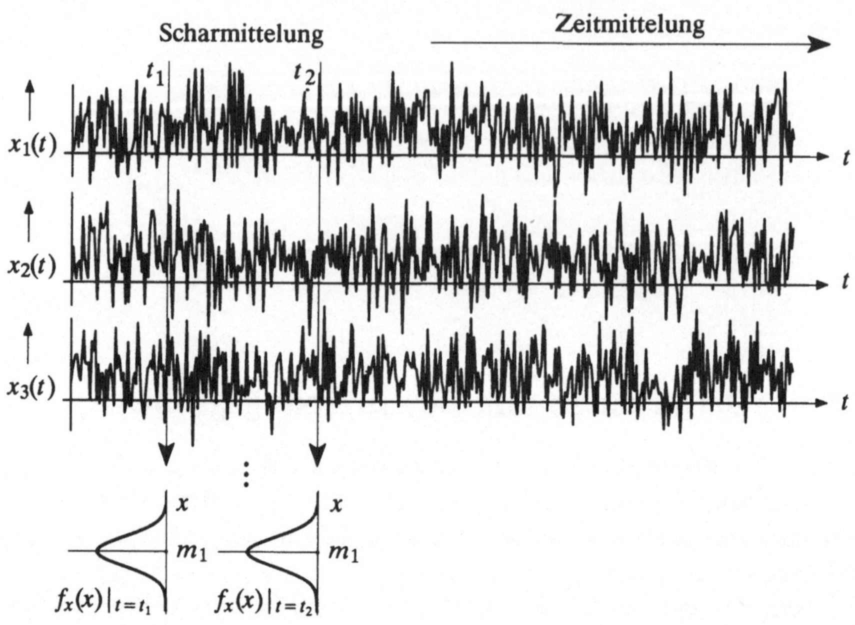

Bild 4.1:   Mustersignale $x_1(t)$, $x_2(t)$, ... eines wertkontinuierlichen Zufallsprozesses.

Ist über den Zufallsprozeß $\{x_i(t)\}$ nichts weiter bekannt, so müssen die statistischen Kenngrößen – z. B. die mit (3.26) definierten Momente – als Scharmittelwerte bestimmt werden. Im allgemeinen sind diese zeitabhängig, d. h. es ist $m_k(t_1) \neq m_k(t_2)$. Da die WDF $f_x(x)$ über die mit (3.25) definierte charakteristische Funktion

$$C_x(\omega) = \sum_{k=0}^{\infty} \frac{m_k}{k!} \cdot \omega^k \circ\!\!-\!\!\bullet\ f_x(x) \tag{4.1}$$

durch die Summe aller Momente festliegt (vgl. z. B. [169]), ist somit auch $f_x(x)$ im allgemeinen zeitabhängig. Man spricht in diesem Fall von einem nichtstationären Prozeß.

Sollen nun nicht nur die Amplitudenverteilungen zu den verschiedenen Zeitpunkten t_1, t_2, ... ermittelt werden, sondern auch die statistischen Bindungen zwischen diesen, so muß auf die zweidimensionale *Verbundwahrscheinlichkeitsdichtefunktion* bzw. *Verbundverteilungsfunktion* übergegangen werden. Betrachtet man nur zwei Zeitpunkte t_1 und t_2, so ergeben sich diese entsprechend (3.158) und (3.159) mit $x = x(t_1)$ und $y = x(t_2)$.

Es ist offensichtlich, daß bereits die Ermittlung dieser Größen sehr aufwendig ist. Berücksichtigt man weiterhin, daß zur exakten Erfassung aller statistischen Bindungen eines Zufallsprozesses die n–dimensionale Verbundwahrscheinlichkeitsdichte bzw. die n–dimensionale Verteilungsfunktion herangezogen werden muß, wobei möglichst der Grenzwert $n \to \infty$ durchzuführen ist, so erkennt man die Schwierigkeiten für die Lösung praktischer Probleme. Ein Studium der einschlägigen Literatur – z. B. [9], [46], [72], [229], [249] – verstärkt diesen Eindruck noch mehr.

Aus diesen Gründen ist man zur Beschreibung der statistischen Bindungen eines stochastischen Prozesses sehr bald auf die *Autokorrelationsfunktion (AKF)* übergegangen, die wie folgt definiert ist:

$$l_x(t_1, t_2) = \mathrm{E}\big[\, x(t_1) \cdot x(t_2) \,\big] \; . \tag{4.2}$$

Ein Vergleich mit Abschnitt 3.6.2 zeigt, daß die AKF $l_x(t_1, t_2)$ das gemeinsame Moment m_{11} zwischen den beiden Zufallsgrößen $x(t_1)$ und $x(t_2)$ angibt. Um den Zusammenhang mit der Kreuzkorrelationsfunktion $l_{xy}(t_1, t_2)$ zwischen zwei statistischen Größen x und y (vgl. Abschnitt 4.1.5) deutlich zu machen, wird in der Literatur für die AKF häufig die Nomenklatur $l_{xx}(t_1, t_2)$ gewählt.

Während für exakte Aussagen hinsichtlich der statistischen Bindungen eines Zufallsprozesses eigentlich die n–dimensionale Verbundwahrscheinlichkeitsdichte (mit $n \to \infty$) benötigt wird, werden durch den Übergang auf die Autokorrelationsfunktion folgende Vereinfachungen getroffen:

– Anstelle von "unendlich vielen" Zeitpunkten werden hier *nur zwei* betrachtet.

– Anstelle aller gemeinsamen Momente m_{kl} zu diesen beiden Zeitpunkten t_1 und t_2 mit $k, l \in \{0, 1, 2, \dots\}$ wird hier nur das Moment m_{11} erfaßt, das die *lineare Abhängigkeit* des Prozesses wiedergibt.

Deshalb sollte bei der Bewertung von Zufallsprozessen stets berücksichtigt werden, daß die AKF nur beschränkte Aussagen über die statistischen Bindungen erlaubt.

Die obige Definition der AKF gilt allgemein, also auch für *nichtstationäre Prozesse*. Ein Beispiel eines nichtstationären Prozesses ist das Auftreten von Impulsstörungen im Fernsprechnetz, verursacht durch Wählimpulse in benachbarten Leitungen. Bei Digitalsignalübertragung führen solche nichtstationären Störprozesse zu Bündelfehlern.

Ein *stationärer Zufallsprozeß* zeichnet sich dadurch aus, daß seine statistischen Eigenschaften invariant gegenüber Zeitverschiebungen sind (vgl. [90]). Für die Autokorrelationsfunktion bedeutet dies, daß sie nicht mehr eine Funktion der beiden unabhängigen Variablen t_1 und t_2 ist, sondern nur noch von der Zeitdifferenz $\tau = t_2 - t_1$ abhängt:

$$l_x(t_1, t_2) \;\longrightarrow\; l_x(\tau) = \mathrm{E}\big[\, x(t) \cdot x(t + \tau) \,\big] \; . \tag{4.3}$$

Die Scharmittelung kann dabei zu jeder beliebigen Zeit t erfolgen.

Weiterhin wird für das Folgende *Ergodizität* vorausgesetzt. Diese besagt unter anderem, daß jede Musterfunktion $x_i(t)$ repräsentativ für den gesamten Zufallsprozeß ist. Alle Momente eines ergodischen Prozesses können deshalb auch durch Zeitmittelung über eine einzige Musterfunktion $x(t)$ gemäß (3.36) ermittelt werden und stimmen mit den entsprechenden Scharmittelwerten überein:

$$m_k = \overline{x^k(t)} = \mathrm{E}\big[\, x^k \,\big] \; . \tag{4.4}$$

Eine notwendige, jedoch nicht hinreichende Voraussetzung für die Gültigkeit dieser Gleichung ist dabei die Stationarität. Das bedeutet, daß ergodische Prozesse stets auch stationär sind.

Die Ergodizität läßt sich aus einer endlichen Anzahl von Musterfunktionen und endlichen Signalausschnitten nicht nachweisen. Da diese Einschränkungen bei praktischen Anwendungen stets gegeben sind, ist die Eigenschaft "ergodisch" nie nachweisbar.

In sehr vielen Anwendungsfällen wird trotzdem hypothetisch von Ergodizität ausgegangen. Anhand der erhaltenen Ergebnisse muß anschließend die Plausibilität dieser Hypothese überprüft werden.

Aus (4.3) und (4.4) folgt für die AKF eines ergodischen Prozesses:

$$l_x(\tau) = \overline{x(t) \cdot x(t + \tau)} = \lim_{T_0 \to \infty} \frac{1}{2T_0} \cdot \int_{-T_0}^{+T_0} x(t) \cdot x(t + \tau) \, dt \; . \tag{4.5}$$

Die zeitliche Mittelung über das unendlich ausgedehnte Zeitintervall ist hier durch die überstreichende Linie gekennzeichnet. Bei *periodischen Signalen* kann auf den Grenzübergang verzichtet werden, so daß in diesem Sonderfall mit der Periodendauer T_P der Mustersignale die AKF auch in folgender Weise geschrieben werden kann:

$$l_x(\tau) = \frac{1}{T_P} \cdot \int_{0}^{T_P} x(t) \cdot x(t + \tau) \, dt \; . \tag{4.6}$$

Im folgenden sind die wichtigsten Eigenschaften der AKF zusammengestellt:

- Ist der betrachtete Zufallsprozeß reell, so gilt dies auch für seine AKF.

- Die AKF besitzt die Einheit einer auf den Einheitswiderstand 1Ω bezogenen Leistung, z. B. $[V^2]$ oder $[A^2]$.

- Die AKF ist immer eine gerade Funktion, d. h. es ist stets $l_x(-\tau) = l_x(\tau)$. Die Phasenbeziehungen gehen in der AKF verloren.

- Die AKF an der Stelle $\tau = 0$ gibt den quadratischen Mittelwert m_2 (vgl. (3.28)) und damit die gesamte Signalleistung (Gleich– und Wechselanteil) an:

$$l_x(0) = m_2 = \overline{x^2(t)} \; . \tag{4.7}$$

- Der Maximalwert der AKF tritt an der Stelle $\tau = 0$ auf, d. h. es ist stets $|l_x(\tau)| \leq l_x(0)$. Bei nichtperiodischen Prozessen ist für $\tau \neq 0$ der Betrag $|l_x(\tau)|$ der AKF stets kleiner als die Leistung $l_x(0)$.

- Bei periodischen Prozessen weist die AKF die gleiche Periodendauer T_P wie die einzelnen Mustersignale $x_i(t)$ auf:

$$l_x(\pm T_P) = l_x(\pm 2 \cdot T_P) = \ldots = l_x(0) \; . \tag{4.8}$$

- Der Gleichanteil gemäß (3.27) eines (nichtperiodischen) Signals kann aus dem Grenzwert der AKF für $\tau \to \infty$ berechnet werden:

$$\lim_{\tau \to \infty} l_x(\tau) = m_1^2 = [\overline{x(t)}]^2 \; . \tag{4.9}$$

Dagegen schwankt bei Signalen mit periodischen Anteilen der Grenzwert der AKF für $\tau \to \infty$ um diesen Wert m_1^2.

Beispiel 4.1: Bild 4.2(a) z eigt je ein Mustersignal zweier unterschiedlicher Prozesse $\{x_i(t)\}$ und $\{y_i(t)\}$. In Bild 4.2(b) sind die dazugehörigen Autokorrelationsfunktionen $l_x(\tau)$ und $l_y(\tau)$ dargestellt. Die Leistungsdichtespektren $L_x(f)$ und $L_y(f)$ der beiden Prozesse (vgl. Abschnitt 4.1.2) sind in Bild 4.2(c) angegeben.

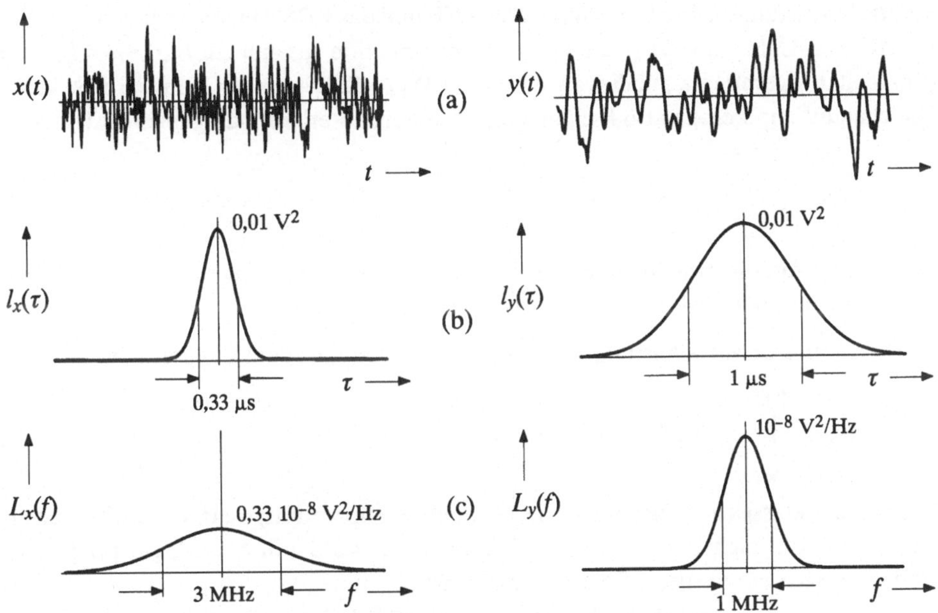

Bild 4.2: Mustersignal (a), AKF (b) und LDS (c) eines höherfrequenten Prozesses $\{x_i(t)\}$ und eines niederfrequenten Prozesses $\{y_i(t)\}$.

Die beiden Mustersignale lassen bereits vermuten, daß beide Prozesse mittelwertfrei sind und den gleichen Effektivwert aufweisen. Die Amplitudenverteilung ist in beiden Fällen gaußförmig.

Anhand der Autokorrelationsfunktionen lassen sich die Aussagen hinsichtlich der Momente bestätigen. Die Mittelwerte $m_x = m_y = 0$ ergeben sich jeweils aus dem Grenzwert der AKF für $\tau \to \infty$. Bei mittelwertfreien Signalen folgt aus (3.31) für die Varianz: $\sigma_x^2 = l_x(0)$. Damit können die Effektivwerte $\sigma_x = \sigma_y = 0,1$ V berechnet werden.

Es ist aus Bild 4.2 weiter zu erkennen, daß die AKF um so langsamer abfällt, je stärker die statistischen Bindungen sind. Während das Mustersignal $x(t)$ mit der relativ schmalen AKF sich zeitlich sehr schnell ändert, reichen bei dem niederfrequenteren Signal $y(t)$ die statistischen Bindungen deutlich weiter. Das bedeutet, daß der Signalwert $y(t+\tau)$ aus $y(t)$ besser vorausgesagt werden kann als $x(t+\tau)$ aus $x(t)$.

Als quantitatives Maß für die Stärke der statistischen Bindungen wird häufig die *Korrelationsdauer* T_K herangezogen, die sich aus der Autokorrelationsfunktion über das flächengleiche Rechteck ermitteln läßt. Daraus folgt nach den Gesetzmäßigkeiten der Systemtheorie, daß die Korrelationsdauer gleich dem Quotienten aus $L_x(0)$ und $l_x(0)$ ist. Bei den hier betrachteten Prozessen ist $T_K = 0,33$ µs bzw. $T_K = 1$ µs.

4.1.2 Leistungsdichtespektrum

Die AKF $l_x(\tau)$ gemäß (4.5) liefert Aussagen über die statistischen Eigenschaften des stationären und ergodischen Zufallssignals $x(t)$ im Zeitbereich. Die äquivalente Beschreibungsgröße im Frequenzbereich ist das *Leistungsdichtespektrum (LDS)*, häufig auch als spektrale Leistungsdichte bezeichnet. Die AKF und das LDS hängen nach dem Theorem von Wiener–Chintchine über die Fouriertransformation zusammen: $L_x(f) \circ\!\!-\!\!\bullet\, l_x(\tau)$. Da $l_x(\tau)$ reell und gerade ist, gilt dies auch für das LDS $L_x(f)$. Besitzt der Zufallsprozeß keinen Gleichanteil und keine periodischen Komponenten, so erhält man gemäß (2.5):

$$L_x(f) = \int\limits_{-\infty}^{+\infty} l_x(\tau) \cdot \exp\left(-\mathrm{j} \cdot 2\pi \cdot f \cdot \tau\right) \mathrm{d}\tau \ . \tag{4.10}$$

Periodische Anteile einschließlich des Grenzfalls $T_\mathrm{P} \to \infty$ (Gleichanteil) führen dagegen zu Diracfunktionen (vgl. (2.11)) im Leistungsdichtespektrum.

Die (mittlere) Signalleistung $m_2 = \overline{x^2(t)}$ ergibt sich aus dem Integral über das LDS:

$$m_2 = \int\limits_{-\infty}^{+\infty} L_x(f)\, \mathrm{d}f \qquad (= l_x(0)\,) \ . \tag{4.11}$$

Das aus der klassischen Systemtheorie bekannte Reziprozitätsgesetz von Zeitdauer und Bandbreite gilt auch in der Statistik. Wie aus Bild 4.2 deutlich wird, entspricht einer schmalen AKF ein breites LDS und umgekehrt.

Bild 4.3 zeigt eine mögliche Anordnung zur meßtechnischen Bestimmung des einseitigen, nur für positive Frequenzen definierten Leistungsdichtespektrums $L_x'(f) = 2 \cdot L_x(f)$. Das Zufallssignal $x(t)$ wird auf ein (möglichst) rechteckförmiges Schmalbandfilter mit der Mittenfrequenz f und Bandbreite Δf gegeben. Das Ausgangssignal $x_f(t)$ wird anschließend quadriert und der Mittelwert über eine längere Meßdauer T_M gebildet. Damit erhält man die Signalleistung $\overline{x_f^2(t)}$ im Frequenzbereich von $f - \Delta f/2$ bis $f + \Delta f/2$. Das (einseitige) LDS ergibt sich daraus nach Division durch die Filterbandbreite Δf:

$$L_x'(f) \approx \frac{1}{\Delta f \cdot T_\mathrm{M}} \cdot \int\limits_0^{T_\mathrm{M}} x_f^2(t)\, \mathrm{d}t \ . \tag{4.12}$$

Bei endlichen Werten von Δf und T_M stellt (4.12) nur eine Näherung dar, die um so genauer ist, je größer T_M und je kleiner Δf gewählt werden. Anhand dieser Meßvorschrift wird deutlich, daß jedes LDS für alle Frequenzwerte f nicht–negativ und reell ist. Aus (4.10) folgt weiterhin, daß eine Zeitfunktion, deren Fouriertransformierte negative Anteile besitzt, keine AKF sein kann. Beispielsweise gibt es keine rechteckförmige AKF.

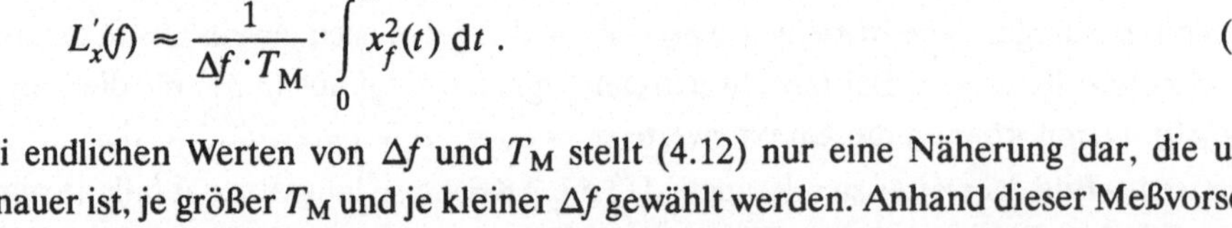

Bild 4.3:   Zur Messung des Leistungsdichtespektrums $L_x'(f)$ eines Zufallssignals $x(t)$.

Beispiel 4.2:   Es wird ein ergodischer mittelwertfreier Zufallsprozeß betrachtet, bei dem alle Frequenzanteile in gleicher Weise vorhanden sind (*"Weißes Rauschen"*). Definitionsgemäß ist somit das zweiseitige Leistungsdichtespektrum $L_x(f) = L_0$ konstant für alle Frequenzen von $-\infty$ bis $+\infty$. Daraus folgt für die AKF:

$$l_x(\tau) = L_0 \cdot \delta(\tau) \, . \tag{4.13}$$

Diese Gleichung zeigt ebenso wie (4.11), daß ein nach dieser strengen Definition weißes Rauschsignal eine unendlich große Signalleistung besitzen müßte. Solche Zufallsprozesse gibt es in Wirklichkeit nicht. Zwar ist häufig eine konstante Rauschleistungsdichte L_0 festzustellen, jedoch nur in einem endlichen Frequenzbereich. So gilt beispielsweise mit der Boltzmann-Konstanten $k_B = 1{,}38 \cdot 10^{-23}$ Ws/K für das thermische Rauschen eines Widerstandes R bei der absoluten Temperatur θ und Widerstandsanpassung (vgl. [161]):

$$L_0 = \frac{1}{2} \cdot k_B \cdot \theta \cdot R \qquad \text{für } |f| \leq 6000 \text{ GHz} \, . \tag{4.14}$$

Für $R = 50\,\Omega$ und Zimmertemperatur ($\theta = 293$ K) ergibt sich daraus $L_0 \approx 10^{-19}$ V^2/Hz.

Zu (4.14) ist anzumerken, daß die physikalische Rauschleistungsdichte mit der Einheit W/Hz eigentlich unabhängig von der Größe des Widerstandes ist. Bezieht man jedoch, wie in der Nachrichtentechnik üblich, das Rauschsignal auf den Widerstand R, so ergibt sich obige Beziehung, wobei die Rauschleistungsdichte L_0 die Einheit V^2/Hz besitzt.

Für Anwendungen in der Nachrichtentechnik wird stets eine Bandbegrenzung vorgenommen, so daß bei einer Simulation sinnvollerweise von bandbegrenztem Rauschen auszugehen ist (vgl. Bild 4.4). Mit den willkürlichen Zahlenwerten $L_0 = 2 \cdot 10^{-14}$V^2/Hz und $B_x = 100$ MHz ergibt sich aus (4.10) die AKF zu $l_x(\tau) = 4 \cdot 10^{-6}V^2 \cdot \text{si}(\pi \cdot \tau/5\text{ns})$.

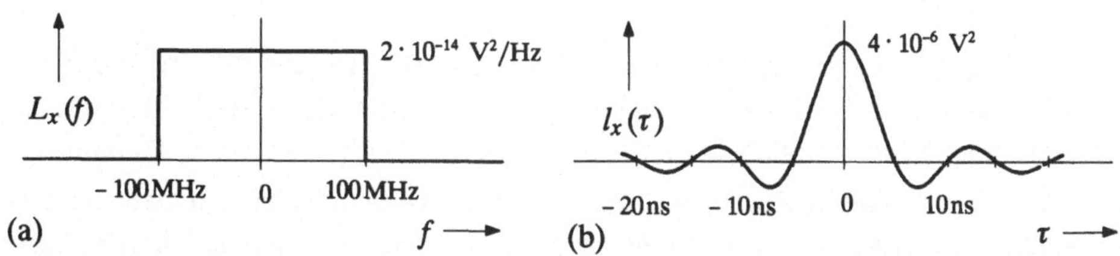

Bild 4.4: LDS (a) und AKF (b) von bandbegrenztem Weißem Rauschen.

Das mittelwertfreie Signal (aus dem Grenzwert $l_x(\tau \to \infty)$ folgt $m_1 = 0$) weist somit eine Leistung von $m_2 = l_x(0) = 4 \cdot 10^{-6}$V^2, d. h. einen Rauscheffektivwert von $\sigma_x = 2\,$mV auf (vgl. Bild 4.4(b)). Zwei Signalwerte, die um ganzzahlige Vielfache der Zeitdifferenz $\tau = 5$ns auseinanderliegen, sind nicht miteinander korreliert, weil an diesen Stellen die AKF jeweils Nulldurchgänge besitzt. Die beiden Signalwerte $x(t)$ und $x(t+1\text{ns})$ sind demgegenüber "stark positiv" korreliert. Das bedeutet: Ist $x(t)$ positiv und "groß", so ist mit einer großen Wahrscheinlichkeit auch der benachbarte Wert $x(t+1\text{ns})$ positiv und "groß". Dagegen sind die Signalwerte $x(t)$ und $x(t+7\text{ns})$ negativ korreliert: Ist $x(t)$ positiv, so ist $x(t+7\text{ns})$ wahrscheinlich negativ.

4.1.3   Numerische Ermittlung von AKF und LDS

Bei der Simulation an einem Digitalrechner kann aufgrund der erforderlichen Zeit-diskretisierung grundsätzlich nur bandbegrenztes Rauschen erzeugt werden. Besitzt der zu modellierende Zufallsprozeß $\{x_i(t)\}$ Spektralanteile im Bereich von $\pm B_x$, so muß der Abstand T_A zweier Abtastwerte nach dem Abtasttheorem folgende Bedingung erfüllen:

$$T_A \leq \frac{1}{2 \cdot B_x} \, . \tag{4.15}$$

Für das Folgende wird stets von dieser Voraussetzung ausgegangen. Da die Signalwerte nur zu den diskreten Zeitpunkten $\nu \cdot T_A$ vorliegen, kann auch die AKF nur zu ganzzahligen Vielfachen von T_A bestimmt werden. Außerhalb der äquidistanten Zeitpunkte $\lambda \cdot T_A$ wird die AKF zu Null gesetzt, was mathematisch der Multiplikation mit einem Diracpuls entspricht. Die zeitdiskrete (abgetastete) Repräsentation der kontinuierlichen AKF $l_x(\tau)$ lautet somit (vgl. (2.12)):

$$A\{l_x(\tau)\} = l_x(\tau) \cdot \sum_{\lambda=-\infty}^{+\infty} T_A \cdot \delta(\tau - \lambda \cdot T_A) = \sum_{\lambda=-\infty}^{+\infty} T_A \cdot l_x(\lambda \cdot T_A) \cdot \delta(\tau - \lambda \cdot T_A) \, , \tag{4.16}$$

wobei die AKF–Werte wie folgt zu berechnen sind:

$$l_x(\lambda \cdot T_A) = \overline{x(\nu \cdot T_A) \cdot x((\nu + \lambda) \cdot T_A)} = \overline{x_\nu \cdot x_{\nu+\lambda}} \, . \tag{4.17}$$

Die Fouriertransformierte zu $A\{l_x(\tau)\}$ ergibt ein mit $1/T_A$ periodisches Leistungsdichte-spektrum $P\{L_x(f)\}$. Da sowohl $l_x(\tau)$ als auch $A\{l_x(\tau)\}$ symmetrische Funktionen sind, gilt dabei folgende Beziehung:

$$P\{L_x(f)\} = T_A \cdot l_x(0) + 2T_A \cdot \sum_{\lambda=1}^{\infty} l_x(\lambda \cdot T_A) \cdot \cos(2\pi \cdot f \cdot \lambda \cdot T_A) \, . \tag{4.18}$$

Das LDS $L_x(f)$ des zeitkontinuierlichen Prozesses erhält man aus $P\{L_x(f)\}$ durch Bandbegrenzung auf den Frequenzbereich $|f| \leq 1/(2 \cdot T_A)$. Im Zeitbereich bedeutet diese Operation eine Interpolation der AKF–Abtastwerte $l_x(\lambda \cdot T_A)$ mit der si–Funktion.

Bild 4.5 soll diesen Zusammenhang nochmals verdeutlichen, auf den bereits im Abschnitt 2.1.2 ausführlich eingegangen wurde. Die Impulsgewichte der Diracfunktionen von $A\{l_x(\tau)\}$ sind proportional zu $l_x(\tau)$. Die Fouriertransformation von $A\{l_x(\tau)\}$ führt zum periodischen LDS $P\{L_x(f)\}$. Durch Bandbegrenzung ergibt sich das gesuchte LDS $L_x(f)$ des zeitkontinuierlichen Prozesses.

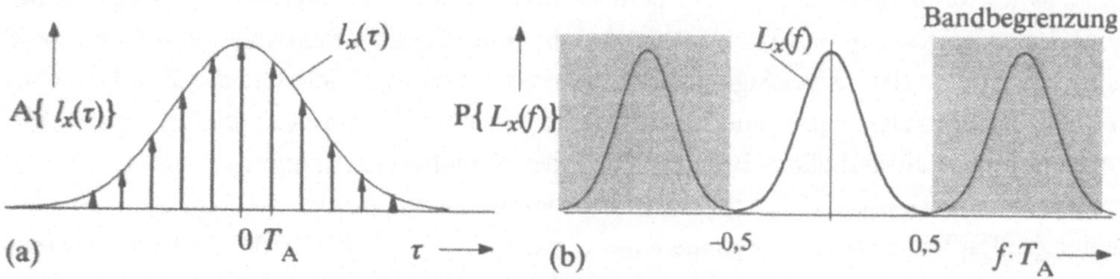

Bild 4.5:   Zusammenhang zwischen diskreter AKF (a) und periodischem LDS (b).

Programm 4.1:   Unterprogramm zur Berechnung der diskreten AKF–Werte.

```
      subroutine AKF(lx)              : lx ist das Rückgabefeld für die
      parameter(k=40,N=10000)        : AKF-Werte lx(0) ... lx(kTA), die aus
      integer i,j,k,nue,lambda,N      : N Zufallswerten X() unter Verwendung
      real lx(0:k),H(0:k),X           : des Hilfsfeldes H berechnet werden.
      do 10 lambda = 0,k              : Vorbelegung des Feldes
        lx(lambda) = 0.               : lx mit Nullen,
        H(lambda) = X()               : H mit Zufallswerten aus X().
   10 continue                        :
      i = 0                           : i kennzeichnet Feldelement von H für
      do 30 nue = 1,N                 : aktuelles xν, j ist das entsprechende
        j = 0                         : Feldelement für xν+λ.
        do 20 lambda = 0,k            :
          j = i+lambda                :
          if (j .gt. k) j = j-k-1     : Modulo-(k + 1)-Operation für j.
          lx(lambda)=lx(lambda)+H(i)*H(j) : Eigentliche AKF-Berechnung gemäß (4.19).
   20   continue                      :
        H(i) = X()                    : Neubelegung des Hilfsfeldelementes H(i).
        i = i+1                       :
        if(i. gt. k) i=0              : Modulo-(k + 1)-Operation für i.
   30 continue                        :
      do 40 lambda = 0,k              : Division der AKF-Werte durch die Anzahl
   40   lx(lambda)=lx(lambda)/N       : N berücksichtigter Zufallswerte.
      return                          : Rücksprung.
      end
```

Das Programmbeispiel 4.1 zeigt ein FORTRAN–Unterprogramm zur Berechnung der diskreten AKF–Werte $l_x(0) \dots l_x(k \cdot T_A)$ aus der Folge $\langle x_\nu \rangle$. Das AKF–Feld $1x$ wird dabei zunächst mit Nullen vorbelegt. Bei jedem Durchlauf der Schleife mit der Schleifenvariablen $\text{nue} = \nu$ werden die in den Feldelementen $1x(0) \dots 1x(k)$ abgespeicherten Werte entsprechend (4.17) um den Beitrag $x_\nu \cdot x_{\nu+\lambda}$ erhöht:

$$
\begin{array}{llllllll}
 & \overbrace{}^{\nu=1} & \overbrace{}^{\nu=2} & & \overbrace{}^{\nu} & & \overbrace{}^{\nu=N} \\
\lambda = 0: & N \cdot l_x(0) = & x_1 \cdot x_1 & + x_2 \cdot x_2 & + \;\dots\; & + x_\nu \cdot x_\nu & + \;\dots\; & + x_N \cdot x_N \, , \\
\lambda = 1: & N \cdot l_x(1) = & x_1 \cdot x_2 & + x_2 \cdot x_3 & + \;\dots\; & + x_\nu \cdot x_{\nu+1} & + \;\dots\; & + x_N \cdot x_{N+1} \, , \\
\vdots & \vdots & \vdots & \vdots & & \vdots & & \vdots \\
\lambda : & N \cdot l_x(\lambda) = & x_1 \cdot x_{1+\lambda} & + x_2 \cdot x_{2+\lambda} & + \;\dots\; & + x_\nu \cdot x_{\nu+\lambda} & + \;\dots\; & + x_N \cdot x_{N+\lambda} \, , \\
\vdots & \vdots & \vdots & \vdots & & \vdots & & \quad\;\; \vdots \\
\lambda = k: & N \cdot l_x(k) = & x_1 \cdot x_{1+k} & + x_2 \cdot x_{2+k} & + \;\dots\; & + x_\nu \cdot x_{\nu+k} & + \;\dots\; & + x_N \cdot x_{N+k} \, .
\end{array}
\tag{4.19}
$$

Werden am Ende der Berechnung noch die einzelnen Feldelemente durch die Anzahl N der Summanden dividiert, so enthält das Feld $1x$ die gesuchten AKF–Werte.

Aus obigem Berechnungsschema wird deutlich, daß beim ν–ten Schleifendurchlauf nur die Abtastwerte $x_\nu \dots x_{\nu+k}$ benötigt werden. Deshalb ist im Unterprogramm AKF ein Hilfsfeld $H(0:k)$ vereinbart, das zunächst (d. h. für $\nu = 1$) mit den Abtastwerten x_1 bis x_{k+1} belegt ist. Beim zweiten Durchlauf ($\nu = 2$) wird der Abtastwert x_1 nicht mehr benötigt. In die frei werdende Speicherzelle $H(0)$ wird stattdessen der neue Wert x_{k+2} eingetragen.

Bild 4.6 erklärt diesen Algorithmus für das Beispiel k = 10. Bei jedem Schleifendurchlauf ν liegen in den Speicherzellen $H(0) \dots H(10)$ die aktuell benötigten Werte

$x_\nu \ldots x_{\nu+10}$ vor, wobei der neu hinzugekommene Wert $x_{\nu+10}$ hervorgehoben ist. Beim Schleifendurchlauf ν gilt mit $i = ((\nu-1)\,\mathrm{mod}\,(k+1))$ folgende Zuordnung:

$$x_{\nu+\lambda} = H((i + \lambda) \ \mathrm{mod} \ (k + 1)) \ . \tag{4.20}$$

Beispielsweise wird zum Zeitpunkt $\nu = 84$ die neue Zufallsgröße x_{94} in H (5) abgelegt.

ν	i	$H(0)$	$H(1)$	$H(2)$	$H(3)$	$H(4)$	$H(5)$	$H(6)$	$H(7)$	$H(8)$	$H(9)$	$H(10)$
1	0	x_1	x_2	x_3	x_4	x_5	x_6	x_7	x_8	x_9	x_{10}	x_{11}
2	1	x_{12}	x_2	x_3	x_4	x_5	x_6	x_7	x_8	x_9	x_{10}	x_{11}
$\vdots$	$\vdots$											
10	9	x_{12}	x_{13}	x_{14}	x_{15}	x_{16}	x_{17}	x_{18}	x_{19}	x_{20}	x_{10}	x_{11}
11	10	x_{12}	x_{13}	x_{14}	x_{15}	x_{16}	x_{17}	x_{18}	x_{19}	x_{20}	x_{21}	x_{11}
12	0	x_{12}	x_{13}	x_{14}	x_{15}	x_{16}	x_{17}	x_{18}	x_{19}	x_{20}	x_{21}	x_{22}
13	1	x_{23}	x_{13}	x_{14}	x_{15}	x_{16}	x_{17}	x_{18}	x_{19}	x_{20}	x_{21}	x_{22}
$\vdots$	$\vdots$											
84	6	x_{89}	x_{90}	x_{91}	x_{92}	x_{93}	x_{94}	x_{84}	x_{85}	x_{86}	x_{87}	x_{88}
$\vdots$	$\vdots$											

Bild 4.6:   Zur Verdeutlichung der AKF–Berechnung im Programmbeispiel 4.1.

Die in Bild 4.7(a) dargestellten Autokorrelationsfunktionen wurden mit Hilfe des Unterprogramms AKF ermittelt, und zwar aus $N = 2.000$, $N = 20.000$ bzw. $N = 200.000$ Zufallswerten. Die für dieses Bild zugrundeliegende Zufallsgröße ist das zeitdiskrete Ausgangssignal eines rekursiven Filters erster Ordnung (vgl. Bild 2.22), an dessem Eingang Weißes Rauschen anliegt. Die theoretische, im Grenzfall $N \to \infty$ zu erwartende AKF fällt beidseitig exponentiell ab und ist für $|\lambda| > 50$ innerhalb der Zeichengenauigkeit von Null nicht mehr unterscheidbar.

Das Ergebnis der Simulation mit $N = 200.000$ Zufallswerten (rechtes Diagramm) unterscheidet sich von der tatsächlichen AKF nur geringfügig. Am deutlichsten sind hier Abweichungen im Bereich großer λ-Werte durch eine leichte Welligkeit feststellbar.

Der Fehler aufgrund der numerischen AKF–Bestimmung wird erwartungsgemäß um so größer, je weniger Zufallswerte berücksichtigt werden. Mit dem Simulationsparameter $N = 2.000$ kann der Fehler durchaus 10 % und mehr betragen.

Aus Bild 4.7(a) geht weiter hervor, daß die Fehler der numerischen AKF–Bestimmung ebenso wie die AKF–Sollwerte miteinander korreliert sind. Diese Aussage soll anhand des linken Diagramms (d. h. für $N = 2.000$) interpretiert werden. Die Simulation liefert für $|\lambda| = 50$ einen relativ großen negativen Anteil, der – wie ein Vergleich mit dem rechten Diagramm ($N = 200.000$) zeigt – allein auf Fehler durch die begrenzte Anzahl von Zufallswerten zurückzuführen ist. Die AKF-Werte in der Umgebung von $|\lambda| = 50$ sind dann ebenfalls negativ und relativ groß. Dies weist auf eine Korrelation zwischen den einzelnen Fehlergrößen hin, wobei die statistischen Bindungen relativ weit reichen.

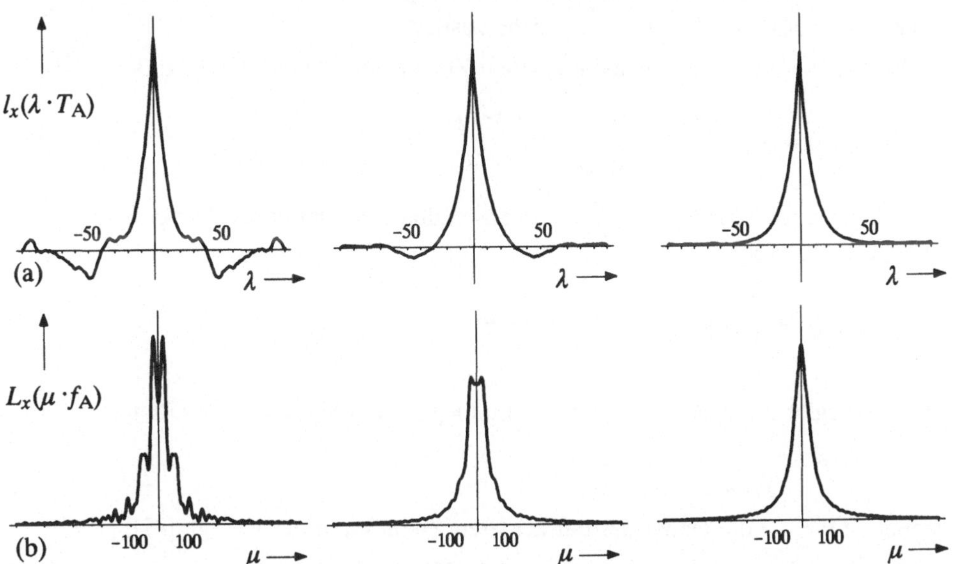

Bild 4.7: Autokorrelationsfunktion (a) und Leistungsdichtespektrum (b), ermittelt aus $N = 2.000$ (links), $N = 20.000$ (mitte) bzw. $N = 200.000$ (rechts) Werten.

Wiederholt man die AKF-Bestimmung aus jeweils $N = 2.000$ Zufallsgrößen mehrmals, so erhält man für $l_x(50 \cdot T_A)$ manchmal positive und manchmal negative Werte. Bei unendlich vielen solcher Simulationen und Mittelung über die einzelnen Ergebnisse ist $E[l_x(50 \cdot T_A)] = 0$ zu erwarten. Trotzdem wird bei jeder einzelnen Simulation wieder in erster Näherung $l_x(49 \cdot T_A) \approx l_x(51 \cdot T_A) \approx l_x(50 \cdot T_A)$ gelten.

Für das mittels (4.18) berechnete Leistungsdichtespektrum hat die statistische Unsicherheit der numerisch ermittelten AKF-Werte zur Folge, daß auch die Stützwerte $L_x(\mu \cdot f_A)$ Zufallsgrößen bilden und somit ebenfalls nur Schätzwerte des tatsächlichen Leistungsdichtespektrums darstellen. Die Güte dieser Schätzwerte nimmt aufgrund des zentralen Grenzwertsatzes mit der Güte der AKF-Schätzwerte und somit mit steigender Länge N der Zufallsfolge auf Kosten des numerischen Rechenaufwandes zu.

Diese Eigenschaft ist anhand der Diagramme von Bild 4.7(b) erkennbar. Während im linken Diagramm das LDS stark zerklüftet ist und nur eine geringe Ähnlichkeit mit dem theoretischen Verlauf aufweist, werden diese Abweichungen – ebenso wie die Abweichungen in der AKF – für eine steigende Anzahl von Zufallswerten im statistischen Sinne immer geringer.

4.1.4   Periodogramm

Eine weitere Möglichkeit zur Erfassung der Spektraleigenschaften ergodischer Prozesse bietet das Periodogramm. Zu seiner Beschreibung wird wieder von einem einzigen Mustersignal $x(t)$ ausgegangen, das bei Ergodizität alle statistischen Eigenschaften des Prozesses wiedergibt. Da ein solches Zufallssignal in der Regel nicht absolut integrierbar ist, kann die Fouriertransformation (2.5) nicht angewandt werden. Das bedeutet, daß das Amplitudenspektrum $X(f)$ •——○ $x(t)$ nicht existiert.

Betrachtet man jedoch einen endlichen Zeitausschnitt des Signals, z. B.

$$
x_{\Delta t}(t) = \begin{cases} x(t) & \text{für } t_1 \le t \le t_2 \\ 0 & \text{sonst ,} \end{cases}
\tag{4.21}
$$

so ist hierauf die Fouriertransformation anwendbar. Für das dazugehörige Spektrum gilt entsprechend (2.5):

$$
X_{\Delta t}(f) = \int_{t_1}^{t_2} x(t) \cdot \exp(-\mathrm{j} \cdot 2\pi \cdot f \cdot t)\, \mathrm{d}t \ .
\tag{4.22}
$$

Hieraus ergibt sich das LDS des zeitlich unbegrenzten Signals durch Grenzwertbildung

$$
L_x(f) = \lim_{\Delta t \to \infty} \frac{1}{\Delta t} \cdot |X_{\Delta t}(f)|^2 \ ,
\tag{4.23}
$$

wobei $\Delta t = t_2 - t_1$ die Dauer des betrachteten Zeitausschnittes ist (vgl. [89], [169]).

Bei der numerischen Auswertung von (4.23) am Digitalrechner ist eine Zeitbegrenzung stets implizit mitenthalten. Wird das Zufallssignal $x(t)$ durch die auf N Werte begrenzte Folge seiner Abtastwerte dargestellt, so liefert die diskrete Fouriertransformation $\langle X(\mu)\rangle$ •—^{N}—○ $\langle x(\nu)\rangle$ die Stützstellen der normierten Spektralfunktion $f_\mathrm{A} \cdot X(f)$ im Abstand f_A (vgl. Abschnitt 2.1.2). Ist N eine Potenz zur Basis 2, so kann der für eine Rechnerimplementierung günstigere FFT-Algorithmus von Abschnitt 2.1.4 verwendet werden. Der betrachtete Zeitausschnitt ist in diesem Fall auf $\Delta t = N \cdot T_\mathrm{A}$ begrenzt, so daß auf den Grenzübergang in (4.23) verzichtet werden kann. Allerdings ist das Ergebnis der numerischen Auswertung dann als Näherung zu verstehen:

$$
L_x(\mu \cdot f_\mathrm{A}) \approx f_\mathrm{A} \cdot |X(\mu \cdot f_\mathrm{A})|^2 \ .
\tag{4.24}
$$

In Bild 4.8 sind die beiden Rechenwege zur Bestimmung von $L_x(f)$ angedeutet.

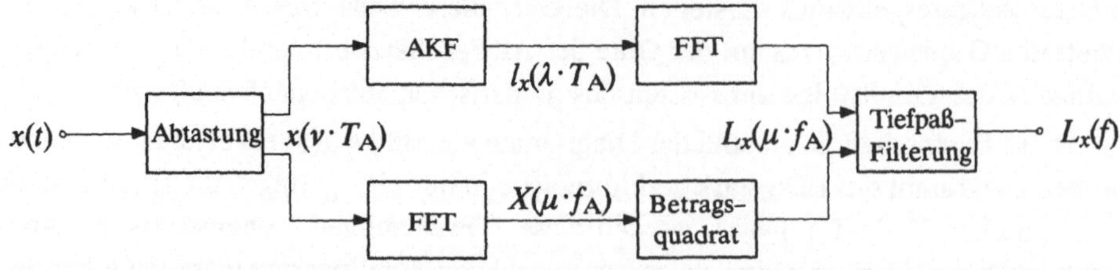

Bild 4.8:   Zwei Wege zur numerischen Ermittlung des Leistungsdichtespektrums.

Ein auf dem unteren Weg gewonnenes Leistungsdichtespektrum bezeichnet man häufig als *Periodogramm*. In der Literatur finden sich zahlreiche Hinweise über die Eigenschaften von Periodogrammen sowie über die Fehlermöglichkeiten bei deren Anwendung zur LDS–Bestimmung, z. B. in [25], [117], [131] und [242]. Die Ergebnisse dieser Beiträge sind in [248] zusammengefaßt und anhand verschiedener Beispiele verdeutlicht. Die nachfolgenden Bilder und Bewertungen entstammen dieser Arbeit.

Bild 4.9(b) zeigt das mittels FFT und (4.23) bestimmte LDS für zwei verschiedene Werte von N. Die zugehörigen Autokorrelationsfunktionen wurden ebenfalls mit Hilfe der FFT ermittelt und sind in Bild 4.9(a) dargestellt.

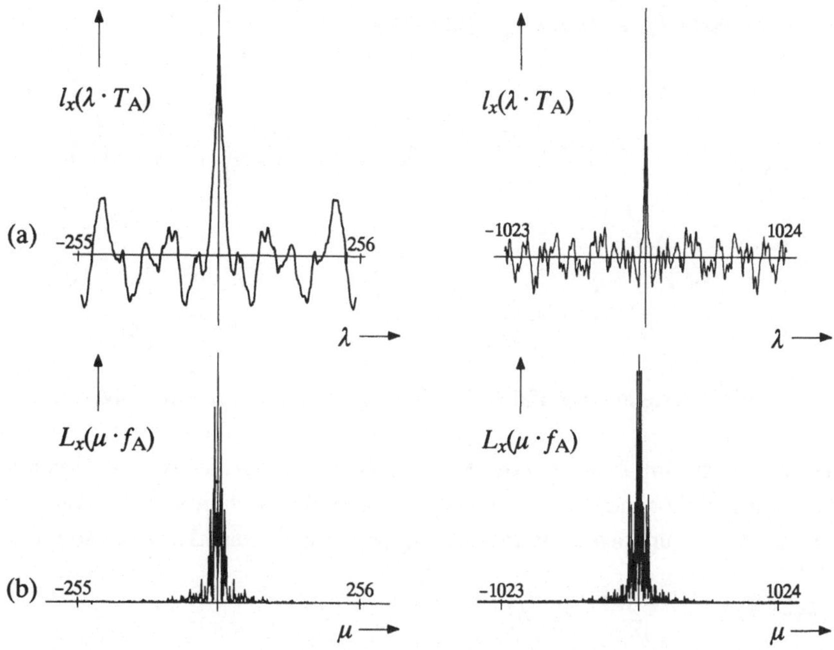

Bild 4.9: Periodogramm (b), ermittelt aus $N = 512$ (links) bzw. $N = 2.048$ (rechts) Werten, und zugehörige (mit der FFT bestimmte) AKF (a).

Die Datenlänge der beiden rechten Diagramme ($N = 2048$) ist mit derjenigen der linken Diagramme ($N = 2000$) von Bild 4.7 vergleichbar. Es ist offensichtlich, daß das über das Periodogramm ermittelte LDS deutlich größere Schwankungen (Fehler) aufweist als das LDS entsprechend 4.1.3. Dagegen sind die Fehler in der AKF bei beiden Berechnungsarten in der gleichen Größenordnung. Der Grund für das schlechtere Ergebnis hinsichtlich LDS ist, daß bei der Periodogramm–Bestimmung implizit alle AKF–Werte zur Berechnung des Spektralbereichs herangezogen werden. Von den $N/2 + 1 = 1025$ unabhängigen AKF–Werten liefern jedoch nur etwa fünfzig Informationen über den Zufallsprozeß, während alle anderen Abtastwerte Verfälschungen gegenüber dem Sollwert 0 darstellen. Diese "unnötig" große Zahl berücksichtigter AKF–Werte macht sich im Spektralbereich durch ausgeprägte hochfrequente Schwankungen bemerkbar.

Weiterhin ist aus einem Vergleich der linken und rechten Diagramme von Bild 4.9 erkennbar, daß durch eine Vergrößerung der Datenlänge N zwar die Genauigkeit der AKF–Werte erhöht wird, nicht jedoch die der LDS–Werte. Eine Vergrößerung von N führt hier lediglich zu einer höheren spektralen Auflösung (d. h. zu einem kleinerem f_A), nicht jedoch zu geringeren Schwankungen.

Mittelung über Periodogramme

Die statistische Sicherheit der oben beschriebenen Spektralanalyse kann verbessert werden, wenn anstelle eines Periodogramms (über N Zufallswerte) mehrere solcher Periodogramme aus entsprechend weniger Zufallswerten gebildet werden und anschließend über diese eine Mittelung erfolgt (vgl. Bild 4.10).

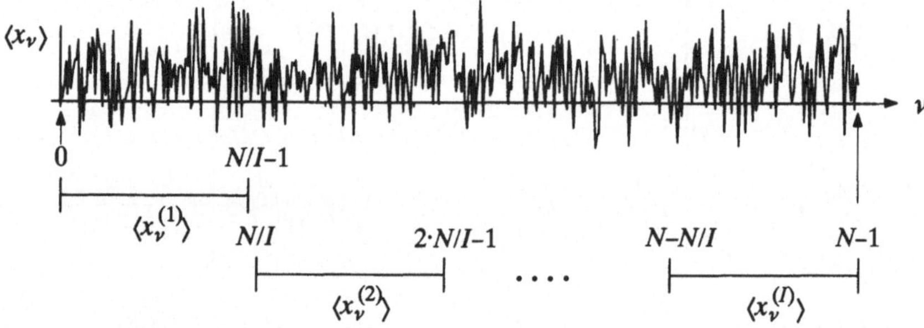

Bild 4.10:   Aufspaltung einer Zufallsfolge $\langle x_\nu \rangle$ der Länge N in I Teilfolgen $\langle x_\nu^{(i)} \rangle$.

Bezeichnet man mit I die Anzahl der Teilfolgen, und ist die Anzahl N der für die Spektralanalyse vorliegenden Zufallsgrößen vorgegeben, so beträgt die Länge der einzelnen (miteinander unkorrelierten) Periodogramme N/I. Das LDS kann somit gemäß

$$L_x(\mu \cdot f_\mathrm{A}) = \frac{1}{I} \cdot \sum_{i=1}^{I} L_x^{(i)}(\mu \cdot f_\mathrm{A}) \tag{4.25}$$

berechnet werden, wobei $L_x^{(i)}(\mu \cdot f_\mathrm{A})$ das nach (4.24) bestimmte Periodogramm der i–ten Teilfolge angibt. Die durch Mittelung gewonnenen LDS–Werte $L_x(\mu \cdot f_\mathrm{A})$ weisen gegenüber den Einzelbeiträgen $L_x^{(i)}(\mu \cdot f_\mathrm{A})$ nach dem zentralen Grenzwertsatz eine um den Faktor $\sqrt{I}$ geringere Streuung auf.

In Bild 4.11 sind die Ergebnisse der Spektralanalyse mit der Datenlänge $N = 2048$ dargestellt, wobei die gleiche Zufallsgröße wie in den Bildern 4.7 und 4.9 zugrundeliegt. Der tatsächliche Verlauf des Leistungsdichtespektrums ist somit ähnlich wie im rechten Diagramm von Bild 4.7(b) dargestellt.

Für das linke Diagramm von Bild 4.11 wurde nur ein Periodogramm aus 2048 Zufallswerten gebildet, so daß der Kurvenverlauf – mit Ausnahme des Abszissenmaßstabs – identisch mit dem rechten Diagramm von Bild 4.9(b) ist. Die beiden weiteren Darstellung von Bild 4.11 verdeutlichen den Gewinn an statistischer Sicherheit durch Mittelung über I Periodogramme der jeweiligen Datenlänge N/I. Die Schwankungen betragen nur noch die Hälfte (falls $I = 4$) bzw. ein Viertel (falls $I = 16$) gegenüber dem linken Diagramm, und sind auch geringer als bei der LDS–Bestimmung über die AKF (vgl. Bild 4.7(links)). Dieser Gewinn wird allerdings auf Kosten einer verringerten Frequenzauflösung erzielt, da der Abstand zweier Abtastwerte im Spektralbereich um den Faktor I größer wird.

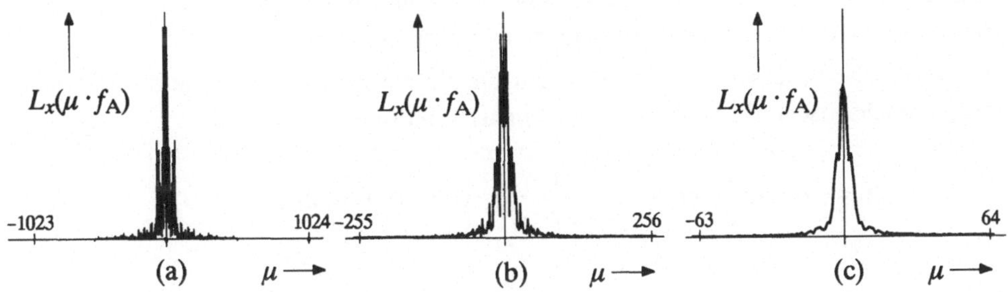

Bild 4.11: LDS nach Mittelung über I Periodogramme der jeweiligen Länge $2048/I$: $I = 1$ (links), $I = 4$ (mitte) bzw. $I = 16$ (rechts).

Gewichtung mit einer Fensterfunktion

Eine weitere Fehlerquelle liegt – wie auch bei deterministischen Signalen – in der periodischen Fortsetzung des Zeitausschnittes durch die DFT (*"spektraler Leckeffekt"*, siehe Abschnitt 2.2.1). Die Unstetigkeiten an den Randbereichen führen besonders dann zu einer merklichen Verfälschung des Periodogramms, wenn der Zufallsprozeß starke statistische Bindungen aufweist und eine Aufspaltung in Teilblöcke vorgenommen wurde.

Ebenso wie in Abschnitt 2.2 beschrieben kann durch die Gewichtung der Teilblöcke mittels einer Fensterfunktion der Einfluß der Unstetigkeiten an den Rändern vermindert werden. In [248] wird gezeigt, daß von den in Bild 2.13 angegebenen Fensterfunktionen z. B. das Kaiser-Bessel-Fenster und das Hanning-Fenster günstige Ergebnisse liefern.

Die Gewichtung der einzelnen Teilblöcke hat allerdings den Nebeneffekt, daß Informationen über die statistischen Eigenschaften verlorengehen, da einige Zufallswerte in die LDS–Berechnung nicht oder nur wenig eingehen. Abhilfe schafft hier z. B. eine Überlappung der Teilblöcke, wie es in Bild 4.12 am Beispiel des Hanning–Fensters und der Parameter $N = 2048$, $I = 7$ angedeutet ist. Dieses Verfahren liefert bei vergleichsweise geringem Rechenaufwand gute Näherungswerte für das Leistungsdichtespektrum.

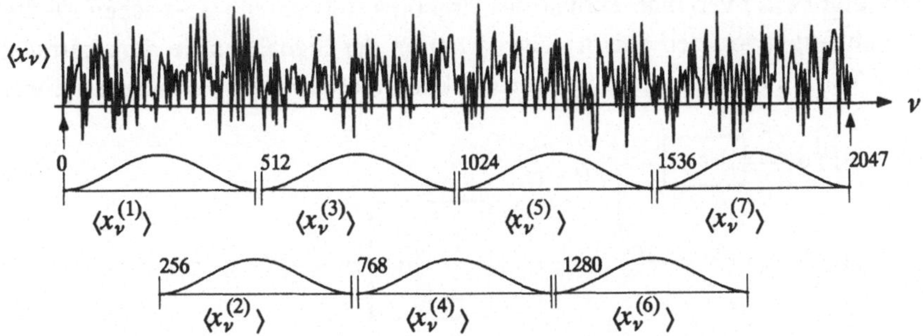

Bild 4.12: Aufspaltung einer Zufallsfolge in Teilfolgen mit Überlappung.

4.1.5 Kreuzkorrelationsfunktion und Kreuzleistungsdichtespektrum

Betrachten wir nun noch eine weitere wichtige Kenngröße der statistischen Signaltheorie, nämlich die *Kreuzkorrelationsfunktion (KKF)*. Diese ist ein Maß für die lineare
statistische Abhängigkeit der Augenblickswerte zweier Zufallssignale und dient somit der
Beschreibung der statistischen Verwandtschaft zwischen diesen.

Ergodische Prozesse vorausgesetzt, gilt für die beiden Kreuzkorrelationsfunktionen
zweier stochastischer Prozesse mit den Musterfunktionen $x(t)$ und $y(t)$:

$$l_{xy}(\tau) = \overline{x(t) \cdot y(t + \tau)} = \lim_{T_0 \to \infty} \frac{1}{2T_0} \cdot \int_{-T_0}^{+T_0} x(t) \cdot y(t + \tau)\, \mathrm{d}t \,, \tag{4.26}$$

$$l_{yx}(\tau) = \overline{y(t) \cdot x(t + \tau)} = \lim_{T_0 \to \infty} \frac{1}{2T_0} \cdot \int_{-T_0}^{+T_0} y(t) \cdot x(t + \tau)\, \mathrm{d}t \,. \tag{4.27}$$

Sind zwei Signale $x(t)$ und $y(t)$ miteinander unkorreliert, so ist $l_{xy}(\tau) = l_{yx}(\tau) = 0$.

Ein Vergleich obiger Definitionen mit (4.5) macht die Ähnlichkeit zwischen AKF und
KKF deutlich. In der Literatur wird deshalb häufig für die AKF des Prozesses $\{x_i(t)\}$ auch
die Nomenklatur $l_{xx}(\tau)$ gewählt.

Im Gegensatz zur AKF ist die KKF nicht symmetrisch zu $\tau = 0$, und dem Wert $l_{xy}(0)$
kommt im allgemeinen keine besondere, physikalisch interpretierbare Bedeutung zu. Es
gilt hier lediglich die Symmetriebeziehung $l_{xy}(\tau) = l_{yx}(-\tau)$.

Tritt der Maximalwert der KKF an der Stelle t_0 auf, so bedeutet dies, daß die stärksten
linearen Abhängigkeiten ("Ähnlichkeiten") zwischen den Signalen $x(t)$ und $y(t+t_0)$
bestehen, d. h. daß durch eine Verschiebung von $y(t)$ um die Zeitdauer t_0 die Korrelation
zwischen den beiden Signalen maximal wird.

Bild 4.13 zeigt eine Anordnung zur Messung der KKF. Bei positiver Laufzeit τ ist das
Ausgangssignal entsprechend (4.27) gleich

$$\overline{y(t) \cdot x(t - \tau)} = l_{yx}(-\tau) = l_{xy}(\tau) \,. \tag{4.28}$$

Wird stattdessen die Verzögerung τ in den y-Zweig eingefügt, so liefert dieser Korrelator
die KKF $l_{yx}(\tau)$. Da die Meßdauer T_M nicht unendlich groß gemacht werden kann, wie dies
die Definition (4.27) verlangt, enthält das Ergebnis stets einen statistischen Meßfehler.
Wird T_M abhängig von den Spektraleigenschaften der Signale sowie dem betrachteten
τ-Wert jedoch hinreichend groß gewählt, so kann dieser Fehler vernachlässigt werden.

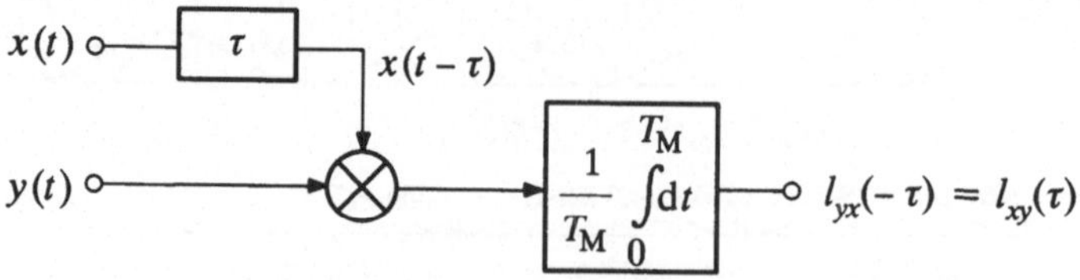

Bild 4.13: Anordnung zur Messung der Kreuzkorrelationsfunktion.

Für viele Anwendungen ist es vorteilhaft, die Korrelation zwischen verschiedenen Signalen im Frequenzbereich zu behandeln. Dazu betrachtet man die Fouriertransformierten $L_{xy}(f) \circ\!\!-\!\!\bullet\; l_{xy}(\tau)$ und $L_{yx}(f) \bullet\!\!-\!\!\circ\; l_{yx}(\tau)$, die man als die *Kreuzleistungsdichtespektren* bezeichnet. Im Gegensatz zu den (Auto-)Leistungsdichtespektren $L_x(f)$ und $L_y(f)$ der beiden betrachteten Zufallsprozesse sind diese im allgemeinen komplexe Funktionen. Bei reellen Zufallsprozessen und damit auch reellen Kreuzkorrelationsfunktionen gelten jedoch folgende Zusammenhänge:

$$L_{xy}(-f) = L_{yx}(f) \, , \tag{4.29}$$

$$L_{xy}(-f) = L_{xy}^*(f) \, . \tag{4.30}$$

Beispiel 4.3: Sehr häufig stellt sich die Aufgabe, aus einem durch Rauschen $n(t)$ gestörten Empfangssignal $e(t) = s(t) + n(t)$ das Nutzsignal $s(t)$ zu extrahieren. Dabei sei bekannt, daß $s(t)$ einem Satz möglicher Sendesignale $s_i(t)$ entstammt und die Laufzeit t_0 beträgt.

Man löst diese Aufgabe bestmöglichst, wenn man das Empfangssignal $e(t)$ mit allen möglichen Sendesignalen $s_i(t)$ korreliert und anschließend das Signal mit dem maximalen KKF–Wert auswählt (vgl. Abschnitt (5.3.2).

Wir betrachten nun die Anordnung von Bild 4.13 mit $x(t) = e(t)$ und $y(t) = K \cdot s_i(t - t_0)$. Dann erhält man für die KKF am Ausgang des Korrelators:

$$l_{xy}(\tau) = \lim_{T_0 \to \infty} \frac{1}{2T_0} \cdot \int_{-T_0}^{+T_0} [s(t) + n(t)] \cdot K \cdot s_i(t - t_0 + \tau) \, \mathrm{d}t \; = \tag{4.31}$$

$$= \lim_{T_0 \to \infty} \frac{1}{2T_0} \cdot \int_{-T_0}^{+T_0} K \cdot s(t) \cdot s_i(t - t_0 + \tau) \, \mathrm{d}t \; +$$

$$+ \lim_{T_0 \to \infty} \frac{1}{2T_0} \cdot \int_{-T_0}^{+T_0} K \cdot n(t) \cdot s_i(t - t_0 + \tau) \, \mathrm{d}t \, .$$

Setzen wir nun voraus, daß das Störsignal $n(t)$ mit allen möglichen Nutzsignalen $s_i(t)$ unkorreliert ist, so ergibt der zweite Summand stets den Wert 0. Zur Interpretation des ersten Terms nehmen wir zunächst an, daß mit dem tatsächlich gesendeten Signal korreliert wird, d. h. $y(t) = K \cdot s(t - t_0)$ ist. Mit $s_i(t) = s(t)$ erhält man dann aus obiger Gleichung:

$$l_{xy}(\tau) = \lim_{T_0 \to \infty} \frac{1}{2T_0} \cdot \int_{-T_0}^{+T_0} K \cdot s(t) \cdot s(t - t_0 + \tau) \, \mathrm{d}t \; = K \cdot l_s(\tau - t_0) \, . \tag{4.32}$$

Die KKF ist in diesem Fall bis auf die Konstante K und die Verzögerung t_0 identisch mit der AKF des Nutzsignals. Zum Zeitpunkt $\tau = t_0$ gilt somit: $l_{xy}(t_0) = K \cdot l_s(0)$. Wird dagegen anstelle des tatsächlich gesendeten Signals $s(t) = s_j(t)$ eines der anderen möglichen Signale $s_i(t)$ mit $i \neq j$ zur Korrelation herangezogen, so liefert der Korrelator einen wesentlich kleineren Wert für $l_{xy}(t_0)$. Auf diese Weise ist eine optimale Detektion möglich.

4.2   Spektraleigenschaften diskreter Zufallgrößen

Inhalt: Nachfolgend werden Autokorrelationsfunktion und Leistungsdichtespektrum für einige Beispiele von diskreten Zufallssignalen angegeben. Hierzu gehören redundanzfreie und redundante Digitalsignale sowie PN–Folgen. Ein wichtiger Sonderfall der diskreten Zufallsprozesse sind Markovprozesse, die insbesondere für die Modellierung von Kanälen mit Bündelfehlercharakteristik eine wichtige Rolle spielen.

4.2.1   Autokorrelationsfunktion von Digitalsignalen

Jedes ungestörte Digitalsignal $x(t)$ kann in folgender Weise dargestellt werden:

$$x(t) = \sum_{v=-\infty}^{+\infty} a_v \cdot g_x(t - v \cdot T) \; . \tag{4.33}$$

Hierbei kennzeichnet der Grundimpuls $g_x(t)$ den Zeitverlauf eines Einzelimpulses, der z. B. rechteck– oder gaußförmig sein kann (vgl. Bild 4.14). Die einzelnen Impulse folgen im Abstand T ("Symboldauer") aufeinander.

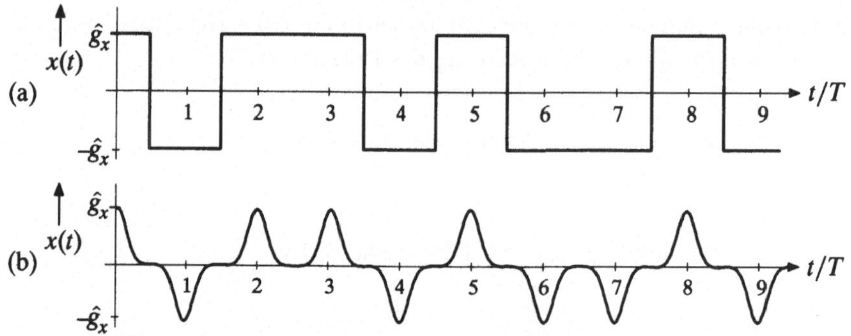

Bild 4.14: Beispiele eines bipolaren Binärsignals mit NRZ–Rechteckimpulsen (a)
            bzw. Gaußimpulsen (b).

Die statistischen Eigenschaften des M–stufigen Digitalsignals werden durch die dimensionslosen Amplitudenkoeffizienten a_v beschrieben . Für das Folgende wird festgelegt, daß die M möglichen Amplitudenkoeffizienten a_μ mit $\mu = 1, \dots , M$ äquidistant seien. Die unterschiedlichen Indizes dienen zur Unterscheidung der Vorratsmenge $\{a_\mu\}$ von der zeitlichen Folge $\langle a_v \rangle$.

Somit gilt bei *unipolaren* Signalen ($0 \le a_\mu \le 1$):

$$a_\mu = \frac{\mu - 1}{M - 1} \tag{4.34}$$

bzw. bei *bipolaren* Signalen ($-1 \le a_\mu \le 1$):

$$a_\mu = \frac{2\mu - M - 1}{M - 1} \; . \tag{4.35}$$

Bei einem Binärsignal ist dementsprechend $a_\mu \in \{0, 1\}$ bzw. $a_\mu \in \{-1, +1\}$.

Aus Bild 4.14 ist zu ersehen, daß ein Digitalsignal im strengen Sinne nicht stationär ist. Besonders deutlich wird dies bei den schmalen Gaußimpulsen von Bild 4.14(b). Beispielsweise beträgt zu allen Vielfachen von $v \cdot T$ der quadratische Mittelwert $m_2 = \hat{g}_x^2$, während in der Mitte zwischen zwei solchen Zeitpunkten $m_2 \approx 0$ ist und somit die in Abschnitt 4.1.1 angegebene Bedingung der Stationarität nicht erfüllt ist.

Man bezeichnet einen solchen Zufallsprozeß, dessen Momente $m_k(t) = m_k(t + T)$ sich periodisch wiederholen, als *zyklostationär* (vgl. [169]). Viele der für ergodische Prozesse gültigen Gleichungen können mit Einschränkungen auch auf zyklostationäre Prozesse angewandt werden. Beispielsweise gilt für die AKF eines Digitalsignals $x(t)$ gemäß (4.33) mit (4.5) ohne Einschränkung:

$$l_x(\tau) = \lim_{T_0 \to \infty} \frac{1}{2T_0} \cdot \int_{-T_0}^{+T_0} \sum_{v=-\infty}^{+\infty} \sum_{\kappa=-\infty}^{+\infty} a_v \cdot a_\kappa \cdot g_x(t - v \cdot T) \cdot g_x(t + \tau - \kappa \cdot T) \, dt \ . \quad (4.36)$$

Da – wie z. B. in [241] gezeigt wird – bei den hier getroffenen Voraussetzungen die Grenzwert-, Integral- und Summenbildung vertauscht werden darf, kann mit den Substitutionen $N_0 = T_0/T$, $\lambda = \kappa - v$ und $t - v \cdot T \to t$ hierfür auch geschrieben werden:

$$l_x(\tau) = \sum_{\lambda=-\infty}^{+\infty} \frac{1}{T} \cdot \lim_{N_0 \to \infty} \frac{1}{2N_0 + 1} \cdot \sum_{v=-N_0}^{+N_0} a_v \cdot a_{v+\lambda} \cdot \int_{-\infty}^{+\infty} g_x(t) \cdot g_x(t + \tau - \lambda \cdot T) \, dt \ . \quad (4.37)$$

Nun werden folgende Abkürzungen eingeführt:

- die *diskrete Autokorrelationsfunktion der Amplitudenkoeffizienten*:

$$l_a(\lambda) = \lim_{N_0 \to \infty} \frac{1}{2N_0 + 1} \sum_{v=-N_0}^{+N_0} a_v \cdot a_{v+\lambda} \ . \quad (4.38)$$

Diese liefert eine Aussage über die linearen statistischen Bindungen der Amplitudenkoeffizienten a_v und $a_{v+\lambda}$.

- die *Energie-AKF des Grundimpulses*:

$$e_{gx}(\tau) = \int_{-\infty}^{+\infty} g_x(t) \cdot g_x(t + \tau) \, dt \ . \quad (4.39)$$

Diese ist ähnlich definiert wie die AKF von (4.5). Es ist jedoch berücksichtigt, daß $g_x(t)$ energiebegrenzt ist, so daß auf die Division durch $2 \cdot T_0$ und den Grenzübergang $T_0 \to \infty$ verzichtet werden kann. Die Einheit von $e_{gx}(\tau)$ ist die einer Energie, z. B. V^2s. Mit diesen beiden Größen erhält man für die AKF von (4.37):

$$l_x(\tau) = \sum_{\lambda=-\infty}^{+\infty} \frac{1}{T} \cdot l_a(\lambda) \cdot e_{gx}(\tau - \lambda \cdot T) \ . \quad (4.40)$$

Diese Gleichung macht deutlich, daß die AKF $l_x(\tau)$ durch zwei Größen bestimmt wird, nämlich durch den Grundimpuls, dessen Einfluß durch seine Energie-AKF $e_{gx}(\tau)$ beschrieben wird, sowie durch die statistische Abhängigkeit der gesendeten Symbolfolge, die durch die diskrete AKF $l_a(\lambda)$ der Amplitudenkoeffizienten gekennzeichnet ist.

4.2.2   Redundanzfreie Digitalsignale

Der AKF–Wert $l_a(0) = \mathrm{E}[a_\nu^2]$ ist unabhängig von den statistischen Bindungen und kann mit (3.30) aus den M möglichen Amplitudenkoeffizienten a_μ und ihren Auftrittswahrscheinlichkeiten p_μ berechnet werden. Sind diese alle gleich ($p_\mu = 1/M$), so erhält man mit (4.34) bzw. (4.35):

$$l_a(0) = \frac{1}{M} \cdot \sum_{\mu=1}^{M} a_\mu^2 = \begin{cases} \dfrac{2M-1}{6 \cdot (M-1)} & \text{für unipolare Signale} , \\[2ex] \dfrac{M+1}{3 \cdot (M-1)} & \text{für bipolare Signale} . \end{cases} \tag{4.41}$$

Dagegen werden die AKF–Werte mit $\lambda \neq 0$ von den statistischen Bindungen zwischen den einzelnen Amplitudenkoeffizienten beeinflußt. Sind die Amplitudenkoeffizienten a_ν statistisch voneinander unabhängig (vgl. Abschnitt 3.1.3), so gilt für $\lambda \neq 0$:

$$l_a(\lambda) = \mathrm{E}[a_\nu \cdot a_{\nu+\lambda}] = \mathrm{E}[a_\nu] \cdot \mathrm{E}[a_{\nu+\lambda}] = m_1^2 . \tag{4.42}$$

Sind weiterhin alle möglichen Ampitudenkoeffizienten gleichwahrscheinlich, so ergibt sich aus (3.29) der lineare Mittelwert zu $m_1 = \frac{1}{2}$ (für unipolare Signale) bzw. zu $m_1 = 0$ (für bipolare Signale). In der Übertragungstechnik bezeichnet man ein Digitalsignal mit den Eigenschaften "gleichwahrscheinlich" und "statistisch unabhängig" als *redundanzfrei*.

Mit den Gleichungen (4.40), (4.41) und (4.42) erhält man somit für die AKF und das LDS eines M–stufigen bipolaren redundanzfreien Digitalsignals (vgl. [207]) :

$$l_x(\tau) = \frac{M+1}{3 \cdot T \cdot (M-1)} \cdot e_{gx}(\tau) , \tag{4.43}$$

$$L_x(f) = \frac{M+1}{3 \cdot T \cdot (M-1)} \cdot E_{gx}(f) . \tag{4.44}$$

Hierbei bezeichnet $E_{gx}(f) \circlearrowleft\!\!-\!\!\circ\, e_{gx}(\tau)$ das *Energiespektrum* des zeitlich und damit auch energiebegrenzten Grundimpulses.

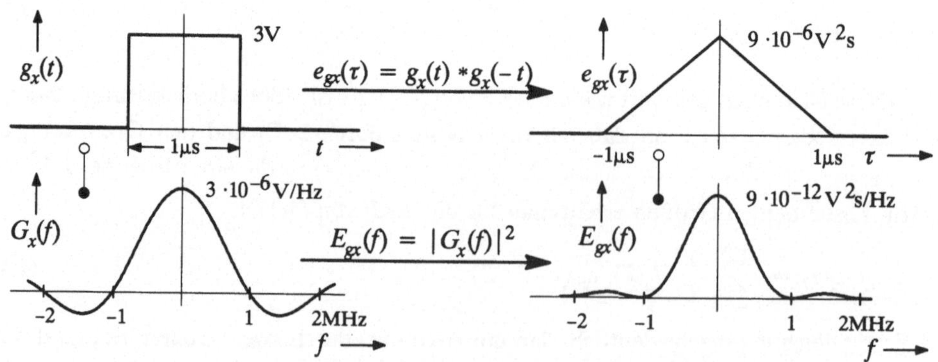

Bild 4.15: Rechteckförmiger Grundimpuls (Amplitude $\hat{g}_x = 3\mathrm{V}$, Breite $T_x = 1$µs) sowie Spektrum $G_x(f)$, Energie-AKF $e_{gx}(\tau)$ und Energiespektrum $E_{gx}(f)$.

In Bild 4.15 sind die Beziehungen zwischen $g_x(t)$, $e_{gx}(\tau)$, $G_x(f)$ und $E_{gx}(f)$ am Beispiel eines Rechteckimpulses zusammengestellt. Zwischen dem Energiespektrum $E_{gx}(f)$ und dem Amplitudenspektrum $G_x(f) \bullet\!\!-\!\!\circ g_x(t)$ besteht dabei folgender Zusammenhang:

$$E_{gx}(f) = |G_x(f)|^2 . \tag{4.45}$$

Analog zu (4.43) und (4.44) gilt für ein unipolares Signal :

$$l_x(\tau) = \frac{M+1}{12 \cdot T \cdot (M-1)} \cdot e_{gx}(\tau) + \frac{1}{4 \cdot T} \cdot \sum_{\lambda=-\infty}^{+\infty} e_{gx}(\tau - \lambda \cdot T) , \tag{4.46}$$

$$L_x(f) = \frac{M+1}{12 \cdot T \cdot (M-1)} \cdot E_{gx}(f) + \frac{1}{4 \cdot T^2} \cdot \sum_{\lambda=-\infty}^{+\infty} E_{gx}(f) \cdot \delta(f - \lambda \cdot \frac{1}{T}) . \tag{4.47}$$

Beispiel 4.4:   Bild 4.16 zeigt einen Ausschnitt aus dem Signalverlauf sowie AKF und LDS für bipolare und unipolare rechteckförmige Binärsignale. Ist die Dauer T_x der Einzelimpulse gleich dem Abstand T, so spricht man von NRZ–Impulsen (*"non–return–to–zero"*), andernfalls von RZ–Impulsen (in Bild 4.16 gilt bei RZ–Impulsen $T_x/T = \frac{1}{2}$). Bei bipolaren redundanzfreien Signalen ist die AKF stets dreieckförmig ohne Gleichanteil und das LDS dementsprechend si^2–förmig. Dagegen treten im LDS eines unipolaren Signals neben dem kontinuierlichen Anteil auch Diracfunktionen bei $f = 0$ und Vielfachen von $1/T$ auf.

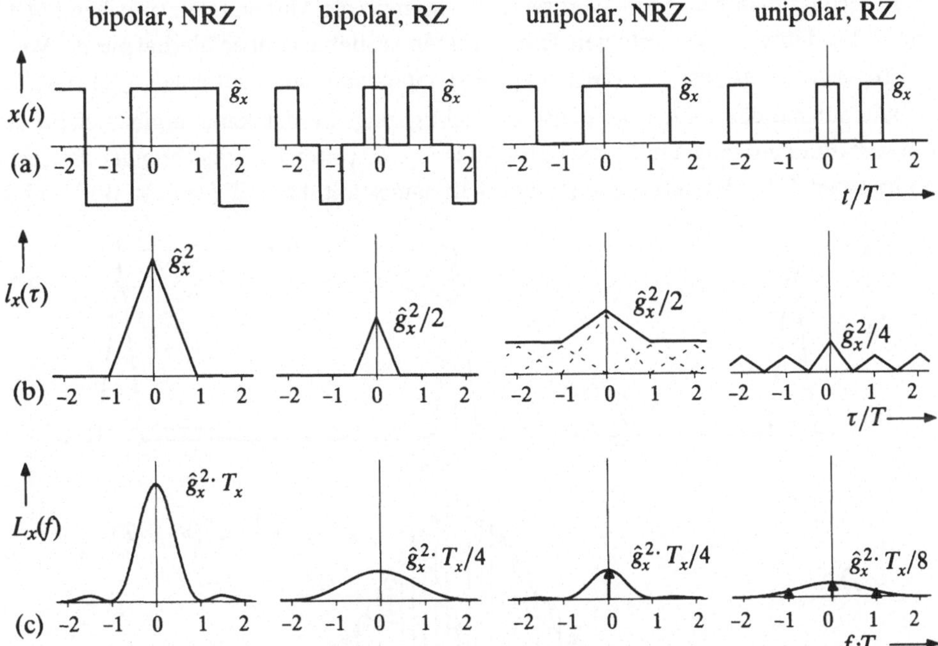

Bild 4.16: Signalverläufe (a), Autokorrelationsfunktionen (b) und Leistungsdichtespektren (c) rechteckförmiger, redundanzfreier Binärsignale.

4.2.3 AKF und LDS von PN-Folgen

Häufig wird zur Approximation eines redundanzfreien Binärsignals ein *PN-Generator* (siehe Abschnitt 3.5.2) verwendet, dessen Ausgangssignal gemäß Bild 3.30 durch (4.33) beschrieben werden kann. Die Amplitudenkoeffizienten $a_\nu \in \{-1, +1\}$ seien bipolar, der Grundimpuls $g_x(t)$ NRZ-rechteckförmig.

Die Ausgangsfolge $\langle a_\nu \rangle$ eines PN-Generators ist im strengen Sinne nicht stochastisch, sondern weist periodische und damit deterministische Eigenschaften auf. Die Periode sei P, d. h. es ist $a_{\nu+P} = a_\nu$. Beispielsweise gilt für den PN-Generator mit dem Grad 4 und der Oktalkennung (31) entsprechend Tabelle 3.4:

$$\langle a_\nu \rangle = \; ... \; ,-1,+1,+1,-1,+1,-1,+1,+1,+1,+1,-1,-1,-1,+1,-1,-1,+1,+1,-1, \; ...$$

↑   Periodenlänge $P = 15$ ↑

Zur Berechnung der AKF muß in diesem Sonderfall nur über eine Periode gemittelt werden. Für die diskrete AKF der Amplitudenkoeffizienten gilt mit (4.6):

$$l_a(\lambda) = \frac{1}{P} \cdot \sum_{\nu=1}^{P} a_\nu \cdot a_{\nu+\lambda} \; . \tag{4.48}$$

Der quadratische Mittelwert der PN-Folge ergibt sich zu $l_a(0) = \mathrm{E}[a_\nu^2] = 1$. Aufgrund der Periodizität ist weiterhin $l_a(\pm P) = l_a(\pm 2 \cdot P) = \; ... \; = l_a(0) = 1$.

Berechnet man den AKF-Wert für $\lambda = 1$, so muß die Mittelung entsprechend (4.48) über P Produkte $a_\nu \cdot a_{\nu+1}$ erfolgen. Die einzelnen Produkte können hierbei nur die Werte $+1$ (falls $a_{\nu+1} = a_\nu$) bzw. -1 (falls $a_{\nu+1} \neq a_\nu$) annehmen, und man erhält $l_a(1) = -1/P$.

Wie anhand der obigen Beispielfolge leicht gezeigt werden kann, ergibt sich für alle $\lambda \neq k \cdot P$ (mit ganzzahligem k) ebenfalls $l_a(\lambda) = -1/P$. Unter Berücksichtigung des rechteckförmigen Grundimpulses und (4.40) erhält man somit die AKF $l_x(\tau)$ von Bild 4.17(a).

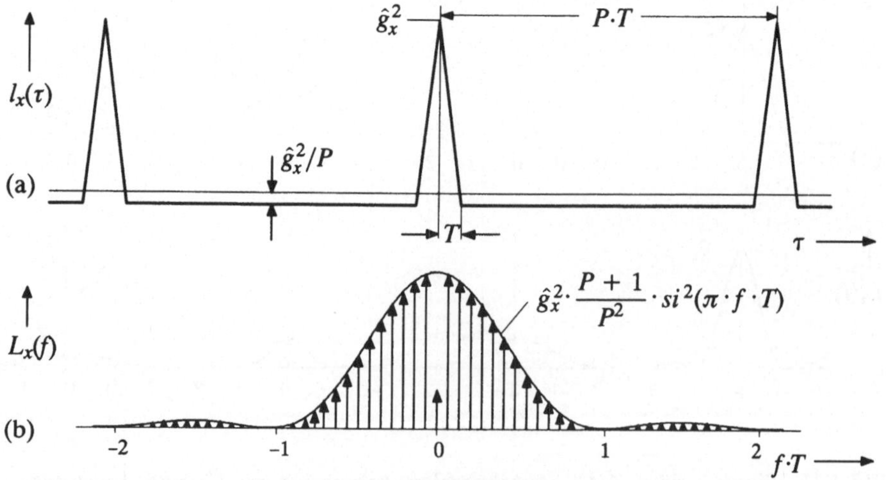

Bild 4.17: AKF (a) und LDS (b) einer PN-Folge maximaler Länge P.

Aufgrund der Periodizität der AKF $l_x(\tau)$ besteht hier das Leistungsdichtespektrum aus einer Summe von Diracfunktionen im Frequenzabstand $f_A = 1/(P \cdot T)$:

$$L_x(f) = \sum_{\mu=-\infty}^{+\infty} C_\mu \cdot \delta(f - \mu \cdot \frac{1}{P \cdot T}) \ . \tag{4.49}$$

Die Impulsgewichte C_μ verlaufen für $\mu \neq 0$ wegen der rechteckförmigen Impulsform si^2-förmig. Spaltet man die AKF in den Gleichanteil und die Summe von Dreieckimpulsen auf, so erhält man durch getrennte Fouriertransformation der einzelnen Anteile:

$$l_x(\tau) = -\frac{1}{P} \cdot \hat{g}_x^2 \quad + \quad \frac{P+1}{P} \cdot \hat{g}_x^2 \cdot \sum_{\lambda=-\infty}^{+\infty} \text{tri}\,(\frac{\tau - \lambda \cdot P \cdot T}{T}) \tag{4.50}$$

$$L_x(f) = -\frac{1}{P} \cdot \hat{g}_x^2 \cdot \delta(f) + \frac{P+1}{P^2} \cdot \hat{g}_x^2 \cdot \sum_{\mu=-\infty}^{+\infty} \text{si}^2(\pi \cdot f \cdot T) \cdot \delta(f - \mu \cdot \frac{1}{P \cdot T}) \ . \tag{4.51}$$

Hierbei bezeichnet $\text{tri}(u)$ die Dreieckfunktion:

$$\text{tri}(u) = \begin{cases} 1 - |u| & \text{für } |u| \leq 1 \ , \\ \\ 0 & \text{sonst} \ . \end{cases} \tag{4.52}$$

Durch Koeffizientenvergleich von (4.49) und (4.51) erhält man für $\mu \neq 0$:

$$C_\mu = \frac{P+1}{P^2} \cdot \hat{g}_x^2 \cdot \text{si}^2(\pi \cdot \frac{\mu}{P}) \ , \tag{4.53}$$

während $C_0 = \hat{g}/P^2$ ergibt.

In Bild 4.17(b) ist das diskrete Leistungsdichtespektrum für den oben spezifizierten PN-Generator mit der Periodenlänge $P = 15$ dargestellt. Je größer der Grad L und damit die Periodenlänge P ist, desto enger rücken die einzelnen Diracfunktionen zusammen und desto kleiner werden ihre Gewichte.

Im Grenzfall $P \to \infty$ werden alle Impulsgewichte C_μ verschwindend klein, und es ergibt sich ein kontinuierliches Leistungsdichtespektrum. Aus (2.27) und (4.53) folgt für $\mu \neq 0$ mit $f = \mu \cdot f_A$ sowie $f_A = 1/(P \cdot T) \to 0$:

$$L_x(f) = \lim_{f_A \to 0} \frac{C_\mu}{f_A} = \hat{g}_x^2 \cdot T \cdot \text{si}^2(\pi \cdot f \cdot T) \ . \tag{4.54}$$

Das bedeutet, daß ein PN-Generator mit einer sehr großen (unendlichen) Periodenlänge P das gleiche Leistungsdichtespektrum besitzt wie ein redundanzfreies bipolares NRZ-Binärsignal (vgl. Bild 4.16). Der einzige Unterschied ist im Frequenznullpunkt festzustellen. Hier liefert der Grenzübergang für $P \to \infty$ den Wert $L_x(f = 0) = 0$, während das LDS des redundanzfreien Binärsignals bei der Frequenz $f = 0$ sein Maximum aufweist.

Der Grund für diesen geringfügigen Unterschied ist die Periodizität des PN-Signals, auch wenn für $P \to \infty$ die periodischen Fortsetzungen der AKF $l_x(\tau)$ im Unendlichen liegen. Mit einem Spektrumanalyzer ist dieser Einbruch bei $f = 0$ allerdings nicht zu erfassen, wenn die Meßbandbreite sehr viel größer als f_A ist. Bei kürzerer Periodenlänge kann die niedrigere Spektrallinie bei der Frequenz 0 auch meßtechnisch erfaßt werden.

4.2.4 Redundante Digitalsignale

Zur Erläuterung des Begriffes "*Redundanz*" gehen wir von einer M–stufigen digitalen Nachrichtenquelle aus, die ein NRZ–Rechtecksignal entsprechend (4.33) abgibt. Die Folge $\langle a_\nu \rangle$ kennzeichnet die einzelnen Nachrichtensymbole. Vereinbarungsgemäß seien die Amplitudenkoeffizienten $a_\nu \in \{a_1, \dots, a_\mu, \dots, a_M\}$. Ist das ν–te Folgenelement gleich a_μ, so kann sein *Informationsgehalt* mit der Wahrscheinlichkeit $p_{\nu\mu} = p(a_\nu = a_\mu)$ wie folgt berechnet werden (vgl. [82]):

$$I_\nu = \mathrm{ld}\,\frac{1}{p_{\nu\mu}} \qquad \text{mit ld: Logarithmus zur Basis 2 .} \tag{4.55}$$

Bei der numerischen Auswertung wird die Hinweiseinheit "bit" hinzugefügt.

Je kleiner die Wahrscheinlichkeit, desto größer ist also der Informationsgehalt eines Symbols. Durch Zeitmittelung über alle Elemente der (unendlich langen) Folge $\langle a_\nu \rangle$ erhält man die *Entropie* der digitalen Quelle:

$$H = \overline{I_\nu} = \lim_{N_0 \to \infty} \frac{1}{2N_0 + 1} \sum_{\nu = -N_0}^{+N_0} I_\nu \; . \tag{4.56}$$

Die Entropie entspricht also dem mittleren Informationsgehalt eines Symbols.

Sind die einzelnen Folgenelemente a_ν statistisch voneinander unabhängig, so sind die Wahrscheinlichkeiten $p_{\nu\mu} = p_\mu$ unabhängig von ν, und man erhält in diesem Sonderfall für die Entropie:

$$H = \sum_{\mu = 1}^{M} p_\mu \cdot \mathrm{ld}\,\frac{1}{p_\mu} \qquad \text{Einheit: bit .} \tag{4.57}$$

H wird maximal, wenn die M Symbolwahrscheinlichkeiten $p_\mu = 1/M$ gleich groß sind. Der Maximalwert der Entropie ist der *Nachrichtengehalt* der M–stufigen Quelle:

$$H_{\mathrm{max}} = \mathrm{ld}(M) \qquad \text{Einheit: bit .} \tag{4.58}$$

Es gilt stets $H \le H_{\mathrm{max}}$. Zur quantitativen Erfassung der statistischen Bindungen definiert man nun die *relative Redundanz*

$$r = \frac{H_{\mathrm{max}} - H}{H_{\mathrm{max}}} \qquad \text{mit } 0 \le r \le 1 \; . \tag{4.59}$$

Der Grenzwert $r = 0$ gilt für redundanzfreie Quellen bzw. Digitalsignale mit den Eigenschaften "statistisch unabhängig" und "gleichwahrscheinlich" (vgl. Abschnitt 4.2.2).

Redundanzfreie Digitalsignale sind in der Nachrichtentechnik eher die Ausnahme. Analysiert man beispielsweise einen zur Übertragung anstehenden deutschen Text auf Buchstaben– bzw. Zeichenebene, so ergibt sich aufgrund der unterschiedlichen Häufigkeiten der einzelnen Buchstaben (z. B. ist "e" sehr viel häufiger als "y") und aufgrund von statistischen Bindungen (z. B. ist "q" vor "u" sehr viel wahrscheinlicher als vor "g") eine relative Redundanz von ca. 80%. Führt man diese Redundanzanalyse dagegen auf Bitebene unter Voraussetzung des ASCII–Zeichensatzes (mit 8 Bit/Zeichen) durch, so steigt die relative Redundanz weiter an.

Zur quantitativen Erfassung der statistischen Bindungen eines redundanzbehafteten Signals wird meist das Leistungsdichtespektrum $L_x(f)$ •——∘ $l_x(\tau)$ herangezogen. Durch Fouriertransformation von (4.40) erhält man nach einigen Umformungen (vgl. [207])

$$L_x(f) = \sum_{\lambda = -\infty}^{+\infty} \frac{1}{T} \cdot l_a(\lambda) \cdot E_{gx}(f) \cdot \cos(2\pi \cdot f \cdot \lambda \cdot T) \, , \qquad (4.60)$$

wobei neben der Fourierkorrespondenz $e_{gx}(\tau)$ ∘——• $E_{gx}(f)$ auch die Symmetrieeigenschaften der AKF berücksichtigt sind. Definiert man schließlich das *Leistungsdichtespektrum der Amplitudenkoeffizienten* als

$$L_a(f) = \sum_{\lambda = -\infty}^{+\infty} l_a(\lambda) \cdot \exp(-j \cdot 2\pi \cdot f \cdot \lambda \cdot T) = \sum_{\lambda = -\infty}^{+\infty} l_a(\lambda) \cdot \cos(2\pi \cdot f \cdot \lambda \cdot T) \, , \qquad (4.61)$$

so läßt sich für das Leistungsdichtespektrum auch schreiben:

$$L_x(f) = \frac{1}{T} \cdot L_a(f) \cdot E_{gx}(f) \, . \qquad (4.62)$$

$L_x(f)$ kann demnach als Produkt zweier Funktionen dargestellt werden. Die Größe $L_a(f)$ ist dimensionslos und beschreibt die spektrale Formung des Digitalsignals $x(t)$ durch die statistischen Bindungen der Amplitudenkoeffizienten a_ν, während $E_{gx}(f)$ die spektrale Formung durch den Grundimpuls $g_x(t)$ berücksichtigt. Bei redundanzfreien Signalen ergibt sich $L_a(f) = $ const. (vgl. (4.44) und (4.47)).

Die Manipulation der in einem Nachrichtensignal enthaltenen Redundanz wird allgemein als *Codierung* bezeichnet. Diese nimmt in der Nachrichtentheorie einen sehr viel breiteren Raum ein als in diesem Buch. Hier sollen nur die Grundzüge skizziert werden.

Man unterscheidet je nach Zielrichtung zwischen mehreren Arten von Codierung. Aufgabe der *Quellencodierung* ist im wesentlichen eine Redundanzreduktion zur Datenkomprimierung, wie sie beispielsweise in der Bildcodierung Anwendung findet. Durch Ausnutzung statistischer Bindungen zwischen einzelnen Punkten eines Bildes bzw. zwischen den Helligkeitswerten eines Punktes zu verschiedenen Zeiten (bei Bewegtbildsequenzen) können Verfahren entwickelt werden, die zu einer merklichen Verminderung der Datenmenge bei nahezu gleichbleibender Bildqualität führen. Ein einfaches Beispiel hierfür ist die differentielle Pulscodemodulation (*DPCM*, vgl. Abschnitt 3.4.2).

Bei der *Kanalcodierung* wird demgegenüber dadurch eine merkliche Verbesserung des Übertragungsverhaltens erzielt, daß eine am Sender zusätzlich hinzugefügte Redundanz empfangsseitig zur *Fehlererkennung* oder *Fehlerkorrektur* herangezogen wird.

Die bekanntesten Vertreter von Codes zur Datensicherung sind die *Blockcodes* und die *Faltungscodes*. Ihre Beschreibung hat zu einer eigenen Disziplin innerhalb der Nachrichtentechnik geführt, nämlich der Codierungstheorie, die sich in der Vorgehensweise und den mathematischen Hilfsmitteln von anderen nachrichtentechnischen Grundlagenfächern unterscheidet (vgl. z. B. [55], [91], [93], [106], [158], [173], [224], [235], [239]).

Auf Fehlererkennung oder –korrektur soll in dieser Arbeit nicht näher eingegangen werden. Vielmehr beschränken wir uns hier auf den eher nachrichtentechnischen Aspekt, durch eine geeignete Codierung der Quellensymbole das Sendesignal an die spektralen

Eigenschaften des Übertragungsmediums und der Empfangseinrichtungen anzupassen (*"Leitungscodierung"*). Zur Verdeutlichung dieses Problems dient das folgende Beispiel.

Beispiel 4.5:   Eine wichtige Klasse von Leitungscodes sind die *Pseudoternärcodes*, die aus einem redundanzfreien Binärsignal $q(t)$ ein redundantes Ternärsignal $c(t)$ erzeugen.

Bild 4.18 zeigt das Blockschaltbild eines solchen Coders, bestehend aus einem nichtlinearen Vorcodierer und dem linearen Codiernetzwerk. Zur Verdeutlichung dieser beiden Anteile sind das Verzögerungsglied ($N \cdot T$) und der Gewichtsfaktor k_N (je nach Code $+1$ oder -1) zweimal gezeichnet.

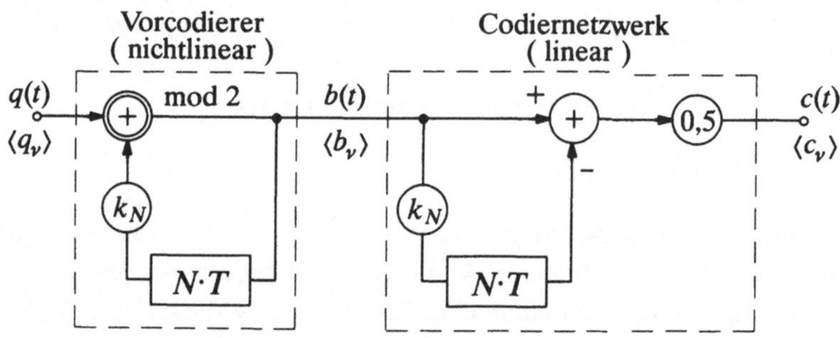

Bild 4.18: Erzeugung eines Pseudoternärcodes.

Der Vorcodierer gewinnt durch eine Modulo–2–Addition (Antivalenz) zwischen den Symbolen q_ν und $k_N \cdot b_{\nu-N}$ die binär vorcodierten Symbole $b_\nu \in \{-1, +1\}$, die wie die Quellensymbole q_ν statistisch voneinander unabhängig sind. Durch diese Vorcodierung wird verhindert, daß es nach einem Übertragungsfehler zu einer Fehlerfortpflanzung kommt. Außerdem gestattet sie eine einfachere Realisierung des Decoders.

Die eigentliche Umcodierung von binär auf ternär bewirkt das lineare Codiernetzwerk durch die Verzögerung um $N \cdot T$ und eine analoge Subtraktion, so daß für das Ausgangssignal gilt:

$$c(t) = \frac{1}{2} \cdot \left(b(t) - k_N \cdot b(t - N \cdot T) \right) .\qquad (4.63)$$

Da sowohl das vorcodierte Signal $b(t)$ als auch der Koeffizient k_N entweder $+1$ oder -1 ist, kann das codierte Signal $c(t)$ die (normierten) Werte $+1$, 0 und -1 annehmen.

Wären die einzelnen Amplitudenkoeffizienten a_ν des codierten Signals $c(t)$ statistisch voneinander unabhängig und gleichwahrscheinlich, so ergäbe sich die maximale Entropie $H_{\max} = \mathrm{ld}\,3$ bit. Da jedoch durch diese Art der Codierung keine Information hinzugefügt wird, ist die tatsächliche Entropie $H = 1$ bit gleich der des redundanzfreien Binärsignals. Aus diesen beiden Werten ergibt sich die relative Coderedundanz mit (4.59) zu $r \approx 37\%$.

Die einzelnen Pseudoternärcodes unterscheiden sich in den Parametern N und k_N. Der bekannteste Vertreter ist der *Bipolarcode 1. Ordnung* mit den Codeparametern $N = 1$ und $k_N = 1$, der auch unter der Bezeichnung *AMI–Code* (von: *Alternate Mark Inversion*) bekannt ist. Bild 4.19(b) zeigt das Signal $c(t)$, das sich durch AMI-Codierung des in Bild 4.19(a) dargestellten Binärsignals ergibt.

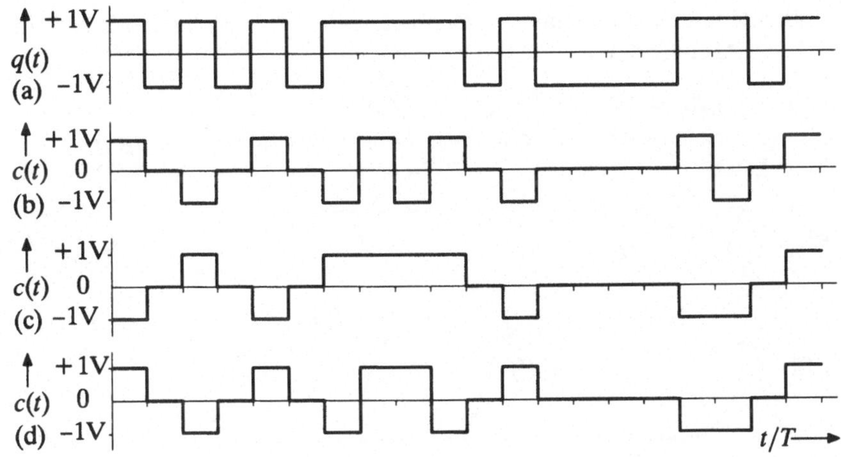

Bild 4.19: Quellensignal (a) und Codersignale (b)...(d) bei Pseudoternärcodierung:
(b) AMI–Code,   (c) Duobinärcode,   (d) Bipolarcode 2. Ordnung.

Aus diesem Bild geht hervor, daß beim AMI–Code eine binäre "0" am Eingang stets zum Amplitudenkoeffizienten $a_\nu = 0$ führt. Das Binärsymbol "L" wird dagegen alternierend mit $a_\nu = +1$ und $a_\nu = -1$ dargestellt.

Die diskrete AKF $l_a(\lambda)$ der Amplitudenkoeffizienten kann mit Hilfe von (4.38) berechnet werden, wobei $l_a(0) = \frac{1}{2}$ wieder den quadratischen Mittelwert angibt. Während sich für $l_a(\pm 1) = -\frac{1}{4}$ ergibt, sind alle anderen AKF-Werte bei ganzzahligen Vielfachen der Symboldauer T identisch 0. In Bild 4.20(a, links) ist die AKF $l_x(\tau)$ dargestellt, die sich aus $l_a(\lambda)$ durch Faltung mit der dreieckförmigen Energie–AKF $e_{gx}(\tau)$ ergibt. Somit besteht $l_x(\tau)$ aus einer Summe von Geradenstücken.

Die Größe $L_a(f)$, in der Literatur auch häufig als *normiertes Leistungsdichtespektrum* bezeichnet, ist somit $\sin^2$–förmig. Durch Multiplikation mit dem Energiespektrum $E_{gx}(f)$ des rechteckförmigen Grundimpulses gelangt man schließlich zur LDS $L_x(f)$ von Bild 4.20(b, links).

Bei einem Pseudoternärcode kann $L_a(f)$ auch auf anderem Wege berechnet werden. Es wird vorausgesetzt, daß das Quellensignal $q(t)$ binär und redundanzfrei sei. Das Ausgangssignal $b(t)$ des Vorcodierers ist dann ebenfalls redundanzfrei, das heißt, daß der nichtlineare Vorcodierer keinen Einfluß auf das (normierte) Leistungsdichtespektrum besitzt. Dieses wird ausschließlich durch das lineare Netzwerk mit dem Frequenzgang

$$H_C(f) = \frac{1}{2} \cdot (1 - k_N \cdot \exp(-j \cdot 2\pi \cdot f \cdot N \cdot T)) \tag{4.64}$$

bestimmt. Daraus folgt unter Berücksichtigung von $k_N = \pm 1$:

$$L_a(f) = |H_C(f)|^2 = \frac{1}{2} \cdot (1 - k_N \cdot \cos(2\pi \cdot f \cdot N \cdot T)) . \tag{4.65}$$

Beim AMI–Code mit den Parameterwerten $N = 1$ und $k_N = 1$ erhält man somit auch auf diesem zweiten Rechenweg $L_a(f) = \sin^2(\pi \cdot f \cdot T)$.

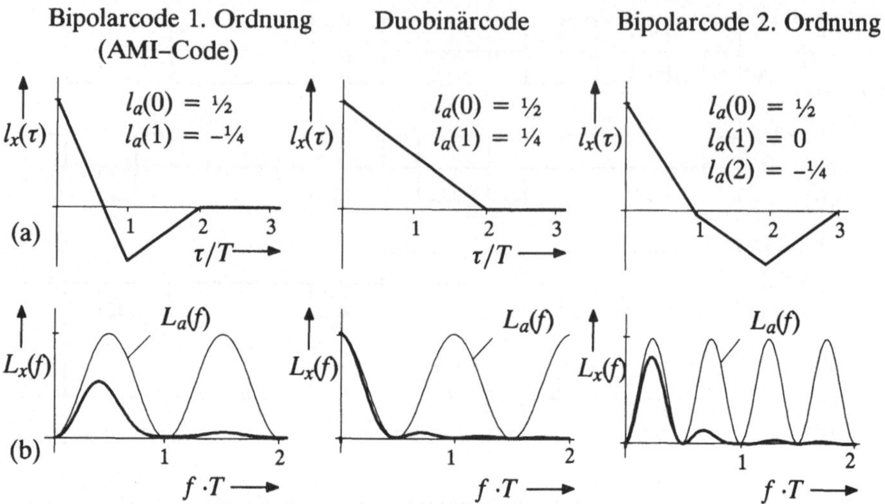

Bild 4.20: AKF (a) und LDS (b) bei verschiedenen Pseudoternärcodes.

Das normierte Leistungsdichtespektrum $L_a(f)$ liefert insbesondere Aussagen über die Gleichsignalfreiheit eines codierten Signals. Ein Code heißt dann *gleichsignalfrei*, wenn $L_a(0) = 0$ ist. Dies bedeutet nicht nur, daß das Codersignal $c(t)$ keinen Gleichanteil enthält, was einer Diracfunktion $\delta(f)$ im LDS entsprechen würde, sondern auch, daß für jedes beliebige (jedoch zeitlich unendlich ausgedehnte) Mustersignal die Anzahl der positiven und negativen Amplitudenkoeffizienten gleich ist.

Bild 4.20(a) macht deutlich, daß es sich beim AMI–Code um einen gleichsignalfreien Code handelt, was in der Vergangenheit seine Bedeutung für die digitale Übertragungstechnik ausmachte. Da bei diesem Code nie zwei Symbole gleicher Polarität ("+1" bzw. "–1") aufeinanderfolgen, ist hier auch dann eine Datenübertragung möglich, wenn durch das Übertragungsverhalten des Mediums bzw. der technischen Empfangseinrichtungen (z. B. kapazitive Kopplungen) eine Gleichsignalübertragung verhindert wird.

Es ist allerdings anzumerken, daß beim AMI–Code der Vorteil der Gleichsignalfreiheit durch einen deutlichen Anstieg der Fehlerwahrscheinlichkeit erkauft werden muß.

Ein weiterer Pseudoternärcode ist der sogenannte *Duobinärcode* ($N = 1$, $k_N = -1$), dessen Codiervorschrift aus Bild 4.19(c) hervorgeht. Dieser ist nicht gleichsignalfrei, d. h. es gibt im codierten Signal $c(t)$ auch beliebig lange Plus– bzw. Minusfolgen. Dementsprechend ist $L_a(0) \neq 0$.

Dagegen tritt die hinsichtlich Impulsinterferenzen (vgl. Abschnitt 5.1.3) oft störende alternierende Symbolfolge "... +1, –1, +1, –1, +1, ..." nicht auf, was sich im normierten Leistungsdichtespektrum durch $L_a(1/(2 \cdot T)) = 0$ auswirkt.

Der Vollständigkeit halber sei noch der *Bipolarcode 2. Ordnung* erwähnt, bei dem bis zu zwei Symbole gleicher Polarität ("+1" bzw. "–1") aufeinanderfolgen können. Da auch hier die Anzahl gleichartiger Symbole begrenzt ist, ist der Bipolarcode 2. Ordnung ebenso wie der AMI–Code gleichsignalfrei.

4.2.5 Markovprozesse

Eine wichtige Klasse von Zufallsprozessen sind die sogenannten *Markovprozesse* oder *Markovketten*, die häufig als Modelle für zeit- und wertdiskrete Zufallsgrößen herangezogen werden. Zu ihrer Beschreibung gehen wir von einer Folge $\langle x_\nu \rangle$ von diskreten, M-stufigen Zufallsgrößen aus. Eine solche Folge bezeichnet man dann als *Markovkette k-ter Ordnung*, wenn der aktuelle Wert x_ν statistisch auch von den vorangegangenen Zufallsgrößen $x_{\nu-1}, x_{\nu-2}, \ldots, x_{\nu-k}$ abhängt (vgl. Bild 4.21).

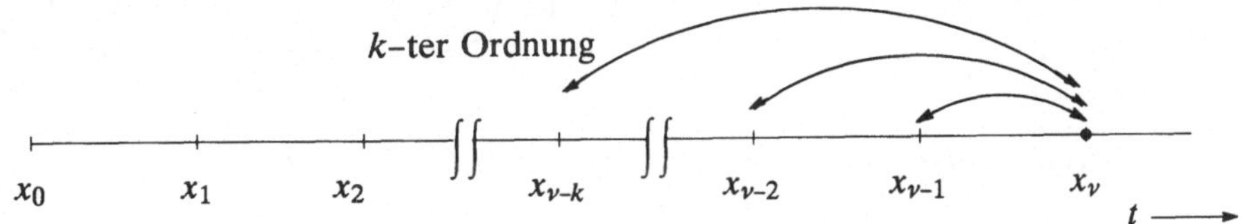

Bild 4.21: Zeitliche Abhängigkeiten bei einem Markovprozeß k–ter Ordnung.

Speziell gilt für eine Markovkette erster Ordnung ($k = 1$), daß das Auftreten des Symbols zum Zeitpunkt ν direkt nur von der unmittelbar vorangegangenen Zufallsgröße $x_{\nu-1}$ abhängt. Natürlich besteht trotzdem auch eine (allerdings indirekte) statistische Abhängigkeit zwischen x_ν und $x_{\nu-2}$ und den noch weiter zurückliegenden Zufallsgrößen, da $x_{\nu-1}$ selbst von $x_{\nu-2}$ abhängt usw. .

Zur Beschreibung einer Markovkette erster Ordnung verwendet man die Übergangswahrscheinlichkeiten $p(x_\nu | x_{\nu-1})$. Bei einer Markovkette mit M Symbolen (Zuständen) gibt es genau M^2 verschiedene Übergangswahrscheinlichkeiten. Beispielsweise erhält man für die Stufenzahl $M = 2$ mit den beiden möglichen Symbolen "0" und "L" die vier bedingten Wahrscheinlichkeiten $p(0_\nu | 0_{\nu-1}), p(L_\nu | 0_{\nu-1}), p(0_\nu | L_{\nu-1})$ und $p(L_\nu | L_{\nu-1})$.

Hierbei müssen stets die folgenden Bedingungen erfüllt sein:

$$p(0_\nu | 0_{\nu-1}) + p(L_\nu | 0_{\nu-1}) = 1 \ , \tag{4.66}$$

$$p(0_\nu | L_{\nu-1}) + p(L_\nu | L_{\nu-1}) = 1 \ . \tag{4.67}$$

Das bedeutet, daß bei einer Markovkette erster Ordnung mit M Ereignissen insgesamt nur $M \cdot (M-1)$ Übergangswahrscheinlichkeiten frei wählbar sind. Eine binäre Markovkette ist demnach durch zwei Übergangswahrscheinlichkeiten vollständig bestimmt.

Sind die Übergangswahrscheinlichkeiten unabhängig vom Zeitpunkt ν, so bezeichnet man die Markovkette als *homogen*. Für die im folgenden betrachteten Markovketten wird stets Homogenität vorausgesetzt. Deshalb wird beispielsweise für $M = 2$ vereinfachend geschrieben:

$$p(0_\nu | 0_{\nu-1}) = p(0|0) \ , \quad p(L_\nu | 0_{\nu-1}) = p(L|0) \ ,$$

$$p(0_\nu | L_{\nu-1}) = p(0|L) \ , \quad p(L_\nu | L_{\nu-1}) = p(L|L) \ .$$

Eine homogene Markovkette erster Ordnung kann z. B. durch das *Markovdiagramm* beschrieben werden, das für die Stufenzahlen $M = 2$ und $M = 3$ in Bild 4.22 dargestellt ist.

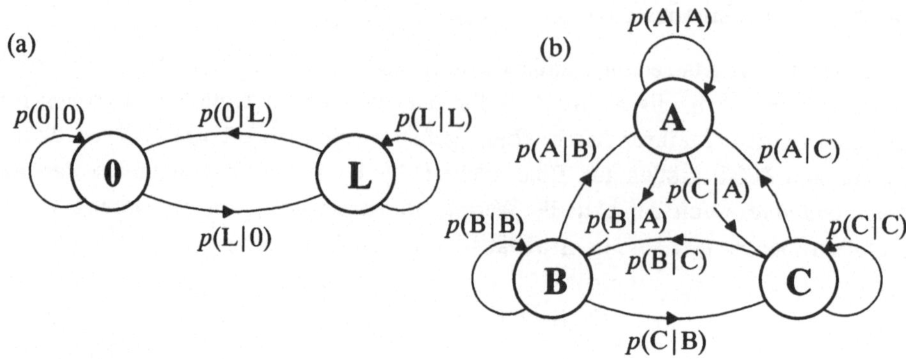

Bild 4.22: Markovdiagramme für zwei (a) bzw. drei (b) Zustände.

Die *Symbolwahrscheinlichkeiten* bzw. *Zustandswahrscheinlichkeiten* $p_\nu(0) = p(x_\nu = 0)$ bzw. $p_\nu(L) = p(x_\nu = L)$ ergeben sich für eine binäre homogene Markovkette zu

$$p_\nu(0) = p(0|0) \cdot p_{\nu-1}(0) + p(0|L) \cdot p_{\nu-1}(L) , \tag{4.68}$$

$$p_\nu(L) = p(L|0) \cdot p_{\nu-1}(0) + p(L|L) \cdot p_{\nu-1}(L) . \tag{4.69}$$

Bei diesen Größen handelt es sich um absolute Wahrscheinlichkeiten im Gegensatz zu den bedingten Übergangswahrscheinlichkeiten. Analog gilt für eine Markovkette mit den drei Zuständen "A", "B" und "C" (vgl. Bild 4.22(b)):

$$p_\nu(A) = p(A|A) \cdot p_{\nu-1}(A) + p(A|B) \cdot p_{\nu-1}(B) + p(A|C) \cdot p_{\nu-1}(C) , \tag{4.70}$$

$$p_\nu(B) = p(B|A) \cdot p_{\nu-1}(A) + p(B|B) \cdot p_{\nu-1}(B) + p(B|C) \cdot p_{\nu-1}(C) , \tag{4.71}$$

$$p_\nu(C) = p(C|A) \cdot p_{\nu-1}(A) + p(C|B) \cdot p_{\nu-1}(B) + p(C|C) \cdot p_{\nu-1}(C) . \tag{4.72}$$

Sind neben den Übergangswahrscheinlichkeiten $p(x_\nu|x_{\nu-1})$ auch sämtliche Zustandswahrscheinlichkeiten unabhängig vom betrachteten Zeitpunkt ν, so nennt man diese Markovkette *stationär*. Zur Vereinfachung der Gleichungen wird im stationären Fall auf den Index "ν" verzichtet, und man schreibt für $M = 2$: $p_\nu(0) = p(0)$ und $p_\nu(L) = p(L)$.

Die Wahrscheinlichkeiten $p(0)$ und $p(L)$ werden häufig als die *"ergodischen Wahrscheinlichkeiten"* bezeichnet. Sie lassen sich aus (4.68) und (4.69) bestimmen:

$$p(0) = p(0|0) \cdot p(0) + p(0|L) \cdot p(L) , \tag{4.73}$$

$$p(L) = p(L|0) \cdot p(0) + p(L|L) \cdot p(L) . \tag{4.74}$$

Hierbei ist zu beachten, daß die beiden Gleichungen linear voneinander abhängen und deshalb zur Berechnung von $p(0)$ und $p(L)$ eine weitere Gleichung benötigt wird, nämlich

$$p(0) + p(L) = 1 . \tag{4.75}$$

Bei einer Markovkette mit drei Zuständen ergeben sich aus (4.70) ... (4.72) zwei linear unabhängige Gleichungen zur Berechnung der ergodischen Wahrscheinlichkeiten, die zusammen mit $p(A) + p(B) + p(C) = 1$ zum gewünschten Ergebnis führen.

Beispiel 4.6: Gegeben sei ein Markovprozeß erster Ordnung mit den möglichen Zuständen "0" und "L" und dem Startzeitpunkt $v = 0$. Die nachfolgende Darstellung zeigt zehn Musterfolgen dieses Prozesses, wobei bei jeder Musterfolge die Laufvariable v der Reihe nach die Werte 0, 1, 2, 3, ... annimmt.

```
v=0 v=1 v=2 v=3 v=4 v=5 v=6 v=7 v=8 v=9

 0   L   0   L   L   L   L   L   L   L   .....
 0   0   0   L   L   L   L   0   L   L   .....
 0   L   L   0   0   L   L   L   0   L   .....
 0   L   0   L   L   L   L   L   L   L   .....
 0   0   L   L   L   L   L   0   0   L   .....
 0   L   0   0   L   L   L   L   0   0   .....
 0   L   L   L   L   L   L   L   L   L   .....
 0   L   L   L   0   L   L   0   0   L   .....
 0   0   0   L   0   L   0   L   L   0   .....
 0   0   L   L   L   L   0   L   L   L   .....
```

Es ist zu erkennen, daß zum Startzeitpunkt $v = 0$ der Prozeß stets im Zustand "0" ist.

Die Zustandswahrscheinlichkeiten $p_v(0)$ und $p_v(L)$ werden durch Scharmittelung über sehr viele solcher Zufallsfolgen bestimmt. Bei einer endlichen Anzahl beobachteter Markovketten müssen diese Wahrscheinlichkeiten durch die entsprechenden relativen Häufigkeiten (vgl. Abschnitt 3.2.1) angenähert werden. Die nachfolgende Tabelle zeigt das Ergebnis einer Simulation über 2.000.000 Ketten.

v	0	1	2	3	4	5	. . . . .	∞
$p_v(0)$	1,0000	0,4012	0,2808	0,2560	0,2512	0,2502	. . . . .	0,2500
$p_v(L)$	0,0000	0,5988	0,7192	0,7440	0,7488	0,7498	. . . . .	0,7500

Es ist zu erkennen, daß bei dieser Markovkette die ergodischen Wahrscheinlichkeiten bereits nach ca. 5 Schritten näherungsweise erreicht sind und damit der nichtstationäre Einschwingvorgang bereits nach relativ kurzer Zeit abgeschlossen ist.

Die Übergangswahrscheinlichkeiten können aus den empirisch gewonnenen Zustandswahrscheinlichkeiten berechnet werden. Aus (4.68) folgt mit $v = 1$: $p(0|0) \approx 0{,}4$. Mit (4.66) ist damit auch $p(L|0) \approx 0{,}6$ festgelegt. Als weitere Bestimmungsgleichung kann z. B. (4.73) herangezogen werden. Sehr lange nach dem Einschalten der Kette (d. h. für $v \to \infty$) gilt: $0{,}25 = p(0|0) \cdot 0{,}25 + p(0|L) \cdot 0{,}75$. Daraus ergeben sich die fehlenden Übergangswahrscheinlichkeiten zu $p(0|L) \approx 0{,}2$ bzw. $p(L|L) \approx 0{,}8$.

Bei der Erzeugung einer diskreten Zufallsgröße x_v mit Markoveigenschaften müssen die Zeitpunkte $v = 0$ bzw. $v \neq 0$ unterschieden werden. Zum Startzeitpunkt wird x_v entsprechend Abschnitt 3.5.1 aus den Startwahrscheinlichkeiten $p(x_0 = 0)$ und $p(x_0 = L)$ bestimmt. Für alle weiteren Zeitpunkte hängt die aktuelle Zufallsgröße x_v auch von der vorherigen Zufallsgröße x_{v-1} ab, und ist mit Hilfe der Übergangswahrscheinlichkeiten $p(0|0)$, $p(L|0)$ bzw. $p(0|L)$, $p(L|L)$ zu ermitteln.

4.2.6   Diskrete Kanalmodelle

Als Beispiel für den Einsatz von Markovprozessen bei der Systemsimulation werden zwei Modelle zur Beschreibung von Bündelfehlerkanälen betrachtet, nämlich die Modelle von Gilbert–Elliott (vgl. [62], [86]) bzw. McCullough (vgl. [155]). Diese diskreten Kanalmodelle approximieren die Grobstruktur von Bitfehlerfolgen und werden beispielsweise für den Entwurf und die Analyse von Kanalcodierverfahren, Synchronisationsstrategien, Kommunikationsprotokollen und Zugriffsverfahren eingesetzt. Beide Modelle basieren auf einem Markovprozeß erster Ordnung mit den beiden Zuständen "G" und "B", die für Zeiten mit guten bzw. schlechten Kanaleigenschaften stehen (vgl. Bild 4.23). Die dazugehörigen Bitfehlerwahrscheinlichkeiten seien p_G und p_B, wobei $p_G \ll p_B$ gelten soll.

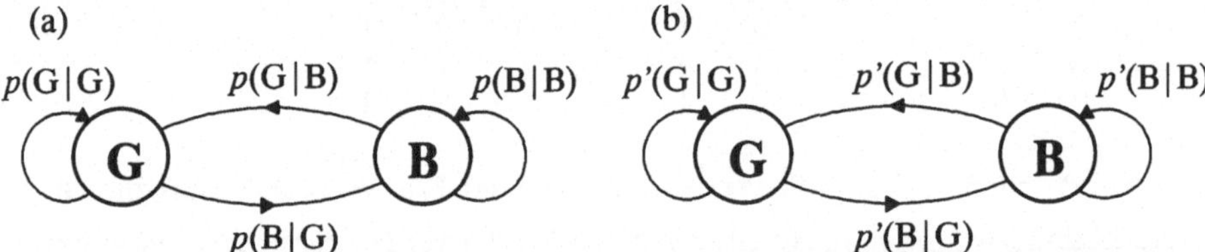

Bild 4.23: Diskrete Kanalmodelle nach Gilbert–Elliott (a) bzw. McCullough (b).

Die von dem Markovprozeß erzeugte Zufallsfolge ist die Fehlerfolge $\langle F_\nu \rangle$, wobei der Wert $F_\nu = 0$ eine fehlerfreie Übertragung des ν-ten Binärsymbols und $F_\nu = 1$ einen Übertragungsfehler kennzeichnet (vgl. Beispiel 3.6 im Abschnitt 3.5.2). Im Gegensatz zu dem im Abschnitt 4.2.5 betrachteten Markovprozeß unterscheiden sich hier die Zustände ("G" bzw. "B") von den Ausgangssymbolen ("0" bzw. "1").

Zunächst betrachten wir das *Gilbert–Elliott–Kanalmodell* von Bild 4.23(a), bei dem grundsätzlich nach jedem Symbol Zustandsübergänge möglich sind. Dieses wird im folgenden als GE–Modell bezeichnet. Von den vier Übergangswahrscheinlichkeiten sind nur zwei frei wählbar, da die beiden anderen analog zu (4.66) und (4.67) über die Beziehungen $p(G|G) = 1 - p(B|G)$ bzw. $p(B|B) = 1 - p(G|B)$ festgelegt sind.

Weiterhin wird Stationarität vorausgesetzt. Das bedeutet, daß die beiden absoluten Wahrscheinlichkeiten $p(Z = G)$ und $p(Z = B)$ für die Zustände "G" und "B" unabhängig vom Zeitpunkt ν sind. Mit (4.73) und (4.74) lassen sich diese *ergodischen Zustandswahrscheinlichkeiten* folgendermaßen berechnen:

$$p(Z = G) = \frac{p(G|B)}{p(G|B) + p(B|G)} , \tag{4.76}$$

$$p(Z = B) = \frac{p(B|G)}{p(G|B) + p(B|G)} . \tag{4.77}$$

Damit gilt für die mittlere Fehlerwahrscheinlichkeit des Gilbert-Elliott-Kanalmodells:

$$p_M = p(Z = G) \cdot p_G + p(Z = B) \cdot p_B = \frac{p(G|B) \cdot p_G + p(B|G) \cdot p_B}{p(G|B) + p(B|G)} . \tag{4.78}$$

Der Wert von p_M liegt stets im Bereich zwischen p_G und p_B.

Nachdem aufgrund der Stationarität auch die Zustandswahrscheinlichkeiten $p(Z=G)$ und $p(Z=B)$ festgelegt sind, besitzt dieses Kanalmodell vier Beschreibungsparameter. Beispielsweise seien diese die beiden unabhängigen Übergangswahrscheinlichkeiten $p(G|B)$ und $p(B|G)$ sowie die beiden unterschiedlichen Fehlerwahrscheinlichkeiten p_G und p_B in den Zuständen "G" und "B".

Zur Charakterisierung der statistischen Bindungen der Fehlerfolge $\langle F_\nu \rangle$ wird meist die *Fehlerkorrelationsfunktion*

$$l_F(\lambda) = \overline{F_\nu \cdot F_{\nu+\lambda}} \tag{4.79}$$

herangezogen, die der AKF der Fehlerfolge entspricht. Da das Produkt $F_\nu \cdot F_{\nu+\lambda}$ nur dann den Wert 1 liefert, wenn beide Multiplikanten gleichzeitig 1 sind, kann man die Fehlerkorrelationsfunktion $l_F(\lambda) = p((F_\nu = 1) \cap (F_{\nu+\lambda} = 1))$ auch als die Verbundwahrscheinlichkeit interpretieren, daß nach einem Fehler zum Zeitpunkt ν zum Zeitpunkt $\nu + \lambda$ ebenfalls ein Fehler auftritt. Die Zwischenwerte $F_{\nu+1} \dots F_{\nu+\lambda-1}$ sind hierbei gleichgültig. Mit dieser Interpretation kann die Fehlerkorrelationsfunktion des Gilbert–Elliott–Modells in einfacher Weise berechnet werden (vgl. [104]):

$$l_F(\lambda) = \begin{cases} p_M & \text{für } \lambda = 0 \,, \\ p_M^2 + (p_B - p_M) \cdot (p_M - p_G) \cdot (1 - p(G|B) - p(B|G))^\lambda & \text{sonst} \,. \end{cases} \tag{4.80}$$

Bild 4.24 zeigt die Funktion $l_F(\lambda)$ in logarithmischer Darstellung für drei verschiedene Parametersätze. Die Kurve (a) gilt dabei für statistisch unabhängige Fehler. Dieser Sonderfall ergibt sich aus dem allgemeinen Gilbert–Elliott–Modell mit $p_G = p_B \,(= p_M)$, so daß der Endwert p_M^2 gemäß (4.80) bereits für $\lambda = 1$ erreicht wird.

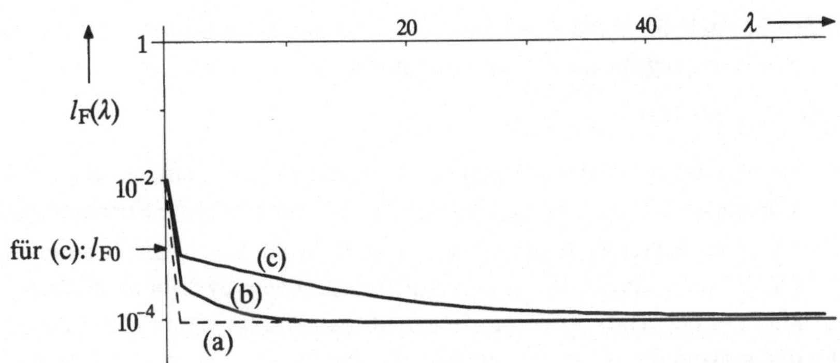

Kurve	p_G	p_B	$p(G|B)$	$p(B|G)$	p'_G	p'_B	$p'(G|B)$	$p'(B|G)$
(a)	0,0100	0,0100	0,5000	0,5000	0,0100	1,0000	1,0000	0,0000
(b)	0,0007	0,0285	0,2000	0,1000	0,0096	0,3138	0,9546	0,0407
(c)	0,0010	0,1000	0,1000	0,0100	0,0061	0,1948	0,5528	0,3724

Bild 4.24: Fehlerkorrelationsfunktion $l_F(\lambda)$ für drei verschiedene Parametersätze des GE–Modells (links) bzw. des MC–Modells (rechts), jeweils für $p_M = 0{,}01$.

Auch bei den weiteren Kurven (b) und (c) von Bild 4.24, die zwei unterschiedliche Kanäle mit Bündelfehlercharakteristik beschreiben, ist an der Stelle $\lambda = 1$ eine Unstetigkeitsstelle zu erkennen. Je weiter die statistischen Bindungen der Fehlerfolge reichen, desto langsamer fällt $l_\mathrm{F}(\lambda)$ im weiteren Verlauf. Der Grenzwert für $\lambda \to \infty$ ist stets p_M^2.

Als quantitatives Maß für die Stärke der statistischen Bindungen innerhalb der Fehlerfolge wird häufig die *Korrelationsdauer*

$$D_\mathrm{F} = \frac{1}{l_\mathrm{F0} - p_\mathrm{M}^2} \cdot \sum_{\lambda=1}^{\infty} (l_\mathrm{F}(\lambda) - p_\mathrm{M}^2) \tag{4.81}$$

verwendet (vgl. [103]). Zeichnet man die Fehlerkorrelationsfunktion $l_\mathrm{F}(\lambda)$ in linearer Darstellung, so kann die Korrelationsdauer D_F als Breite des flächengleichen Rechtecks über dem Grundsockel p_M^2 graphisch ermittelt werden. Als Bezugswert an der Stelle $\lambda = 0$ wird dabei mit l_F0 die stetige Fortsetzung der Fehlerkorrelationsfunktion herangezogen, die im allgemeinen kleiner als $l_\mathrm{F}(0) = p_\mathrm{M}$ ist. In Bild 4.24 ist der Wert l_F0 für den Kurvenverlauf (c) angedeutet.

Im Grenzfall statistisch unabhängiger Fehler ($p_\mathrm{G} = p_\mathrm{B} = p_\mathrm{M}$) ist jeder Summand in (4.81) identisch 0 und außerdem gilt $l_\mathrm{F0} = p_\mathrm{M}^2$, so daß ein flächengleiches Rechteck nicht definiert werden kann. Sinnvollerweise wird dann $D_\mathrm{F} = 0$ gesetzt.

Beim Gilbert–Elliott–Modell können l_F0 und D_F analytisch berechnet werden (vgl. [103]). Aus (4.80) erhält man nach einigen algebraischen Umformungen für $p_\mathrm{G} \neq p_\mathrm{B}$:

$$l_\mathrm{F0} = p_\mathrm{M}^2 + (p_\mathrm{B} - p_\mathrm{M}) \cdot (p_\mathrm{M} - p_\mathrm{G}) \, , \tag{4.82}$$

$$D_\mathrm{F} = \frac{1}{p(\mathrm{G}|\mathrm{B}) + p(\mathrm{B}|\mathrm{G})} - 1 \, . \tag{4.83}$$

Aus der für Bündelfehlerkanäle geltenden Forderung $D_\mathrm{F} > 0$ folgt unmittelbar die nachfolgende Bedingung für die Übergangswahrscheinlichkeiten:

$$p(\mathrm{G}|\mathrm{B}) + p(\mathrm{B}|\mathrm{G}) < 1 \, . \tag{4.84}$$

Je kleiner die Summe $p(\mathrm{G}|\mathrm{B}) + p(\mathrm{B}|\mathrm{G})$ der Übergangswahrscheinlichkeiten zwischen den beiden Zuständen "G" und "B" ist, desto größer ist nach (4.83) die Korrelationsdauer.

Eine wesentliche Eigenschaft des Gilbert–Elliott–Modells ist, daß Zustandswechsel von "G" nach "B" bzw. umgekehrt grundsätzlich nach jedem Symbol möglich sind. Aus diesem Grund ist es bei diesem generatorischen Modell direkt nicht möglich, die Vorteile der Fehlerabstandssimulation zu nutzen (vgl. Abschnitt 3.5.1). Dazu sind geringfügige Modifikationen notwendig, die zum deskriptiven McCullough-Modell führen.

Bild 4.23(b) zeigt, daß das *McCullough–Modell*, abgekürzt MC-Modell, ebenfalls durch eine Markovkette erster Ordnung mit den beiden Zuständen "G" und "B" dargestellt werden kann. Der einzige und wesentliche Unterschied zum Gilbert-Elliott-Modell besteht darin, daß hier Übergänge zwischen den beiden Kanalzuständen jeweils nur nach einem Fehler zulässig sind. Das bedeutet, daß ein Zustandswechsel immer nur nach einer "1" der Fehlerfolge $\langle F_\nu \rangle$ auftreten kann, während bei einer "0" der vorherige Zustand in jedem Fall erhalten bleibt.

Bild 4.25 zeigt eine unterschiedliche Abfolge von Zuständen bei beiden Modellen mit gleicher resultierender Fehlerfolge, wobei die mit Pfeilen markierten Übergänge des GE–Modells beim MC–Modell nicht möglich sind. Da dennoch eine identische Fehlerfolge $\langle F_\nu \rangle$ vorliegt, kann vermutet werden, daß sich zu jedem GE–Modell ein bezüglich der entstehenden Fehlerfolge äquivalentes MC–Modell angeben läßt.

Zustandsabfolge beim GE–Modell	...G–G–G–B– B– B– G–B– B– G– G– B– B– B– G–G–G–B– ...
Fehlerfolge	... 0 1 0 0 0 0 1 0 1 1 1 0 1 0 0 1 0 0 ...
Zustandsabfolge beim MC–Modell	...G–G–G–G– G–G–G–B– B– G– G– B– B– B– B– B– G–G– ...

Bild 4.25: Abfolge von Zuständen und Fehlern beim GE– und MC–Kanalmodell.

Obwohl beide Modelle strukturell völlig gleich aufgebaut sind, sind deren Parameter teilweise anders definiert. Beim MC–Modell geben die bedingten Wahrscheinlichkeiten $p'(G|G), p'(G|B), p'(B|G)$ und $p'(B|B)$ die Übergangswahrscheinlichkeiten nach einem Fehler an. Die Fehlerwahrscheinlichkeiten der beiden Zustände sind p'_G bzw. p'_B.

Das MC–Modell liefert eine in ihren statistischen Eigenschaften völlig gleiche Fehlerfolge wie das GE–Modell, wenn $p'_G = 1 - H_1$ bzw. $p'_B = 1 - H_2$ gesetzt werden (H_1 und H_2 nach (4.88)) und die weiteren Modellparameter folgende Beziehungen erfüllen:

$$p'(G|B) = \frac{H_3 \cdot (p(G|B) + p(B|G))}{H_3 \cdot p'_B + (1 - H_3) \cdot p'_G} \, , \tag{4.85}$$

$$p'(B|G) = \frac{(1 - H_3) \cdot (p(G|B) + p(B|G))}{H_3 \cdot p'_B + (1 - H_3) \cdot p'_G} \, . \tag{4.86}$$

Analog zum GE–Modell gilt $p'(G|G) = 1 - p'(B|G)$ bzw. $p'(B|B) = 1 - p'(G|B)$.

Die in diesen Gleichungen verwendeten Hilfsgrößen H_1, H_2 und H_3 können ebenfalls als Wahrscheinlichkeiten interpretiert werden und besitzen dementsprechend Werte zwischen 0 und 1. Auf die Herleitung der nachfolgenden Beziehungen wird hier verzichtet; sie können z. B. in [103], [116] und [204] nachgelesen werden. Mit der Abkürzung

$$q(X|Y) = p(X|Y) \cdot (1 - p_X) \, , \tag{4.87}$$

wobei $X, Y \in \{G, B\}$ ist, erhält man folgende Ausdrücke:

$$H_{1/2} = \frac{q(G|G) + q(B|B) \pm \sqrt{(q(G|G) - q(B|B))^2 + 4 \cdot q(G|B) \cdot q(B|G)}}{2} \, , \tag{4.88}$$

$$H_3 = \frac{q(G|B)}{H_1 - q(B|B)} \, . \tag{4.89}$$

(4.89) gilt nur für $p_G \ll p_B$, der exakte Wert findet sich in oben zitierten Literaturstellen.

Das MC–Modell mit so berechneten Parametern liefert eine statistisch äquivalente Fehlerfolge $\langle F_\nu \rangle$ wie das GE–Modell, unter Verwendung der Fehlerabstandssimulation jedoch wesentlich schneller. Die Kurven von Bild 4.24 gelten für beide Modelle.

4.3 Filterung stochastischer Signale

Inhalt: Es werden die aus der Systemtheorie für deterministische Signale bekannten Gesetzmäßigkeiten auf die Beschreibung stochastischer Signale erweitert. Dies bildet die Grundlage für die Erzeugung von Zufallssignalen mit statistischen Bindungen, wofür zweckmäßigerweise nichtrekursive bzw. rekursive Digitalfilter eingesetzt werden. Insbesondere wird auf die Bestimmung der Filterkoeffizienten für eine vorgegebene AKF näher eingegangen, sowie die Auswirkungen der Filterung hinsichtlich WDF diskutiert.

4.3.1 Stochastische Systemtheorie

Nach den Gesetzen der klassischen Systemtheorie ergibt sich das Ausgangssignal $y(t)$ eines linearen zeitinvarianten Systems mit dem Frequenzgang $H(f)$ als das Faltungsprodukt $y(t) = x(t)*h(t)$ des Eingangssignals $x(t)$ mit der Impulsantwort $h(t) \circ\!\!-\!\!\bullet\; H(f)$.

Bei deterministischen Signalen geht man zur Berechnung des Ausgangssignals meist den Umweg über die Amplitudenspektren $X(f) \bullet\!\!-\!\!\circ\, x(t)$ und $Y(f) \bullet\!\!-\!\!\circ\, y(t)$, wobei das Ausgangsspektrum $Y(f) = X(f) \cdot H(f)$ ist. Bild 4.26 (oben) verdeutlicht diesen Rechenweg.

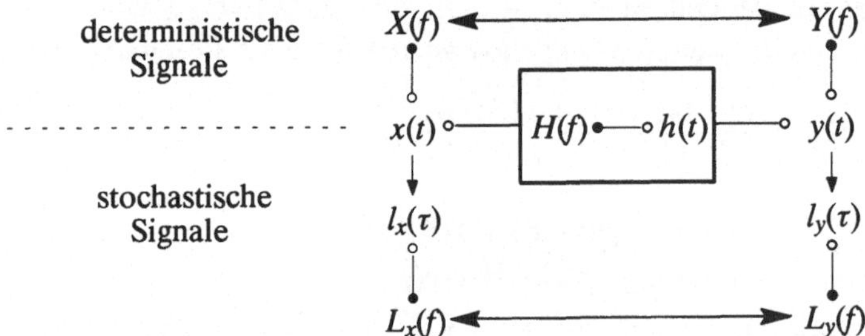

Bild 4.26: Beschreibung eines linearen zeitinvarianten Systems ("*LZI–Systems*") bei deterministischem bzw. stochastischem Ein– und Ausgangssignal.

Bei stochastischen Signalen existieren die Amplitudenspektren $X(f)$ und $Y(f)$ nicht, da die Zufallssignale $x(t)$ und $y(t)$ nicht für alle Zeiten von $-\infty$ bis $+\infty$ vorhersagbar sind. Zur Beschreibung der statistischen Eigenschaften von $x(t)$ benutzt man hier vielmehr die Autokorrelationsfunktion $l_x(\tau)$ sowie das Leistungsdichtespektrum $L_x(f)$.

Das Leistungsdichtespektrum $L_y(f)$ am Systemausgang berechnet sich unter Berücksichtigung von (4.23) und der Beziehung $|Y(f)|^2 = |X(f)|^2 \cdot |H(f)|^2$ in folgender Weise:

$$L_y(f) = L_x(f) \cdot |H(f)|^2 = L_x(f) \cdot H(f) \cdot H^*(f) \, , \tag{4.90}$$

wobei $H^*(f)$ den konjugiert komplexen Frequenzgang angibt. Das Betragsquadrat $|H(f)|^2$ wird häufig als die *Leistungsübertragungsfunktion* bezeichnet.

Da das Leistungsdichtespektrum ebenso wie die AKF keine Aussagen über die Phasenbeziehungen ermöglicht, wird $L_y(f)$ nur durch den Betrag von $H(f)$ beeinflußt, nicht durch dessen Phasengang.

Mit Hilfe der Fourierrücktransformation folgt aus (4.90) für die AKF am Systemausgang

$$l_y(\tau) = l_x(\tau) * h(\tau) * h(-\tau) \,, \tag{4.91}$$

wobei die Fourierkorrespondenz $H^*(f) \bullet\!\!-\!\!\circ\, h(-\tau)$ berücksichtigt ist.

Die Leistungen der (als gleichsignalfrei angenommenen) Signale $x(t)$ und $y(t)$ lassen sich sowohl aus den Autokorrelationsfunktionen als auch aus den entsprechenden Leistungsdichtespektren berechnen:

$$\sigma_x^2 = \overline{x(t)^2} = l_x(0) = \int_{-\infty}^{+\infty} L_x(f)\,\mathrm{d}f \,, \tag{4.92}$$

$$\sigma_y^2 = \overline{y(t)^2} = l_y(0) = \int_{-\infty}^{+\infty} L_y(f)\,\mathrm{d}f = \int_{-\infty}^{+\infty} L_x(f)\cdot |H(f)|^2 \,\mathrm{d}f \,. \tag{4.93}$$

Beispiel 4.7:   Am Eingang eines Filters $H(f)$ liegt ein gaußverteiltes, mittelwertfreies Rauschsignal $x(t)$ an, dessen statistische Spektraleigenschaften durch sein LDS bzw. seine AKF beschrieben werden:

$$L_x(f) = 10^{-10}\,\frac{\mathrm{V}^2}{\mathrm{Hz}} \cdot \exp\left(-\pi \cdot \left(\frac{f}{4\,\mathrm{MHz}}\right)^2\right) \,, \tag{4.94}$$

$$l_x(\tau) = 4 \cdot 10^{-4}\,\mathrm{V}^2 \cdot \exp\left(-\pi \cdot (4\,\mathrm{MHz}\cdot \tau)^2\right) \,. \tag{4.95}$$

Zeitverlauf, AKF und LDS sind somit qualitativ wie in Bild 4.2 dargestellt. Der Effektivwert $\sigma_x = 20\,\mathrm{mV}$ kann aus $l_x(0)$ entsprechend (4.92) berechnet werden.

Das Filter sei ein *Gaußtiefpaß* mit der Gleichsignalverstärkung K und der systemtheoretischen Bandbreite $\Delta f = 2\,\mathrm{MHz}$, so daß für den Filterfrequenzgang gilt:

$$H(f) = K \cdot \exp\left(-\pi \cdot \left(\frac{f}{2\,\mathrm{MHz}}\right)^2\right) \,. \tag{4.96}$$

Die Kenngrößen des Ausgangssignals können mit (4.90) bzw. (4.91) berechnet werden. Man erhält

$$L_y(f) = K^2 \cdot 10^{-10}\,\frac{\mathrm{V}^2}{\mathrm{Hz}} \cdot \exp\left(-\pi \cdot \left(\frac{f}{1{,}33\,\mathrm{MHz}}\right)^2\right) \,, \tag{4.97}$$

$$l_y(\tau) = K^2 \cdot \frac{4}{3} \cdot 10^{-4}\,\mathrm{V}^2 \cdot \exp\left(-\pi \cdot (1{,}33\,\mathrm{MHz}\cdot \tau)^2\right) \,. \tag{4.98}$$

Durch die Filterung des Rauschsignals werden die hochfrequenten Schwankungen geglättet. Die statistischen Bindungen nehmen zu, was eine breitere AKF und demzufolge ein schmaleres LDS zur Folge hat. Gilt $K = 1$, so ergibt sich durch die Filterung stets auch ein Leistungsverlust. Wird dagegen wie für Bild 4.2 gefordert, daß die Effektivwerte σ_x^2 und σ_y^2 von Ein- und Ausgangssignal gleich seien, so muß das Filter die Gleichsignalverstärkung $K = \sqrt{3}$ aufweisen.

Durch Umstellung von (4.90) wird deutlich, daß der Betrag $|H(f)|$ einer Filterfunktion durch Messung des Leistungsdichtespektrums $L_y(f)$ am Ausgang bestimmt werden kann, wenn das LDS der stochastischen Eingangsgröße $x(t)$ bekannt ist:

$$|H(f)| = \sqrt{\frac{L_y(f)}{L_x(f)}} \; . \tag{4.99}$$

Über den Phasengang von $H(f)$ liefert das Leistungsdichtespektrum $L_y(f)$ keine Aussagen. Hier muß vielmehr auf das in Abschnitt 4.1.5 definierte Kreuzleistungsdichtespektrum $L_{xy}(f) \bullet\!\!-\!\!\circ l_{xy}(\tau)$ zwischen Ein- und Ausgangssignal übergegangen werden, wobei der folgende Zusammenhang gilt:

$$L_{xy}(f) = L_x(f) \cdot H(f) \; . \tag{4.100}$$

Diese Beziehung läßt sich aus der Definitionsgleichung (4.26) der KKF unter Berücksichtigung von $y(t) = x(t) * h(t)$ einfach nachweisen, woraus nach einigen Umformungen folgt:

$$l_{xy}(\tau) = \overline{x(t) \cdot y(t + \tau)} = l_x(\tau) * h(\tau) \; . \tag{4.101}$$

Die Gleichungen (4.100) und (4.101) machen deutlich, daß der Filterfrequenzgang $H(f)$ durch eine Messung mit stochastischer Anregung in Betrag und Phase vollständig ermittelt werden kann, wenn neben den statistischen Kenngrößen des Eingangssignals (AKF oder LDS) auch die KKF $l_{xy}(\tau)$ bzw. deren Fouriertransformierte $L_{xy}(f)$ bekannt ist.

Beispiel 4.8:   An den Eingang eines zu bestimmenden Filters mit dem Frequenzgang $H(f)$ wird (bandbegrenztes) weißes Rauschen der Rauschleistungsdichte

$$L_x(f) = \begin{cases} L_0 & \text{für } |f| \le B_x \\[2mm] 0 & \text{sonst} \end{cases} \tag{4.102}$$

angelegt (vgl. Bild 4.4). Mißt man nun das Leistungsdichtespektrum $L_y(f)$ am Ausgang, z. B. mit der Anordnung nach Bild 4.3, so kann mit (4.99) direkt auf den Betrag $|H(f)|$ des Filterfrequenzgangs zurückgeschlossen werden. Dieser ist in diesem Fall formgleich mit der Quadratwurzel von $L_y(f)$. Voraussetzung für die Gültigkeit dieser Aussage ist, daß der Durchlaßbereich des Filterfrequenzgangs nicht größer ist als die Bandbreite des stochastischen Eingangssignals, d. h. für Frequenzen $|f| > B_x$ muß $|H(f)| \approx 0$ gelten.

Zur Bestimmung der Filtereigenschaften in Betrag und Phase ist dagegen die Messung des Kreuzleistungsdichtespektrums $L_{xy}(f)$ bzw. der Kreuzkorrelationsfunktion $l_{xy}(\tau)$ erforderlich. Ist die Bandbreite B_x des Eingangssignals deutlich größer als der Durchlaßbereich des Filters, so ist der gesuchte Filterfrequenzgang formgleich mit dem gemessenen Kreuzleistungsdichtespektrum.

Die Kreuzkorrelationsfunktion $l_{xy}(\tau)$ ergibt sich als das Faltungsprodukt der siförmigen Eingangs-AKF und der gesuchten Impulsantwort $h(t)$. Bei entsprechend großer Bandbreite B_x des Eingangsrauschens ist $h(t)$ näherungsweise proportional zur KKF $l_{xy}(\tau)$. Beispielsweise kann aus einer exponentiell abfallenden KKF auf eine ebensolche Impulsantwort und damit auf ein Tiefpaßfilter erster Ordnung geschlossen werden.

4.3.2 Erzeugung gaußverteilter Zufallsgrößen mit zeitlichen Bindungen

Die Ergebnisse von Abschnitt 4.3.1 können für die Erzeugung eines spektral beliebig geformten Zufallssignals $x(t)$ an einem Digitalrechner genutzt werden. Da $x(t)$ in diesem Fall durch seine Abtastwerte $x_\nu = x(\nu \cdot T_A)$ dargestellt wird, ist es zweckmäßig, auch den Frequenzgang $H(f)$ durch ein digitales Filter (vgl. Abschnitt 2.3) zu realisieren, wobei man im allgemeinen zwischen *nichtrekursiven* und *rekursiven* Filtern unterscheidet.

Zunächst wird die Generierung eines solchen Signals mittels eines nichtrekursiven Filters betrachtet. Weiterhin wird für diesen und den nächsten Abschnitt vorausgesetzt, daß das zu erzeugende Zufallssignal $x(t)$ eine Gaußverteilung aufweist und die statistischen Bindungen spektral gesehen auf $\pm B_x$ begrenzt sind (d. h.: $L_x(f) = 0$ für $|f| > B_x$). Nach dem Abtasttheorem ergibt sich somit als Bedingung für den Abstand der Stützstellen bei der Zeitdiskretisierung:

$$T_A \leq \frac{1}{2 \cdot B_x} \; . \tag{4.103}$$

Bild 4.27 zeigt das der Simulation zugrundeliegende Blockschaltbild. Die Abtastwerte w_ν am Filtereingang seien gaußverteilt mit Mittelwert $m_w = 0$ und Streuung σ_w sowie statistisch voneinander unabhängig ("Weißes Rauschen"). Das hier verwendete nichtrekursive Laufzeitfilter M-ter Ordnung mit der jeweiligen Verzögerung um T_A ist durch die $M+1$ Filterkoeffizienten a_μ vollständig beschrieben.

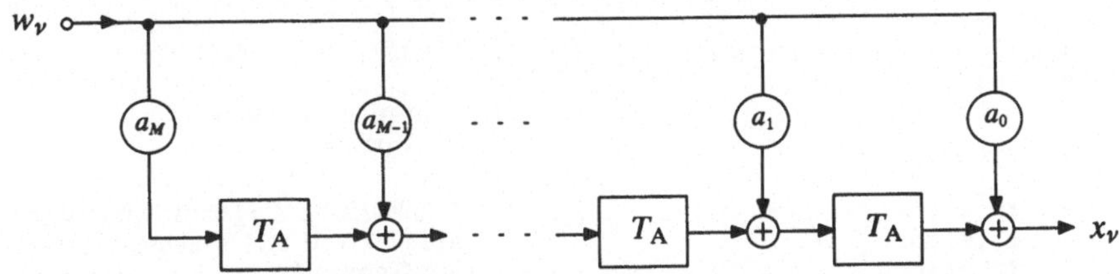

Bild 4.27: Erzeugung einer Zufallsgröße x_ν mit statistischen Bindungen durch ein nichtrekursives Laufzeitfilter M-ter Ordnung (vgl. auch Bild 2.22).

Für Frequenzgang und Impulsantwort dieses nichtrekursiven Laufzeitfilters gilt:

$$H(f) = \sum_{\mu=0}^{M} a_\mu \cdot \exp(-j \cdot 2\pi \cdot \mu \cdot f \cdot T_A) \; , \tag{4.104}$$

$$h(t) = \sum_{\mu=0}^{M} a_\mu \cdot \delta(t - \mu \cdot T_A) \; . \tag{4.105}$$

Somit erhält man für die Abtastwerte am Ausgang:

$$x_\nu = \sum_{\mu=0}^{M} a_\mu \cdot w_{\nu-\mu} = a_0 \cdot w_\nu + a_1 \cdot w_{\nu-1} + \dots + a_M \cdot w_{\nu-M} \; . \tag{4.106}$$

Die Gleichung (4.106) bildet die Grundlage für das nachfolgende Programm. Bei jedem Aufruf der Funktion gssabh wird ein Wert der statistisch abhängigen Zufallsfolge $\langle x_\nu \rangle$

erzeugt. Die Übergabeparameter M und a sind hierbei die Ordnung und das Koeffizientenfeld des digitalen Filters. Das interne Feld H beinhaltet die statistisch unabhängigen und normalverteilten Eingangswerte, wobei die Zuordnung H(mue) $= w_{\nu-\mu}$ gilt. Diese werden mit der Funktion gauss entsprechend (3.76) generiert. Beim ersten Aufruf (start = 0) muß das gesamte Feld H mit statistisch unabhängigen Werten vorbelegt werden, bei späteren Aufrufen (start = 1) werden die Feldelemente um eine Stelle verschoben und nur H(0) $= w_\nu$ neu belegt.

Programm 4.2:   FORTRAN–Funktionen gssabh und gauss zur Erzeugung gaußverteilter Zufallsgrößen mit bzw. ohne statistischen Bindungen.

```
      real function gssabh(M,a)        : Gaußverteilte ZG (statistisch abhängig).
      parameter (Mmax=40)              :   M: Ordnung des Filters (maximal 40),
      integer M,mue,start              :   a: Feld der Filterkoeffizienten.
      real a(0:Mmax),H(0:Mmax),xnue    :
      if(start .eq. 0) then            : Beim ersten Aufruf (start = 0):
        do 10 mue = 0,M                : Vorbelegen des H–Feldes mit statistisch
          H(mu)=gauss(0.,1.)           : unabhängigen, gaußverteilten Zufallsgrößen
10      continue                       : mit m1=0 und σ=1 (Normalverteilung).
        start=1                        :
      end if                           :
      do 20 mue = M,1,-1               : Bei allen weiteren Aufrufen (start = 1):
        H(mu) = H(mue-1)               :   Verschieben des H–Feldes,
20    continue                         :
      H(0) = gauss(0.,1.)              :   Neubelegen von H(0) = wν.
      xnue = 0.                        :
      do 30 mue = 0,M                  :
        xnue = xnue+a(mue)*H(mue)      : Summation gemäß (4.106).
30    continue                         :
      gssabh = xnue                    : Funktionszuweisung.
      return                           : Rücksprung.
      end                              :

      real function gauss(m1,sigma)    : Gaußverteilte ZG (statistisch unabhängig)
      real m1,sigma,pi,u,v             : Mittelwert m1 und Streuung sigma=σ.
      pi = 4.*atan(1.)                 : π=4*arctan(1.).
      u = random(k)                    : u und v sind gleichverteilt zwischen 0 und 1
40    v = random(k)                    : (vgl. Abschnitt 3.2).
      if (v .eq. 0.) goto 40           :
      w = cos(2.*pi*u)                 :
      gauss = m1+sigma*w*sqrt(2.*alog(1/v)) : Funktionszuweisung gemäß (3.76).
      return                           : Rücksprung.
      end                              :
```

Durch Einsetzen von (4.106) in (4.17) erhält man die diskrete AKF am Filterausgang:

$$l_x(\lambda \cdot T_A) = \overline{x_\nu \cdot x_{\nu+\lambda}} = \sum_{\mu=0}^{M} \sum_{\kappa=0}^{M} a_\mu \cdot a_\kappa \cdot \overline{w_{\nu-\mu} \cdot w_{\nu+\lambda-\kappa}} \cdot \qquad (4.107)$$

Die Überstreichung kennzeichnet hierbei die Mittelung bezüglich der Variablen ν. Da die Koeffizienten a_μ bzw. a_κ unabhängig von der Mittelungsvariablen ν sind, muß die Mittelung in (4.107) nur über die beiden w–Terme erfolgen. Da weiterhin die Eingangswerte w_ν als statistisch unabhängig und mittelwertfrei angenommen werden, liefert der Mittelwert $\overline{w_{\nu-\mu} \cdot w_{\nu+\lambda-\kappa}}$ für $\kappa \neq \mu+\lambda$ stets den Wert 0. Dies folgt aus (4.42) mit $m_1 = 0$. Für $\kappa = \mu+\lambda$ ist dieser Mittelwert dagegen gleich der Varianz σ_w^2 der Eingangsgröße.

Berücksichtigt man diese Tatsache, so kann die Doppelsumme in (4.107) durch eine einfache Summe ersetzt werden, und man erhält

$$l_x(\lambda \cdot T_A) = \sigma_w^2 \cdot \sum_{\mu=0}^{M} a_\mu \cdot a_{\mu+\lambda} \qquad \text{für } \lambda = 0, 1, \dots, M. \tag{4.108}$$

Aufgrund der Symmetrie der AKF–Werte gilt für negative λ–Werte: $l_x(-\lambda \cdot T_A) = l_x(\lambda \cdot T_A)$.

Beispiel 4.9: Für ein nichtrekursives Filter zweiter Ordnung ($M = 2$) mit den Filterkoeffizienten a_0, a_1 und a_2 erhält man die AKF–Werte

$$\begin{aligned}
l_x(0) &= \sigma_w^2 \cdot (a_0^2 + a_1^2 + a_2^2) \,, \\
l_x(-T_A) = l_x(T_A) &= \sigma_w^2 \cdot (a_0 \cdot a_1 + a_1 \cdot a_2) \,, \\
l_x(-2T_A) = l_x(2T_A) &= \sigma_w^2 \cdot (a_0 \cdot a_2) \,.
\end{aligned} \tag{4.109}$$

Setzt man für die Filterkoeffizienten die Zahlenwerte $a_0 = 1/2$, $a_1 = 1/4$, $a_2 = 1/8$ ein, welche die Impulsantwort von Bild 4.28(a) charakterisieren, und wird die Streuung des Eingangssignals zu $\sigma_w = 1$ gewählt, so ergibt sich die in Bild 4.28(b) skizzierte AKF.

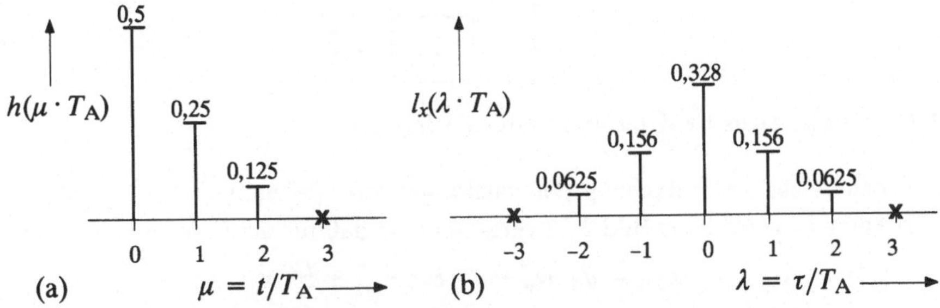

Bild 4.28: Impulsantwort eines nichtrekursiven Filters 2. Ordnung (a) und diskrete AKF am Filterausgang (b) bei statistisch unabhängigen Eingangsgrößen.

Dieses Bild macht deutlich, daß die AKF $l_x(\lambda \cdot T_A)$ am Ausgang eines nichtrekursiven Filters M–ter Ordnung auf den Bereich $|\lambda| \leq M$ beschränkt ist, wenn die Abtastwerte w_ν des Eingangssignals mittelwertfrei sind und keine statistischen Bindungen aufweisen.

Sind die Eingangswerte w_ν gaußverteilt, so ist die Ausgangsfolge $\langle x_\nu \rangle$ ebenfalls gaußverteilt. Die Streuungen σ_w und σ_x sind im allgemeinen unterschiedlich. Bei den hier zugrunde gelegten Zahlenwerten ergibt sich $\sigma_x = \sqrt{0,328} \cdot \sigma_w$.

Durch die Normierungsbedingung

$$\sum_{\mu=0}^{M} a_\mu^2 = 1 \tag{4.110}$$

kann erreicht werden, daß die Streuungen der "statistisch unabhängigen" Eingangsfolge $\langle w_\nu \rangle$ und der "statistisch abhängigen" Ausgangsfolge gleich sind. Im betrachteten Beispiel erhält man mit $a_0 = 0,873$, $a_1 = 0,436$ und $a_2 = 0,218$ eine formgleiche AKF wie in Bild 4.28(b), jedoch mit der Varianz $l_x(0) = 1$.

Dieses Beispiel hat gezeigt, daß zur Erzeugung einer statistisch abhängigen Zufallsgröße mittels eines nichtrekursiven Filters die Anzahl der Filterkoeffizienten ebenso groß sein muß wie die Zahl der von 0 verschiedenen AKF–Werte. Bei einem rekursiven Filter, dessen allgemeine Struktur in Bild 2.22 dargestellt ist, kann eine vergleichbare AKF mit sehr viel weniger Filterkoeffizienten generiert werden. Die analytische Berechnung der Impulsantwort und der AKF des Ausgangssignals ist bei einem rekursiven Filter allerdings erheblich aufwendiger als bei einem nichtrekursiven Filter.

Die Autokorrelationsfunktion und das Leistungsdichtespektrum des Ausgangssignals sind mit (4.90) und (4.91) berechenbar, wobei der Frequenzgang und die Impulsantwort aus den Gleichungen (2.126) und (2.127) abgeleitet werden können. Zur Beschreibung der Vorgehensweise beschränken wir uns hier auf ein rekursives Filter erster Ordnung mit nur zwei Filterkoeffizienten a_0 und b_1 (vgl. Bild 4.29).

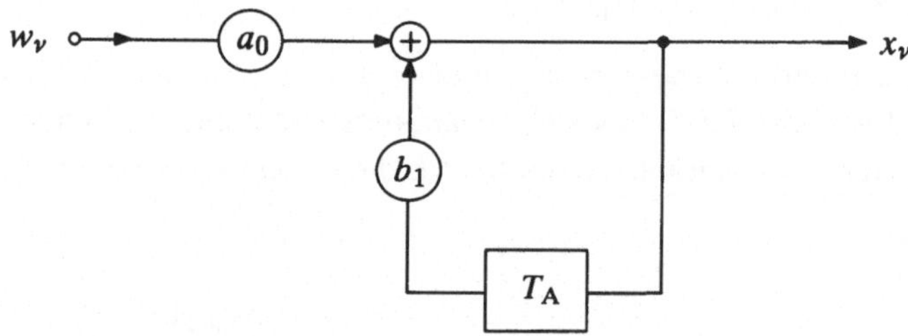

Bild 4.29: Rekursives Laufzeitfilter erster Ordnung.

Hierbei ist zur Vereinfachung der nachfolgenden Gleichungen das Vorzeichen des Koeffizienten b_1 gegenüber Bild 2.22 vertauscht, so daß für die Filterausgangswerte gilt:

$$x_\nu = a_0 \cdot w_\nu + b_1 \cdot x_{\nu-1} = a_0 \cdot w_\nu + a_0 \cdot b_1 \cdot w_{\nu-1} + b_1^2 \cdot x_{\nu-2} =$$

$$= \ldots = \sum_{\mu=0}^{\infty} a_0 \cdot b_1^\mu \cdot w_{\nu-\mu} \, . \tag{4.111}$$

Die AKF kann analog zu (4.108) berechnet werden, wobei allerdings die endliche Summe durch eine unendliche Summe ersetzt werden muß:

$$l_x(\lambda \cdot T_\mathrm{A}) = \sigma_w^2 \cdot \sum_{\mu=0}^{\infty} (a_0 \cdot b_1^\mu) \cdot (a_0 \cdot b_1^{\mu+\lambda}) \quad \text{für } \lambda = 0, 1, 2, \ldots \, . \tag{4.112}$$

Diese Gleichung läßt sich durch Einsetzen der Formel für den Summenwert einer unendlichen geometrischen Reihe noch vereinfachen. Für $b_1 \neq 0$ und $b_1 \neq 1$ erhält man:

$$l_x(\lambda \cdot T_\mathrm{A}) = \sigma_w^2 \cdot a_0^2 \cdot b_1^\lambda \cdot \sum_{\mu=0}^{\infty} b_1^{2\mu} = \frac{\sigma_w^2 \cdot a_0^2}{1 - b_1^2} \cdot b_1^\lambda \, . \tag{4.113}$$

Bereits für ein rekursives Filter erster Ordnung reicht die AKF theoretisch von $-\infty$ bis $+\infty$, wobei die Abnahme der diskreten AKF-Werte exponentiell erfolgt.

Zur Erzeugung von Zufallsgrößen mit weitreichenden statistischen Bindungen ist aus Rechenzeitgründen ein rekursives Filter besser geeignet als ein nichtrekursives. Eine Implementierung eines solchen Filters ist im Programmbeispiel 2.5 angegeben.

4.3.3 Bestimmung der Filterkoeffizienten für eine gewünschte AKF

Im letzten Abschnitt wurde gezeigt, daß zur Erzeugung einer zeitdiskreten, gaußverteilten Zufallsgröße mit statistischen Bindungen ein digitales Filter herangezogen werden kann. Nun soll die Frage geklärt werden, wie die Filterkoeffizienten zu wählen sind, wenn die Art der statistischen Bindungen in Form des Leistungsdichtespektrums bzw. der Autokorrelationsfunktion vorgegeben ist.

Zunächst soll versucht werden, dieses Problem ohne mathematische Herleitung anschaulich zu lösen. Hierzu sind in Tabelle 4.1 einige Sonderfälle angegeben. Soll z. B. eine Zufallsgröße mit einem zu $\mathrm{si}^2(\pi \cdot f \cdot T_x)$ proportionalen Leistungsdichtespektrum erzeugt werden, so eignet sich hierfür eine rechteckförmige Impulsantwort mit $M = T_x/T_A$ von Null verschiedenen und jeweils gleich großen Filterkoeffizienten a_μ. Bei statistisch unabhängigen Eingangswerten ergibt sich unter der Voraussetzung $m_w = 0$ und $\sigma_w = 1$ (*"Normalverteilung"*) für die AKF-Werte $l_x(\lambda \cdot T_A) = h(\lambda \cdot T_A) * h(-\lambda \cdot T_A)$ der gewünschte dreieckförmige Verlauf. Auf die Impulsantworten $h(\lambda \cdot T_A)$ der drei weiteren in Tabelle 4.1 angegebenen Beispiele kommt man durch ähnliche Überlegungen.

Tabelle 4.1: Einige Impulsantworten für ein gewünschtes LDS bzw. eine gewünschte AKF (Voraussetzung: statistisch unabhängige Eingangsgrößen w_ν).

LDS	si^2-förmig	si^4-förmig	prop. $\dfrac{1}{f^2 + f_0^2}$	gaußförmig
AKF	dreieckförmig	gaußähnlich ($\triangle * \triangle$)	beidseitig exponentiell	gaußförmig
Impulsantwort	rechteckförmig	dreieckförmig	exponentiell	gaußförmig

Es ist anzumerken, daß die so gefundenen Lösungen nicht die einzig möglichen sind, da durch das vorgegebene Leistungsdichtespektrum nur der Betrag der Filterfunktion, nicht jedoch dessen Phase festliegt (vgl. (4.99)).

Zur mathematischen Bestimmung des Koeffizienten a_μ eines nichtrekursiven Filters geht man von der diskreten AKF $l_x(\lambda \cdot T_A)$ aus. Ist diese auf den Bereich $-M \cdot T_A \dots M \cdot T_A$ begrenzt (d. h. für $\lambda > M$ besitzt die AKF keine oder vernachlässigbar kleine Anteile), so ist mit M die Ordnung des Filters bestimmt, und es folgt aus (4.103) für $\lambda \le M$:

$$l_x(0) = \sum_{\mu=0}^{M} a_\mu^2 \,,$$

$$l_x(T_A) = \sum_{\mu=0}^{M-1} a_\mu \cdot a_{\mu+1} \,, \tag{4.114}$$

$$\vdots$$

$$l_x((M-1)T_A)) = a_0 \cdot a_{M-1} + a_1 \cdot a_M \,,$$

$$l_x(MT_A) = a_0 \cdot a_M \,.$$

Man erhält auf diese Weise für die $M + 1$ Koeffizienten $M + 1$ unabhängige Gleichungen.

Durch sukzessives Eliminieren der Koeffizienten $a_1 \ldots a_M$ bleibt für a_0 eine nichtlineare Gleichung höherer Ordnung übrig. Für diese gibt es mindestens vier reelle Lösungen, da

- alle Koeffizienten gleichzeitig ihr Vorzeichen ändern können, ohne daß das obige Gleichungssystem verändert wird, und

- alle Koeffizienten a_μ gleichzeitig durch $a_{M-\mu}$ ersetzt werden können, was lediglich einer Spiegelung und Verschiebung der Impulsantwort entspricht.

Beispiel 4.10:   Gesucht wird der Generierungsalgorithmus für eine Gauß'sche zeitdiskrete Zufallsgröße mit den normierten AKF-Werten $l_x(0) = 2{,}64$; $l_x(\pm T_A) = -0{,}64$; $l_x(\pm 2 \cdot T_A) = 1{,}24$ sowie $l_x(\lambda \cdot T_A) = 0{,}64$ für $|\lambda| \geq 3$. Da die AKF ab $|\lambda| = 3$ konstant ist, genügt hierfür ein nichtrekursives Laufzeitfilter zweiter Ordnung, dem zusätzlich am Ausgang ein Gleichanteil von 0,8 hinzugefügt wird. Somit lautet die Generierungsvorschrift:

$$x_\nu = a_0 \cdot w_\nu + a_1 \cdot w_{\nu-1} + a_2 \cdot w_{\nu-2} + 0{,}8 \ . \tag{4.115}$$

Die statistisch voneinander unabhängigen Eingangsgrößen w_ν seien hierbei gaußverteilt mit Mittelwert $m_w = 0$ und Streuung $\sigma_w = 1$. Nach Eliminierung der Gleichleistung, die sich aus dem Grenzwert der AKF für $\lambda \to \infty$ zu $0{,}8^2$ ergibt, erhält man aus (4.114) das folgende Gleichungssystem:

$$\begin{aligned}
a_0^2 + a_1^2 + a_2^2 &= 2 \ , \\
a_0 \cdot a_1 + a_1 \cdot a_2 &= -1{,}28 \ , \\
a_0 \cdot a_2 &= 0{,}6 \ .
\end{aligned} \tag{4.116}$$

Dieses läßt sich durch Eliminieren von a_2 und a_1 auf folgende Gleichung reduzieren:

$$a_0^8 - 0{,}8 \cdot a_0^6 - 0{,}0416 \cdot a_0^4 - 0{,}288 \cdot a_0^2 + 0{,}1296 = 0 \ . \tag{4.117}$$

Für den Filterkoeffizienten a_0 gibt es dann vier reelle sowie vier komplexe und damit unzulässige Lösungen. Die reellen Lösungen lauten:

$$a_0 = \pm 1 \quad \text{bzw.} \quad a_0 = \pm 0{,}6.$$

Durch Einsetzen in (4.116) erhält man die noch unbekannten Koeffizienten a_1 und a_2:

a)	$a_0 = 1{,}0,$	$a_1 = -0{,}8,$	$a_2 = 0{,}6,$
b)	$a_0 = -1{,}0,$	$a_1 = 0{,}8,$	$a_2 = -0{,}6,$
c)	$a_0 = -0{,}6,$	$a_1 = 0{,}8,$	$a_2 = -1{,}0,$
d)	$a_0 = 0{,}6,$	$a_1 = -0{,}8,$	$a_2 = 1{,}0.$

Dieses einfache Beispiel soll die Schwierigkeiten verdeutlichen, die bei der Auflösung des Gleichungssystems (4.114) in der Praxis auftreten, besonders bei großen Werten von M. Zur Lösung dieses Problems gibt es eine Reihe numerischer Verfahren (vgl. z. B. [6]).

Bei einem rekursiven Filter höherer Ordnung ist es oft zweckmäßig, die Koeffizientenbestimmung im Spektalbereich durchzuführen. Dies bedeutet eine Variation des Frequenzgangs, so daß $|H(f)|^2$ formgleich mit dem gewünschten LDS ist.

4.3.4 Filtereinfluß auf nichtgaußverteilte Zufallsprozesse

Der grundlegende Zusammenhang zwischen der AKF am Eingang und Ausgang eines linearen Filters gilt unabhängig von der Amplitudenverteilung. Das gleiche gilt für die Leistungsdichtespektren. Das bedeutet, daß die fundamentalen Gleichungen (4.90) und (4.91) auch bei einem nichtgaußverteilten Zufallsprozeß angewandt werden können.

Die Schwierigkeit bei der Erzeugung einer nichtgaußverteilten Zufallsgröße mit statistischen Bindungen entsprechend Abschnitt 4.3.2 besteht nun darin, daß durch die – zur spektralen Formung erforderliche – Filterung des Eingangssignals auch die Amplitudenverteilung prägnant beeinflußt wird. Während bei Gauß'schen Zufallsgrößen das digitale Filter nur die beiden WDF-Parameter (Mittelwert, Streuung) verändert, ist bei jeder anderen Amplitudenverteilung auch der prinzipielle Verlauf der Dichtefunktionen am Ein- und Ausgang unterschiedlich.

Diese Eigenschaft soll am Beispiel eines nichtrekursiven Filters erster Ordnung verdeutlicht werden, dessen zeitdiskretes Ausgangssignal entsprechend (4.106) durch $x_v = a_0 \cdot w_v + a_1 \cdot w_{v-1}$ gegeben ist. Die Eingangswerte w_v und w_{v-1} seien voraussetzungsgemäß statistisch unabhängig. Somit berechnet sich die WDF $f_x(x)$ nach (3.65) als das Faltungsprodukt zweier, entsprechend den Faktoren a_0 und a_1 gestauchter bzw. gedehnter Dichtefunktionen $f_w(w)$. Sind z. B. die Eingangswerte w_v gleichverteilt, so ergibt sich für $f_x(x)$ ein dreieckförmiger (falls $a_1 = a_0$) bzw. trapezförmiger Verlauf (falls $a_1 \neq a_0$).

Bei einer sehr großen Anzahl von Filterkoeffizienten wird nach dem zentralen Grenzwertsatz die Ausgangs-WDF nahezu gaußförmig. Im Grenzfall $M \to \infty$ ergibt sich unabhängig von der Eingangs-WDF $f_w(w)$ stets eine Gaußverteilung.

Zur Erzeugung einer nichtgaußverteilten, zeitdiskreten Zufallsfolge $\langle x_v \rangle$ mit statistischen Bindungen kann ebenfalls das nichtrekursive Filter von Bild 4.27 herangezogen werden, dessen Filterkoeffizienten a_μ allein aus den gewünschten AKF-Werten $l_x(\lambda \cdot T_A)$ berechenbar sind. Im Unterschied zu Abschnitt 4.3.2 muß nun jedoch auch die WDF $f_w(w)$ der Eingangswerte ermittelt werden, die zusammen mit den Filterkoeffizienten a_μ die gewünschte Ausgangs-WDF ergibt.

In [47] sind zwei Methoden zur Lösung dieses im allgemeinen schwierigen Problems angegeben. Bei der ersten Methode wird der Zusammenhang

$$C_x(\omega) = \prod_{\mu=0}^{M} C_w(a_\mu \cdot \omega) \tag{4.118}$$

zwischen den charakteristischen Funktionen am Ein- und Ausgang eines nichtrekursiven Filters ausgenutzt, woraus $C_w(\omega) \circ\!\!-\!\!\bullet f_w(w)$ abhängig von $C_x(\omega) \circ\!\!-\!\!\bullet f_x(x)$ sowie den Filterkoeffizienten $a_0 \dots a_M$ numerisch ermittelt werden kann.

Die zweite Methode nutzt die Tatsache, daß jede WDF durch eine unendliche Summe gewichteter Hermite-Polynome approximiert werden kann. Die Gewichtungsfaktoren werden dabei von den Momenten m_k bestimmt. In [47] wird der i. a. komplizierte Zusammenhang zwischen den Momenten am Ein- und Ausgang analytisch angegeben. Dies ermöglicht die Berechnung der Eingangsmomente $m_k^{(w)}$ aus $m_k^{(x)}$ und den Filterkoeffizienten a_μ, wodurch $f_w(w)$ ebenfalls angebbar ist.

4.4 Optimale Filter

Inhalt: In diesem Abschnitt werden mit dem Matched–Filter (Korrelationsfilter) und dem Wiener–Kolmogoroff–Filter zwei Systemfunktionen vorgestellt, die für spezifische Anwendungen optimal sind. Ersteres dient zum Nachweis der Signalexistenz, d. h. es kann mit größtmöglicher Sicherheit entscheiden, ob ein durch additives Rauschen gestörtes impulsförmiges Nutzsignal vorhanden ist oder nicht. Dagegen besitzt das sogenannte Wiener–Kolmogoroff–Filter den bestmöglichen Frequenzgang, um die Signalform eines Analogsignals bei Vorhandensein von Rauschstörungen zu rekonstruieren.

4.4.1 Matched–Filter (Korrelationsfilter)

In jedem Nachrichtensystem treten additive Störungen auf, die die Übertragung und Verarbeitung des informationstragenden Nutzsignals beeinträchtigen. Da es sich hierbei meist um nichtdeterministische Störsignale (z. B. Weißes Rauschen) handelt, wird sich die Störung nicht vollständig eliminieren lassen. Es besteht jedoch die Möglichkeit, das verrauschte Signal durch ein Optimalfilter so zu formen, daß sich der störende Einfluß des Rauschens bei der Rückgewinnung der Information nur minimal bemerkbar macht. Der Frequenzgang des optimalen Filters hängt dabei sowohl von der spezifischen Anwendung als auch von den Eigenschaften des Nutz– und Störsignals ab.

Als erstes Beispiel für ein solches Optimalfilter betrachten wir die Anordnung von Bild 4.30 mit dem sogenannten *Matched–Filter*. Der Nutzanteil $g(t)$ des Eingangssignals $e(t)$ sei impulsförmig und dementsprechend energiebegrenzt, d. h. das Integral über $g(t)^2$ von $-\infty$ bis $+\infty$ liefert einen endlichen Wert.

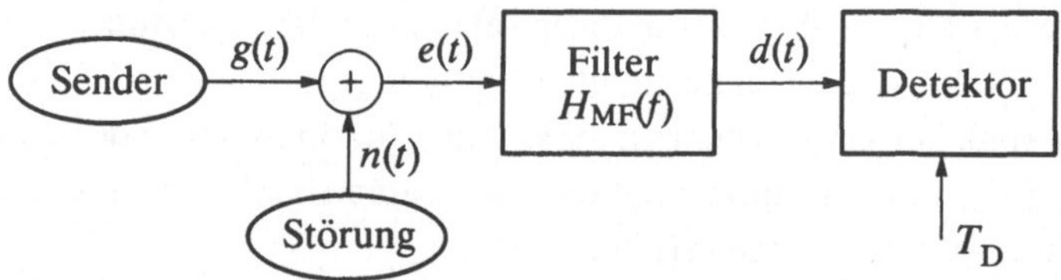

Bild 4.30: Zur Herleitung des Matched–Filters.

Dem Empfänger – bestehend aus linearem Filter und Amplitudendetektor – ist die Form des Nutzimpulses $g(t)$ bekannt, nicht jedoch der Sendezeitpunkt t_S. Die Aufgabe besteht nun darin, den Filterfrequenzgang $H(f) = H_{MF}(f)$ so zu bestimmen, daß der Impuls $g(t)$ trotz der unvermeidbaren Rauschstörungen $n(t)$ vom nachgeschalteten Detektor möglichst sicher erkannt werden kann. Der Index "MF" (von Matched–Filter) soll hierbei deutlich machen, daß die Übertragungsfunktion an die Eigenschaften von Nutzsignal $g(t)$ und Störung $n(t)$ angepaßt ist.

Für das Folgende ist stets der Sendezeitpunkt $t_S = 0$ vorausgesetzt, was keine grundsätzliche Einschränkung für die hier beschriebene Filteroptimierung darstellt. T_D bezieht sich somit immer auf den Zeitnullpunkt.

Das Detektionssignal $d(t)$ am Ausgang des linearen Filters ergibt sich für das durch stationäres Rauschen gestörte Eingangssignal $e(t) = g(t) + n(t)$ zu

$$d(t) = e(t) * h(t) = \underbrace{g(t) * h(t)}_{d_\mathrm{S}(t)} + \underbrace{n(t) * h(t)}_{d_\mathrm{N}(t)} \, . \tag{4.119}$$

Das oben mit *"möglichst sicher erkannt"* sehr vage formulierte Optimierungskriterium wird in der Literatur meist wie folgt angegeben:

$$\varrho_d(T_\mathrm{D}) = \frac{d_\mathrm{S}^2(T_\mathrm{D})}{\sigma_d^2} = \text{Maximum} \, . \tag{4.120}$$

Hierbei ist $d_\mathrm{S}(T_\mathrm{D})$ das Nutzsignal am Detektoreingang zu einem (vorgebbaren) Detektionszeitpunkt T_D und $\sigma_d^2 = \mathrm{E}[d_\mathrm{N}^2(t)]$ die Varianz (Leistung) des gefilterten Rauschsignals. Bei weißem Eingangsrauschen $n(t)$ mit der frequenzunabhängigen Rauschleistungsdichte L_0 beträgt die Varianz des Störanteils vor dem Detektor allgemein:

$$\sigma_d^2 = L_0 \cdot \int\limits_{-\infty}^{\infty} |H(f)|^2 \, \mathrm{d}f \, . \tag{4.121}$$

Für die momentane Nutzleistung zum Betrachtungszeitpunkt gilt mit $G(f) \bullet\!\!-\!\!\circ g(t)$:

$$d_\mathrm{S}^2(T_\mathrm{D}) = \left| \int\limits_{-\infty}^{+\infty} G(f) \cdot H(f) \cdot \exp(\mathrm{j} \cdot 2\pi \cdot f \cdot T_\mathrm{D}) \, \mathrm{d}f \right|^2 \, . \tag{4.122}$$

Durch Anwendung der Schwarz'schen Ungleichung (siehe z. B. [32])

$$\left| \int\limits_{a}^{b} A(x) \cdot B(x) \, \mathrm{d}x \right|^2 \leq \int\limits_{a}^{b} |A(x)|^2 \, \mathrm{d}x \cdot \int\limits_{a}^{b} |B(x)|^2 \, \mathrm{d}x \tag{4.123}$$

kann gezeigt werden, daß für jeden möglichen Filterfrequenzgang $H(f)$ das momentane Detektions–Signalstörleistungsverhältnis folgendermaßen begrenzt ist:

$$\varrho_d(T_\mathrm{D}) \leq \frac{1}{L_0} \cdot \int\limits_{-\infty}^{+\infty} |G(f)|^2 \, \mathrm{d}f \, . \tag{4.124}$$

Berechnet man $\varrho_d(T_\mathrm{D})$ aus (4.120) unter Verwendung von (4.121) und (4.122), und setzt dabei für den Filterfrequenzgang

$$H_\mathrm{MF}(f) = K \cdot G^*(f) \cdot \exp(-\mathrm{j} \cdot 2\pi \cdot f \cdot T_\mathrm{D}) \, , \tag{4.125}$$

so gilt in (4.124) das Gleichheitszeichen. Damit ist implizit gezeigt, daß das durch (4.125) definierte Matched–Filter für das gestellte Problem optimal ist.

Der Frequenzgang des Matched–Filters läßt sich folgendermaßen interpretieren:
- $H_\mathrm{MF}(f)$ ist durch den Term $G^*(f)$ an das Spektrum des gesuchten Impulses angepaßt.
- Die Konstante K mit der Einheit Hz/V ist aus Dimensionsgründen notwendig.
- Der Detektionszeitpunkt T_D ergibt sich aus der Kausalitätsbedingung $h_\mathrm{MF}(t < 0) = 0$.

Es ist anzumerken, daß (4.125) nur bei Weißem Rauschen optimal ist.

Die Fourierrücktransformation von (4.125) führt zur Impulsantwort

$$h_{MF}(t) = K \cdot g(T_D - t) \, , \tag{4.126}$$

woraus mit (4.119) der Nutzanteil am Filterausgang berechnet werden kann:

$$d_S(t) = g(t) * (K \cdot g(T_D - t)) = K \cdot e_g(t - T_D) \, . \tag{4.127}$$

Hierbei ist $e_g(\tau)$ die Energie–AKF des Eingangsimpulses. Ein Vergleich mit Beispiel 4.3 im Abschnitt 4.1.5 macht deutlich, daß das Matched–Filter das gleiche Nutzsignal wie ein an den Eingangsimpuls $g(t)$ angepaßter Korrelator liefert. Deshalb wird dieses Filter in der Literatur teilweise auch als *Korrelationsfilter* bezeichnet.

Bild 4.31 verdeutlicht an einem Beispiel den Zusammenhang zwischen den Nutzsignalen am Ein- und Ausgang des Matched–Filters sowie der Impulsantwort $h_{MF}(t)$.

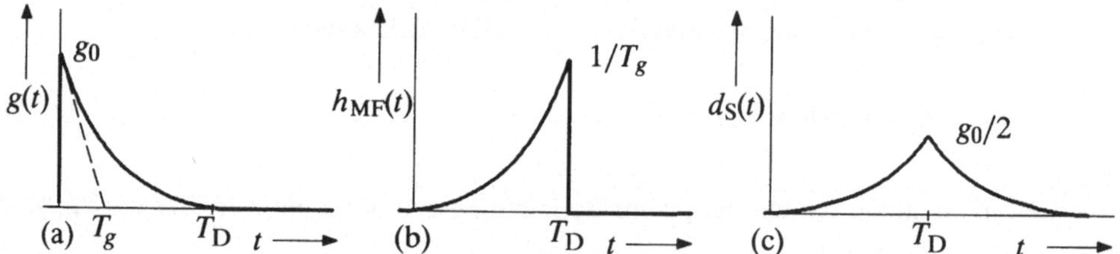

Bild 4.31: Exponentiell abfallender Eingangsimpuls (a) sowie Impulsantwort (b) und Ausgangssignal (c) des Matched–Filters ($K = 1/(g_0 \cdot T_g)$, $T_D = 3 \cdot T_g$).

Zum Zeitpunkt $t = T_D$ ist das Nutzsignal maximal, und bis auf die dimensionsbehaftete Verstärkung K identisch mit der Energie E_g des Eingangsimpulses:

$$d_S(T_D) = K \cdot e_g(0) = K \cdot E_g \, . \tag{4.128}$$

Liegt am Empfängereingang Weißes Rauschen der Rauschleistungsdichte L_0 an, so gilt mit (4.121) und (4.125) für die Störleistung am Ausgang des Matched–Filters:

$$\sigma_d^2 = L_0 \cdot K^2 \cdot \int_{-\infty}^{+\infty} |G(f)|^2 \, df = L_0 \cdot K^2 \cdot E_g \, . \tag{4.129}$$

Daraus folgt für das *maximale Signalstörleistungsverhältnis* am Detektor (vgl. (4.120)):

$$\varrho_{d,\max}(T_D) = \frac{(K \cdot E_g)^2}{L_0 \cdot K^2 \cdot E_g} = \frac{E_g}{L_0} \, . \tag{4.130}$$

Dieser Wert ist unabhängig von der Konstanten K und vom Detektionszeitpunkt T_D, natürlich nur unter der Voraussetzung, daß für die Dimensionierung des Matched–Filters und des Detektors der gleiche Wert von T_D zugrunde gelegt wird.

Mit keinem anderen Filter läßt sich ein größeres Signalstörleistungsverhältnis erzielen als mit dem Matched–Filter. Zwar gibt es Filter, die zu einem größeren Nutzanteil $d_S(T_D)$ führen und solche mit kleineren Störungen im Ausgangssignal. Mit keinem Filter ist jedoch (zu einem vorgegebenen Zeitpunkt T_D) ein besseres Verhältnis von momentaner Nutzleistung zu Störleistung möglich. Dies soll das folgende Beispiel verdeutlichen.

Beispiel 4.11:   Am Eingang eines Filters (Gaußtiefpaß) mit dem Frequenzgang

$$H(f) = \exp(-\pi \cdot \Delta t_F^2 \cdot f^2) \cdot \exp(-\,j \cdot 2\pi \cdot f \cdot T_D) \tag{4.131}$$

liegt ein von Weißem Rauschen der Rauschleistungsdichte L_0 überlagerter Gaußimpuls der Amplitude g_0 und der äquivalenten Dauer Δt_g an:

$$g(t) = g_0 \cdot \exp(-\pi \cdot \frac{t^2}{\Delta t_g^2}) \,. \tag{4.132}$$

Das Nutzsignal $d_S(t)$ am Filterausgang (vgl. Bild 4.30) ist somit ebenfalls gaußförmig, wobei die äquivalente Impulsdauer

$$\Delta t_d^2 = \sqrt{\Delta t_g^2 + \Delta t_F^2} \tag{4.133}$$

beträgt. Der Maximalwert des Ausgangsimpulses tritt zum Zeitpunkt T_D auf, wobei gilt:

$$d_S(T_D) = g_0 \cdot \frac{\Delta t_g}{\sqrt{\Delta t_g^2 + \Delta t_F^2}} \,. \tag{4.134}$$

Je breitbandiger das Filter (d.h. je größer die äquivalente Bandbreite $1/\Delta t_F$) ist, um so größer ist die Nutzsignalamplitude zum Detektionszeitpunkt T_D. Gleichzeitig wächst mit der Filterbandbreite jedoch auch die Varianz des Störanteils im Filterausgangssignal an, die mit (4.113) folgenden Wert ergibt:

$$\sigma_d^2 = \frac{L_0}{\sqrt{2} \cdot \Delta t_F} \,. \tag{4.135}$$

Bildet man entsprechend (4.120) das momentane Detektions–Signalstörleistungsverhältnis, so erhält man mit der Energie $E_g = g_0^2 \cdot \Delta t_g / \sqrt{2}$ des Eingangsimpulses $g(t)$:

$$\varrho_d(T_D) = = \frac{E_g}{L_0} \cdot \frac{2 \cdot \Delta t_F / \Delta t_g}{1 + \Delta t_F^2 / \Delta t_g^2} \,. \tag{4.136}$$

Dieses Verhältnis ist in Bild 4.32 in Abhängigkeit des Quotienten $\Delta t_F / \Delta t_g$ dargestellt. Es ist zu erkennen, daß $\varrho_d(T_D)$ für $\Delta t_F / \Delta t_g = 1$ ein Maximum besitzt. Für $\Delta t_F < \Delta t_g$ steigt die Störleistung stark an (vgl. (4.135)), für zu große Werte von Δt_F ergibt sich entsprechend (4.134) gegenüber dem Optimum ein zu kleiner Nutzabtastwert.

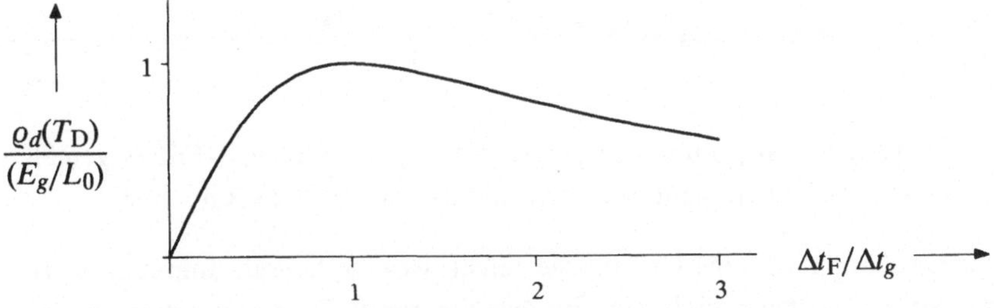

Bild 4.32: Normiertes Detektions–Signalstörleistungsverhältnis am Ausgang eines Gaußtiefpasses in Abhängigkeit des Quotienten $\Delta t_F / \Delta t_g$.

Ein Vergleich der Gleichungen (4.131) und (4.132) mit (4.125) macht deutlich, daß das hier betrachtete Filter für $\Delta t_\mathrm{F} = \Delta t_g$ genau dem an den Eingangsimpuls $g(t)$ angepaßten Matched–Filter entspricht:

$$H_\mathrm{MF}(f) = \exp(-\pi \cdot \Delta t_g^2 \cdot f^2) \cdot \exp(-j \cdot 2\pi \cdot f \cdot T_\mathrm{D}) \, , \qquad (4.137)$$

$$h_\mathrm{MF}(t) = \frac{1}{\Delta t_g} \cdot \exp(-\pi \cdot \frac{(t - T_\mathrm{D})^2}{\Delta t_g^2}) \, . \qquad (4.138)$$

Für den Sonderfall $\Delta t_\mathrm{F} = \Delta t_g$ (und nur für diesen) stimmen somit die Ergebnisse von (4.128) und (4.134), (4.129) und (4.135) sowie (4.130) und (4.136) überein. Die Verminderung von $\varrho_d(T_\mathrm{D})$ bei Nichtanpassung ($\Delta t_\mathrm{F} \neq \Delta t_g$) kann Bild 4.32 entnommen werden.

Wie aus (4.137) hervorgeht, bewertet das angepaßte Filter diejenigen Spektralanteile besonders gut, die im Nutzsignal vorwiegend enthalten sind. Dagegen werden solche Frequenzen, die hauptsächlich mit Störungen belegt sind, stark unterdrückt.

In Bild 4.33 sind das Ein- und Ausgangssignal des Matched–Filters für dieses Beispiel dargestellt. Durch die Festlegung $K = 1/(g_0 \cdot \Delta t_g)$ ist die Amplitude des Ausgangsimpulses zum Detektionszeitpunkt T_D um den Faktor $\sqrt{2}$ kleiner als die des Eingangsimpulses. Es ist aber auch deutlich zu erkennen, daß die Störungen im Ausgangssignal im Gegensatz zum weißen Eingangsrauschen niederfrequent sind, und daß die Störleistung durch das Matched–Filter merklich vermindert wird.

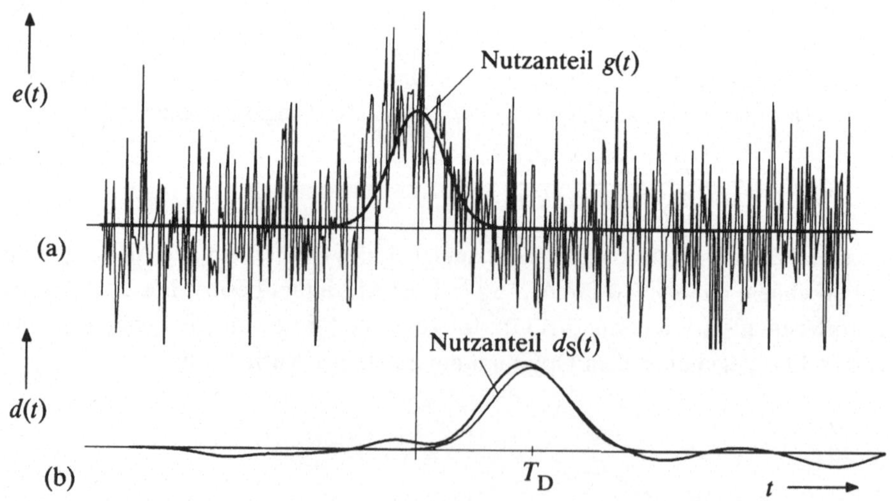

Bild 4.33: Eingangssignal (a) und Ausgangssignal (b) des Matched–Filters gemäß (4.137) bei einem gaußförmigen Impuls und Weißem Rauschen.

Da der Gaußimpuls bis ins Unendliche reicht, ist eine kausale Impulsantwort (d. h. $h_\mathrm{MF}(t) = 0$ für $t < 0$) theoretisch nur für den Grenzfall $T_\mathrm{D} \to \infty$ möglich. Wählt man jedoch – wie für Bild 4.33(b) vorausgesetzt – den Detektionszeitpunkt T_D hinreichend groß, so erscheint die Impulsantwort innerhalb der Zeichengenauigkeit als kausal.

Bei der Herleitung des Matched–Filters für beliebige Störungen berücksichtigt man, daß ein farbiges Rauschsignal $n(t)$ – zumindest gedanklich – aus einer weißen Rauschquelle mit der Rauschleistungsdichte L_0 und einem Formfilter $H_N(f)$ hervorgeht, so daß für sein Leistungsdichtespektrum auch geschrieben werden kann (vgl. Bild 4.34(a)):

$$L_n(f) = L_0 \cdot |H_N(f)|^2 \ . \tag{4.139}$$

Hinsichtlich der Störungen am Ausgang des Matched–Filters ändert sich nichts, wenn das Formfilter $H_N(f)$ auf die rechte Seite der Additionsstelle verlagert wird. Um ein auch bezüglich des Nutzsignals äquivalentes Modell zu erhalten, muß dieses Formfilter im Nutzsignalzweig jedoch durch das inverse Filter $H_N(f)^{-1}$ kompensiert werden. Somit sind die beiden Anordnungen von Bild 4.34(a) und 4.34(b) identisch.

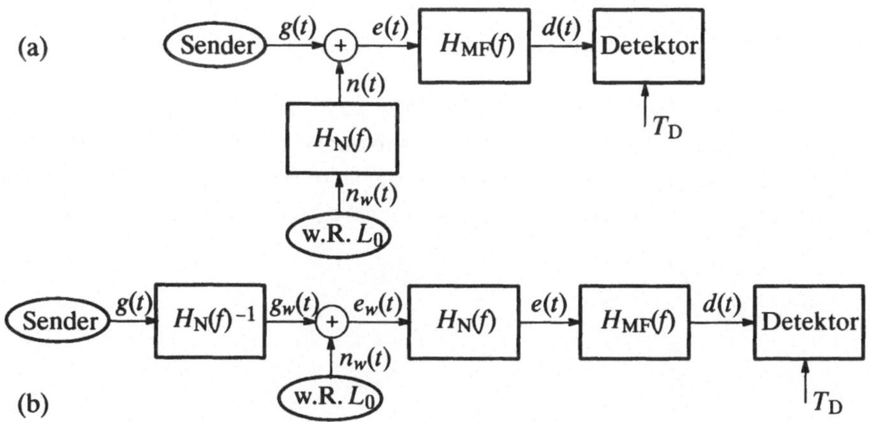

Bild 4.34: Zur Herleitung des Matched–Filters bei farbigen Störungen unter Verwendung eines Formfilters links (a) bzw. rechts (b) von der Rauschaddition.

Das maximale Signalstörleistungsverhältnis am Detektor ergibt sich, wenn das Produkt $H_N(f) \cdot H_{MF}(f)$ an den Impuls $g_w(t)$ angepaßt ist. Da in Bild 4.34(b) ebenso wie in Bild 4.30 an der Additionsstelle Weißes Rauschen $n_w(t)$ anliegt, kann (4.125) angewandt werden, und man erhält für den Gesamtfrequenzgang nach der Additionsstelle:

$$H_N(f) \cdot H_{MF}(f) = K \cdot \frac{G^*(f)}{H_N^*(f)} \cdot \exp(-j \cdot 2\pi \cdot f \cdot T_D) \ . \tag{4.140}$$

Daraus folgt für das Matched–Filter bei farbigen Störungen:

$$H_{MF}(f) = K \cdot \frac{G^*(f)}{|H_N(f)|^2} \cdot \exp(-j \cdot 2\pi \cdot f \cdot T_D) \ , \tag{4.141}$$

sowie für das maximale Detektions–Signalstörleistungsverhältnis vor dem Detektor:

$$\varrho_{d,max}(T_D) = \frac{1}{L_0} \cdot \int_{-\infty}^{+\infty} |G_w(f)|^2 \, df = \int_{-\infty}^{+\infty} \frac{|G(f)|^2}{L_n(f)} \, df \ . \tag{4.142}$$

Der Sonderfall $L_n(f) = L_0$ führt auch hier wieder zum Ergebnis (4.130).

4.4.2 Wiener–Kolmogoroff–Filter

Als weiteres Beispiel zur Optimalfilterung betrachten wir die Aufgabenstellung, die Form eines – in den meisten Fällen analogen und leistungsbegrenzten – Nutzsignals $s(t)$ aus dem durch additives Rauschen gestörten Empfangssignal $e(t)$ ''möglichst gut'' zu rekonstruieren. Bild 4.35 zeigt die entsprechende Anordnung.

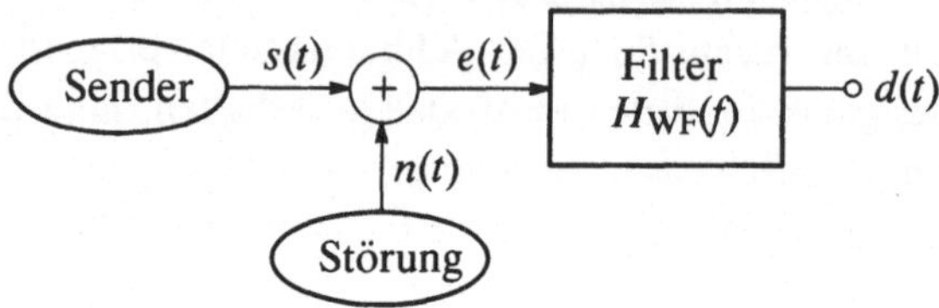

Bild 4.35: Prinzipschaltbild zur Herleitung des Wiener–Kolmogoroff–Filters.

Im Gegensatz zum Modell von Bild 4.30 sei hier das Nutzsignal $s(t)$ nicht determiniert, sondern das Ergebnis eines Zufallsprozesses, von dem die statistischen Eigenschaften in Form des Leistungsdichtespektrums $L_s(f)$ bekannt sind. Weiterhin wird für das Folgende vorausgesetzt, daß $s(t)$ mittelwertfrei und leistungsbegrenzt sei. Das bedeutet:

$$\lim_{T_0 \to \infty} \frac{1}{2T_0} \cdot \int_{-T_0}^{+T_0} s(t)\, dt = 0 \, , \tag{4.143}$$

$$\lim_{T_0 \to \infty} \frac{1}{2T_0} \cdot \int_{-T_0}^{+T_0} s(t)^2\, dt > 0 \, . \tag{4.144}$$

Das Ausgangssignal $d(t)$ des gesuchten Filters $H_{WF}(f)$ soll sich vom Nutzsignal $s(t)$ im Sinne des mittleren quadratischen Fehlers möglichst wenig unterscheiden. Somit lautet hier die Optimierungsbedingung:

$$MQF = \lim_{T_0 \to \infty} \frac{1}{2T_0} \cdot \int_{-T_0}^{+T_0} |d(t) - s(t)|^2\, dt \overset{!}{=} \text{Minimum} \, . \tag{4.145}$$

Kolmogoroff [122] und Wiener [246] haben dieses Optimierungsproblem nahezu zur gleichen Zeit unabhängig voneinander gelöst. Die Übertragungsfunktion des optimalen Filters kann über die *Wiener–Hopf'sche Integralgleichung* ermittelt werden. Begnügt man sich mit der nichtkausalen Lösung, so erhält man:

$$H_{WF}(f) = \frac{L_s(f) + L_{ns}(f)}{L_s(f) + L_{sn}(f) + L_{ns}(f) + L_n(f)} \, . \tag{4.146}$$

Der Index ''WF'' steht für Wiener–Filter, und läßt leider die Verdienste von Kolmogoroff bei der Filteroptimierung nicht erkennen. Auf die Ableitung dieser Gleichung wird hier verzichtet. Der Rechengang ist beispielsweise in [89] ausführlich dargelegt. Im folgenden soll das Ergebnis (4.146) nur kommentiert und an Beispielen verdeutlicht werden.

In (4.146) geben $L_s(f)$ und $L_n(f)$ die Leistungsdichtespektren von Nutz– und Störsignal bzw. der jeweils zugrundeliegenden Prozesse an. Dagegen bezeichnen $L_{sn}(f)$ und $L_{ns}(f)$ die Kreuzleistungsdichtespektren zwischen diesen (vgl. Abschnitt 4.1.5).

Sind Nutz– und Störsignal unkorreliert, was bei vielen Anwendungen zutrifft, so gilt für die Kreuzleistungsdichtespektren $L_{sn}(f) = L_{ns}(f) = 0$, und (4.146) vereinfacht sich zu

$$H_{\mathrm{WF}}(f) = \frac{L_s(f)}{L_s(f) + L_n(f)} = \frac{1}{1 + L_n(f)/L_s(f)} \ . \tag{4.147}$$

Das Wiener–Kolmogoroff–Filter wirkt somit wie ein frequenzabhängiger Teiler, wobei das Teilerverhältnis durch die Leistungsdichtespektren von Nutzsignal und Störung bestimmt wird. Der "Durchlaßbereich" liegt vorwiegend bei den Frequenzen, bei welchen das Nutzsignal sehr viel größere Anteile besitzt als die Störung ($L_s(f) \gg L_n(f)$).

Für den durch (4.145) definierten mittleren quadratischen Fehler zwischen dem Ausgangssignal $d(t)$ und dem zu approximierenden Eingangssignal $s(t)$ erhält man unter der Voraussetzung, daß $s(t)$ und $n(t)$ unkorreliert sind, mit $H_{\mathrm{WF}}(f)$ entsprechend (4.147):

$$\mathrm{MQF} = \int_{-\infty}^{+\infty} \frac{L_s(f) \cdot L_n(f)}{L_s(f) + L_n(f)} \ df = \int_{-\infty}^{+\infty} H_{\mathrm{WF}}(f) \cdot L_n(f) \ df \ . \tag{4.148}$$

Die Ableitung dieses Ergebnisses ist durchaus nicht trivial und z. B. in [89] zu finden.

Zur Verdeutlichung der Filtervorschrift (4.147) betrachten wir zunächst als Grenzfall einen periodischen Prozeß. Das heißt, das Leistungsdichtespektrum $L_s(f)$ des Nutzsignals sei eine Summe diskreter Frequenzanteile (Diracfunktionen). Bei Weißem Rauschen ($L_n(f) =$ const.) ergibt sich somit für das Wiener–Kolmogoroff–Filter ein Frequenzgang, der nur bei den Nutzsignalfrequenzen durchlässig ist. Bei allen anderen Frequenzen, die voraussetzungsgemäß nur Störanteile beinhalten können, ist dagegen $H_{\mathrm{WF}}(f) = 0$.

Das nachfolgende Beispiel soll den Frequenzgang $H_{\mathrm{WF}}(f)$ des Wiener–Kolmogoroff–Filters bei kontinuierlichem Leistungsdichtespektrum $L_s(f)$ veranschaulichen.

Beispiel 4.12:   Das Signal $s(t)$ sei ein redundanzfreies binäres bipolares Rechtecksignal entsprechend Bild 4.14(a). Nach Abschnitt 4.2.2 lautet somit sein Leistungsdichtespektrum mit der Energie $E_g = g_0^2 \cdot T$ eines einzelnen Rechteckimpulses (vgl. Bild 4.36(a)):

$$L_s(f) = E_g \cdot \mathrm{si}^2(\pi \cdot f \cdot T) \ . \tag{4.149}$$

Dieses Rechtecksignal werde von Weißem Rauschen $n(t)$ mit der Rauschleistungsdichte $L_n(f) = L_0$ überlagert. Setzt man (4.149) in (4.147) ein, so erhält man für den Frequenzgang des Wiener–Kolmogoroff–Filters:

$$H_{\mathrm{WF}}(f) = \frac{1}{1 + \dfrac{L_0}{E_g \cdot \mathrm{si}^2(\pi f T)}} \ . \tag{4.150}$$

Aus dieser Gleichung geht hervor, daß der Frequenzverlauf $H_{\mathrm{WF}}(f)$ des optimalen Filters auch vom Quotienten E_g/L_0 abhängt. Im Grenzfall $E_g/L_0 \to \infty$, d. h. bei vernachlässigbar kleinen Störungen, ergibt sich sinnvollerweise $H_{\mathrm{WF}}(f) = 1$.

Bild 4.36(b) zeigt $H_{WF}(f)$ für $E_g/L_0 = 10$, d. h. für den Fall, daß die Energie E_g eines Rechteckimpulses um den Faktor 10 größer ist als die Rauschleistungsdichte L_0.

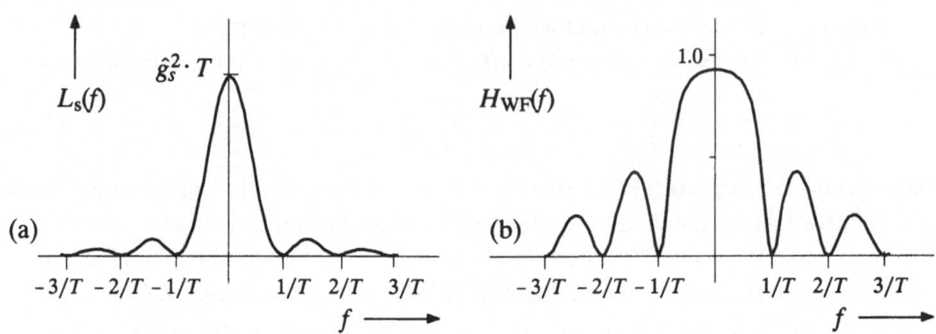

Bild 4.36: Leistungsdichtespektrum $L_s(f)$ eines stochastischen Binärsignals (a) und Frequenzgang des dazugehörigen Wiener–Kolmogoroff–Filters (b).

Bei Vielfachen der Symbolfolgefrequenz $1/T$, bei denen das stochastische Rechtecksignal $s(t)$ keine Spektralanteile besitzt, ist der Frequenzgang $H_{WF}(f)$ ebenfalls 0. Je mehr Nutzsignalanteile bei einer bestimmten Frequenz vorhanden sind, desto durchlässiger ist auch das Wiener–Kolmogoroff–Filter bei dieser Frequenz.

Bild 4.37 zeigt die Signale am Ein– und Ausgang dieses Filters. Man erkennt, daß das Wiener–Kolmogoroff–Filter das gesuchte Nutzsignal $s(t)$ trotz der vorhandenen Rauschstörungen relativ gut rekonstruieren kann. Es fehlen vorwiegend die höherfrequenten Signalanteile (Kanten), die zugunsten einer besseren Störunterdrückung bei diesen Frequenzen ausgefiltert werden. Der mittlere quadratische Fehler MQF gemäß (4.145) bzw. (4.148) ergibt sich in diesem Beispiel normiert zu 0,17.

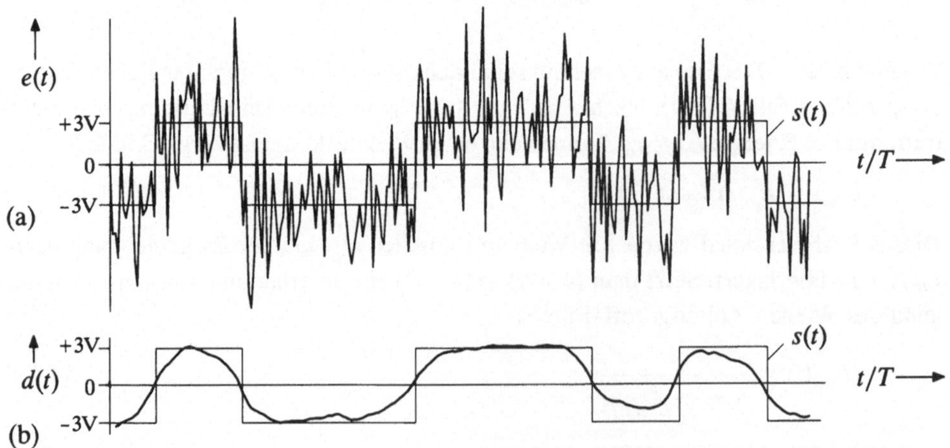

Bild 4.37: Signale am Eingang (a) und am Ausgang (b) des Wiener–Kolmogoroff–
Filters mit dem Frequenzgang entsprechend Bild 4.36(b).

5 Digitalsignalübertragung

5.1 Digitale Basisbandsysteme

Inhalt: Im folgenden werden die Grundlagen der Digitalsignalübertragung am Beispiel binärer Basisbandsysteme mit Schwellenwertentscheidung dargestellt. Nach einer kurzen Beschreibung der einzelnen Systemkomponenten werden die wichtigsten Beurteilungskriterien solcher Systeme diskutiert. Hierzu gehören insbesondere das Augendiagramm sowie die mittlere und die ungünstigste Fehlerwahrscheinlichkeit. Nach einem Abschnitt über die Systemoptimierung im Hinblick auf eine möglichst geringe Fehlerwahrscheinlichkeit wird auf die sogenannten Nyquistbedingungen näher eingegangen, die für die Digitalsignalübertragung von großer Bedeutung sind.

5.1.1 Systemkomponenten

Bild 5.1 zeigt das Blockschaltbild eines digitalen Basisbandübertragungssystems. Die Bezeichnung *"Basisband"* bedeutet hierbei, daß das Nachrichtensignal ohne vorherige Frequenzumsetzung (Modulation mit Sinusträger) übertragen wird. Im folgenden werden die Aufgaben und Eigenschaften der einzelnen Systemkomponenten (Sender, Kanal und Empfänger) erläutert. Aus Vereinfachungsgründen bleiben dabei die schaltungstechnisch bedingten realen Laufzeiten der einzelnen Blöcke unberücksichtigt.

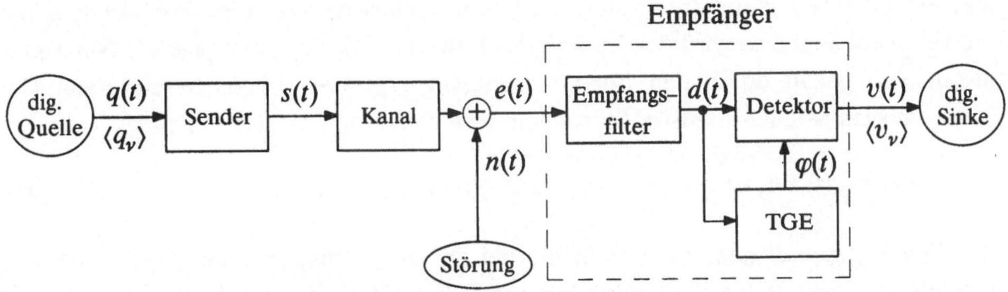

Bild 5.1: Blockschaltbild eines digitalen Basisbandsystems.

Quelle

Die digitale Quelle erzeugt die *Quellensymbolfolge* $\langle q_v \rangle$, die möglichst fehlerfrei zur Nachrichtensinke übertragen werden soll. Die physikalische Repräsentation der Quellensymbolfolge ist das *Quellensignal* $q(t)$. Im folgenden wird die digitale Quelle als binär, unipolar und redundanzfrei vorausgesetzt. Das bedeutet, daß die beiden möglichen Symbole '0' und 'L' gleichwahrscheinlich und statistisch voneinander unabhängig sind. Mit der Dauer T eines Quellensymbols und der Stufenzahl $M = 2$ ergibt sich für die *Bitrate* des hier betrachteten Übertragungssystems:

$$ R = \frac{ld\, M}{T} = \frac{1}{T} \; . \tag{5.1} $$

Sender

Das Quellensignal muß vor der Übertragung an die spektralen Eigenschaften des Übertragungsmediums und der Empfangseinrichtungen angepaßt werden. Hierzu dient der *Sender*, der im allgemeinen aus einem *Coder* und einem *Sendeimpulsformer* besteht. Zunächst wird die binäre redundanzfreie Übertragung betrachtet. Auf die Bedeutung des Coders für die spektrale Formung des Digitalsignals wird im Abschnitt 5.2 eingegangen.

Durch den Sendeimpulsformer kann die Rechteckform der Impulse beispielsweise in einen Gauß– oder $\cos^2$–Impuls gewandelt werden, wodurch das Leistungsdichtespektrum $L_s(f)$ ebenso wie bei Verwendung eines Codes beeinflußt wird. Das Ausgangssignal des Senders ist das *Sendesignal* $s(t)$, das mit den dimensionslosen *Amplitudenkoeffizienten* a_v und dem *Sendegrundimpuls* $g_s(t) \circ\!\!-\!\!\bullet\, G_s(f)$ in folgender Weise geschrieben werden kann:

$$ s(t) = \sum_{v=-\infty}^{+\infty} a_v \cdot g_s(t - v \cdot T) \; . \tag{5.2} $$

Bei einem unipolaren Binärsystem sind die Amplitudenkoeffizienten entweder 0 oder 1. Dagegen gilt bei bipolarer Übertragung: $a_v \in \{-1, +1\}$.

Kanal

Bei der Übertragung über den *Kanal* (*Übertragungsmedium*) wird das Sendesignal verzerrt und von (additiven) Störungen überlagert. Der Kanal kann z. B. ein Koaxialkabel oder ein Lichtwellenleiter sein. Sind die Übertragungseigenschaften des Kanals linear und zeitunabhängig, so wird der Einfluß des Kanals auf das zu übertragende Nutzsignal ausreichend genau durch den *Kanalfrequenzgang* $H_K(f) \bullet\!\!-\!\!\circ\, h_K(t)$ beschrieben. Das Kanal–Ausgangssignal inklusive Störungen bezeichnet man als das *Empfangssignal*

$$ e(t) = s(t) * h_K(t) + n(t) = \sum_{v=-\infty}^{+\infty} a_v \cdot g_e(t - v \cdot T) + n(t) \; . \tag{5.3} $$

Der *Empfangsgrundimpuls* $g_e(t)$ kann hierbei als das Faltungsprodukt $g_s(t) * h_K(t)$ oder über die entsprechenden Spektralfunktionen $G_s(f)$ und $H_K(f)$ berechnet werden:

$$ g_e(t) = g_s(t) * h_K(t) = \int_{-\infty}^{+\infty} G_s(f) \cdot H_K(f) \cdot \exp(j \cdot 2\pi \cdot f \cdot t) \; df \; . \tag{5.4} $$

Dagegen kann das *Störsignal* $n(t)$ explizit nicht angegeben werden. Es muß vielmehr – wie in den Abschnitten 3.1 und 4.1 beschrieben – durch seine statistischen Kenngrößen, z. B. durch die WDF $f_n(n)$ und das LDS $L_n(f)$ charakterisiert werden. In vielen Fällen kann man dabei von gaußverteilten und "weißen" Störungen $n(t)$ ausgehen.

Empfänger

Der *Empfänger* des hier betrachteten einfachsten digitalen Basisbandsystems beinhaltet das Empfangsfilter, den Detektor (z. B. einen Schwellenwertentscheider) sowie eine Taktgewinnungseinrichtung (TGE). Diese wird für das Folgende als ideal angenommen.

Das *Empfangsfilter* hat stets die Aufgabe, die Störleistung vor dem Detektor zu begrenzen. Hierzu eignet sich nach den Ausführungen von Abschnitt 4.3 ein Tiefpaß, also ein passives Filter. Zusätzlich hat das Empfangsfilter oft die Aufgabe, die auf dem Kanal entstandenen Amplituden– und Phasenverzerrungen soweit wie nötig und möglich zu beseitigen. Dazu müssen die für die Übertragung des Nutzsignals wichtigen Frequenzanteile angehoben werden, was nur mit einer aktiven Schaltung möglich ist. Um diese wichtige Aufgabe auch in der Nomenklatur deutlich zu machen, wird im folgenden die Bezeichnung Empfangsfilter meist durch *Entzerrer* ersetzt.

Das Ausgangssignal des Entzerrers mit dem Frequenzgang $H_E(f) \bullet\!\!-\!\!\circ h_E(t)$ ist das *Detektionssignal*

$$d(t) = e(t) * h_E(t) = d_S(t) + d_N(t) = \sum_{\nu=-\infty}^{+\infty} a_\nu \cdot g_d(t - \nu \cdot T) + d_N(t) \, , \qquad (5.5)$$

das sich aus dem Nutzanteil $d_S(t)$ und dem Störanteil $d_N(t) = n(t) * h_E(t)$ zusammensetzt. Die Indizes "S" und "N" stehen hierbei für "Signal" und "Noise".

Der Nutzanteil $d_S(t)$ läßt sich wieder als Summe von gewichteten und jeweils um die Symboldauer T verschobenen *Detektionsgrundimpulsen* darstellen. Analog zu (5.4) gilt:

$$g_d(t) = g_e(t) * h_E(t) = \int_{-\infty}^{+\infty} G_s(f) \cdot H_K(f) \cdot H_E(f) \cdot \exp(j \cdot 2\pi \cdot f \cdot t) \, df \, . \qquad (5.6)$$

Ist das Rauschen $n(t)$ am Kanalausgang gaußverteilt, so ist das Detektionsstörsignal $d_N(t)$ ebenfalls gaußverteilt. Die Leistung σ_d^2 dieses unerwünschten Störanteils kann mit (4.11) und (4.90) berechnet werden, wobei der rechte Teil der folgenden Gleichung nur für (bandbegrenztes) weißes Rauschen mit der konstanten Rauschleistungsdichte L_0 gilt:

$$\sigma_d^2 = \overline{d_N(t)^2} = \int_{-\infty}^{+\infty} L_n(f) \cdot |H_E(f)|^2 \, df = L_0 \cdot \int_{-\infty}^{+\infty} |H_E(f)|^2 \, df \, . \qquad (5.7)$$

Zur Amplituden– und Zeitregenerierung wird das Detektionssignal $d(t)$ dem *Detektor* zugeführt, der zu den äquidistanten Detektionszeitpunkten die Momentanwerte $d(\nu \cdot T)$ mit einem *Schwellenwert* E vergleicht und daraus das rechteckförmige *Sinkensignal* $v(t)$ gewinnt. Das hierzu notwendige *Taktsignal* $\varphi(t)$ muß von der Taktgewinnungseinrichtung aus dem ankommenden Signal erzeugt werden, z. B. mit Hilfe eines Phasenregelkreises. Für einen solchen ist auch die Bezeichnung "*PLL (Phase Locked Loop)*" üblich.

Beispiel 5.1: In Bild 5.2 sind die oben allgemein berechneten Signalverläufe für ein typisches Beispiel dargestellt. Der Sender erzeugt aus dem unipolaren Quellensignal $q(t)$ von Bild 5.2(a) das bipolare NRZ–Sendesignal $s(t)$ von Bild 5.2(b), das entsprechend (5.2) durch die Amplitudenkoeffizienten $a_v \in \{-1, +1\}$ sowie den Sendegrundimpuls

$$g_s(t) = \begin{cases} 3V & \text{für } |t| < T/2 \\ 1,5V & \text{für } |t| = T/2 \\ 0 & \text{für } |t| > T/2 \end{cases} . \tag{5.8}$$

vollständig beschrieben ist. Die einzelnen Amplitudenkoeffizienten a_v seien statistisch voneinander unabhängig, so daß das Leistungsdichtespektrum $L_s(f)$ des Sendesignals si^2–förmig ist (vgl. Beispiel 4.4 im Abschnitt 4.2). Die Sendeleistung beträgt $S_s = 9V^2$.

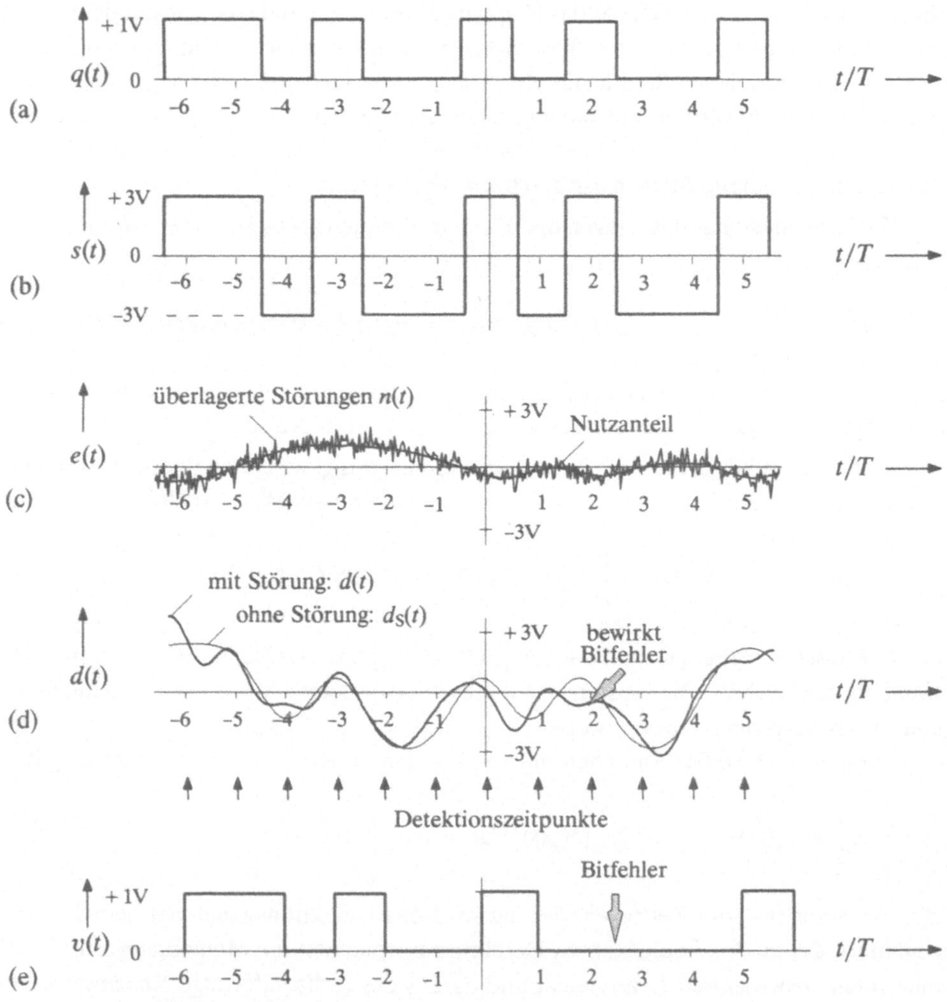

Bild 5.2: Beispiel der Signalverläufe bei binärer bipolarer redundanzfreier Basisbandübertragung über ein Koaxialkabel und Schwellenwertentscheidung.

Das Übertragungsmedium sei ein Koaxialkabel, dessen Frequenzgang und Impulsantwort wie folgt angenähert werden kann (vgl. z. B. [207] und [244]):

$$H_{\mathrm{K}}(f) = \exp\left(-a_{R/2} \cdot \sqrt{\frac{f}{R/2}}\right) \cdot \exp\left(-\mathrm{j} \cdot a_{R/2} \cdot \sqrt{\frac{f}{R/2}}\right) , \tag{5.9}$$

$$h_{\mathrm{K}}(t) = \frac{a_{R/2}}{\pi \cdot \sqrt{2 \cdot R \cdot t^3}} \cdot \exp\left(-\frac{a_{R/2}^2}{2\pi \cdot R \cdot t}\right) \quad \text{für } t \geq 0 . \tag{5.10}$$

Hierbei ist berücksichtigt, daß bei leitungsgebundenen Übertragungssystemen der Skineffekt die Hauptursache linearer Verzerrungen ist. Parameter in dieser vereinfachten Darstellung ist die Dämpfung bei der Frequenz $f = R/2$ (halbe Bitfrequenz), die in Np (Neper) einzusetzen ist und als *charakteristische Kabeldämpfung* $a_{R/2}$ bezeichnet wird. Bei einer Bitfrequenz bzw. Bitrate R und einem Normalkoaxialkabel 2,6/9,5 mm der Länge l gilt beispielsweise folgender Zusammenhang (vgl. z. B. [244]):

$$a_{R/2} = 2,36 \, \frac{\mathrm{dB}}{\mathrm{km} \cdot \sqrt{\mathrm{MHz}}} \cdot l \cdot \sqrt{\frac{R}{2}} = 0,27 \, \frac{\mathrm{Np}}{\mathrm{km} \cdot \sqrt{\mathrm{MHz}}} \cdot l \cdot \sqrt{\frac{R}{2}} . \tag{5.11}$$

Wegen der guten Abschirmung dieser Kabel gegen äußere Störungen, z. B. Impuls- und Nebensprechstörungen, ist hier das thermische Rauschen die dominante Störquelle, wobei das LDS $L_n(f)$ als frequenzunabhängig angenommen werden kann.

Das Empfangssignal in Bild 5.2(c) gilt für ein Koaxialkabel mit der relativ geringen charakteristischen Kabeldämpfung von $a_{R/2} = 20\,\mathrm{dB}$. Der auf die Nutzsignalamplitude normierte Effektivwert des Störsignals beträgt $\sigma_n/\hat{g}_s = 0{,}1$. Bild 5.2(c) zeigt, daß die Verzerrungen bereits bei diesem relativ günstigen Kanal so stark sind, daß die gesendete Symbolfolge auch bei Vernachlässigung der Störungen nicht mehr zu erkennen ist.

Das für Bild 5.2(d) zugrundeliegende Empfangsfilter $H_{\mathrm{E}}(f)$ setzt sich – zumindest gedanklich – aus einem idealen Kanalentzerrer mit dem (nicht realisierbaren) Hochpaß–Frequenzgang $1/H_{\mathrm{K}}(f)$ und einem gaußförmigen Tiefpaß $H_{\mathrm{I}}(f)$ mit der Grenzfrequenz $f_{\mathrm{I}} = 0{,}4 \cdot R$ zusammen. $H_{\mathrm{E}}(f)$ hat somit Bandpaßcharakter. Am Ausgang des idealen Kanalentzerrers wäre das Nutzsignal vollständig entzerrt, d. h. $d_{\mathrm{S}}(t) = s(t)$. Der Störanteil $d_{\mathrm{N}}(t)$ würde aber aufgrund von (5.7) eine unendlich große Leistung aufweisen.

Der zusätzliche Tiefpaß $H_{\mathrm{I}}(f)$ begrenzt die Störleistung σ_d^2 vor dem Detektor, bewirkt jedoch auch lineare Verzerrungen, so daß das Detektionsnutzsignal $d_{\mathrm{S}}(t)$ von Bild 5.2(d) aufgrund der fehlenden höherfrequenten Anteile nicht mehr rechteckförmig ist.

Der Detektor vergleicht die Momentanwerte des Detektionssignals $d(t)$ zu den Detektionszeitpunkten – in Bild 5.2(d) durch Pfeile markiert – mit dem Schwellenwert $E = 0$ und gewinnt so die Sinkensymbolfolge $\langle v_\nu \rangle$ von Bild 5.2(e). Solange die Störungen und Verzerrungen des Kanals einen gewissen Grenzwert nicht überschreiten, ist die Sinkensymbolfolge mit der Quellensymbolfolge identisch: $\langle v_\nu \rangle = \langle q_\nu \rangle$. Zum Zeitpunkt $t = 2 \cdot T$ ist in diesem Beispiel ein Bitfehler zu erkennen. Dieser ist darauf zurückzuführen, daß aufgrund der Verzerrungen und Störungen das Detektionssignal $d(t)$ den Schwellenwert $E = 0$ fälschlicherweise unterschreitet, und somit das Quellensymbol $q_2 = \text{'L'}$ als das Symbol $v_2 = \text{'0'}$ entschieden wird (vgl. Signalverläufe in den Bildern 5.2(a), (d) und (e)).

5.1.2   Beurteilungskriterien

Eines der aussagekräftigsten Gütekriterien eines digitalen Übertragungssystems ist
die *Bitfehlerquote* (engl.: *BER = Bit Error Rate*). Diese kann durch einen Vergleich von
Quellen– und Sinkensymbolfolge gemessen werden, indem man die Anzahl n_F der aufgetretenen Bitfehler $(v_\nu \neq q_\nu)$ durch die Anzahl N der übertragenen Bit dividiert:

$$BER = \frac{n_\mathrm{F}}{N} \; . \tag{5.12}$$

Ein Vergleich mit (3.2) zeigt, daß die Bitfehlerquote als relative Häufigkeit definiert ist
und somit als Qualitätsmerkmal realisierter Systeme herangezogen werden kann. Sie eignet sich dagegen nicht für die Konzipierung und Optimierung geplanter Systeme. Hier
muß auf die *mittlere Fehlerwahrscheinlichkeit*

$$p_\mathrm{M} = \overline{p(v_\nu \neq q_\nu)} = \lim_{N \to \infty} \frac{1}{2N + 1} \cdot \sum_{\nu = -N}^{N} p(v_\nu \neq q_\nu) \tag{5.13}$$

übergegangen werden, die eine Vorhersage über die zu erwartende Fehlerquote erlaubt.
Nach den elementaren Gesetzen der Wahrscheinlichkeitsrechnung stimmt im Grenzfall
$N \to \infty$ die a–posteriori–Kenngröße *BER* mit der a–priori–Kenngröße p_M überein.

Die Berechnung der mittleren Fehlerwahrscheinlichkeit p_M gemäß (5.13) entspricht
einer Zeitmittelung über die Verfälschungswahrscheinlichkeiten $p(v_\nu \neq q_\nu)$ aller Symbole
einer unendlich langen Folge. Für einen binären Schwellenwertentscheider mit dem
Schwellenwert $E = 0$ können diese Wahrscheinlichkeiten analog zu Abschnitt 3.3.2
berechnet werden. Man erhält mit dem Nutzanteil $d_\mathrm{S}(v \cdot T)$ und dem Störanteil $d_\mathrm{N}(v \cdot T)$
des Detektionssignals folgendes Ergebnis (vgl. Bild 5.2):

$$p(v_\nu \neq q_\nu) = \begin{cases} p\{d_\mathrm{N}(v \cdot T) < -d_\mathrm{S}(v \cdot T)\} & \text{falls } q_\nu = \text{'L'} \;, \\ p\{d_\mathrm{N}(v \cdot T) > -d_\mathrm{S}(v \cdot T)\} & \text{falls } q_\nu = \text{'0'} \;. \end{cases} \tag{5.14}$$

Bei gaußverteilten Störungen, nicht zu starken Verzerrungen (*"offenes Auge"*) und optimal gewählter Entscheiderschwelle $E = 0$ kann hierfür auch geschrieben werden:

$$p(v_\nu \neq q_\nu) = \mathrm{Q}\!\left(\frac{|d_\mathrm{S}(v \cdot T)|}{\sigma_d}\right) , \tag{5.15}$$

wobei $\mathrm{Q}(x)$ das komplementäre Gauß'sche Fehlerintegral gemäß (3.62) ist und σ_d die
Streuung des Detektionsstörsignals darstellt (vgl. (5.7)). Sind die Störungen nicht gaußverteilt, so muß $p(v_\nu \neq q_\nu)$ mit der entsprechenden WDF bzw. VTF berechnet werden.

Die Verfälschungswahrscheinlichkeit für ein Symbol ist um so größer, je näher der
dazugehörige Nutzabtastwert $d_\mathrm{S}(v \cdot T)$ an der Entscheiderschwelle E liegt. Sind diese
Abstände alle gleich, d. h. $d_\mathrm{S}(v \cdot T) = \pm g_0$, so kann auf die Mittelung in (5.13) verzichtet
werden, und man erhält analog zu (3.69):

$$p_\mathrm{M} = \mathrm{Q}\!\left(\frac{g_0}{\sigma_d}\right) . \tag{5.16}$$

Ein Übertragungssystem mit dieser Eigenschaft wird in der Literatur meist als *Nyquistsystem* bezeichnet (vgl. Abschnitt 5.1.5).

Die Berechnung der mittleren Fehlerwahrscheinlichkeit nach (5.13) ist im allgemeinen aufwendig, selbst beim einfachsten Fall gaußverteilter Störungen. Eine Vereinfachung ergibt sich, wenn man von der Zeitmittelung zu einer Scharmittelung übergeht. Ein geeignetes Hilfsmittel hierfür ist das Augendiagramm.

Das *Augendiagramm* ist die Summe aller übereinander gezeichneter Ausschnitte eines (eventuell verzerrten und gestörten) Digitalsignals, deren Dauer ein ganzzahliges Vielfaches der Symboldauer T beträgt. Dieses Diagramm hat eine gewisse Ähnlichkeit mit einem menschlichen Auge, was zu seiner Namensgebung geführt hat. Es kann z. B. auf einem Oszilloskop dargestellt werden, das mit dem Taktsignal $\varphi(t)$ getriggert wird.

Nachfolgend sind zwei solche Augendiagramme für das Detektionssignal von Bild 5.3(a) dargestellt. Bild 5.3(b) zeigt das Augendiagramm mit Störungen, während für das Bild 5.3(c) nur der Nutzanteil $d_S(t)$ des Detektionssignals berücksichtigt ist.

Zur Bestimmung der Bitfehlerwahrscheinlichkeit p_M ist das Augendiagramm ohne Störungen besser geeignet. Natürlich kann ein solches Augendiagramm nicht gemessen, sondern nur mittels einer Rechnersimulation erzeugt werden.

Wie aus Bild 5.3(c) ersichtlich ist, sind im Augendiagramm ohne Störungen nur endlich viele Augenlinien zu unterscheiden. Diese Eigenschaft kann bei der Berechnung der mittleren Bitfehlerwahrscheinlichkeit ausgenutzt werden.

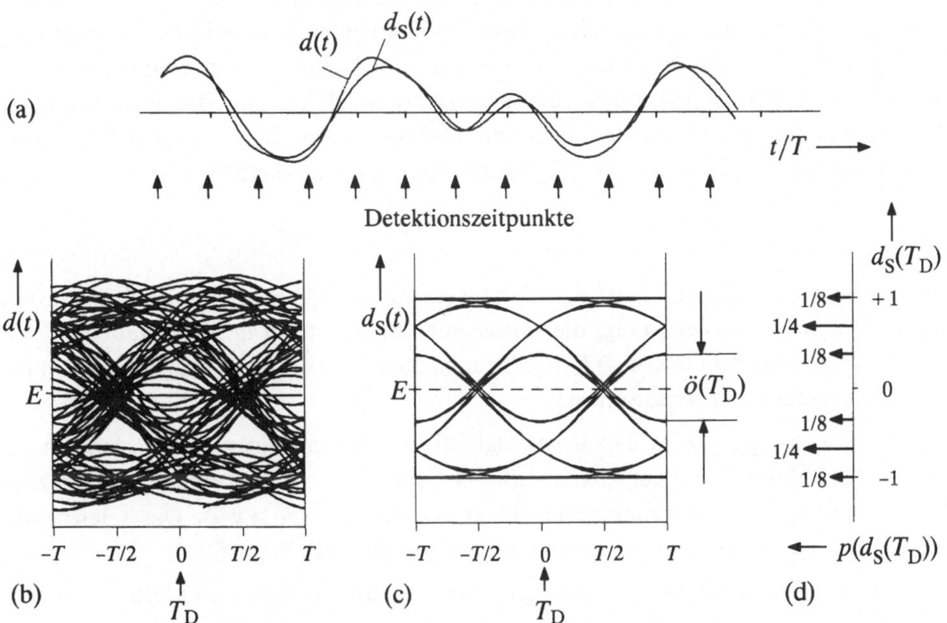

Bild 5.3: Zur Verdeutlichung der Augendiagramme anhand des Detektionssignals:
- (a)   Ausschnitt aus dem Detektionssignal bei gaußähnlichem Impuls,
- (b)   Augendiagramm mit Störungen (Signal $d(t)$),
- (b)   Augendiagramm ohne Störungen (Signal $d_S(t)$),
- (d)   WDF der Detektionsnutzabtastwerte $d_S(T_D)$ für $T_D = 0$.

Man bestimmt für alle Augenlinien den Abstand zur Entscheiderschwelle $E = 0$ zum Detektionszeitpunkt T_D, daraus zusammen mit der Streuung σ_d des gefilterten Störsignals $d_N(t)$ die jeweilige Überschreitungswahrscheinlichkeit und mittelt anschließend über alle Augenlinien.

Diese Berechnungsvorschrift läßt sich durch die Einführung der WDF der Detektionsnutzabtastwerte $d_S(T_D)$ formalisieren. Da ohne Berücksichtigung der stochastischen Störungen nur endlich viele Augenlinien auftreten, ist $d_S(T_D)$ eine diskrete Zufallsgröße, deren WDF aus einer Summe gewichteter Diracfunktionen besteht (vgl. Abschnitt 3.5).

In Bild 5.3(d) ist die WDF der Detektionsnutzabtastwerte $d_S(T_D)$ für das Augendiagramm von Bild 5.3(c) und den Detektionszeitpunkt $T_D = 0$ dargestellt. Es zeigt, daß sich im vorliegenden Fall die diskrete WDF aus 6 Diracfunktionen zusammensetzt, deren Gewichte die Auftrittshäufigkeiten der jeweiligen Werte angeben. Berücksichtigt man die Symmetrie zur Entscheiderschwelle $E = 0$, so kann p_M als Summe über 3 Überschreitungswahrscheinlichkeiten berechnet werden (vgl. Beispiel 5.2 im Abschnitt 5.1.3).

Es ist offensichtlich, daß durch den Übergang von der Zeitmittelung entsprechend (5.13) auf die Scharmittelung über alle unterscheidbaren Augenlinien die Rechenzeit zur Fehlerwahrscheinlichkeitsbestimmung drastisch verringert wird. Trotzdem kann in manchen Fällen die Berechnung der mittleren Bitfehlerwahrscheinlichkeit sehr aufwendig sein. Man verwendet deshalb als Näherung oft die *ungünstigste Fehlerwahrscheinlichkeit* ("worst case"), für deren Berechnung stets von den beiden ungünstigsten Symbolfolgen ausgegangen wird. Das bedeutet, daß hier die tatsächliche WDF der Nutzabtastwerte $d_S(T_D)$ gemäß Bild 5.3(d) durch eine vereinfachte WDF mit nur den beiden inneren Diracfunktionen (jeweils mit dem Gewicht 1/2) ersetzt wird. Mit der in Bild 5.3(c) angegebenen *vertikalen Augenöffnung* $ö(T_D)$ zum Detektionszeitpunkt T_D gilt:

$$p_U = Q\left(\frac{ö(T_D)/2}{\sigma_d}\right) . \tag{5.17}$$

Diese Gleichung gilt nur unter der Voraussetzung von gaußverteilten Störungen und optimalem Schwellenwert. Liegt die Entscheiderschwelle nicht in Augenmitte, so ist in (5.17) und (5.18) anstelle von $ö(T_D)/2$ der minimale Abstand einer Augenlinie von der Entscheiderschwelle E einzusetzen.

Die Näherung p_U geht davon aus, daß alle Folgen mit der gleichen, nämlich der maximalen Fehlerwahrscheinlichkeit verfälscht werden, so daß p_U eine obere Schranke für die mittlere Bitfehlerwahrscheinlichkeit p_M darstellt ($p_U \geq p_M$). Das Gleichheitszeichen gilt hierbei nur für binäre Nyquistsysteme (vgl. Abschnitt 5.1.5).

Häufig wird anstelle von p_U das *ungünstigste Signalstörleistungsverhältnis*

$$\varrho_U = \left(\frac{ö(T_D)/2}{\sigma_d}\right)^2 \tag{5.18}$$

als Optimierungskriterium herangezogen. Zwischen diesen beiden Größen besteht der folgende Zusammenhang:

$$p_U = Q(\sqrt{\varrho_U}) . \tag{5.19}$$

5.1.3   Impulsinterferenzen und Augendiagramm

Bei einem redundanzfreien Binärsystem wird das Augendiagramm (ohne Störungen) allein durch den mit (5.6) definierten Detektionsgrundimpuls $g_d(t)$ bestimmt. Je breiter $g_d(t)$ ist, um so mehr einzelne Linien sind im Augendiagramm zu unterscheiden und um so mehr Nachbarimpulse beeinflussen die Detektion eines Symbols. Diese Beeinflussung bei der Symboldetektion durch die anklingenden Flanken der nachfolgenden Impulse (*Vorläufer*) und die abklingenden Flanken der vorangegangenen Impulse (*Nachläufer*) bezeichnet man als *Impulsinterferenzen*.

Im folgenden betrachten wir das Augendiagramm zum Detektionszeitpunkt T_D und setzen voraus, daß der Detektionsgrundimpuls $g_d(t)$ genau v Vorläufer und n Nachläufer aufweist. Darunter versteht man, daß von den äquidistanten Abtastwerten zu den Detektionszeitpunkten nur $g_d(T_D - v \cdot T)$, ... ,$g_d(T_D - T)$, $g_d(T_D)$, $g_d(T_D + T)$, ... ,$g_d(T_D + n \cdot T)$ zu berücksichtigen sind, während alle anderen Abtastwerte vernachlässigt werden können. Bei den in Bild 5.3 dargestellten Augendiagrammen gilt beispielsweise $n = v = 1$.

Mit dieser Voraussetzung kann der Detektionsnutzabtastwert $d_S(T_D)$ maximal 2^{n+v+1} verschiedene Werte annehmen. Ist der Grundimpuls $g_d(t)$ symmetrisch, so schneiden sich mehrere Augenlinien zum Detektionszeitpunkt $T_D = 0$ und die WDF besteht aus weniger als 2^{n+v+1} Diracfunktionen (vgl. Bild 5.3).

Die vertikale Augenöffnung gibt den Abstand der beiden inneren Diracfunktionen an und kann bei redundanzfreier Binärübertragung wie folgt berechnet werden:

$$ö(T_D) = 2 \cdot \left[g_d(T_D) - \sum_{v=1}^{n} |g_d(T_D + v \cdot T)| - \sum_{v=1}^{v} |g_d(T_D - v \cdot T)| \right] . \qquad (5.20)$$

Der Faktor 2 in dieser Gleichung gilt nur für bipolare Signale, bei unipolaren Signalen ist dieser Faktor gleich 1. Die Betragsbildung ist notwendig, da für die Berechnung der Augenöffnung stets vom ungünstigsten Fall ausgegangen werden muß. Das bedeutet: Ist der erste Nachläufer positiv, so wird die Detektion des Amplitudenkoeffizienten a_v durch $a_{v-1} \neq a_v$ stärker beeinträchtigt als durch $a_{v-1} = a_v$. Entsprechendes gilt für die Vorläufer.

Beispiel 5.2:   Es wird wie in Beispiel 5.1 ein binäres redundanzfreies Basisbandsystem betrachtet, wobei folgende Randbedingungen gelten sollen:

- rechteckförmige NRZ–Sendeimpulse mit den Amplitudenwerten ± 3V und der Impulsdauer $T = 1$ ns (daraus folgt mit (5.1): $R = 1$ GBit/s bzw. $R = 1$ GHz, je nachdem, ob R als Bitrate oder als Bitfrequenz verstanden werden soll),

- Koaxialkabel mit der charakteristischen Kabeldämpfung $a_{R/2}$,

- thermisches Rauschen mit der Rauschleistungsdichte $L_0 = 10^{-17}$ V^2/Hz,

- Empfangsfilter $H_E(f)$ als Produkt eines idealen Kanalentzerrers $1/H_K(f)$ und eines Gaußtiefpasses $H_I(f)$ mit der normierten Grenzfrequenz $f_I/R = 0{,}4$ und

- Entscheiderschwelle $E = 0$, Detektionszeitpunkt $T_D = 0$ (diese Werte sind bei binärer bipolarer Übertragung und symmetrischem Grundimpuls optimal).

Der Detektionsgrundimpuls $g_d(t)$ ist die Antwort des Gesamtfrequenzgangs zwischen Sender und Detektor,

$$H_I(f) = H_K(f) \cdot H_E(f) = \exp(-\pi \cdot (\frac{f}{2 \cdot f_I})^2) \qquad (5.21)$$

auf einen Sendegrundimpuls $g_s(t)$ am Eingang (vgl. Bild 5.1). Aufgrund der rechteckförmigen Sendeimpulse gilt:

$$g_d(t) = g_s(t) * h_I(t) = 2 \cdot f_I \cdot \hat{g}_s \cdot \int\limits_{t-T/2}^{t+T/2} \exp(-\pi \cdot (2 \cdot f_I \cdot \tau)^2) d\tau \ . \qquad (5.22)$$

Durch die hier gewählte Beschreibungsform des Empfangsfilters $H_E(f)$ ist der Detektionsgrundimpuls $g_d(t)$ unabhängig vom Kanalfrequenzgang $H_K(f)$. Wegen dieser Eigenschaft wird der – eigentlich zur Störleistungsbegrenzung erforderliche – Tiefpaßanteil von $H_E(f)$ im folgenden als *Impulsformerfrequenzgang* bezeichnet.

Mit dem komplementären Gauß'schen Fehlerintegral Q(x) nach (3.62) kann für den Detektionsgrundimpuls auch geschrieben werden:

$$g_d(t) = \hat{g}_s \cdot [Q(2\sqrt{2\pi} \cdot f_I \cdot (t - \frac{T}{2})) - Q(2\sqrt{2\pi} \cdot f_I \cdot (t + \frac{T}{2}))] \ . \qquad (5.23)$$

Dieser Impuls ist für die aktuellen Parameter in Bild 5.4 dargestellt.

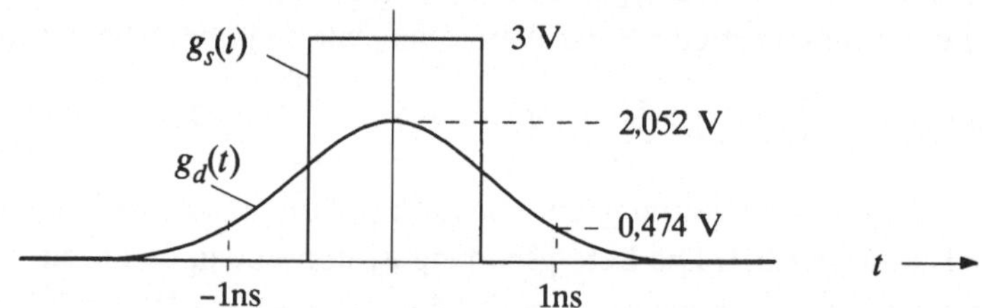

Bild 5.4: Detektionsgrundimpuls $g_d(t)$ im Vergleich zum Sendegrundimpuls $g_s(t)$ bei gaußförmigem Impulsformer (normierte Grenzfrequenz $f_I/R = 0{,}4$).

Das Detektionsnutzsignal $d_S(t)$ von Bild 5.3(a) kann durch Überlagerung mehrerer, jeweils um Vielfache von T verschobener und entsprechend den bipolaren Amplitudenkoeffizienten mit $+1$ oder -1 gewichteter Detektionsgrundimpulse ermittelt werden. Ebenso ist das Augendiagramm von Bild 5.3(c) aus dem Detektionsgrundimpuls von Bild 5.4 konstruierbar.

Zur Berechnung der Nutzabtastwerte zu den Detektionszeitpunkten werden nur äquidistante Abtastwerte des Detektionsgrundimpulses benötigt. Mit der Voraussetzung $T_D = 0$ sind dies die Werte $g_\nu = g_d(\nu \cdot T)$, die im weiteren als *Detektionsgrundimpulswerte* bezeichnet sind. Bei gaußförmigen Impulsformer folgt aus (5.23) für den *Hauptwert*

$$g_0 = \hat{g}_s \cdot [1 - 2 \cdot Q(\sqrt{2\pi} \cdot f_I \cdot T)] \qquad (5.24)$$

sowie für den ν-ten Vor- bzw. Nachläufer:

$$g_{-\nu} = g_\nu = \hat{g}_s \cdot [Q(\sqrt{2\pi} \cdot f_I \cdot T \cdot (2 \cdot \nu - 1)) - Q(\sqrt{2\pi} \cdot f_I \cdot T \cdot (2 \cdot \nu + 1))] \ . \qquad (5.25)$$

Im vorliegenden Beispiel ergeben sich aus (5.24) und (5.25) die Zahlenwerte $g_0 = 2{,}052\,\mathrm{V}$ und $g_{-1} = g_1 = 0{,}474\,\mathrm{V}$. Die weiteren Vor– und Nachläufer sind vernachlässigbar klein, so daß in (5.20) $v = n = 1$ einzusetzen ist. Die 8 möglichen Detektionsnutzabtastwerte entsprechend Bild 5.3(d) sind somit $d_\mathrm{S}(T_\mathrm{D}) = \pm g_0 \pm g_1 \pm g_{-1}$, mit den aktuellen Zahlenwerten $\pm 3\mathrm{V}$, $\pm 2{,}052\mathrm{V}$ und $\pm 1{,}104\mathrm{V}$. Für die vertikale Augenöffnung gilt: $\ddot{o}(T_\mathrm{D} = 0) = 2{,}208\mathrm{V}$.

Die Leistung des Detektionsstörsignals ist mit (5.7) berechenbar. Bei idealem Kanal $H_\mathrm{K}(f) = 1$, der im Frequenzgang (5.9) des Koaxialkabels als Sonderfall für $a_{R/2} = 0$ mitenthalten ist, kann die Störleistung analytisch berechnet werden:

$$\sigma_d^2 = \sqrt{2} \cdot L_0 \cdot f_\mathrm{I} \ . \tag{5.26}$$

Dagegen muß die Integration bei nichtidealem Kanal ($a_{R/2} \neq 0$) numerisch erfolgen. Aufgrund der Kompensation des Kanalfrequenzgangs hinsichtlich des Nutzsignals und der damit verbundenen Überhöhung des Entzerrerfrequenzgangs $H_\mathrm{E}(f)$ wächst die Detektionsstörleistung σ_d^2 mit steigendem $a_{R/2}$ nahezu exponentiell an (vgl. Tabelle 5.1).

Tabelle 5.1: Vergrößerung der Detektionsstörleistung σ_d^2 gegenüber dem idealen Kanal ($a_{R/2} = 0$) aufgrund der Überhöhung des Entzerrerfrequenzgangs.

$a_{R/2}$	20 dB	40 dB	60 dB	80 dB	100 dB
$\dfrac{\sigma_d^2(a_{R/2})}{\sigma_d^2(a_{R/2} = 0)}$	≈ 13	$\approx 7{,}8 \cdot 10^2$	$\approx 9{,}9 \cdot 10^4$	$\approx 2{,}3 \cdot 10^7$	$\approx 8{,}2 \cdot 10^9$

Die nachfolgenden Ausführungen gelten für die charakteristische Kabeldämpfung $a_{R/2} = 80\,\mathrm{dB}$, woraus mit den hier getroffenen Voraussetzungen, (5.26) und Tabelle 5.1 der Zahlenwert $\sigma_d = 0{,}36\,\mathrm{V}$ folgt. Die mittlere Fehlerwahrscheinlichkeit ergibt sich somit aus der WDF der Detektionsnutzabtastwerte zu

$$p_\mathrm{M} = 2 \cdot \left(\frac{1}{8} \mathrm{Q}\!\left(\frac{1{,}104\,\mathrm{V}}{0{,}36\,\mathrm{V}}\right) + \frac{1}{4}\,\mathrm{Q}\!\left(\frac{2{,}052\,\mathrm{V}}{0{,}36\,\mathrm{V}}\right) + \frac{1}{8}\,\mathrm{Q}\!\left(\frac{3\,\mathrm{V}}{0{,}36\,\mathrm{V}}\right) \right) \approx 0{,}25 \cdot 10^{-3}. \tag{5.27}$$

Bei der Auswertung dieser Gleichung ist festzustellen, daß der erste Term den weitaus größten Anteil zu p_M liefert. Dieser Term gibt die Verfälschungswahrscheinlichkeit der beiden inneren Augenlinien an, und zwar unter Berücksichtigung der entsprechenden Auftrittswahrscheinlichkeiten.

Dagegen liefert die ungünstigste Fehlerwahrscheinlichkeit als Näherungslösung:

$$p_\mathrm{U} = \mathrm{Q}\!\left(\frac{1{,}104\,\mathrm{V}}{0{,}36\,\mathrm{V}}\right) \approx 10^{-3} \ . \tag{5.28}$$

Weist der Detektionsgrundimpuls – wie im vorliegendem Fall – nur einen Vorläufer und einen Nachläufer auf ($v = n = 1$), so können aus der einfach berechenbaren Näherung p_U eine obere und eine untere Schranke für die gesuchte mittlere Fehlerwahrscheinlichkeit angegeben werden, nämlich:

$$\frac{p_\mathrm{U}}{4} \leq p_\mathrm{M} \leq p_\mathrm{U} \ . \tag{5.29}$$

Programm 5.1:   Berechnung der Augenlinien und der vertikalen Augenöffnung.

```
      subroutine AUGE(gd,nv,oef)          : Übergabeparameter siehe Text.
      parameter (ApS=36,nvmax=3)          :
      real gd(-(nvmax+1)*ApS : (nvmax+1)*ApS)  : gd:Feld für den Grundimpuls.
      real dS,t,oef,ob,un                 :
      integer i,j,nv,nvmax,nu,Anzahl,ApS  :
      integer a(-nvmax:nvmax)             : a:Feld für Amplitudenkoeffizienten.
      ob = 100000.                        : Obere innere Augenlinie vorbelegen,
      un =-100000.                        : Untere innere Augenlinie vorbelegen.
      do 10 nu = -nv,nv                   :
        a(nu) = -1                        : Feld a vorbelegen mit -1.
 10   continue                            :
      Anzahl = 2**(2*nv+1)                : Anzahl: Augenlinienzahl.
      do 50 i = 0,Anzahl-1                : Schleife über alle Augenlinien:
        call MOVE (-1.,0.)                : Bewegen des Graphikcursors,
        do 30 j = -ApS,ApS                : Schleife von -T bis +T:
          t = real(j)/real(ApS)          : t: Zeitvariable,
          dS = 0.                         : dS:Detektionsnutzabtastwert,
          do 20 nu = -nv,nv               : Schleife zur Berechnung von dS
            dS = dS+a(nu)*gd(j-nu*ApS)    : ähnlich (5.5).
 20       continue                        :
          call DRAW (t,dS)                : Augenlinie ein Stück zeichnen.
          if (j .ne. 0) goto 30           : Nur zur Zeit t=0:
          if (a(0) .eq. 1 .and. dS .lt. ob) ob=dS : Minimum der oberen Augenlinien,
          if (a(0) .eq.-1 .and. dS .gt. un) un=dS : Maximum der unteren Augenlinien.
 30       continue                        :
          do 40 nu = -nv,nv               :
            a(nu) = -a(nu)                : Variation der Amplitudenkoeffizienten
            if (a(nu) .eq. 1) goto 50     : aus "---..." wird "+ --..." usw.
 40       continue                        :
 50   continue                            :
      oef = ob-un                         : Abstand der innersten Augenlinien.
      if (oef .lt. 0.) oef=0.             : Geschlossenes Auge.
      return                              : Rücksprung.
      end                                 :
```

Das Programmbeispiel 5.1 zeigt ein FORTRAN–Unterprogramm zur Konstruktion der Augenlinien und zur Berechnung der vertikalen Augenöffnung oef $= \ddot{o}(T_\mathrm{D})$ für ein bipolares redundanzfreies Binärsystem. Das Feld gd beinhaltet die Abtastwerte des Detektionsgrundimpulses, wobei ApS $= 36$ die Anzahl der Abtastwerte pro Symboldauer T angibt. Der Parameter nv kennzeichnet die Anzahl der für die Augenberechnung relevanten Vor- und Nachläufer ($n = v = $ nv). Im vorliegenden Programm darf nv maximal 3 betragen, wodurch auch die Dimensionierung des gd–Feldes festgelegt ist.

Nach entsprechenden Vorbelegungen erfolgt die Berechnung und Zeichnung der Anzahl $= 2^{n+v+1}$ Augenlinien in der Schleife mit der Variablen i. Jede Augenlinie wird im Bereich von $-T$ bis $+T$ mit insgesamt 72 Stützstellen dargestellt (Schleifenvariable j). Die eigentliche Augenberechnung geschieht in der Schleife mit der Marke 20, das Zeichnen mit den rechnerspezifischen Funktionen MOVE (Bewegen zum angegebenen Punkt) bzw. DRAW (Zeichnen vom aktuellen bis zum angegebenen Punkt).

Das Feld a mit den Amplitudenkoeffizienten a_v ist zu Beginn mit -1 vorbelegt. Die Variation der Amplitudenkoeffizienten geschieht durch die Schleife mit der Marke 40. Die Augenöffnung zum Zeitpunkt $T_\mathrm{D} = 0$ wird als die Differenz von ob (obere innere Augenlinie für Symbol "L") und un (untere innere Augenlinie für Symbol "0") ermittelt.

5.1.4   Systemoptimierung

Ziel der Systemoptimierung ist es, durch geeignete Wahl der Systemparameter eine möglichst hohe Übertragungsqualität bei möglichst geringem Realisierungsaufwand zu erzielen. Ein Vergleich der zahlreichen Arbeiten, die die Systemoptimierung zum Inhalt haben (z. B. [1], [18], [20], [21], [78], [105], [125], [138], [148], [177], [202], [205]) zeigt, daß die jeweiligen Autoren zu teilweise recht unterschiedlichen optimalen Systemen gelangen. Dies ist jedoch nicht weiter verwunderlich, da sich die einzelnen Optimierungen sowohl hinsichtlich der getroffenen Voraussetzungen als auch in den Zielsetzungen erheblich unterscheiden. Die am häufigsten anzutreffenden Optimierungskriterien sind:

– Minimierung der Fehlerwahrscheinlichkeit bei vorgegebener Bitrate und gegebenen Kanaleigenschaften,

– Maximierung der Bitrate für einen gegebenen Kanal, wobei die Fehlerwahrscheinlichkeit einen vorzugebenden Grenzwert nicht überschreiten soll,

– Maximierung der Übertragungsweglänge bei vorgegebener Bitrate und vorgegebener Grenzfehlerwahrscheinlichkeit,

– Minimierung des Realisierungsaufwands und der Kosten bei gegebenen Randbedingungen.

Obwohl der letztgenannte Punkt häufig als der wichtigste erachtet wird, soll er hier nicht weiter verfolgt werden, da sich nach diesem Kriterium optimierte Systeme aufgrund der technologischen Weiterentwicklung sehr schnell ändern.

Die ersten drei der obigen Optimierungskriterien können meist ineinander übergeführt werden (vgl. [207]). Für das Weitere betrachten wir das erstgenannte Kriterium, das mit dem geringsten Rechenaufwand verbunden ist. Unter *"Systemoptimierung"* soll somit verstanden werden, die das Übertragungssystem beschreibenden Parameter und Frequenzgänge so zu bestimmen, daß die (mittlere) Fehlerwahrscheinlichkeit minimal wird.

Nicht alle der in Abschnitt 5.1 aufgeführten Systemparameter sind für eine Optimierung geeignet. So wird z. B. die Fehlerwahrscheinlichkeit um so geringer, je größer die verfügbare Sendeleistung ist. Zu den *nicht optimierbaren Systemgrößen*, die bei der Optimierung und dem Systemvergleich als konstant anzusehen sind, gehören weiter die Bitrate R, der die linearen Verzerrungen beschreibende Kanalfrequenzgang $H_K(f)$ sowie die Stärke und Färbung der Störungen, gekennzeichnet durch $L_n(f)$.

Als *optimierbare Systemgrößen* verbleiben somit beim Sender der verwendete Übertragungscode und die Sendeimpulsform sowie die verschiedenen Empfängerkenngrößen. Die einzelnen Systemparameter beeinflussen sich dabei gegenseitig, so daß nur eine gemeinsame Optimierung von Sender und Empfänger zum bestmöglichen System führt.

Es würde den Rahmen dieses Buches sprengen, die Systemoptimierung allgemein abzuhandeln. Hier sei auf die oben angeführte Fachliteratur verwiesen. Im folgenden wird mit der Optimierung der Impulsformergrenzfrequenz nur ein winziger Aspekt dieses enorm breiten Fachgebietes diskutiert, wobei auch der prinzipielle, gaußförmige Verlauf des Frequenzgangs $H_I(f) = H_K(f) \cdot H_E(f)$ durch (5.21) festgelegt wird.

In Bild 5.5 ist als hervorgehobener Kurvenverlauf die mittlere Fehlerwahrscheinlichkeit p_M in Abhängigkeit der normierten Impulsformergrenzfrequenz f_I/R dargestellt. Dieses Bild gilt für ein Koaxialkabel mit der charakteristischen Kabeldämpfung $a_{R/2} = 80\,\mathrm{dB}$. Die weiteren Systemparameter wurden wie in Beispiel 5.2 gewählt.

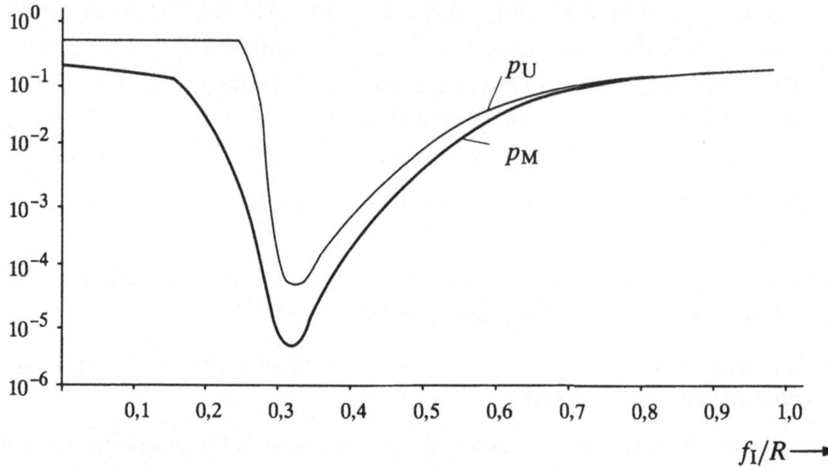

Bild 5.5:   Mittlere und ungünstigste Fehlerwahrscheinlichkeit in Abhängigkeit der normierten Grenzfrequenz f_I/R eines gaußförmigen Impulsformers.

Mit diesen Werten besitzt die mittlere Fehlerwahrscheinlichkeit p_M ihr Minimum von ca. $7 \cdot 10^{-6}$ bei $f_I/R \approx 0,32$. Ist die Grenzfrequenz zu klein ($f_I/R < 0,32$), so steigt p_M aufgrund der Impulsinterferenzen entscheidend an. Bei einer Grenzfrequenz $f_I/R < 0,27$ ist das Auge geschlossen; p_M weist dann einen unzulässig hohen Wert (größer als 1 %) auf.

Ist dagegen die Impulsformergrenzfrequenz zu groß ($f_I/R > 0,32$), so wird wegen (5.7) und der zunehmenden Überhöhung des resultierenden Entzerrerfrequenzgangs $H_E(f)$ die Störleistung σ_d^2 vor dem Schwellenwertentscheider sehr groß, ohne daß der Einfluß der Impulsinterferenzen im gleichen Maße zurückgeht. Dies macht sich ebenfalls in einem (wenn auch flacheren) Anstieg der Fehlerwahrscheinlichkeitskurve bemerkbar.

Als weitere Kurve ist in Bild 5.5 die ungünstigste Fehlerwahrscheinlichkeit p_U gemäß (5.17) für die gleichen Voraussetzungen eingezeichnet ("worst case"). Diese Kurve liegt stets etwas oberhalb der mittleren Fehlerwahrscheinlichkeit p_M, wobei der Abstand bei kleinen Werten von f_I, d. h. bei großen Impulsinterferenzen, größer wird.

Aus Bild 5.5 geht weiter hervor, daß man in erster Näherung die gleiche optimale Impulsformergrenzfrequenz $f_{I,opt}$ erhält, wenn als Optimierungskriterium anstelle der mittleren Fehlerwahrscheinlichkeit p_M die ungünstigste Fehlerwahrscheinlichkeit p_U herangezogen wird. Dies ist ein äußerst wichtiges Ergebnis, durch das der Rechenaufwand bei einer Systemoptimierung entscheidend gesenkt werden kann.

Eine äquivalente Beschreibungsgröße zu p_U ist das ungünstigste Signalstörleistungsverhältnis ϱ_U gemäß (5.18), dessen Verwendung einige noch zu diskutierende Vorteile bietet. In Bild 5.6 ist $10\lg\varrho_U$ in Abhängigkeit des Quotienten f_I/R dargestellt.

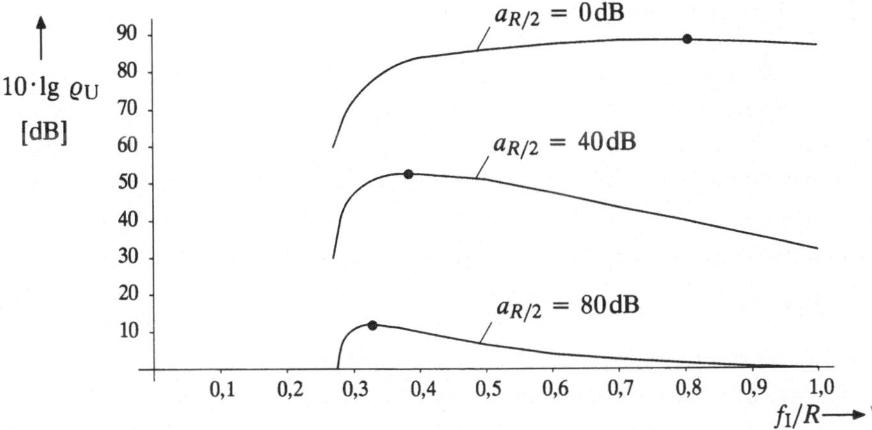

Bild 5.6: Signalstörabstand $10 \cdot \lg \varrho_\mathrm{U}$ in Abhängigkeit der normierten Impulsformergrenzfrequenz f_I/R für verschiedene Kabeldämpfungen $a_{R/2}$.

Betrachten wir zunächst den mit $a_{R/2} = 80\,\mathrm{dB}$ gekennzeichneten Kurvenzug, für den die gleichen Voraussetzungen wie für Bild 5.5 gelten. Auch aus dieser Darstellung kann die optimale Impulsformergrenzfrequenz $f_\mathrm{I,opt} \approx 0{,}32 \cdot R$ abgelesen werden. Die dazugehörige (ungünstigste) Fehlerwahrscheinlichkeit $p_\mathrm{U} \approx 7 \cdot 10^{-5}$ läßt sich mit (5.18) aus dem maximalen Signalstörabstand $10 \lg \varrho_\mathrm{U,max} \approx 11{,}6\,\mathrm{dB}$ über das komplementäre Gauß'sche Fehlerintegral (siehe Tabelle 3.1) bestimmen.

Weiterhin sind in Bild 5.6 die Kurvenverläufe für die charakteristischen Dämpfungen 0 dB und 40 dB dargestellt. Es ist zu erkennen, daß mit abnehmenden Werten von $a_{R/2}$ die optimale Impulsformergrenzfrequenz $f_\mathrm{I,opt}$ größer wird. Dies ist auf den geringeren Einfluß der Störungen (weniger starke Überhöhung von $H_\mathrm{E}(f)$) zurückzuführen.

Bei frequenzunabhängigem Kanal ($a_{R/2} = 0\,\mathrm{dB}$) ergibt sich ein sehr flaches Optimum bei $f_\mathrm{I}/R \approx 0{,}8$. Der dazugehörige Signalstörabstand beträgt hierbei $10 \lg \varrho_\mathrm{U,max} \approx 89\,\mathrm{dB}$, die entsprechende (ungünstigste) Fehlerwahrscheinlichkeit ist äußerst gering.

Dieses System ist überdimensioniert. Wird z. B. gefordert, daß die Fehlerwahrscheinlichkeit den Wert 10^{-10} nicht übersteigt, was einem Signalstörabstand von etwa 16 dB entspricht, so kann die Sendeleistung (bei gleicher Rauschleistungsdichte $L_0 = 10^{-17}\,\mathrm{V}^2/\mathrm{Hz}$) um etwa 73 dB gesenkt werden. Andererseits erfüllt das Übertragungssystem bei gleichbleibender Sendeamplitude von $\pm\,3\mathrm{V}$ die oben genannten Anforderungen auch bei deutlich größeren Störungen. Der Grenzwert ergibt sich hierbei zu $L_{0,\mathrm{max}} = 2 \cdot 10^{-10}\,\mathrm{V}^2/\mathrm{Hz}$.

Alle hier aufgeführten Ergebnisse gelten unter der Voraussetzung eines optimalen Detektionszeitpunktes und eines optimalen Schwellenwertes. Diese Größen können beispielsweise aus dem Augendiagramm entnommen werden (vgl. Bild 5.3). Bei symmetrischem Grundimpuls ist der optimale Detektionszeitpunkt stets $T_\mathrm{D,opt} = 0$.

Der Schwellenwert $E = 0$ ist nur bei gleichen Auftrittswahrscheinlichkeiten optimal. Andernfalls sollte er in Richtung der Amplitudenstufe mit der geringeren Auftrittswahrscheinlichkeit verschoben werden. Bei den gegebenen Randbedingungen erhält man als Optimum $E_\mathrm{opt} = \sigma_d^2/2 \cdot \ln\left[p(-1)/p(+1)\right]$.

5.1.5 Nyquistbedingungen

Erfolgt die Symboldetektion, wie für Abschnitt 5.1 stets vorausgesetzt, mit einem einfachen Schwellenwertentscheider, so ist es im Hinblick auf eine möglichst geringe Fehlerwahrscheinlichkeit am günstigsten, durch eine geeignete Dimensionierung des Entzerrerfrequenzgangs $H_E(f)$ die Impulsinterferenzen vollständig zu beseitigen. Diese Art der Impulsformung bezeichnet man in der Literatur als *Nyquistentzerrung*.

Unter der Voraussetzung $T_D = 0$ lautet die entsprechende Bedingung im Zeitbereich:

$$g_d(v \cdot T) = 0 \qquad \text{für} \quad v = \pm 1, \pm 2 \text{ usw.} \tag{5.30}$$

Zu den Detektionszeitpunkten $v \cdot T$ ist somit das Detektionsnutzsignal $d_S(v \cdot T) = \pm g_0$, wobei $g_0 = g_d(0)$ wieder den Hauptwert des Detektionsgrundimpulses angibt. Aufgrund der äquidistanten Nulldurchgänge von $g_d(t)$ ist die vertikale Augenöffnung gemäß (5.20) maximal. Beispielsweise gilt bei bipolaren Signalen: $ö(T_D) = 2 \cdot g_0$. Mit (5.13) und (5.17) folgt daraus für die mittlere und die ungünstigste Fehlerwahrscheinlichkeit:

$$p_M = p_U = Q\left(\frac{g_0}{\sigma_d}\right) . \tag{5.31}$$

Hierbei sind wieder Gauß' sche Störungen und optimale Schwellenwerte vorausgesetzt.

Ist das Sendesignal NRZ–rechteckförmig und der Kanalfrequenzgang $H_K(f)$ frequenzunabhängig, so läßt sich ein möglicher Nyquistentzerrer intuitiv angeben:

$$H_E(f) = si(\pi \cdot f \cdot T) . \tag{5.32}$$

Die dazugehörige Impulsantwort $h_E(t) \circ\!\!-\!\!\bullet H_E(f)$ ist wie der Sendegrundimpuls $g_s(t)$ ein Rechteck der Dauer T, so daß der Detektionsgrundimpuls $g_d(t) = g_s(t) * h_E(t)$ einen dreieckförmigen Verlauf besitzt und für Zeiten $|t| \geq T$ identisch 0 ist. Die Symboldetektion wird somit durch die Ausläufer der Nachbarimpulse nicht beeinträchtigt (vgl. Bild 5.7).

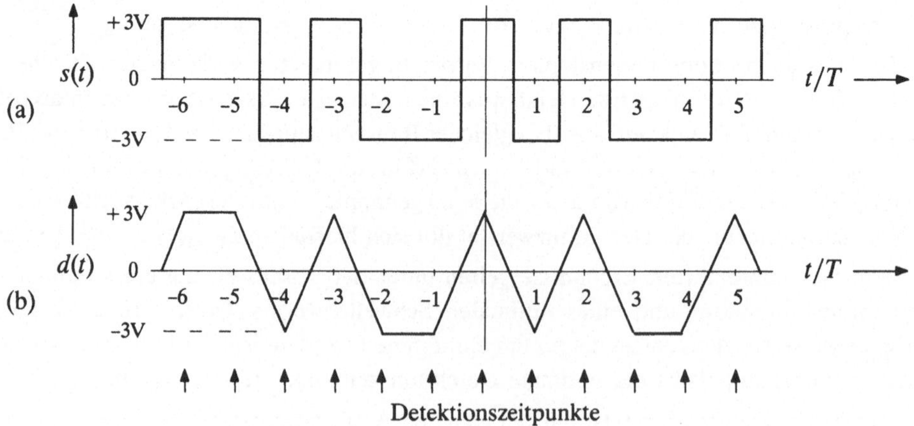

Bild 5.7:   Ausschnitt aus dem Sendesignal (a) und dem Detektionssignal (b) bei Nyquistentzerrung gemäß (5.32). Störungen sind nicht berücksichtigt.

Ein Vergleich mit Abschnitt 4.4.1 zeigt, daß in diesem Sonderfall eines unverzerrten Rechtecksignals am Empfängereingang der Frequenzgang $H_E(f)$ von (5.32) gleichzeitig das Matched–Filter darstellt. Somit werden durch diesen Nyquistentzerrer nicht nur Impulsinterferenzen vermieden, sondern gleichzeitig die Störungen am Entscheider minimiert. Das Detektions–Signalstörleistungsverhältnis kann mit den in Abschnitt 4.4.1 angegebenen Gleichungen berechnet werden. Man erhält mit der Energie $E_g = g_0^2 \cdot T$ des Sendegrundimpulses und der Leistungsdichte L_0 des Weißen Rauschens:

$$\varrho_U = \frac{E_g}{L_0} \ . \tag{5.33}$$

Mit keinem anderen Filter wird dieser Maximalwert erreicht.

Betrachten wir nun den allgemeinen Fall, gekennzeichnet durch den Sendegrundimpuls $g_s(t) \circ\!\!-\!\!\bullet\, G_s(f)$ und den Kanalfrequenzgang $H_K(f)$. Formuliert man die Bedingung (5.30) im Frequenzbereich für das Spektrum $G_d(f) = G_s(f) \cdot H_K(f) \cdot H_E(f)$, so erhält man:

$$\sum_{k=-\infty}^{+\infty} G_d\left(f - \frac{k}{T}\right) = \text{const.} \ . \tag{5.34}$$

Diese Bedingung wurde von Nyquist [165] im Jahre 1928 angegeben und wird häufig als das *1. Nyquistkriterium* bezeichnet. Dieses besagt, daß äquidistante Nulldurchgänge des Grundimpulses $g_d(t)$ im Symbolabstand T nur dann möglich sind, wenn die periodische Fortsetzung $P\{G_d(f)\}$ des dazugehörigen Spektrums mit der Periode $f_P = 1/T$ einen konstanten Wert ergibt (vgl. Abschnitt 2.1).

Daneben wurde von Nyquist ein zweites Kriterium dafür angegeben, daß der Grundimpuls $g_d(t)$ Nulldurchgänge zu den Zeitpunkten $\pm 1{,}5T$, $\pm 2{,}5T$, $\pm 3{,}5T$ usw. besitzt. Dadurch werden die Nulldurchgänge des Detektionssignals nicht aus ihren Sollagen verschoben, so daß die horizontale Augenöffnung maximal gleich der Symboldauer T wird. Dies erleichtert beispielsweise die Taktwiedergewinnung mittels einer PLL.

Bild 5.8 verdeutlicht die beiden Nyquistkriterien anhand von Augendiagrammen mit maximal möglicher vertikaler bzw. horizontaler Augenöffnung.

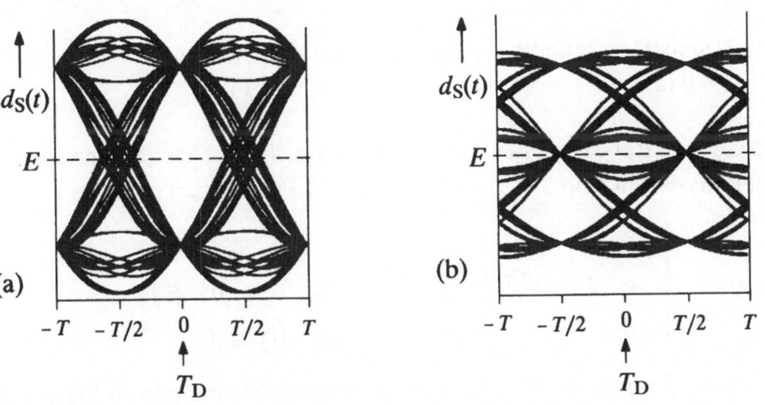

Bild 5.8: Ungestörte Augendiagramme zur Veranschaulichung des ersten (a) und des zweiten (b) Nyquistkriteriums (Darstellung entsprechend [207]).

Das 2. Nyquist–Kriterium kann im Frequenzbereich z. B. wie folgt angegeben werden:

$$\sum_{k=-\infty}^{+\infty} \frac{G_d(f-\frac{k}{T})}{cos(\pi \cdot f \cdot T - k \cdot \pi)} = \text{const.} \ . \tag{5.35}$$

Hier ist die periodische Fortsetzung der Funktion $G_d(f)/cos(\pi \cdot f \cdot T)$ mit der Frequenzperiode $f_P = 1/T$ eine Konstante.

Besondere Bedeutung für die Digitalsignalübertragung besitzen Nyquistspektren, die auf den Frequenzbereich $-1/T \leq f \leq 1/T$ beschränkt und zusammenhängend sind. Durch diese Beschränkung überlappen sich bei der periodischen Fortsetzung lediglich benachbarte Frequenzbereiche, so daß die beiden Nyquistkriterien für reelle Funktionen mit der *Nyquistfrequenz* $f_N = 1/(2 \cdot T)$ folgendermaßen vereinfacht werden können:

$$G_d(f_N - f) + G_d(f_N + f) = G_d(0) = \text{const.} \tag{5.36}$$

$$\frac{G_d(f_N - f)}{cos(\pi \cdot T \cdot (f_N - f))} + \frac{G_d(f_N + f)}{cos(\pi \cdot T \cdot (f_N + f))} = G_d(0) = const. \tag{5.37}$$

In diesen Gleichungen ist für f ein Wert zwischen $-1/(2 \cdot T)$ und $+1/(2 \cdot T)$ einzusetzen.

Ein reelles Nyquistspektrum nach dem 1. Kriterium ist demnach stets punktsymmetrisch um die Nyquistfrequenz f_N, die gleich der halben Symbolrate ist. Bei Binärsystemen ist $f_N = R/2$. Im allgemeinen kann ein Nyquistspektrum auch einen Imaginärteil besitzen. Dieser muß dann achsensymmetrisch um die beiden Frequenzen $f = \pm f_N$ sein.

Bild 5.9 zeigt drei mögliche Spektren $G_d(f)$ mit oben genannten Nyquisteigenschaften, wobei die Symmetriepunkte bei $\pm f_N$ hervorgehoben sind.

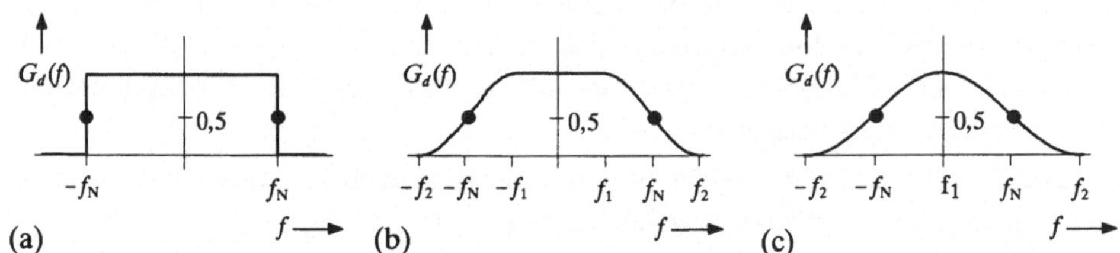

Bild 5.9: Nyquistspektren mit cos–roll–off–Charakteristik und roll–off–Faktor
$r = 0$ (a), $r = 0,5$ (b), $r = 1$ (c).

Alle diese Spektren lassen sich durch einen *cos–roll–off–Tiefpaß* gemeinsam beschreiben, wobei mit den in Bild 5.9(b) eingezeichneten Frequenzen f_1 und f_2 gilt:

$$G_d(f) = \begin{cases} g_0 \cdot T & \text{für} \quad |f| \leq f_1 \ , \\[2mm] g_0 \cdot T \cdot cos^2 \left(\frac{|f| - f_1}{f_2 - f_1} \cdot \frac{\pi}{2} \right) & \text{für} \quad f_1 \leq |f| \leq f_2 \ , \\[2mm] 0 & \text{für} \quad |f| \geq f_2 \ . \end{cases} \tag{5.38}$$

Eine impulsinterferenzfreie Detektion ist nur dann gegeben, wenn $(f_1 + f_2)/2 = f_N$ ist. Bei zu kleiner "Grenzfrequenz" ist das Auge geschlossen. Eine zu große "Grenzfrequenz" führt ebenfalls zu Impulsinterferenzen, wenn auch mit geringeren Auswirkungen.

Zur Beschreibung der Flankensteilheit wird häufig der *roll–off–Faktor*

$$r = \frac{f_2 - f_1}{f_2 + f_1} \qquad (r = 0 \dots 1) \tag{5.39}$$

verwendet. Für $r = 0$ ($f_1 = f_2 = f_N$) ergibt sich aus der allgemeinen Darstellung (5.38) das rechteckförmige Spektrum ("Küpfmüller–Tiefpaß"), während mit $r = 1$ ($f_1 = 0, f_2 = 2 \cdot f_N$) das Detektionsgrundimpulsspektrum $G_d(f)$ $\cos^2$–förmig verläuft.

Für den Detektionsgrundimpuls gilt in Abhängigkeit des roll–off–Faktors r:

$$g_d(t) = g_0 \cdot \frac{\cos(\pi \cdot r \cdot t/T)}{1 - (2 \cdot r \cdot t/T)^2} \cdot \operatorname{si}(\pi \cdot \frac{t}{T}) \ . \tag{5.40}$$

Dem rechteckförmigen Spektrum von Bild 5.9(a) entspricht ein si–förmiger Impuls, der nur sehr langsam, nämlich asymptotisch mit $1/t$, abklingt und bei dem die horizontale Augenöffnung gegen Null geht. Da in diesem Fall das Auge zu einem unendlich schmalen Spalt entartet, ist in der Regel keine zufriedenstellende Detektion möglich. Ein zeitlich schwankender Takt ("*Jitter*") führt deshalb leicht zu Fehlentscheidungen.

Mit zunehmendem roll–off–Faktor r (flacherer Flankenabfall) werden die Überschwinger auch außerhalb der Detektionszeitpunkte $v \cdot T$ geringer, so daß sich für die horizontale Augenöffnung meist ebenfalls ein ausreichend großer Wert ergibt. Beim $\cos^2$–Nyquistspektrum ($r = 1$) klingt $g_d(t)$ asymptotisch mit $1/t^3$ ab. Aus (5.40) erhält man in diesem Sonderfall nach einigen Umformungen:

$$g_d(t) = g_0 \cdot \frac{\pi}{4} \cdot \left[\operatorname{si}\left(\pi \cdot \left(\frac{t}{T} + \frac{1}{2}\right)\right) + \operatorname{si}\left(\pi \cdot \left(\frac{t}{T} - \frac{1}{2}\right)\right) \right] \cdot \operatorname{si}(\pi \cdot \frac{t}{T}) \ . \tag{5.41}$$

Der Detektionsgrundimpuls gemäß (5.41) besitzt Nulldurchgänge bei allen Vielfachen der Symboldauer T und zusätzlich bei $\pm 1{,}5T$, $\pm 2{,}5T$, $\pm 3{,}5T$ usw.. Somit erfüllt dieser Impuls sowohl das erste als auch das zweite Nyquistkriterium, was auch anhand der entsprechenden Bedingungen (5.36) und (5.37) im Spektralbereich gezeigt werden kann.

In Bild 5.10 ist das zum Grundimpuls von (5.41) gehörige ungestörte Augendiagramm dargestellt. Es ist zu erkennen, daß dieses sowohl vertikal als auch horizontal zu 100 % geöffnet ist, und daß Impulsinterferenzen auch außerhalb der Nulldurchgänge von untergeordneter Bedeutung sind.

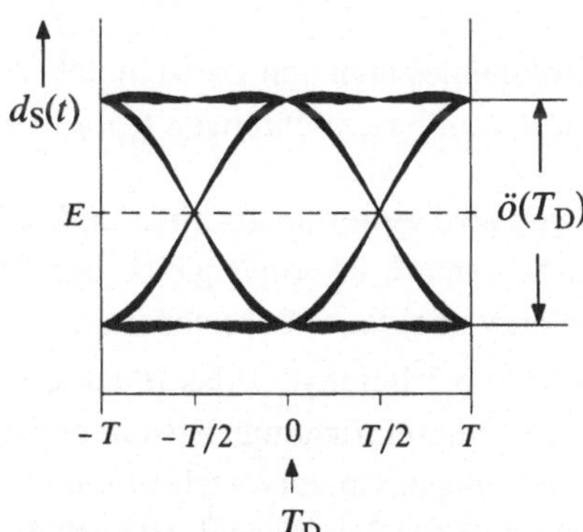

Bild 5.10: Ungestörtes Augendiagramm beim $\cos^2$–Nyquistspektrum von Bild 5.9(c).

5.2   Codierte und mehrstufige Übertragung

Inhalt: In diesem Abschnitt werden die Besonderheiten der mehrstufigen und/oder codierten Digitalsignalübertragung angesprochen, wozu das bisherige Blockschaltbild um Coder und Decoder erweitert werden muß. Nach einigen Definitionen wird insbesondere auf die Berechnung der mittleren sowie der ungünstigsten Fehlerwahrscheinlichkeit bei Mehrstufensystemen eingegangen. Abschließend folgen einige charakteristische Ergebnisse der Systemoptimierung unter Berücksichtigung von Coder und Decoder.

5.2.1   Prinzip und Blockschaltbild

Im Abschnitt 5.1 wurde das Sendesignal $s(t)$ stets als binär und redundanzfrei vorausgesetzt. Nun werden einige Aspekte der codierten und mehrstufigen Übertragung anhand des Modells von Bild 5.11 diskutiert.

Eine wesentliche Aufgabe der Codierung ist die Anpassung des Sendesignals an die spektralen Eigenschaften des Übertragungsmediums und der Empfangseinrichtungen (*"Leitungscodierung"*). Außerdem kann die am Sender gezielt hinzugefügte Redundanz zur Fehlererkennung und Fehlerkorrektur verwendet werden (*"Kanalcodierung"*). Auf das weite Gebiet der Kanalcodierung, das besonders bei stark gestörten Kanälen von großer Wichtigkeit ist, kann in diesem Buch aus Platzgründen nicht näher eingegangen werden. Literaturhinweise finden Sie im Abschnitt 4.2.4.

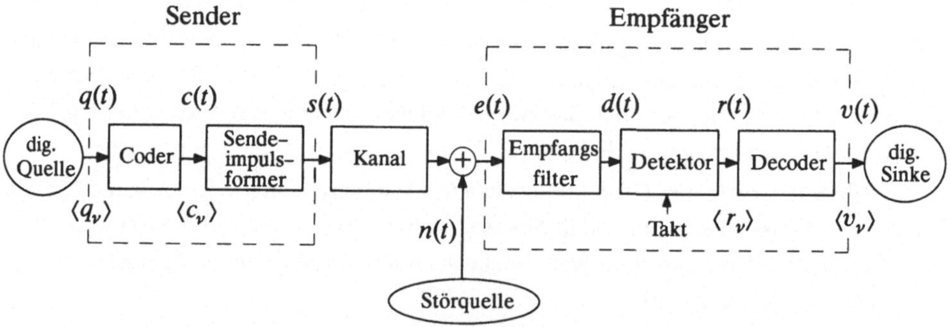

Bild 5.11: Blockschaltbild eines digitalen Basisbandübertragungssystems inklusive Codier- und Decodiereinrichtungen ($\langle q_\nu \rangle \rightarrow \langle c_\nu \rangle$ bzw. $\langle r_\nu \rangle \rightarrow \langle v_\nu \rangle$).

Das Quellensignal $q(t)$ wird weiterhin als binär und redundanzfrei angenommen. Der zu übertragende Nachrichtenfluß ist somit gleich der Bitrate $R = 1/T_q$ dieses Signals, wobei mit T_q die Quellensymboldauer bezeichnet ist.

Im Unterschied zu Bild 5.1 beinhaltet das Blockschaltbild von Bild 5.11 zusätzlich eine Codier- und eine Decodiereinrichtung. Erstere erzeugt aus der Quellensymbolfolge $\langle q_\nu \rangle$ entsprechend der jeweiligen Codiervorschrift die Codesymbolfolge $\langle c_\nu \rangle$. Das zugehörige Codersignal $c(t)$ sowie das Sendesignal $s(t)$ nach eventueller Sendeimpulsformung seien M_c–stufig und besitzen jeweils die Symboldauer T_c.

Somit gilt für die (äquivalente) Bitrate des Coder– bzw. des Sendesignals:

$$R_c = \frac{ld\, M_c}{T_c} \qquad\qquad ld:\ \text{Logarithmus zur Basis 2.} \tag{5.42}$$

Es muß stets $R_c \geq R$ sein, wobei das Gleichheitszeichen nur bei *redundanzfreier Codierung* gültig ist. Eine solche redundanzfreie Umsetzung des binären Quellensignals $q(t)$ auf ein mehrstufiges Codersignal $c(t)$ ist allerdings nur dann möglich, wenn die Stufenzahl M_c eine Potenz zur Basis 2 ist.

Der Übergang auf ein mehrstufiges Sendesignal (bei gleichbleibender Bitrate R) kann eine deutliche Verbesserung des Übertragungsverhaltens zur Folge haben, da hierbei die Symbolrate $1/T_c$ gegenüber der Binärübertragung um den Faktor $1/ld(M_c)$ reduziert wird. Dies bewirkt unter anderem ein schmaleres Leistungsdichtespektrums $L_s(f)$, was bei vielen Übertragungskanälen von Vorteil ist, insbesondere dann, wenn die Kanaldämpfung mit der Frequenz ansteigt.

Die redundanzfreie Codierung ist ein Sonderfall der *blockweisen Codierung*, bei der jeweils einem Block von m_q Quellensymbolen ein Block von m_c Codesymbolen zugeordnet wird. Bei den meisten Blockcodes unterscheiden sich die beiden Blocklängen m_q und m_c und dementsprechend auch die Symboldauern T_q und T_c. Dabei muß stets gelten:

$$m_q \cdot T_q = m_c \cdot T_c \, . \tag{5.43}$$

Ein Beispiel für die Blockcodes ist der *4B3T–Code* ($m_q = 4$, $M_q = 2$, $m_c = 3$, $M_c = 3$), bei dem jeweils vier Binärsymbole in drei Ternärsymbole umcodiert werden. Die Codierung der 16 möglichen Binärblöcke in die maximal 27 Ternärblöcke könnte prinzipiell nach einer festen Codetabelle erfolgen. Um die spektralen Eigenschaften dieser Codes weiter zu verbessern, werden bei den heute gebräuchlichen 4B3T–Codes jedoch zwei oder mehrere Codetabellen verwendet, deren Auswahl von den zuvor codierten Blöcken abhängt.

Die *relative Redundanz* eines Blockcodes beträgt allgemein:

$$r_c = \frac{R_c - R}{R_c} = 1 - \frac{T_c}{T_q} \cdot \frac{ld\, M_q}{ld\, M_c} \, . \tag{5.44}$$

Je größer die Redundanz des verwendeten Codes ist, desto stärker sind die statistischen Bindungen innerhalb der Codesymbolfolge $\langle c_\nu \rangle$ und um so effektiver können empfangsseitig Verfahren zur Fehlererkennung und –korrektur genutzt werden.

Bei den oben erwähnten 4B3T–Codes ergibt sich aus (5.43) und (5.44) das Verhältnis $T_c/T_q = 4/3$ und die relative Redundanz $r_c \approx 16\,\%$. Die Symbolrate wird somit durch die Codierung um den Faktor 4/3 verringert. Dies ist ein Vorteil gegenüber der in Abschnitt 4.2.4 beschriebenen *symbolweisen Codierung*, bei der die Redundanz durch Erhöhung der Stufenzahl bei gleichbleibender Symbolrate erzielt wird. Die relative Redundanz der Pseudomehrstufencodes kann aus (5.44) mit $T_c = T_q$ berechnet werden. Beispielsweise erhält man für die Pseudoternärcodes $r_c \approx 37\,\%$.

Im folgenden wird die Berechnung der Fehlerwahrscheinlichkeit unter Berücksichtigung von Coder und Decoder beschrieben. Zur Vereinfachung der Gleichungen wird hierbei $T_c = T$ und $M_c = M$ gesetzt.

5.2.2   Fehlerwahrscheinlichkeit bei mehrstufiger Übertragung

Die Detektion eines M–stufigen Digitalsignals $d(t)$ erfordert einen Schwellenwertentscheider mit M–1 Entscheiderschwellen. Dadurch wird der gesamte Wertebereich des Detektionssignals $d(t)$ in Teilbereiche unterteilt, die den M möglichen Amplitudenstufen des regenerierten Signals $r(t)$ zugeordnet werden (vgl. Bild 5.11).

Die Dimensionierung der Schwellenwerte E_μ (mit $\mu = 1, \dots, M{-}1$) hat so zu erfolgen, daß die (mittlere) *Bitfehlerwahrscheinlichkeit* $p_B = \overline{p(v_\nu \neq q_\nu)}$ möglichst klein gehalten werden kann. Bei mehrstufiger Übertragung unterscheidet sich diese von der (mittleren) *Symbolfehlerwahrscheinlichkeit* $p_M = \overline{p(r_\nu \neq c_\nu)}$. Während letztere, ähnlich wie in Kapitel 5.1.2 beschrieben, aus dem Augendiagramm und dem Effektivwert des Detektionsstörsignals $d_N(t)$ ermittelt werden kann, ist zur Berechnung der Bitfehlerwahrscheinlichkeit p_B auch die Zuordnung zwischen Quellen– und Codesymbolen zu berücksichtigen.

Beispiel 5.3:   Der hier betrachtete Coder faßt je zwei aufeinanderfolgende binäre Quellensymbole zu einem Quaternärsymbol c_ν zusammen, so daß das rechteckförmige Sendesignal $s(t)$ vier verschiedene Werte annehmen kann. Diese seien $\pm 3\,$V und $\pm 1\,$V.

Ist das binäre Quellensignal $q(t)$ redundanzfrei, so gilt dies auch für die Signale $c(t)$ und $s(t)$. Die Symboldauer des Sendesignals ist hier jedoch doppelt so groß wie bei der Binärübertragung ($T = 2 \cdot T_q$), und somit ist die Symbolrate $1/T$ nur halb so groß.

Zunächst sei vorausgesetzt, daß das Gesamtspektrum $G_d(f) = G_s(f) \cdot H_K(f) \cdot H_E(f)$ eine $\cos^2$–Charakteristik aufweist, so daß der Detektionsgrundimpuls $g_d(t) \circ\!\!-\!\!\bullet\, G_d(f)$ gemäß (5.41) äquidistante Nulldurchgänge im Symbolabstand T besitzt. Verwendet man wie in Abschnitt 5.1.5 die Abkürzung $g_0 = g_d(0)$, so kann das Detektionsnutzsignal $d_S(t)$ zu den Detektionszeitpunkten nur vier verschiedene Werte annehmen, nämlich $\pm g_0$ und $\pm g_0/3$.

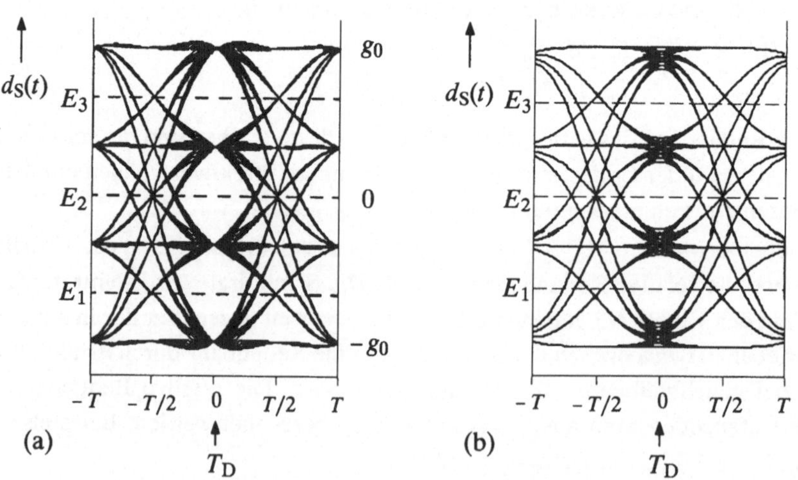

Bild 5.12: Augendiagramme des Detektionsnutzsignals $d_S(t)$ für ein redundanzfreies Quaternärsystem ohne (a) bzw. mit Impulsinterferenzen (b).

Bild 5.12(a) zeigt das Augendiagramm (ohne Störungen) dieses quaternären Nyquistsystems. Die Abmessungen der $M-1 = 3$ Augenöffnungen sind sowohl in vertikaler als auch in horizontaler Richtung identisch, auch wenn die Augenform unterschiedlich ist.

Weiter ist aus Bild 5.12 ersichtlich, daß die optimalen Schwellenwerte in der Mitte zwischen den möglichen Detektionsnutzabtastwerten liegen. Beim quaternären Nyquistsystem ergeben sich somit die Werte 0 bzw. $\pm \frac{2}{3} \cdot g_0$. Das mittlere Auge ist symmetrisch zur Entscheiderschwelle E_2, während die beiden äußeren Augen unsymmetrisch zu ihren jeweiligen Schwellenwerten E_1 bzw. E_3 sind.

Bei der Berechnung der mittleren Symbolfehlerwahrscheinlichkeit ist zu berücksichtigen, daß die beiden äußeren Symbole im Gegensatz zu den inneren Symbolen nur in jeweils eine Richtung verfälscht werden können. Somit erhält man mit dem konstanten Abstand $g_0/3$ zwischen Nutzabtastwert und Entscheiderschwelle sowie dem Effektivwert σ_d des Detektionsstörsignals:

$$p_M = \frac{1}{4} \cdot \left(2 \cdot Q(\frac{g_0/3}{\sigma_d}) + 2 \cdot 2 \cdot Q(\frac{g_0/3}{\sigma_d})\right) = \frac{3}{2} \cdot Q(\frac{g_0/3}{\sigma_d}) \; . \tag{5.45}$$

Dagegen gilt für das entsprechende Binärsystem: $p_M = Q(g_0/\sigma_d)$. Der Faktor $\frac{1}{3}$ im Argument der Q–Funktion berücksichtigt die prinzipielle Verkleinerung der vertikalen Augenöffnung durch die quaternäre Entscheidung, während die Multiplikation mit $\frac{3}{2}$ aufgrund der größeren Fehlerwahrscheinlichkeit der inneren Symbole erforderlich ist.

Da die Detektionsstörleistung σ_d^2 bei mehrstufiger Übertragung deutlich niedriger ist als bei Binärübertragung, darf aus (5.45) nicht geschlossen werden, daß die Symbolfehlerwahrscheinlichkeit beim Quaternärsystem stets größer ist als beim Binärsystem.

Die so berechnete Symbolfehlerwahrscheinlichkeit bezieht sich auf die quaternären Folgen $\langle c_\nu \rangle$ und $\langle r_\nu \rangle$. Zur Berechnung der Bitfehlerwahrscheinlichkeit $p_B = \overline{p(v_\nu \neq q_\nu)}$ muß noch die Zuordnung zwischen Quellen- und Codesymbolen berücksichtigt werden.

Zunächst betrachten wir die *Dualcodierung*. Bild 5.13(a) zeigt die entsprechende Zuordnung zwischen dem Quellensymbolpaar $(q_{\nu-1}, q_\nu)$ und dem quaternären Codesymbol $c_\nu \in \{-1, -\frac{1}{3}, +\frac{1}{3}, +1\}$. Empfangsseitig wird die entsprechende Zuordnung angenommen.

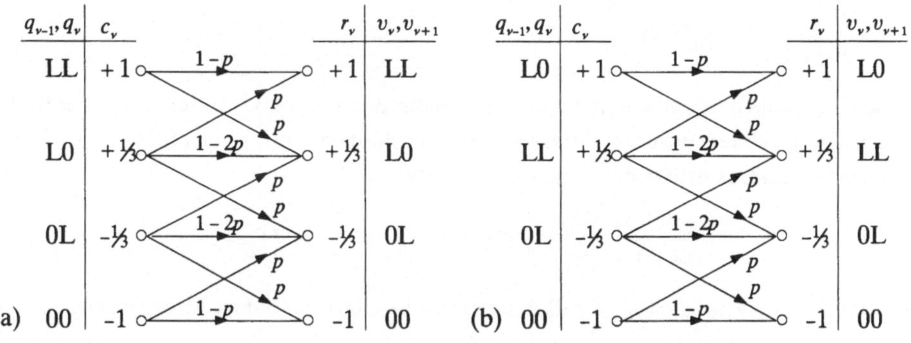

Bild 5.13: Modell für ein quaternäres Übertragungssystem (ohne Impulsinterferenzen) bei Dualcodierung (a) bzw. Gray–Codierung (b).

Das Modell von Bild 5.13 berücksichtigt auch die unterschiedlichen Verfälschungswahrscheinlichkeiten der einzelnen Quaternärsymbole, wobei für $p = Q(g_0/(3 \cdot \sigma_d))$ zu setzen ist. Die Wahrscheinlichkeit, daß zwei oder drei Entscheiderschwellen überschritten werden, ist hierbei als vernachlässigbar klein vorausgesetzt.

Es ist zu erkennen, daß bei Dualcodierung ein Symbolfehler ($r_\nu \neq c_\nu$) ein oder zwei Bitfehler ($v_\nu \neq q_{\nu-1}$) zur Folge hat. Die unterschiedlichen Indizes sollen deutlich machen, daß durch Coder und Decoder aus Kausalitätsgründen eine Verzögerung um eine Bitdauer in Kauf genommen werden muß.

Von den sechs Verfälschungsmöglichkeiten auf Quaternärsymbolebene führen vier zu jeweils einem Bitfehler und nur die beiden inneren ($-\frac{1}{3} \leftrightarrows \frac{1}{3}$) zu zwei Bitfehlern. Daraus folgt für die mittlere Bitfehlerwahrscheinlichkeit:

$$p_\mathrm{B} = \frac{1/4}{2} \cdot \left(4 \cdot p + 2 \cdot 2p\right) = p \ . \tag{5.46}$$

Der Faktor 2 im Nenner berücksichtigt, daß zwei Binärsymbole durch nur ein Quaternärsymbol dargestellt werden. Mit (5.45) folgt aus obiger Gleichung: $p_\mathrm{B} = \frac{2}{3} \cdot p_\mathrm{M}$.

Bei der *Gray–Codierung* von Bild 5.13(b) ist die Zuordnung zwischen den Binär– und den Quaternärsymbolen so gewählt, daß jeder Symbolfehler genau einen Bitfehler zur Folge hat. Damit ergibt sich $p_\mathrm{B} = \frac{1}{2} \cdot p_\mathrm{M} = \frac{3}{4} \cdot p$.

Dieses Beispiel hat gezeigt, daß sich bei mehrstufiger redundanzfreier Codierung die Bitfehlerwahrscheinlichkeit maximal um den Faktor $1/\mathrm{ld}\,M$ von der Symbolfehlerwahrscheinlichkeit unterscheidet. Bei Berücksichtigung von Fehlererkennung und –korrektur ergeben sich etwas größere Unterschiede, wobei der Zusammenhang zwischen diesen Größen nur in Sonderfällen analytisch angebbar ist. Im allgemeinen müssen hier numerische Ergebnisse durch Simulation gewonnen werden.

Auch bei den Mehrstufensystemen kann als obere Schranke für die mittlere Symbolfehlerwahrscheinlichkeit p_M die ungünstigste Fehlerwahrscheinlichkeit p_U gemäß (5.17) herangezogen werden. Bei einem Nyquistsystem oder bei Vernachlässigung vorhandener Impulsinterferenzen ist für die vertikale Augenöffnung folgender Wert einzusetzen:

$$\ddot{o}(T_\mathrm{D}) = \frac{2 \cdot g_d(T_\mathrm{D})}{M - 1} \ . \tag{5.47}$$

Diese ist demnach bei gleichem Grundimpuls um den Faktor $M{-}1$ kleiner als bei binärer Übertragung. Unter Berücksichtigung von v Vorläufern und n Nachläufern des Detektionsgrundimpulses erhält man analog zu (5.20):

$$\ddot{o}(T_\mathrm{D}) = 2 \cdot \left[\frac{g_d(T_\mathrm{D})}{M - 1} - \sum_{\nu = 1}^{+n} |g_d(T_\mathrm{D} + \nu \cdot T)| - \sum_{\nu = 1}^{+v} |g_d(T_\mathrm{D} - \nu \cdot T)| \right] \ . \tag{5.48}$$

Hierbei sind jeweils M–stufige redundanzfreie bipolare Signale vorausgesetzt.

Bei Verwendung eines redundanten Übertragungscodes ist die Augenöffnung und damit auch die (ungünstigste) Fehlerwahrscheinlichkeit schwieriger zu berechnen. Hier ist zu beachten, welche Symbolfolgen im codierten Signal überhaupt möglich sind.

5.2.3   Systemvergleich unter Berücksichtigung der Codierung

Im Abschnitt 5.1.4 wurden grundlegende Aspekte der Systemoptimierung dargelegt. Das Sendesignal wurde dabei stets als binär, bipolar und redundanzfrei vorausgesetzt, so daß die optimierbaren Systemgrößen sich ausschließlich auf den Empfänger bezogen.

Die gemeinsame Optimierung von Sender und Empfänger wird unter anderem dadurch entscheidend beeinflußt, ob sie unter der Nebenbedingung von Leistungsbegrenzung oder Spitzenwertbegrenzung des Sendesignals erfolgt. *Leistungsbegrenzung* bedeutet dabei, daß die mittlere Sendeleistung einen vorgegebenen Maximalwert S_s nicht überschreiten darf:

$$\overline{s^2(t)} \leq S_s \ . \tag{5.49}$$

Dagegen versteht man unter *Spitzenwertbegrenzung* (*"Amplitudenbegrenzung"*), daß der Aussteuerbereich – und damit auch die momentane Sendeleistung – begrenzt ist. Bei bipolarem Sendesignal gilt hier die Bedingung:

$$|s(t)| \leq s_0 \qquad \text{für alle } t \ . \tag{5.50}$$

Die Frage, ob von Leistungsbegrenzung oder Spitzenwertbegrenzung auszugehen ist, hängt von den technischen Randbedingungen ab und ist von Fall zu Fall zu entscheiden. Bei leitungsgebundener Übertragung wird häufig Spitzenwertbegrenzung gefordert. Eine Ausnahme bilden Digitalsysteme über das Fernsprechnetz, da die dort vorliegenden Nebensprechstörungen proportional zur mittleren Signalleistung sind.

Das nachfolgende Beispiel soll den grundlegenden Unterschied zwischen Leistungs und Spitzenwertbegrenzung verdeutlichen.

Beispiel 5.4:   Es werden ein binäres sowie ein quaternäres Nyquistsystem (jeweils redundanzfrei mit Bitrate R) betrachtet. Der Kanal sei ideal (d. h. $H_K(f) = 1$), die Störung Weißes Rauschen mit der Rauschleistungsdichte L_0.

Die Bitfehlerwahrscheinlichkeit des Binärsystems ist durch (5.31) gegeben. Mit $s_0 = g_0$ und $\sigma_d^2 = L_0 \cdot R$ (Matched–Filterung eines Rechteckimpulses) erhält man hieraus:

$$p_B = Q\left(\sqrt{\frac{s_0^2}{L_0 \cdot R}}\right) \ . \tag{5.51}$$

Für das Quaternärsystem (redundanzfreie Dualcodierung, $M = 4$) gilt entsprechend den Gleichungen (5.45) und (5.46):

$$p_B = Q\left(\sqrt{\frac{\operatorname{ld} 4}{3^2} \cdot \frac{s_0^2}{L_0 \cdot R}}\right) \ . \tag{5.52}$$

Hierbei ist berücksichtigt, daß die vertikale Augenöffnung des Quaternärsystems um den Faktor 3 kleiner ist als beim Binärsystem, daß aber auch die am Entscheider wirksame Störleistung σ_d^2 aufgrund der geringeren Symbolrate nur halb so groß ist.

In Bild 5.14(a) sind die beiden Systeme vergleichend gegenübergestellt, wobei auf der Abszisse $10 \cdot \lg(s_0^2/(L_0 \cdot R))$ aufgetragen ist. Dieser Vergleich erfolgt somit unter der

Nebenbedingung der Spitzenwertbegrenzung. Aus Bild 5.14(a) bzw. (5.51) und (5.52) ist zu erkennen, daß hier das Quaternärsystem um ca. 6,5 dB schlechter abschneidet als das Binärsystem.

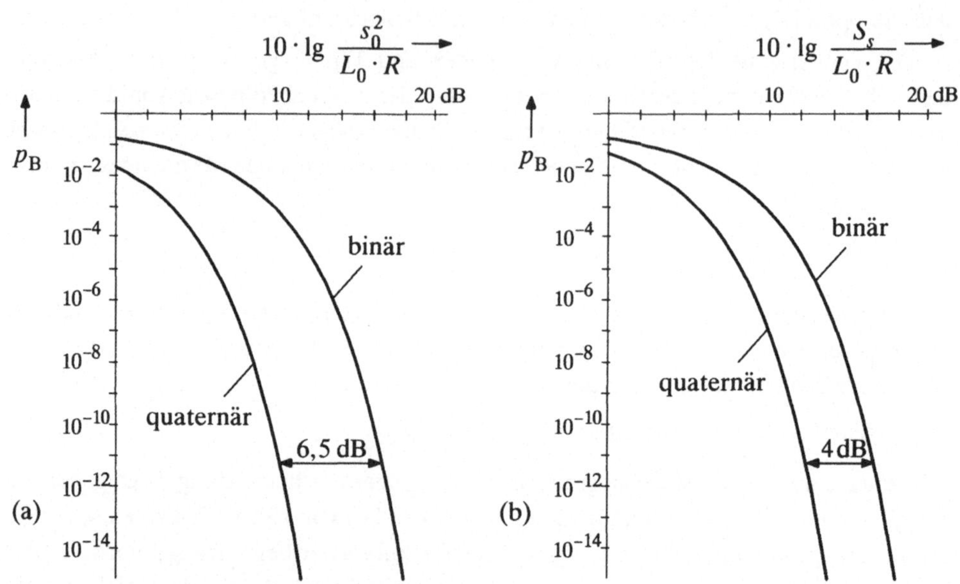

Bild 5.14: Vergleich eines binären und eines quaternären Nyquistsystems bei Spitzenwertbegrenzung (a) bzw. bei Leistungsbegrenzung (b).

Dagegen zeigt Bild 5.14(b) den Vergleich bei Leistungsbegrenzung. Hier ist auf der Abszisse anstelle der maximalen Sendeleistung s_0^2 die über die Zeit gemittelte Sendeleistung S_s aufgetragen (wieder geeignet normiert und logarithmiert). Der Kurvenverlauf des Binärsystems wird dadurch nicht verändert, da bei diesem $S_s = s_0^2$ gilt:

$$p_B = Q\left(\sqrt{\frac{S_s}{L_0 \cdot R}}\right) . \qquad (5.53)$$

Berücksichtigt man, daß entsprechend (3.30) die mittlere Leistung des Quaternärsystems $S_s = \tfrac{5}{9} \cdot s_0^2$ ist, so kommt man hier zum Ergebnis

$$p_B = Q\left(\sqrt{\frac{2}{5} \cdot \frac{S_s}{L_0 \cdot R}}\right) . \qquad (5.54)$$

Bei Leistungsbegrenzung beträgt somit der Abstand der beiden Kurven nur etwa 4 dB.

Es ist anzumerken, daß S_s/L_0 die Sendeenergie pro Bit angibt. Der in Bild 5.14(b) aufgetragene Abszissenwert ist somit gleich dem Quotienten aus der Sendeenergie pro Bit bezogen auf die Rauschleistungsdichte L_0 ("E_B/L_0"). Da in diesem Buch die Rauschleistungsdichte zweiseitig definiert wurde, entspricht beim optimalen System (binäres Nyquistsystem) dem Wert $10 \cdot \lg (E_B/L_0) = 16\,$dB die Fehlerwahrscheinlichkeit $p_B = 10^{-10}$. In anderen Büchern wird häufig die einseitige Rauschleistungsdichte verwendet, so daß $p_B = 10^{-10}$ mit $10 \cdot \lg (E_B/L_0) = 13\,$dB korrespondiert.

Betrachten wir nun wieder ein Koaxialkabel mit der Kabeldämpfung $a_{R/2} = 80\,\text{dB}$ als Beispiel für einen nicht idealen Kanalfrequenzgang. Die weiteren Systemparameter sind entsprechend den Voraussetzungen zu Bild 5.6 gewählt (rechteckförmiges Sendesignal mit Spitzenwertbegrenzung auf $s_0 = 3\,\text{V}$, Weißes Rauschen mit $L_0 = 10^{-17}\,\text{V}^2/\text{Hz}$, $R = 1\,\text{Gbit/s}$). Hier ist aufgrund der Impulsinterferenzen der Zusammenhang zwischen den Systemparametern s_0, R, L_0 und der Fehlerwahrscheinlichkeit nicht so einfach wie im Beispiel 5.4.

Für die Systemoptimierung ist ein möglichst einfaches Gütekriterium wünschenswert. Hierzu eignet sich wieder das ungünstigste Signalstörleistungsverhältnis ϱ_U gemäß (5.18). In Bild 5.15 ist der ungünstigste Signalstörabstand $10\,\lg\varrho_U$ für verschiedene Codes in Abhängigkeit der Grenzfrequenz f_I eines gaußförmigen Impulsformers dargestellt.

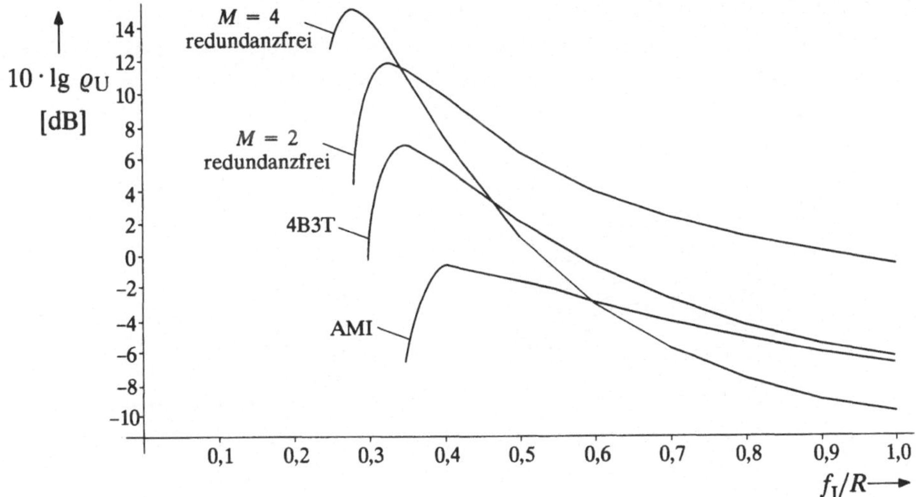

Bild 5.15:   Ungünstigster Signalstörabstand $10\,\lg\varrho_U$ für verschiedene Übertragungscodes, abhängig von der normierten Impulsformergrenzfrequenz f_I/R.

Als Vergleichskurve ist der Verlauf für den redundanzfreien Binärcode gezeichnet, der in anderem Maßstab auch aus Bild 5.6 ersichtlich ist. Dazu sei nochmals erwähnt, daß eine kleine Impulsformergrenzfrequenz f_I große Impulsinterferenzen und damit eine kleine vertikale Augenöffnung bewirkt, während bei großen Werten von f_I die Detektionsstörleistung aufgrund der Überhöhung des Entzerrerfrequenzganges sehr stark anwächst. Dieser grundsätzliche Zusammenhang gilt auch bei mehrstufiger Übertragung.

Durch Verwendung des redundanzfreien Quaternärcodes kann demgegenüber ein Störabstandsgewinn von etwa $4\,\text{dB}$ erzielt werden. Der Grund hierfür ist die um den Faktor 2 niedrigere Symbolrate, die zu deutlich geringeren Impulsinterferenzen führt. Bei kleiner Impulsformergrenzfrequenz weist somit das Quaternärsystem trotz des prinzipiellen Verlustes um den Faktor 3 eine größere Augenöffnung als das Binärsystem auf. Während das binäre Auge für $f_I < 0,27 \cdot R$ geschlossen ist, ergibt sich beim Quaternärsystem erst für $f_I < 0,23 \cdot R$ ein geschlossenes Auge.

Da eine niedrigere Grenzfrequenz gleichzeitig eine deutlich geringere Störleistung σ_d^2 bedeutet, ist der Störabstandsgewinn von 4 dB erklärbar. Die optimale Grenzfrequenz $f_{\mathrm{I,opt}} \approx 0{,}28 \cdot R$ liegt niedriger als bei redundanzfreier Binärübertragung.

Betrachten wir nun die Kurve für den AMI–Code als Vertreter der Pseudoternärcodes (vgl. Abschnitt 4.2.4). Dieser zeigt sehr viel ungünstigere Eigenschaften. Mit den gegebenen Voraussetzungen beträgt der Störabstandsverlust gegenüber dem redundanzfreien Binärcode ca. 14 dB. Wegen der ternären Auswertung ohne gleichzeitige Reduzierung der Symbolrate muß die Grenzfrequenz deutlich erhöht werden. Besonders ungünstige Symbolfolgen werden trotz der relativ großen Redundanz von 37% durch diesen Code nicht ausgeschlossen. Bereits für $f_{\mathrm{I}} < 0{,}36 \cdot R$ ist das Auge geschlossen. Die optimale Grenzfrequenz beträgt bei 80 dB Kabeldämpfung $f_{\mathrm{I,opt}} \approx 0{,}4 \cdot R$, und dementsprechend groß ist die Detektionsstörleistung.

Bild 5.16(a) zeigt das Augendiagramm bei AMI–Codierung für die normierte Grenzfrequenz $f_{\mathrm{I}}/R = 0{,}4$. Es ist zu erkennen, daß die vertikale Augenöffnung nur etwa 11% beträgt gegenüber 37% bei redundanzfreier Binärübertragung (vgl. Bild 5.3).

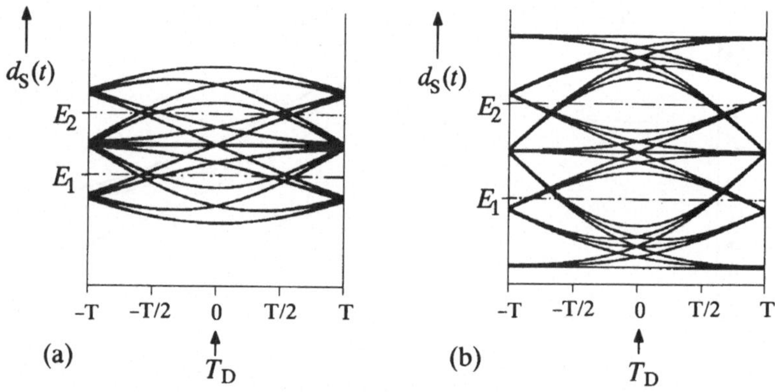

Bild 5.16: Ungestörte Augendiagramme bei AMI– (a) bzw. 4B3T–Codierung (b),
jeweils bei gaußförmigem Impulsformer mit Grenzfrequenz $f_{\mathrm{I}}/R = 0{,}4$.

Der 4B3T–Code führt bei vergleichbaren Randbedingungen zu einer vertikalen Augenöffnung von ca. 23% (vgl. Bild 5.16(b)). Dieser gegenüber der AMI–Codierung mehr als doppelt so große Wert ist zum einen auf die um den Faktor 1,33 heruntergesetzte Symbolrate $1/T$ zurückzuführen, so daß der Detektionsgrundimpuls geringere Vor- und Nachläufer aufweist. Zum anderen werden die bezüglich Impulsinterferenzen besonders ungünstigen Symbolfolgen durch die Codiervorschrift ausgeschlossen. Der ungünstigste Signalstörabstand bei Optimierung der Impulsformergrenzfrequenz liegt um ca. 5 dB unter der Vergleichskurve des redundanzfreien Binärsystems (vgl Bild 5.15).

Weitere Ergebnisse hinsichtlich der Systemoptimierung unter Berücksichtigung von Leitungscodes finden sich z. B. in [24], [111], [129], [182], [185], [186] und [205]. Abschließend sei nochmals ausdrücklich erwähnt, daß der hier durchgeführte Systemvergleich auf gleichem Spitzenwert des Sendesignals beruht. Bei konstanter mittlerer Sendeleistung verschieben sich die Kurven für die Mehrstufencodes nach oben, und zwar um 1,6 dB (4B3T–Code), 2,6 dB (Quaternärcode) bzw. 3 dB (AMI–Code).

5.3 Empfängerstrategien

Inhalt: In den letzten Abschnitten wurde zur Amplituden– und Zeitregenerierung stets ein einfacher Schwellenwertentscheider verwendet. Nun werden Empfänger vorgestellt, die – zumindest bei einem nicht idealen Kanal – das Digitalsignal mit kleinerer Fehlerwahrscheinlichkeit entscheiden. Zu diesen gehören beispielsweise die Empfänger mit Entscheidungsrückkopplung, bei denen die Entzerrung durch eine nichtlineare und somit quasistörungsfreie Kompensation der Impulsnachläufer erfolgt. Weiterhin werden mit dem Korrelations– und dem Viterbi–Empfänger zwei Konzepte vorgestellt, die auf der "Maximum–Likelihood–Entscheidungsregel" basieren.

5.3.1 Entscheidungsrückkopplung

In Abschnitt 5.1 und 5.2 bestand der Empfänger aus einem linearen Empfangsfilter und einem nichtlinearen Entscheider (vgl. Bild 5.1). Letzterer hatte nur die Aufgabe der Amplituden– und Zeitregenerierung, während das Empfangsfilter neben der Rauschleistungsbegrenzung auch für die Entzerrung des Digitalsignals verantwortlich war.

Bei dieser Art der Entzerrung wird jedoch nicht nur das Nutzsignal in der Amplitude verstärkt, sondern auch das unerwünschte Störsignal angehoben. Im folgenden wird nun mit der *Entscheidungsrückkopplung* – in der Literatur auch als *Quantisierte Rückkopplung (QR)* bezeichnet – ein nichtlineares Entzerrungsverfahren vorgestellt, bei dem dieser Nachteil nicht auftritt (vgl. z. B. [5], [15], [51], [52], [57], [100], [105], [138], [147], [151]).

Bild 5.17 zeigt das Blockschaltbild eines solchen Empfängers mit Entscheidungsrückkopplung. Vom Ausgang des Schwellenwertentscheiders wird über ein lineares Netzwerk $H_{QR}(f)$ ein *Kompensationssignal* $w(t)$ an seinen Eingang zurückgeführt und vom Detektionssignal $d(t)$ subtrahiert. Das Differenzsignal $k(t) = d(t) - w(t)$ bezeichnet man als das *korrigierte Signal*. Bei geeigneter Dimensionierung des Rückkopplungsnetzwerks $H_{QR}(f)$ ist es möglich, die störenden Impulsnachläufer teilweise bzw. vollständig zu beseitigen. Die Impulsvorläufer können dagegen aus Kausalitätsgründen nicht beeinflußt werden.

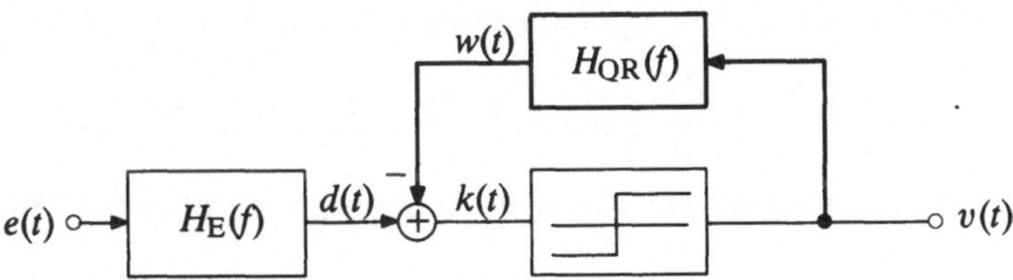

Bild 5.17: Empfänger mit Entscheidungsrückkopplung.

Die prinzipielle Wirkungsweise eines Empfängers mit Entscheidungsrückkopplung soll zunächst anhand der Grundimpulse an den verschiedenen Punkten des Blockschaltbildes erläutert werden (vgl. Bild 5.18). Der Grundimpuls nach dem Empfangsfilter $H_E(f)$, das wieder zur Rauschleistungsbegrenzung notwendig ist und teilweise die Aufgabe der Vorentzerrung übernimmt, wird wie in Abschnitt 5.1 mit $g_d(t)$ bezeichnet.

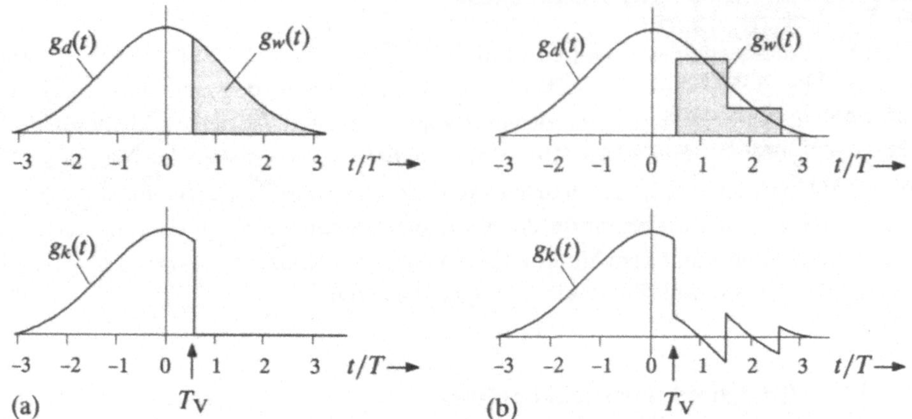

Bild 5.18: Grundimpulse $g_d(t)$, $g_w(t)$ und $g_k(t)$ bei einem Digitalempfänger mit Entscheidungsrückkopplung, ideal (a) bzw. entsprechend Bild 5.19.

Der Kompensationsgrundimpuls $g_w(t)$ wird vom rechteckförmigen Sinkengrundimpuls $g_v(t)$ abgeleitet. Im Fall der *idealen* Entscheidungsrückkopplung muß $g_w(t)$, wie in Bild 5.18(a) dargestellt, den linear vorentzerrten Impuls $g_d(t)$ für alle Zeiten $t > T_D + T_V$ exakt nachbilden. Die aus Realisierungsgründen erforderliche Verzögerungszeit T_V muß dabei stets kleiner als die Symboldauer T sein. Für Bild 5.18 und die weiteren Signaldarstellungen ist jeweils $T_D = 0$ und $T_V = T/2$ vorausgesetzt.

Der am Schwellenwertentscheider anliegende korrigierte Grundimpuls lautet somit bei idealer Realisierung der Entscheidungsrückkopplung (vgl. Bild 5.18 unten):

$$g_k(t) = \begin{cases} g_d(t) & \text{für } t < T_D + T_V \, , \\ 0 & \text{für } t \geq T_D + T_V \, . \end{cases} \tag{5.55}$$

Die vertikale Augenöffnung kann analog zu (5.20) bzw. bei Mehrstufensystemen analog zu (5.48) berechnet werden, wobei jedoch anstelle von $g_d(t)$ der *korrigierte Grundimpuls* $g_k(t)$ einzusetzen ist. Bei binärer bipolarer Übertragung erhält man allgemein:

$$\ddot{o}(T_D) = 2 \cdot \left[g_k(T_D) - \sum_{v=1}^{n} |g_k(T_D + v \cdot T)| - \sum_{v=1}^{v} |g_k(T_D - v \cdot T)| \right] , \tag{5.56}$$

und für den Fall der vollständigen Kompensation entsprechend Bild 5.18(a):

$$\ddot{o}(T_D) = 2 \cdot \left[g_d(T_D) - \sum_{v=1}^{v} |g_d(T_D - v \cdot T)| \right] . \tag{5.57}$$

Die Störleistung σ_d^2 bleibt durch die Entscheidungsrückkopplung unverändert, da das Korrektursignal $w(t)$ aus dem bereits entschiedenen – und somit quasistörungsfreien – Sinkensignal $v(t)$ abgeleitet wird. Die Vergrößerung des Signalstörleistungsverhältnisses ist somit gleich dem Quadrat des Quotienten der Augenöffnungen mit bzw. ohne Entscheidungsrückkopplung, die für redundanzfreie Binärsysteme durch (5.57) bzw. (5.20) gegeben sind.

Für eine schaltungstechnische Realisierung genügt es, wenn $g_k(t)$ lediglich zu den äquidistanten Detektionszeitpunkten $T_D + v \cdot T$ zu Null wird. Eine Realisierungsmöglichkeit stellt somit das nichtrekursive Laufzeitfilter entsprechend Bild 5.19 dar, dessen Ordnung n und Filterkoeffizienten k_v (mit $v = 1, \dots, n$) durch den Grundimpuls $g_d(t)$ sowie den Detektionszeitpunkt T_D festgelegt sind.

Bild 5.18(b) zeigt die entsprechenden Grundimpulse für diese Realisierungsform der Entscheidungsrückkopplung am Beispiel $n = 2$. Der Kompensationsimpuls $g_w(t)$ ist in diesem Fall treppenförmig, und es gilt bei richtiger Dimensionierung der Koeffizienten: $g_w(T_D + v \cdot T) = g_d(T_D + v \cdot T)$ für $v = 1, \dots, n$. Zum Detektionszeitpunkt $T_D = 0$ ist die vertikale Augenöffnung ebenso groß wie bei vollständiger Nachläuferkompensation im gesamten Zeitbereich $t \geq T_V$. Der Nachteil ist eine kleinere horizontale Augenöffnung.

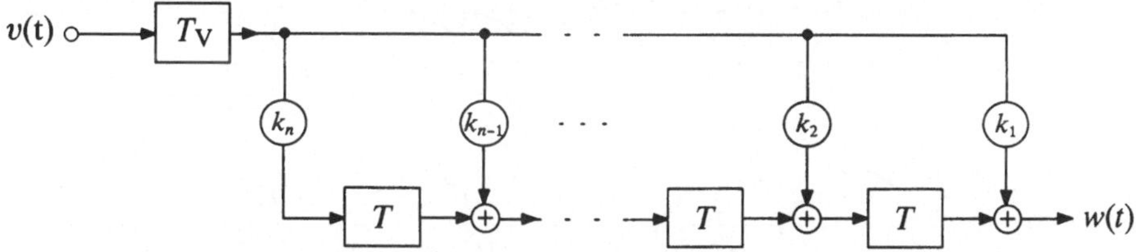

Bild 5.19: Nichtrekursives Laufzeitfilter zur Realisierung der Entscheidungsrückkopplung für einen Eingangsgrundimpuls $g_d(t)$ mit n Nachläufern.

Beispiel 5.5:   Bild 5.20 zeigt Ausschnitte aus den verschiedenen Nutzsignalverläufen bei idealer QR. Dabei gelten im wesentlichen die Voraussetzungen von Beispiel 5.2. Die normierte Impulsformergrenzfrequenz ist jedoch mit $f_I/R = 0{,}3$ deutlich niedriger gewählt.

Ein Vergleich der Bilder 5.20(b) und (d) macht deutlich, daß durch die Kompensation der Impulsnachläufer mittels des Korrektursignals $w(t)$ von Bild 5.20(c) sich die Abstände der Nutzabtastwerte $d_S(v \cdot T)$ von der Entscheiderschwelle verändern. Besonders geringe Abstände, wie z. B. zum Zeitpunkt $t = 3 \cdot T$, werden deutlich vergrößert.

In Bild 5.21 sind die Grundimpulse und Augendiagramme der Signale $d(t)$ und $k(t)$ dargestellt. Beim Empfänger ohne Entscheidungsrückkopplung ist das Auge wegen der relativ geringen Impulsformergrenzfrequenz (große Impulsinterferenzen) nur zu etwa 10 % geöffnet (vgl. Bild 5.21(a)). Beim Augendiagramm von Bild 5.21(b) ergibt sich demgegenüber ein sehr viel größerer Wert, unter der Voraussetzung $T_D = 0$ etwa 30 %.

Aus Bild 5.21(b) geht weiter hervor, daß bei einem Empfänger mit (idealer) QR der Detektionszeitpunkt $T_D = 0$ nicht optimal gewählt ist, sondern zu früheren Zeiten hin verlegt werden sollte. In diesem Beispiel erhöht sich die vertikale Augenöffnung $ö(T_D)$ von 30 % auf 40 %, wenn statt $T_D = 0$ der Detektionszeitpunkt $T_D = -0{,}4T$ gewählt wird.

Bei der festen Grenzfrequenz $f_I/R = 0{,}3$ vergrößert sich der Signalstörabstand durch Anwendung der Entscheidungsrückkopplung etwa um $20 \lg 4 \approx 12$ dB. Die Optimierung der Impulsformergrenzfrequenz bringt einen weiteren Störabstandsgewinn, wobei die optimale Grenzfrequenz deutlich niedriger liegt als bei einem Empfänger ohne QR.

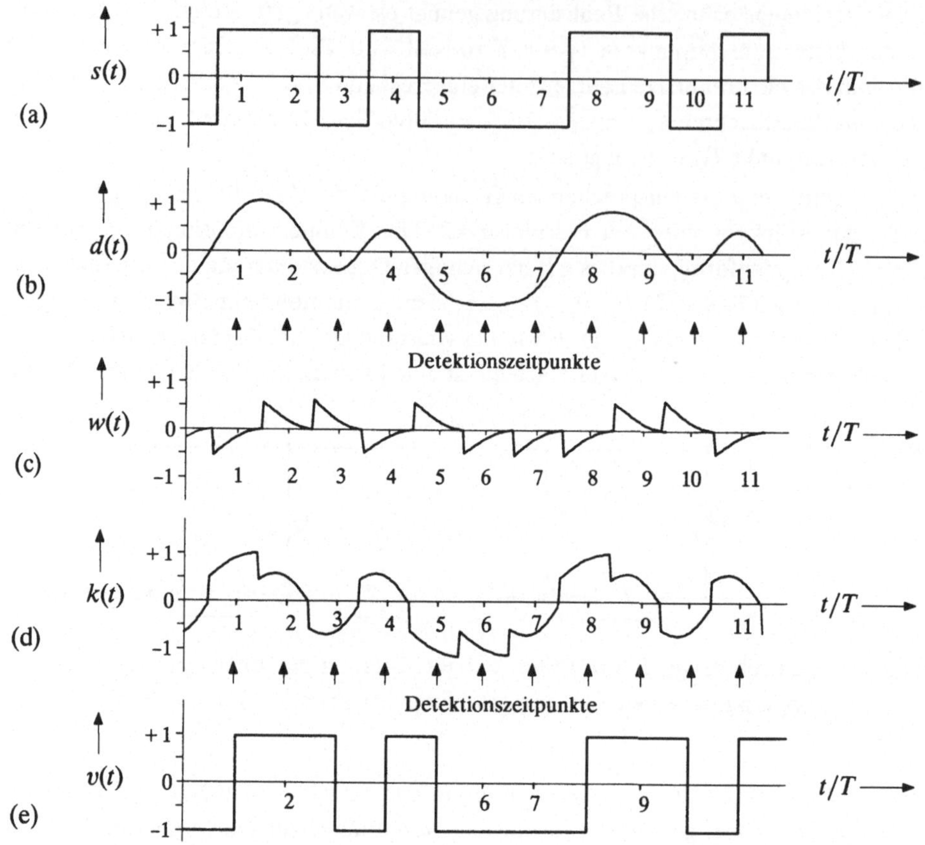

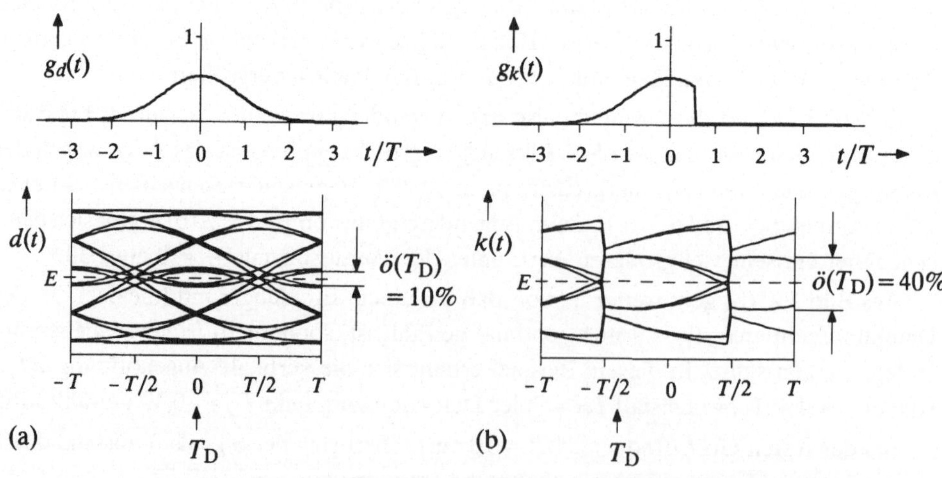

Bild 5.20: Signalverläufe (ohne Störungen) bei idealer Entscheidungsrückkopplung.

Bild 5.21: Grundimpulse und Augendiagramme (ohne Störungen) bei einem Binärempfänger ohne (a) bzw. mit idealer Entscheidungsrückkopplung (b).

5.3.2 Korrelationsempfänger

Alle bisher dargelegten Empfängerkonzepte treffen symbolweise Entscheidungen. Werden demgegenüber mehrere Symbole gleichzeitig entschieden, so können bei der Detektion statistische Bindungen zwischen den Abtastwerten des Empfangssignals berücksichtigt werden, was eine Verringerung der Fehlerwahrscheinlichkeit zur Folge hat.

Für das Folgende wird von dem in Bild 5.22 dargestellten Modell ausgegangen. Die redundanzfreie Quelle gibt eine Folge von N Binärsymbolen ab. Zur Unterscheidung von der zeitlich unbegrenzten Folge $\langle q_\nu \rangle$ wird die aus N Symbolen bestehende Quellensymbolfolge mit Q bezeichnet. Ebenso ist V die Sinkensymbolfolge der Länge N.

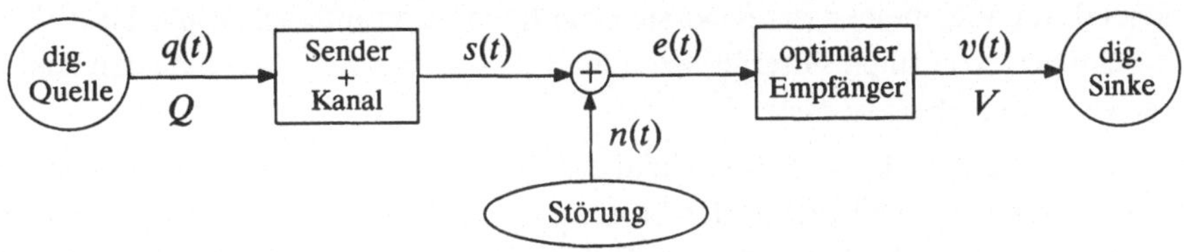

Bild 5.22: Blockschaltbild eines Übertragungssystems mit optimalem Empfänger.

Das am Empfänger anliegende Signal $e(t)$ setzt sich additiv aus einem Nutzanteil $s(t)$ und einem Störanteil $n(t)$ zusammen, wobei für das Folgende die Störungen als gaußverteilt und weiß vorausgesetzt werden. Eventuelle lineare Verzerrungen des Kanals werden dem Signal $s(t)$ beaufschlagt.

Der optimale Empfänger wählt unter Kenntnis des anliegenden Empfangssignals $e(t)$ aus der Menge $\{Q_i\}$ der *möglichen* Quellensymbolfolgen (mit $i = 0,...,2^N-1$) die mit der größten Wahrscheinlichkeit gesendete Folge Q_j aus. Zur Entscheidung müssen dazu die 2^N Rückschlußwahrscheinlichkeiten $p(Q_i \mid e(t))$ bestimmt werden. Diese drücken aus, mit welcher Wahrscheinlichkeit die dazugehörigen Folgen gesendet worden sind, unter der Voraussetzung, daß das Signal $e(t)$ am Empfängereingang anliegt. Anschließend wird die wahrscheinlichste Folge Q_j als Sinkensymbolfolge V ausgegeben.

Die Entscheidungsregel des optimalen Empfängers lautet somit:
Man setze $V = Q_j$, falls für alle Werte von $i = 0,...,2^N-1$ mit $i \neq j$ die Bedingung

$$p(Q_j \mid e(t)) > p(Q_i \mid e(t)) \tag{5.58}$$

erfüllt ist. Da alle 2^N möglichen Quellensymbolfolgen Q_i als gleichwahrscheinlich vorausgesetzt wurden, kann (5.58) mit dem Satz von Bayes wie folgt umgeformt werden:

$$p(e(t) \mid Q_j) > p(e(t) \mid Q_i) \, . \tag{5.59}$$

Während man einen Digitalempfänger mit der allgemeineren Entscheidungsregel (5.58), der auch die unterschiedlichen Auftrittswahrscheinlichkeiten der einzelnen Quellensymbolfolgen berücksichtigt, als *Maximum–a–posteriori–Empfänger* bezeichnet, nennt man (5.59) die *Maximum–Likelihood–Entscheidungsregel*. Bei redundanzfreier Quelle sind die beiden Empfängerkonzepte identisch.

Sind die Störungen $n(t)$ gaußverteilt und weiß, so kann die Maximum–Likelihood–Entscheidung weiter vereinfacht werden. Der Empfänger muß sich in diesem Fall für die Sinkensymbolfolge $V = Q_j$ entscheiden, falls für alle $i \neq j$ gilt:

$$\int\limits_{-\infty}^{+\infty} e(t) \cdot s_j(t) \; \mathrm{d}t \; - \; \frac{1}{2} \int\limits_{-\infty}^{+\infty} |s_j(t)|^2 \; \mathrm{d}t \; > \; \int\limits_{-\infty}^{+\infty} e(t) \cdot s_i(t) \; \mathrm{d}t \; - \; \frac{1}{2} \int\limits_{-\infty}^{+\infty} |s_i(t)|^2 \; \mathrm{d}t \; . \qquad (5.60)$$

Hierbei ist $s_i(t)$ das Nutzsignal am Empfängereingang unter der Voraussetzung, daß die Symbolfolge Q_i gesendet wurde. Da alle möglichen Nutzsignale $s_i(t)$ vor einem Zeitpunkt t_1 (bevor das erste Symbol gesendet wurde) sowie ab einem bestimmten Zeitpunkt t_2 identisch Null sind, ist die Integration über den endlichen Zeitausschnitt von t_1 bis t_2 ausreichend. Im allgemeinen erstreckt sich das Integrationsintervall von 0 bis $N \cdot T$. Bei Berücksichtigung von Impulsinterferenzen muß dieses Intervall an den beiden Rändern entsprechend vergrößert werden.

Die Ableitung der obigen Entscheidungsvorschrift erfolgt über die k–dimensionale Verbundwahrscheinlichkeitsdichte der Störungen (mit $k \rightarrow \infty$) und einigen Grenzübergängen. Sie ist z. B. in [172] auch für den Fall farbiger Störungen verständlich dargelegt.

Es gibt mehrere, prinzipiell unterschiedliche Möglichkeiten für eine schaltungstechnische Implementierung der Entscheidungsregel (5.60). Beispielsweise können die benötigten Integrale durch lineare Filterung und anschließender Abtastung gewonnen werden. Man bezeichnet diese Realisierungsform als *Matched–Filter–Empfänger*.

Der hier beschriebene *Korrelationsempfänger* bildet alle 2^N möglichen Kreuzkorrelationsfunktionen zwischen dem empfangenen Signal $e(t) = s(t) + n(t)$ und den möglichen Nutzsignalen $s_i(t)$. Das bedeutet, daß in jedem der 2^N Zweige das Eingangssignal $e(t)$ mit einem der möglicherweise gesendeten Signale multipliziert und anschließend zwischen den Grenzen t_1 und t_2 integriert werden muß.

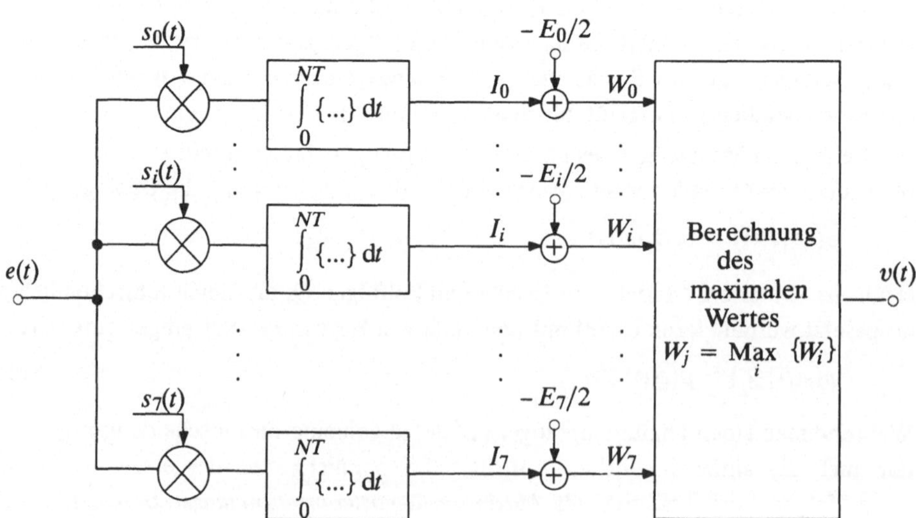

Bild 5.23: Korrelationsempfänger für eine Symbolfolge mit $N = 3$ Symbolen.

Bild 5.23 zeigt die entsprechende Anordnung zur optimalen Detektion einer Folge mit $N = 3$ Symbolen, so daß die parallele Realisierung von $2^N = 8$ Zweigen erforderlich ist. Dabei ist vorausgesetzt, daß der Grundimpuls $g_s(t)$ auf den Zeitbereich von 0 bis T beschränkt ist. Das Integrationsintervall liegt somit zwischen 0 und $N \cdot T$.

Für den Ausgangswert des i–ten Integrators gilt:

$$I_i = \int_0^{N \cdot T} e(t) \cdot s_i(t) \, dt \; . \tag{5.61}$$

Ein Vergleich mit (4.26) zeigt, daß I_i proportional zu der über das endliche Zeitintervall $N \cdot T$ gebildeten *Energie–KKF*

$$l_{e,s_i}(\tau) = \frac{1}{N \cdot T} \cdot \int_0^{N \cdot T} e(t) \cdot s_i(t + \tau) \, dt \tag{5.62}$$

an der Stelle $\tau = 0$ ist. I_i besitzt somit die Einheit einer Energie, z. B. V^2s.

Das zweite Integral in (5.60) gibt die Energie des i–ten Nutzsignals an,

$$E_i = \int_0^{N \cdot T} |s_i(t)|^2 \, dt \; , \tag{5.63}$$

so daß man für die zu vergleichenden Werte entsprechend Bild 5.23 auch schreiben kann:

$$W_i = I_i - \frac{1}{2} \cdot E_i \; . \tag{5.64}$$

Der Korrelationsempfänger sucht nun von allen 2^N Werten W_i den größten Wert W_j und gibt die dazugehörige Folge Q_j als Sinkensymbolfolge V aus. Formal läßt sich diese Entscheidungsregel des Maximum–Likelihood–Empfängers wie folgt ausdrücken:

$$V = Q_j \; , \; \text{falls } W_i < W_j \text{ für alle } i \neq j \; . \tag{5.65}$$

Für die Laufvariable ist wieder $i = 0, \dots, 2^N{-}1$ einzusetzen.

Beispiel 5.6:   Die Funktionsweise und Komplexität des Korrelationsempfängers von Bild 5.23 soll anhand eines bipolaren rechteckförmigen Nutzsignals $s(t)$ verdeutlicht werden. In Bild 5.24 sind hierfür die $2^N = 8$ möglichen Quellensymbolfolgen Q_i und die dazugehörigen Nutzsignale $s_i(t)$ dargestellt.

Q_i	000	00L	0L0	0LL	L00	L0L	LL0	LLL
$s_i(t)$	$s_0(t)$	$s_1(t)$	$s_2(t)$	$s_3(t)$	$s_4(t)$	$s_5(t)$	$s_6(t)$	$s_7(t)$

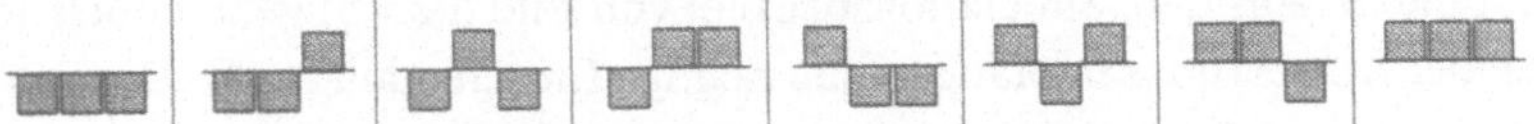

Bild 5.24: Die 8 möglichen Symbolfolgen (Nutzsignale) zur Entscheidungsfindung.

Wegen der bipolaren Amplitudenkoeffizienten und des rechteckförmigen Signalverlaufs sind die Energien E_i alle gleich. Mit der Energie $E_g = g_0^2 \cdot T$ eines Einzelimpulses gilt dabei: $E_i = N \cdot E_g$. In diesem Sonderfall kann auf die Subtraktion des Terms $E_i/2$ in allen Zweigen verzichtet werden. Eine auf den Integralwerten I_i basierende Entscheidung liefert hier ebenso zuverlässige Ergebnisse wie die Maximierung der korrigierten Werte W_i.

Es wird nun angenommen, daß das Nutzsignal $s_5(t)$ gesendet wurde. Für diesen Fall sind in Bild 5.25 die Zeitverläufe der in den 8 Integratoren meßbaren Signale

$$i_i(t) = \int\limits_0^t e(\tau) \cdot s_i(\tau)\, d\tau \qquad\qquad (5.66)$$

gezeichnet. Bild 5.25(a) gilt bei vernachlässigbar kleinen Störungen ($\sigma_n = 0$), während für 5.25(b) die Streuung des Weißen Rauschens $\sigma_n = 2 \cdot g_0$ beträgt.

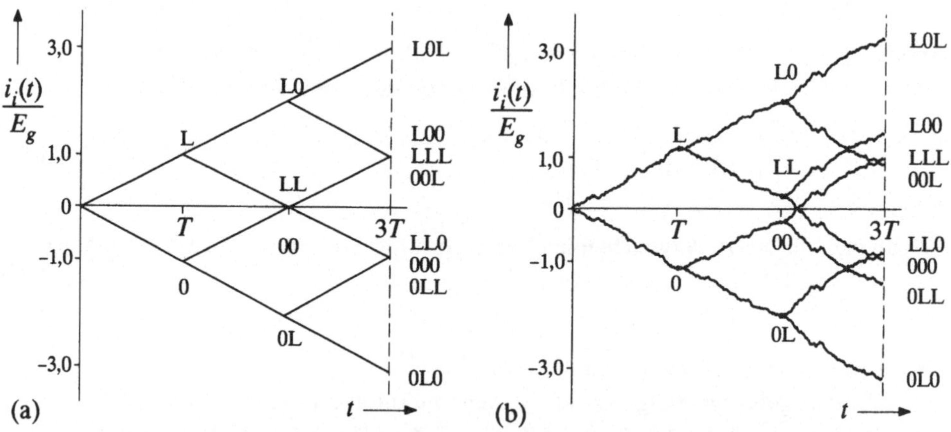

Bild 5.25: Integralverläufe $i_i(t)$ gemäß (5.66) bei einem Korrelationsempfänger für $N = 3$ Symbole, ohne Störungen (a) bzw. mit starken Störungen (b).

Betrachten wir zunächst den störungsfreien Fall ($\sigma_n = 0$), bei dem aufgrund der rechteckförmigen Signale alle Integrationsverläufe $i_i(t)$ geradlinig sind. Die Zeitfunktion $i_5(t)$ ist unter der getroffenen Annahme $e(t) = s_5(t)$ monoton steigend, und für den Endwert $I_5 = i_5(3 \cdot T)$ ergibt sich der maximal mögliche Wert $3 \cdot E_g$. Dagegen liefern die Integratoren I_1, I_4 und I_7 jeweils den Wert E_g, da sich die zur Korrelation herangezogenen Signale $s_1(t)$, $s_4(t)$ und $s_7(t)$ vom tatsächlich gesendeten Signal $s_5(t)$ in jeweils einem Bit unterscheiden (vgl. Bild 5.24). Die weiteren Integratorausgangswerte $I_0 = I_3 = I_6 = -E_g$ bzw. $I_2 = -3 \cdot E_g$ sind noch wesentlich kleiner. Die richtige Entscheidung für das Signal $s_5(t)$ ist somit im störungsfreien Fall sehr einfach.

Bei Berücksichtigung von Störungen sind die Integralverläufe im Baumdiagramm nicht linear. Aus dem Simulationsbeispiel von Bild 5.25(b) geht jedoch hervor, daß auch hier der Korrelationsempfänger eine richtige Entscheidung trifft. Die Differenz zwischen I_5 und dem nächstgrößeren Wert I_7 ist mit $1{,}65 \cdot E_g$ verhältnismäßig groß, so daß die Entscheidung auch relativ sicher ist.

Besitzen die einzelnen Nutzsignale $s_i(t)$ unterschiedliche Energien, so ist eine Korrektur entsprechend (5.64) unverzichtbar. Tabelle 5.2 soll dies am Beispiel eines unipolaren rechteckförmigen Nutzsignals verdeutlichen, wobei die Zahlenwerte den störungsfreien Fall repräsentieren. Wird z. B. das Nutzsignal $s_0(t)$ gesendet, so sind alle Integratorausgangswerte gleich: $I_0 = \ldots = I_7 = 0$. Dagegen ist anhand der korrigierten Werte W_i in allen Fällen eine eindeutige und richtige Entscheidung möglich.

Tabelle 5.2: Integratorausgangswerte I_i und korrigierte Werte W_i bei unipolarem rechteckförmigem Nutzsignal und vernachlässigbaren Störungen.

tatsächliches Nutzsignal	I_0	W_0	I_1	W_1	I_2	W_2	I_3	W_3	I_4	W_4	I_5	W_5	I_6	W_6	I_7	W_7
$s_0(t)$	0	0	0	-0,5	0	-0,5	0	-1	0	-0,5	0	-1	0	-1	0	-1,5
$s_1(t)$	0	0	1	0,5	0	-0,5	1	0	0	-0,5	1	0	0	-1	1	-0,5
$s_2(t)$	0	0	0	-0,5	1	0,5	1	0	0	-0,5	0	-1	1	0	1	-0,5
$s_3(t)$	0	0	1	0,5	1	0,5	2	1	0	-0,5	1	0	1	0	2	0,5
$s_4(t)$	0	0	0	-0,5	0	-0,5	0	-1	1	0,5	1	0	1	0	1	-0,5
$s_5(t)$	0	0	1	0,5	0	-0,5	1	0	1	0,5	2	1	1	0	2	0,5
$s_6(t)$	0	0	0	-0,5	1	0,5	1	0	1	0,5	1	0	2	1	2	0,5
$s_7(t)$	0	0	1	0,5	1	0,5	2	1	1	0,5	2	1	2	1	3	1,5

Dieses Beispiel sollte die für die Entscheidungsregel (5.60) erforderlichen Integrale verdeutlichen und wurde deshalb bewußt einfach gewählt. Zu diesem Beispiel ist jedoch kritisch anzumerken, daß der Korrelationsempfänger in diesem Sonderfall die gleiche Fehlerwahrscheinlichkeit aufweist wie ein Übertragungssystem mit Nyquistentzerrung und symbolweiser Entscheidung ($N = 1$). Somit erhält man für die (mittlere) Fehlerwahrscheinlichkeit entsprechend den Gleichungen von Abschnitt 5.1.5:

$$p_M = Q(\sqrt{E_g/L_0}) \ . \tag{5.67}$$

Dieser Wert ist unabhängig vom Parameter N.

Dagegen führt der Korrelationsempfänger dann zu einer spürbaren Verbesserung hinsichtlich Fehlerwahrscheinlichkeit, wenn der Nutzanteil $s(t)$ des Eingangssignals statistische Bindungen aufweist. Diese können beispielsweise durch sendeseitige Codierung bewußt erzeugt werden, oder auch auf lineare Verzerrungen des Übertragungskanals (Impulsinterferenzen) zurückzuführen sein.

Bei Berücksichtigung der Impulsinterferenzen ist die Fehlerwahrscheinlichkeitsberechnung deutlich schwieriger. Es können jedoch vergleichbare Näherungen wie beim Viterbi–Empfänger angegeben werden, die am Ende von Abschnitts 5.3.3 zu finden sind.

5.3.3   Viterbi–Empfänger

Im Abschnitt 5.3.2 wurde davon ausgegangen, daß die Sinkensymbolfolge in einem einzigen Entscheidungsprozeß gewonnen wird. Der Aufwand für die Realisierung eines solchen Empfängers steigt exponentiell mit der Länge N der zu detektierenden Symbolfolge. Dagegen erlaubt der im folgenden beschriebene Viterbi–Empfänger die optimale Detektion von Teilen der empfangenen Nachricht, so daß der Realisierungsaufwand auch bei unendlich langen Folgen in Grenzen bleibt.

Die nachfolgende Beschreibung des Viterbi–Empfängers erfolgt entsprechend der Darstellung in [172]. Bild 5.26 zeigt das dazugehörige Blockschaltbild.

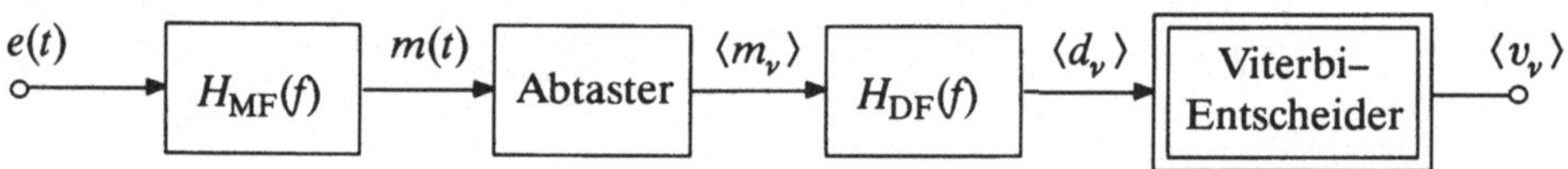

Bild 5.26:   Optimaler Empfänger, bestehend aus Matched–Filter, Abtastung, diskretem Dekorrelationsfilter und Viterbi–Entscheider.

Im Mittelpunkt der folgenden Betrachtungen steht der mit "Viterbi–Entscheider" bezeichnete Block, der aus der Folge $\langle d_\nu \rangle$ analoger Eingangswerte die Sinkensymbolfolge $\langle v_\nu \rangle$ entsprechend der Maximum–Likelihood–Entscheidungsregel mit minimaler Fehlerwahrscheinlichkeit gewinnt. Pro Entscheidung benötigt der Viterbi–Algorithmus einen Eingangswert d_ν, der aus dem anliegenden Empfangssignal $e(t) = s(t) + n(t)$ durch lineare Filterung und Abtastung abgeleitet wird. Alle Eingangswerte setzen sich wieder aus einem Nutz– und einem Störanteil zusammen:

$$d_\nu = d_{\mathrm{S}\nu} + d_{\mathrm{N}\nu} \, . \tag{5.68}$$

Das an den Empfangsgrundimpuls $g_e(t)$ und das Störleistungsspektrum $L_n(f)$ angepaßte Matched–Filter $H_{\mathrm{MF}}(f)$ dient im wesentlichen zur Störleistungsbegrenzung. Nach den Ergebnissen von Abschnitt 4.4.1 besitzt somit dessen Ausgangssignal $m(t)$ das bestmögliche momentane Signalstörleistungsverhältnis, während Impulsinterferenzen gegenüber dem Empfangssignal $e(t)$ sogar noch vergrößert werden.

Die Störanteile der Folge $\langle m_\nu \rangle$ nach der Abtastung sind im allgemeinen korreliert. Da der Viterbi–Entscheider seine volle Leistungsfähigkeit jedoch nur dann zur Geltung bringen kann, wenn die Störanteile $d_{\mathrm{N}\nu}$ der Eingangsfolge $\langle d_\nu \rangle$ unkorreliert sind, beinhaltet der Empfänger von Bild 5.26 zusätzlich ein digitales Dekorrelationsfilter mit dem Frequenzgang $H_{\mathrm{DF}}(f)$. Hinweise über die Dimensionierung dieses Filters, das auch als *Whitening–Filter* bekannt ist, finden sich u. a. in [106] und [172].

Die Nutzanteile $d_{\mathrm{S}\nu}$ der Viterbi–Eingangsfolge $\langle d_\nu \rangle$ können analog zu (5.5) aus den Amplitudenkoeffizienten a_ν und dem Detektionsgrundimpuls $g_d(t)$ berechnet werden. Für die folgende Beschreibung wird angenommen, daß der Grundimpuls $g_d(t)$ allein durch den Hauptwert $g_d(T_D)$ sowie v Vorläufer beschrieben werden kann. Die Vernachlässigung von Nachläufern stellt keine grundlegende Einschränkung dar, weil jeder Grundimpuls $g_d(t)$ diese Bedingung durch geeignete Definition des Detektionszeitpunktes T_{D} erfüllen kann.

Mit der Definition der *Detektionsgrundimpulswerte*

$$g_{-\kappa} = g_d(T_D - \kappa \cdot T) \, , \tag{5.69}$$

wobei die Laufvariable κ alle ganzzahligen Werte zwischen 0 und v annehmen kann, erhält man für den Nutzanteil des v–ten Eingangswertes:

$$d_{Sv} = \sum_{\kappa=0}^{v} a_{v+\kappa} \cdot g_{-\kappa} \, . \tag{5.70}$$

Dieser hängt außer vom aktuellen Amplitudenkoeffizienten a_v, der mit dem Hauptwert g_0 gewichtet ist, auch von den Amplitudenkoeffizienten $a_{v+1} \dots a_{v+v}$ der v nachfolgenden Symbole ab. Der Einfluß dieser Nachfolgesymbole auf das zu detektierende Symbol wird durch die Grundimpulswerte $g_{-1} \dots g_{-v}$ bestimmt.

In Bild 5.27 sind die Detektionsnutzabtastwerte d_{Sv} für eine unipolare Beispielfolge als Kreuze eingetragen. Die Anzahl der Vorläufer beträgt hierbei $v = 1$, die (normierten) Grundimpulswerte sind zu $g_0 = 0{,}7$ und $g_{-1} = 0{,}3$ angenommen. Es ist zu erkennen, daß d_{Sv} nur ganz bestimmte Werte – nämlich 0, g_0, g_{-1} sowie $g_0 + g_{-1}$ – annehmen kann.

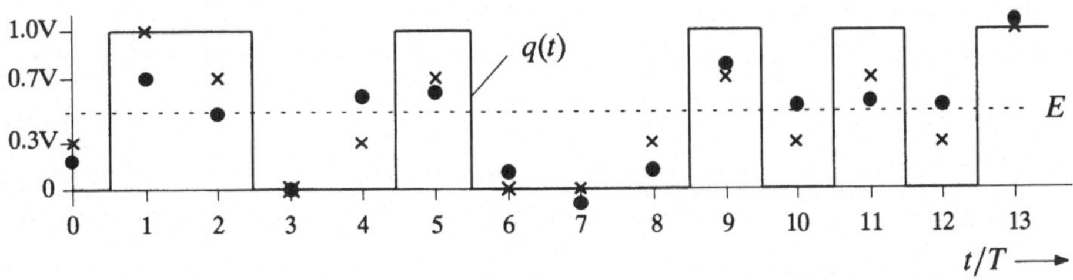

Bild 5.27: Eingangswerte d_v des Viterbi–Entscheiders (Punkte) und zugehörige Nutzanteile d_{Sv} (Kreuze) bei unipolaren Amplitudenkoeffizienten und $v = 1$.

Diesen Nutzabtastwerten d_{Sv} sind nun jeweils Störanteile d_{Nv} überlagert, woraus sich gemäß (5.68) die tatsächlich am Viterbi–Entscheider anstehenden Werte d_v ergeben. Diese sind in Bild 5.27 durch Punkte markiert, wobei für d_{Nv} eine Gaußverteilung mit der (normierten) Streuung $\sigma_d = 0{,}2$ zugrundegelegt ist.

Ein Vergleich der Eingangswerte d_v mit dem unipolaren Quellensignal $q(t)$ zeigt, daß aufgrund der starken Impulsinterferenzen eine Schwellenwertentscheidung zu unzulässig vielen Fehlentscheidungen führen würde. Abhilfe schafft der Viterbi–Entscheider.

Dieser arbeitet nach der Maximum–Likelihood–Entscheidungsregel (vgl. Abschnitt 5.3.2). Zur optimalen Detektion vergleicht er die entsprechend Bild 5.26 abgeleiteten Detektionsabtastwerte d_v mit allen möglichen Nutzabtastwerten d_{Sv} und entscheidet sich für die Symbolfolge mit der kleinsten mittleren quadratischen Abweichung.

In der nachfolgenden Beschreibung kennzeichnet $Q \in \{Q_i\}$ wieder die aus N Binärsymbolen bestehende Quellensymbolfolge. Die Anzahl der möglichen Symbolfolgen beträgt somit 2^N. Ebenso ist V die Sinkensymbolfolge der Länge N, die vom Viterbi–Entscheider gleich der wahrscheinlichsten Folge Q_j gesetzt wird.

Fehlergrößen und Trellisdiagramm

Im folgenden bezeichnet die *Fehlergröße* $\varepsilon_\nu^{(i)}$ die quadratische Abweichung zwischen dem tatsächlichen Abtastwert d_ν und dem zur Folge Q_i gehörenden Nutzabtastwert $d_{S\nu}^{(i)}$:

$$\varepsilon_\nu^{(i)} = |d_\nu - d_{S\nu}^{(i)}|^2 .\tag{5.71}$$

Entsprechend kennzeichnet die *Gesamtfehlergröße* oder *Metrik*

$$\gamma_\nu^{(i)} = \sum_{k=1-v}^{\nu} \varepsilon_k^{(i)}\tag{5.72}$$

die Summe aller Fehlergrößen bis einschließlich dem Zeitpunkt ν. Die untere Grenze $1-v$ in dieser Summe ist so gewählt, daß bereits für das erste Symbol der Einfluß der Impulsvorläufer vollständig erfaßt wird.

Der Viterbi–Empfänger entscheidet sich von allen 2^N möglichen Folgen Q_i für die Folge Q_j mit der geringsten Gesamtfehlergröße und gibt diese als Sinkensymbolfolge V aus. Somit lautet seine Entscheidungsregel: Man setze $V=Q_j$, falls die Relation

$$\gamma_N^{(j)} < \gamma_N^{(i)}\tag{5.73}$$

für alle $i \neq j$ gültig ist. Die Laufvariable ist hierbei $i = 0, \dots , 2^N-1$ zu setzen.

Wie aus (5.72) zu ersehen ist, kann die Gesamtfehlergröße iterativ berechnet werden:

$$\gamma_\nu^{(i)} = \gamma_{\nu-1}^{(i)} + \varepsilon_\nu^{(i)} .\tag{5.74}$$

Bei jedem Iterationsschritt wird somit die Anzahl der Gesamtfehlergrößen um den Faktor 2 größer. Für die neu hinzugekommene Fehlergröße gilt entsprechend (5.70):

$$\varepsilon_\nu^{(i)} = |d_\nu - \sum_{\kappa=0}^{v} a_{\nu+\kappa}^{(i)} \cdot g_{-\kappa}|^2 .\tag{5.75}$$

Daraus wird deutlich, daß zu jedem Zeitpunkt ν die Fehlergröße ε_ν höchstens 2^{v+1} verschiedene Werte annehmen kann, wobei v wieder die Anzahl der Vorläufer angibt.

In Bild 5.28 ist Gleichung (5.74) für einen Grundimpuls mit einem Vorläufer ($v = 1$) veranschaulicht. Es ergibt sich eine Baumstruktur, in der den Fehlergrößen ε_ν Zweige zugeordnet sind und den Gesamtfehlergrößen γ_ν Knoten.

Die zu den Gesamtfehlergrößen gehörigen Symbolfolgen ergeben sich, wenn man den Weg vom Anfangsknoten bis zum betrachteten Knoten verfolgt. Es wird vereinbart, daß einem Zweig, der nach oben gerichtet ist, das Symbol "L" und einem nach unten gerichteten Zweig das Symbol "0" zugeordnet wird.

Betrachten wir den Zeitpunkt $\nu = 2$. Hier gibt es genau $2^{v+1} = 8$ Knoten. Beispielsweise kennzeichnet der grau hinterlegte Knoten $\gamma_2(0L0)$ die Gesamtfehlergröße unter der Annahme, daß die Quellensymbole $q_1 = 0$, $q_2 = L$ und $q_3 = 0$ gesendet wurden. Die Zuordnung dieses Knotens zu der Folge "0L0" kann aus den Richtungen der Pfeile vom Anfangs– bis zum Endpunkt abgelesen werden: "nach unten – nach oben – nach unten".

Da vereinbarungsgemäß alle möglichen Quellensymbolfolgen mit gleicher Wahrscheinlichkeit gesendet werden, benötigt der Viterbi–Entscheider auch die restlichen sieben Gesamtfehlergrößen $\gamma_2(000)$, $\gamma_2(00L)$, $\dots$, $\gamma_2(LLL)$.

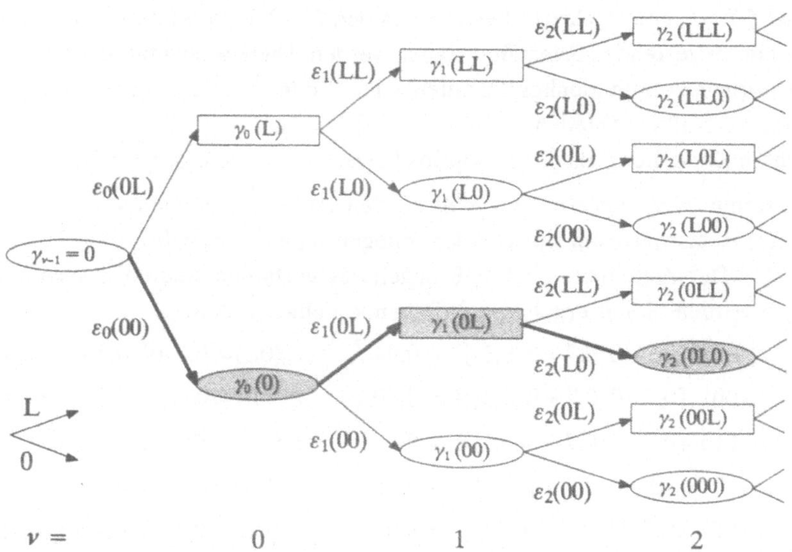

Bild 5.28: Darstellung der Fehlergrößen ε_v und der Gesamtfehlergrößen γ_v in einer Baumstruktur (Anmerkung: Diese Struktur gilt nur für den Fall $v = 1$).

Aufgrund des Vorläufers muß bereits zum Zeitpunkt $v = 2$ das Quellensymbol q_3 mitberücksichtigt werden. Die Knoten γ_v, die unter der Voraussetzung $q_{v+1} = 0$ berechnet werden, sind in Bild 5.28 durch Ovale dargestellt, während die Hypothese $q_{v+1} = L$ durch ein Rechteck symbolisiert ist. Entsprechend dieser Nomenklatur ist $\gamma_2(0L0)$ ein Oval.

Die Anzahl der unterschiedlichen Fehlergrößen ε_v ist zu jedem Zeitpunkt mit Ausnahme des Startzeitpunktes ($v = 0$) gleich 2^{v+1}, im betrachteten Beispiel mit $v = 1$ also vier (vgl. (5.75) und Bild 5.27). Diese Fehlergrößen sind in Bild 5.28 mit $\varepsilon_v(00)$, $\varepsilon_v(0L)$, $\varepsilon_v(L0)$ und $\varepsilon_v(LL)$ bezeichnet. Die Fehlergröße $\varepsilon_2(L0)$ wird beispielsweise unter der Voraussetzung berechnet, daß $q_2 = L$ und $q_3 = 0$ seien.

Für den Anfangsknoten wird vorausgesetzt, daß vor der eigentlichen Übertragung der Nachricht das Symbol $q_0 = 0$ gesendet wurde. Deshalb gibt es zum Zeitpunkt $v = 0$ nur die beiden Fehlergrößen $\varepsilon_0(00)$ und $\varepsilon_0(0L)$. Zur Festlegung eines definierten Anfangszustandes wird weiterhin $\gamma_{-1} = 0$ gesetzt.

Falls die Abtastwerte ungestört sind (d. h.: $d_{Nv} = 0$ für alle v), gibt es zu jedem Zeitpunkt v genau eine Fehlergröße, für die $\varepsilon_v^{(i)} = 0$ gilt. Die dazugehörige Symbolfolge entspricht dann mit Sicherheit der gesendeten Folge, und die Entscheidung ist trotz des Impulsvorläufers sicher.

Aus Bild 5.28 geht weiter hervor, daß die Gesamtfehlergröße γ_v gleich der Summe des vorausgegangenen Knotens (γ_{v-1}) und des dazwischenliegenden Zweiges (ε_v) ist. Beispielsweise gilt für den hervorgehobenen Knoten:

$$\gamma_2(0L0) = \gamma_1(0L) + \varepsilon_2(L0) \ . \tag{5.76}$$

Beispiel 5.7:   Die Nachricht bestehe aus den $N=3$ Binärsymbolen q_1, q_2 und q_3, die über einen verzerrenden Kanal übertragen werden. Diese seien unipolar codiert, d. h. die dazugehörigen Amplitudenkoeffizienten seien 0 oder 1. Der Grundimpuls $g_d(t)$ besitze nur zwei von Null verschiedene Abtastwerte (d. h. es sei $v = 1$), die aus Gründen einer vereinfachten Darstellung als dimensionslos betrachtet werden: $g_0 = 0{,}7$ bzw. $g_{-1} = 0{,}3$.

Weiterhin wird angenommen, daß zu den Abtastzeitpunkten $v = 0, \ldots, 3$ folgende (gestörte) Abtastwerte am Entscheider anliegen: $d_0 = 0{,}2$; $d_1 = 0{,}7$; $d_2 = 0{,}5$; $d_3 = 0$ (vgl. Bild 5.27). Der Zeitpunkt $v = 0$ muß wegen des Vorläufers in die Entscheidung miteinbezogen werden. Somit ergeben sich folgende Fehlergrößen:

$$v = 0 \quad \varepsilon_0(00)=[0{,}2-(0\cdot 0{,}7+0\cdot 0{,}3)]^2 = 0{,}04 \qquad \varepsilon_0(0\text{L})=[0{,}2-(0\cdot 0{,}7+1\cdot 0{,}3)]^2 = 0{,}01$$

$$v = 1: \quad \varepsilon_1(00)=[0{,}7-(0\cdot 0{,}7+0\cdot 0{,}3)]^2 = 0{,}49 \qquad \varepsilon_1(0\text{L})=[0{,}7-(0\cdot 0{,}7+1\cdot 0{,}3)]^2 = 0{,}16$$

$$\varepsilon_1(\text{L}0)=[0{,}7-(1\cdot 0{,}7+0\cdot 0{,}3)]^2 = 0 \qquad \varepsilon_1(\text{LL})=[0{,}7-(1\cdot 0{,}7+1\cdot 0{,}3)]^2 = 0{,}09$$

$$v = 2: \quad \varepsilon_2(00)=[0{,}5-(0\cdot 0{,}7+0\cdot 0{,}3)]^2 = 0{,}25 \qquad \varepsilon_2(0\text{L})=[0{,}5-(0\cdot 0{,}7+1\cdot 0{,}3)]^2 = 0{,}04$$

$$\varepsilon_2(\text{L}0)=[0{,}5-(1\cdot 0{,}7+0\cdot 0{,}3)]^2 = 0{,}04 \qquad \varepsilon_2(\text{LL})=[0{,}5-(1\cdot 0{,}7+1\cdot 0{,}3)]^2 = 0{,}25$$

$$v = 3: \quad \varepsilon_3(00)=[0-(0\cdot 0{,}7+0\cdot 0{,}3)]^2 = 0 \qquad \varepsilon_3(0\text{L})=[0-(0\cdot 0{,}7+1\cdot 0{,}3)]^2 = 0{,}09$$

$$\varepsilon_3(\text{L}0)=[0-(1\cdot 0{,}7+0\cdot 0{,}3)]^2 = 0{,}49 \qquad \varepsilon_3(\text{LL})=[0-(1\cdot 0{,}7+1\cdot 0{,}3)]^2 = 1{,}00$$

In Bild 5.29 sind diese Fehlergrößen und die daraus resultierenden Gesamtfehlergrößen eingetragen. Es gilt die gleiche Zuordnung der Knoten zu den Folgen wie in Bild 5.28.

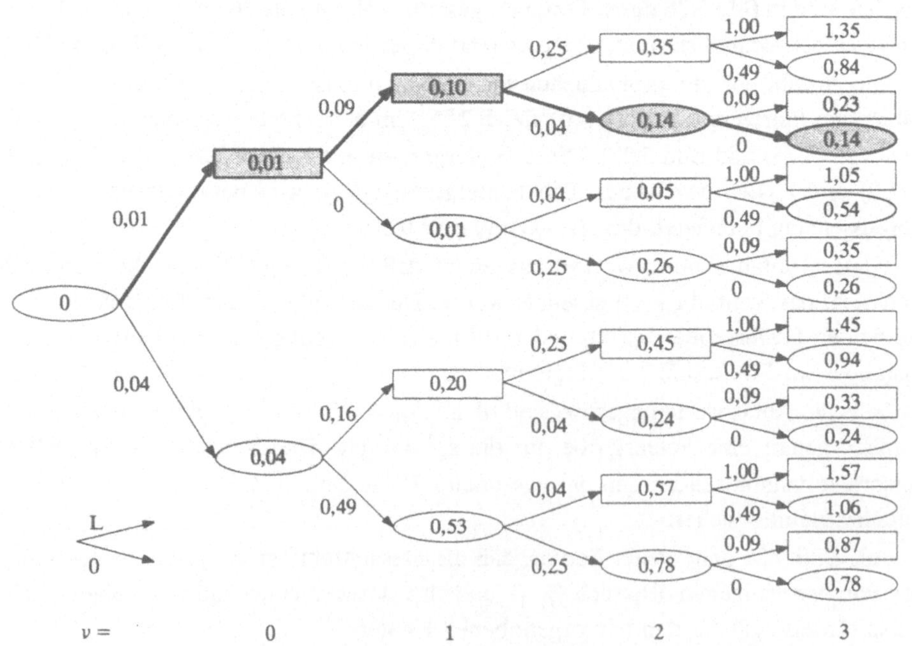

Bild 5.29: Fehlergrößen ε_v und Gesamtfehlergrößen γ_v im Baumdiagramm für das angegebene Beispiel mit den Parameterwerten $v = 1$ und $N = 3$.

Zum Zeitpunkt $\nu = 3$ beträgt die minimale Gesamtfehlergröße $\gamma_3(\text{LL00}) = 0{,}14$. Daraus ergeben sich die Symbole der nach den vorliegenden Abtastwerten mit größter Wahrscheinlichkeit gesendeten Folge zu $q_1 = \text{L}$, $q_2 = \text{L}$ und $q_3 = 0$. Die Entscheidung $q_4 = 0$ ist mit Sicherheit die richtige, da in diesem Beispiel eine Symbolfolge der Länge $N = 3$ betrachtet wird, und alle nachfolgenden Symbole als "0" vorausgesetzt sind.

Betrachten wir nun das Baumdiagramm zum Zeitpunkt $\nu = 2$. Hier ist die minimale Gesamtfehlergröße $\gamma_2(\text{L0L}) = 0{,}05$. Das bedeutet: Eine Entscheidung zu diesem Zeitpunkt – basierend auf den Abtastwerten d_0, d_1 und d_2 – wäre zugunsten der Folge "L0L" anstelle der gesendeten Folge "LL0" ausgegangen. Erst durch Berücksichtigung des Abtastwertes $d_3 = 0$ kann "L0L" als wahrscheinlichste Folge ausgeschlossen werden.

Abschließend soll an diesem Beispiel noch eine äußerst wichtige Eigenschaft des Viterbi–Entscheiders angesprochen werden. Aus $\gamma_2(\text{LL0}) = 0{,}14$ entstehen zum nächsten Zeitpunkt die zwei Gesamtfehlergrößen $\gamma_3(\text{LL00}) = 0{,}14$ durch Addition von $\varepsilon_3(00) = 0$ sowie $\gamma_3(\text{LL0L}) = 0{,}23$ durch Addition von $\varepsilon_3(0\text{L}) = 0{,}09$.

Zu $\gamma_2(000) = 0{,}78$, $\gamma_2(0\text{L}0) = 0{,}24$, und $\gamma_2(\text{L}00) = 0{,}26$ werden die gleichen Fehlergrößen hinzuaddiert wie zu $\gamma_2(\text{LL0}) = 0{,}14$. Da diese Gesamtfehlergrößen alle größer als $\gamma_2(\text{LL0})$ sind, steht bereits zum Zeitpunkt $\nu = 2$ fest, daß "000", "0L0" und "L00" nicht Bestandteil der wahrscheinlichsten Folge sein können. Von den für $\nu = 2$ insgesamt vier als Ovale eingezeichneten Knoten muß deshalb nur der Knoten mit der kleinsten Gesamtfehlergröße weiter betrachtet werden.

Das gleiche gilt für die durch Rechtecke gekennzeichneten Knoten, die alle unter der Voraussetzung berechnet sind, daß das nachfolgende Symbol $q_3 = \text{L}$ ist. Auch zu diesen Gesamtfehlergrößen werden stets die gleichen Werte $\varepsilon_3(\text{L}0) = 0{,}49$ bzw. $\varepsilon_3(\text{LL}) = 1{,}00$ addiert, so daß allein $\gamma_2(\text{LL0}) = 0{,}05$ für die nachfolgende Entscheidung berücksichtigt werden muß.

Das Verfahren der Gesamtfehlerminimierung läßt sich im *Trellisdiagramm* anschaulich darstellen, das für das betrachtete Beispiel in Bild 5.30(a) dargestellt ist Ein Vergleich mit Bild 5.29 zeigt, daß immer jene zwei Gesamtfehlergrößen einander gegenübergestellt werden, denen die gleichen Fehlergrößen hinzuaddiert werden. Von diesen wählt man jeweils die *minimale Gesamtfehlergröße* aus, die im folgenden mit Γ_ν bezeichnet wird.

$\Gamma_\nu(0)$ ist hierbei der minimale Wert aller Gesamtfehlergrößen $\gamma_\nu(\dots 0)$, die in den Bildern 5.28 und 5.29 jeweils als Ovale dargestellt sind, und die jeweils unter der Voraussetzung berechnet werden, daß das nachfolgende Symbol $q_{\nu+1} = 0$ ist. Entsprechend gibt $\Gamma_\nu(\text{L})$ das Minimum aller Rechtecke $\gamma_\nu(\dots \text{L})$ an.

Für die beiden minimalen Gesamtfehlergrößen zum Zeitpunkt ν kann somit formal geschrieben werden:

$$\Gamma_\nu(0) = \text{Min}\left((\Gamma_{\nu-1}(0) + \varepsilon_\nu(00)),\ (\Gamma_{\nu-1}(\text{L}) + \varepsilon_\nu(\text{L}0))\right), \tag{5.77}$$

$$\Gamma_\nu(\text{L}) = \text{Min}\left((\Gamma_{\nu-1}(0) + \varepsilon_\nu(0\text{L})),\ (\Gamma_{\nu-1}(\text{L}) + \varepsilon_\nu(\text{LL}))\right). \tag{5.78}$$

Diese Gleichungen gelten wieder nur unter der Voraussetzung eines Vorläufers ($\nu = 1$). Bei größeren Werten von υ gibt es entsprechend mehr minimale Gesamtfehlergrößen.

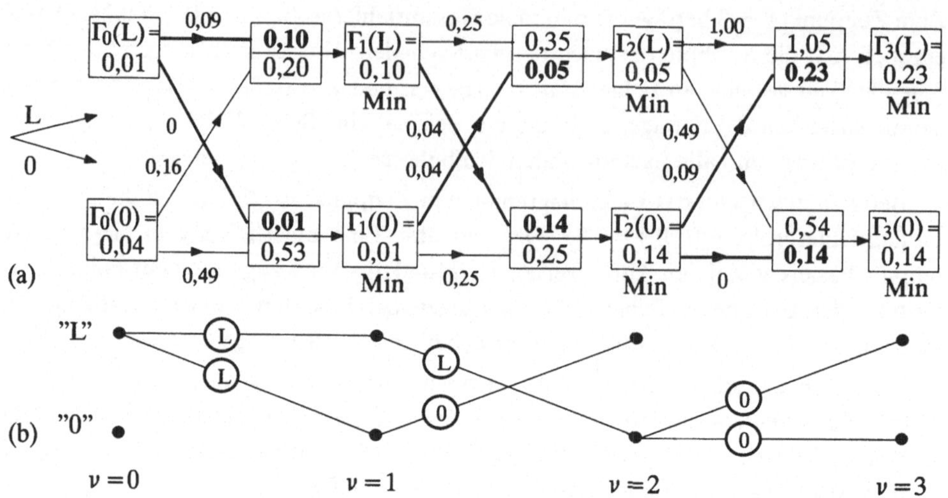

Bild 5.30: Trellisdiagramm für das Beispiel 5.7 in zwei verschiedenen Variationen.

Außer den minimalen Gesamtfehlergrößen müssen auch die dazugehörigen Symbolfolgen ("*Pfade*") abgespeichert werden. Diese sind in Bild 5.30(a) hervorgehoben. Ist der Vorgänger von Γ_ν im ausgewählten Zweig $\Gamma_{\nu-1}(0)$, so ist das dazugehörige Symbol "0". In Bild 5.30(a) ist dies daran zu erkennen, daß der hervorgehobene Pfad der untere der beiden ankommenden Pfeile ist. Im anderen Fall ist das ausgewählte Symbol "L".

Zum Zeitpunkt $\nu = 3$ ergeben sich z. B. sowohl $\Gamma_3(0) = 0{,}14$ als auch $\Gamma_3(L) = 0{,}23$ aus dem Vorgänger $\Gamma_2(0) = 0{,}14$, so daß die beiden ausgewählten Zweige jeweils dem Symbol "0" zugeordnet sind. Dagegen ist für $\nu = 2$ ein Pfad mit "0", der andere mit "L" belegt.

Das Trellisdiagramm von Bild 5.30(a) läßt sich noch weiter vereinfachen, indem man nur noch die ausgewählten Zweige einzeichnet, die zu minimalen Gesamtfehlergrößen führen. Im Fall $v = 1$ bleiben also zu jedem Zeitpunkt nur noch zwei ausgewählte Zweige übrig. Diesen Zweigen wird – wie oben beschrieben – ein "0" zugeordnet, wenn die zugehörige Fehlergröße $\varepsilon_\nu(00)$ bzw. $\varepsilon_\nu(0L)$ ist, und ein "L" bei $\varepsilon_\nu(L0)$ bzw. $\varepsilon_\nu(LL)$. Das vereinfachte Trellisdiagramm für dieses Beispiel zeigt Bild 5.30(b).

Die beiden zum Zeitpunkt $\nu = 3$ wahrscheinlichsten Symbolfolgen ergeben sich, indem man von $\nu = 0$ ab die beiden durchgehenden Pfade vorwärts bis zum Ende liest. Dies besagt, daß die ersten drei Symbole auf jeden Fall als "LL0" entschieden werden, unabhängig davon, ob das vierte Symbol "0" oder "L" ist.

Der Vorteil des Trellisdiagramms besteht darin, daß sich die Anzahl der Knoten und Zweige nicht bei jedem Iterationsschritt um den Faktor 2 vergrößert. Durch die Auswahl der minimalen Gesamtfehlergrößen werden nur noch diejenigen Symbolfolgen weiter betrachtet, die als Teil der wahrscheinlichsten Folge überhaupt noch in Frage kommen. Daraus folgt das allgemeingültige und wichtige Ergebnis, daß bei einem Grundimpuls mit v Vorläufern von den insgesamt $2^{\nu+v}$ verschiedenen Gesamtfehlergrößen zu jedem Zeitpunkt nur jeweils 2^v minimale Gesamtfehlergrößen berechnet und abgespeichert werden müssen, wodurch sich der Aufwand für eine Realisierung stark reduziert.

Ablaufdiagramm eines Viterbi–Entscheiders

Die einzelnen Schritte des Viterbi–Entscheiders werden nun stichpunktartig zusammengefaßt. Dazu wird vorausgesetzt, daß der Grundimpuls nicht mehr als v Vorläufer aufweist und daß die Grundimpulswerte $g_0, \ldots, g_{-v}$ bekannt sind. Desweiteren wird angenommen, daß die Startphase abgeschlossen sei. Die notwendigen Voreinstellungen zum Zeitpunkt des ersten Nachrichtensymbols ($v = 1$) können dem Programmbeispiel 5.2 entnommen werden. Dieses gilt ebenso wie das Beispiel 5.8 für den Sonderfall $v = 2$.

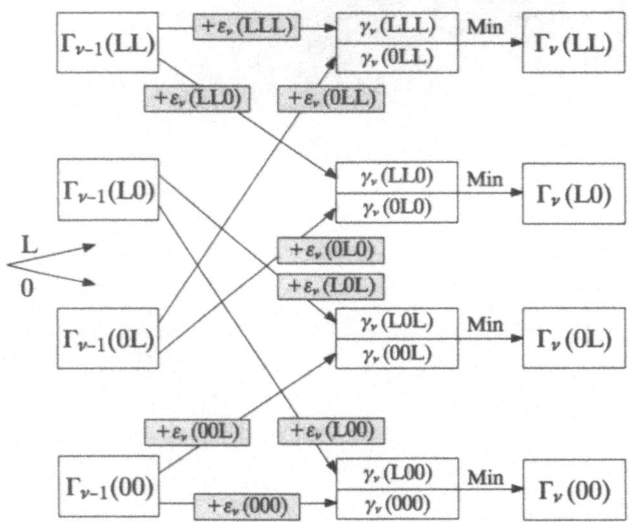

Bild 5.31: Berechnung der minimalen Gesamtfehlergrößen Γ_v bei zwei Vorläufern.

Zu jedem Zeitpunkt gibt es 2^v minimale Gesamtfehlergrößen. $\Gamma_v(L0)$ kennzeichnet z. B. die minimalen Gesamtfehler unter der Voraussetzung, daß $v = 2$ ist und daß die beiden bei der Entscheidung zu berücksichtigenden Symbole $q_{v+1} = L$ und $q_{v+2} = 0$ sind. Zu jedem Zeitpunkt v sind folgende Einzelschritte durchzuführen (vgl. [172]):

(a) Berechnung der 2^{v+1} Fehlergrößen $\varepsilon_v^{(i)}$ entsprechend (5.71) aus dem aktuellen Detektionsabtastwert d_v und den möglichen Detektionsnutzabtastwerten d_{Sv}.

(b) Berechnung der 2^{v+1} Gesamtfehlergrößen $\gamma_v^{(i)}$ entsprechend (5.72) aus $\gamma_{v-1}^{(i)}$ und $\varepsilon_v^{(i)}$.

(c) Auswahl der 2^v minimalen Gesamtfehlergrößen $\Gamma_v^{(i)}$ aus jeweils zwei Gesamtfehlergrößen entsprechend Bild 5.31. $\Gamma_v(L0)$ ergibt sich beispielsweise als der kleinere Wert von $\gamma_v(0L0)$ und $\gamma_v(LL0)$.

(d) Ermittlung der 2^v bedingt detektierbaren Teilsymbolfolgen $V_v^{(i)}$ aus den zusammenhängenden Pfaden im vereinfachten Trellisdiagramm (vgl. hierzu Beispiel 5.8).

(e) Bestimmung der Anzahl Z_v der übereinstimmenden Symbole in den 2^v Teilsymbolfolgen $V_v^{(i)}$ und Ausgabe der endgültig entschiedenen Symbole (falls $Z_v > 0$).

(f) Bestimmung der Anzahl $L_v = L_{v-1} + 1 - Z_v$ noch nicht entschiedener Symbole, die zum nächsten Zeitpunkt ($v + 1$) noch betrachtet werden müssen.

Programm 5.2:   Viterbi–Entscheidung für den Sonderfall $v = 2$.

```
subroutine VITERBI(nue,dnue,Znue,AUS)   : Übergabeparameter siehe Text.
parameter (g0=0.4,g1=0.3,g2=0.3)        : Grundimpulswerte g0, g-1, g-2.
integer nue,Znue,Lnue,AUS(10)           : AUS: Ausgabefeld für Symbole.
integer v(0:3),TSF(0:3),TSFneu(0:3)     : Felder für Symbolauswertung.
real g0,g1,g2,S0,S1,dnue                :
real GAMMA(0:3),H(0:3),dNutz(0:7),eps(0:7) : Felder für Fehlergrößenberechnung.
if (nue.eq.-1) then                     : Nur beim 1. Aufruf: Startwertfestlegung.
  Lnue = 0                              : Anzahl nicht entschiedener Symbole,
  Znue = 0                              : Anzahl der auszugebenden Symbole,
  dNutz(7) = g0+g1+g2                   :
  dNutz(6) = -g2+g1+g0                  : Belegung aller möglichen (8)
  dNutz(5) = g2-g1+g0                   : Detektionsnutzabtastwerte,
  dNutz(4) = -g2-g1+g0                  :
  do 10 i = 0,3                         :
     dNutz(i) = -dNutz(7-i)            :
     GAMMA(i) = 0.                     : minimale Gesamtfehlergrößen,
     TSF(i) = 0                        : bedingt detektierbare Teilsymbolfolgen.
10     continue                         :
endif                                   :
do 20 i = 0,7                           : Berechnung aller möglichen (8)
   eps(i) = (dnue-dNutz(i))**2         : Fehlergrößen aus dem aktuellen Abtast-
20 continue                             : wert und möglichen Nutzabtastwerten,
do 30 i = 0,3                           : Ablegen der minimalen Gesamtfehler-
   H(i) = GAMMA(i)                      : größen in das Hilfsfeld H.
30 continue                             :
do 40 i = 0,3                           :
   S0 = H(i/2)+eps(i)                   : Berechnung Gesamtfehlergrößen für '0',
   S1 = H(i/2+2)+eps(i+4)               : Berechnung Gesamtfehlergrößen für 'L',
   if (S0 .lt. S1) then                 : Vergleich der Gesamtfehlergrößen,
     GAMMA(i) = S0                      : Belegung minimale Gesamtfehlergröße,
     v(i) = 0                           : ausgewählter Zweig '0',
   else                                 :
     GAMMA(i) = S1                      : Belegung minimale Gesamtfehlergröße,
     v(i) = 1                           : ausgewählter Zweig 'L'.
   endif                                :
40 continue                             :
if (nue .ge. 1) then                    : ab v = 1: Symbolauswahl.
   do 50 i = 0,3                        :
      Index = 2*v(i)+i/2                : Berechnung der 4 neuen
      TSFneu(i) = 2*TSF(Index)+v(i)     : Teilsymbolfolgen nach [172].
50    continue                          :
   do 60 i = 0,3                        :
      TSF(i) = TSFneu(i)                : Übernahme der neuen Werte.
60    continue                          :
   Lnue = Lnue+1                        : Inkrementieren Lnue,
   call VGL(Lnue,Znue,TSF,AUS)          : Vergleich der Teilsymbolfolgen,
   Lnue = Lnue-Znue                     : Korrektur Lnue.
endif                                   :
return                                  : Rücksprung zum Hauptprogramm.
end                                     :

subroutine VGL(Lnue,TSF,Znue,AUS)       : Prüfung, ob Symbole übereinstimmen
implicit integer (A-Z)                  : und eventuelle Symbolausgabe.
integer TSF(0:3),AUS(10)                : Vereinbarung der Felder TSF und AUS.
Znue = 0                                : Znue: Anzahl auszugebender Symbole.
do 30 l = 1,Lnue                        :
   Faktor = 2**(Lnue-l)                 : Divisionsfaktor, abhängig von Lnue.
   X = TSF(0)/Faktor                    : Berechnung des 1. Feldelementes,
   do 10 i = 0,3                        :
      Y = TSF(i)/Faktor                 : Berechnung des 2. bis 4. Feldelementes,
      if (Y.ne.X)   return              : Rücksprung, falls unterschiedlich.
10    continue                          :
   Znue = Znue+1                        : Inkrementieren Znue.
   AUS(Znue) = X                        : Ausgabefeld mit '0' bzw. '1' belegen.
   do 20 i = 0,3                        :
      TSF(i) = TSF(i)-X*Faktor          : Ausgegebene Symbole im TSF-Feld
20    continue                          : berücksichtigen.
30 continue                             :
return                                  : Rücksprung zu 'VITERBI'.
end                                     :
```

Das Programmbeispiel 5.2 zeigt die FORTRAN–Implementierung eines Viterbi–Entscheiders für einen Grundimpuls mit $v = 2$ Vorläufern. Die Übergabeparameter sind der Zeitpunkt nue $= v$ sowie der aktuelle Detektionsabtastwert dnue $= d_v$. Der erste Rückgabeparameter ist die Anzahl Znue $= Z_v$ der zum aktuellen Zeitpunkt entscheidbaren Symbole, deren Werte im Feld AUS an das aufrufende Programm übergeben werden.

Beim ersten Aufruf ($v = -1$) werden die $2^{v+1} = 8$ verschiedenen bipolaren Detektionsnutzabtastwerte $d_{S_v}^{(i)}$ berechnet und im Feld dNutz abgelegt. Hierzu müssen dem Unterprogramm die Detektionsgrundimpulswerte g0 $= g_0$, g1 $= g_{-1}$ und g2 $= g_{-2}$ bekannt sein. Außerdem müssen alle später verwendeten Felder definiert vorbelegt werden.

Bei späteren Aufrufen ($v \neq -1$) beginnt das Unterprogramm mit der Berechnung der $2^{v+1} = 8$ Fehlergrößen eps(i) $= \varepsilon_v^{(i)}$ entsprechend (5.65) sowie der $2^v = 4$ minimalen Gesamtfehlergrößen GAMMA(i) $= \Gamma_v^{(i)}$. Letzteres geschieht in der Schleife mit der Endemarke 40 gemäß Bild 5.30 unter Verwendung des Hilfsfeldes H(i). Die zu den ausgewählten Zweigen gehörenden Symbole werden im Feld v(i) als "0" bzw. "1" abgelegt.

Anschließend werden die bedingt detektierbaren Teilsymbolfolgen $V_v^{(i)}$ ermittelt. Dies erfolgt in der Schleife mit der Endemarke 50 nach dem in [172] angegebenen Algorithmus. Das Feld TSF(i) beinhaltet diese binären Teilsymbolfolgen als Integerwerte. Als nächster Programmpunkt werden mit dem Unterprogramm VGL die Teilsymbolfolgen im Hinblick auf ausgebbare Symbole analysiert und – falls Übereinstimmung in den ersten Z_v Binärwerten aller 2^v Teilsymbolfolgen festgestellt wurde – diese mit Hilfe des Feldes AUS an das Hauptprogramm zurückgegeben.

Solange die nicht entschiedenen Teilsymbolfolgen die Länge 10 nicht überschreiten, arbeitet dieses Programm fehlerfrei. Auf die notwendige Zwangsentscheidung bei $L_v = 10$ wurde in diesem Programmbeispiel aus Darstellungsgründen verzichtet.

Beispiel 5.8: Bild 5.32 zeigt ein Trellisdiagramm für den Sonderfall $v = 2$ und dementsprechend $2^v = 4$ Zuständen. Diese sind mit "00", "0L", "L0" und "LL" bezeichnet.

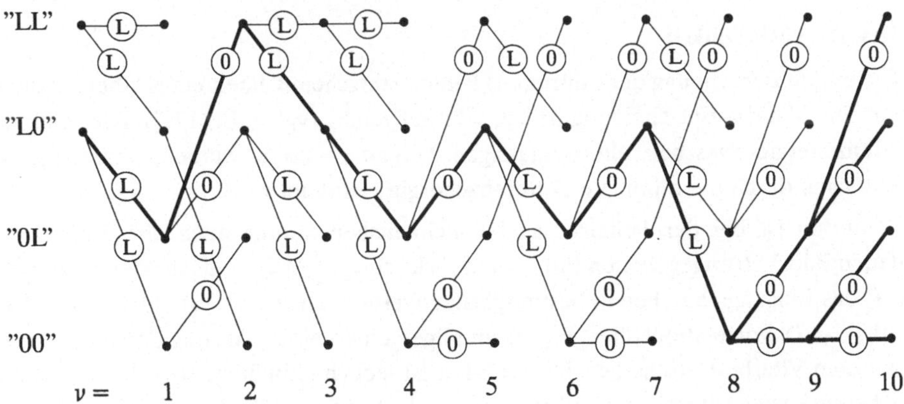

Bild 5.32: Beispiel eines Trellisdiagramms für einen Grundimpuls mit 2 Vorläufern.

Die vier zum Zeitpunkt $\nu = 10$ ausgewählten Pfade sind hervorgehoben. In Tabelle 5.3 sind die dazugehörigen bedingt detektierbaren Teilsymbolfolgen angegeben. Stimmen zu einem Zeitpunkt ν alle vier Teilsymbolfolgen überein wie z. B. zum Zeitpunkt $\nu = 5$, so ist die Detektion der Symbole $v_1 \ldots v_\nu$ abgeschlossen. Ist dies nicht der Fall, so muß die Entscheidung zu einem späteren Zeitpunkt erfolgen, wobei nur noch der rechts von der Pfeilmarkierung stehende Teil der Symbolfolgen zu analysieren ist. Z_ν und L_ν geben die Anzahl der aktuell entscheidbaren bzw. noch nicht entscheidbaren Symbole an.

Tabelle 5.3: Bedingt detektierbare Teilsymbolfolgen und Symbolausgabe für das Trellisdiagramm von Bild 5.32.

ν	$V_\nu(\mathrm{LL})$	$V_\nu(\mathrm{L0})$	$V_\nu(\mathrm{0L})$	$V_\nu(00)$	Z_ν	L_ν	auszugebende Symbole
1	L	L	L	L	1	0	$v_1 = \mathrm{L}$
2	L↑0	L↑0	L↑0	L↑L	0	1	
3	L↑0L	L↑0L	L↑0L	L↑0L	2	0	$v_2 = 0;\; v_3 = \mathrm{L}$
4	L0L↑L	L0L↑L	L0L↑L	L0L↑L	1	0	$v_4 = \mathrm{L}$
5	L0LL↑0	L0LL↑0	L0LL↑0	L0LL↑0	1	0	$v_5 = 0$
6	L0LL0↑0	L0LL0↑L	L0LL0↑0	L0LL0↑L	0	1	
7	L0LL0↑L0	L0LL0↑L0	L0LL0↑L0	L0LL0↑L0	2	0	$v_6 = \mathrm{L};\; v_7 = 0$
8	L0LL0L0↑0	L0LL0L0↑L	L0LL0L0↑L	L0LL0L0↑L	0	1	
9	L0LL0L0↑L0	L0LL0L0↑L0	L0LL0L0↑L0	L0LL0L0↑L0	2	0	$v_8 = \mathrm{L};\; v_9 = 0$
10	L0LL0L0L0↑0	L0LL0L0L0↑0	L0LL0L0L0↑0	L0LL0L0L0↑0	1	0	$v_{10} = 0$

Fehlerwahrscheinlichkeit

Die exakte Berechnung der (mittleren) Fehlerwahrscheinlichkeit eines Übertragungssystems mit Viterbi–Entscheidung ist i. a. sehr aufwendig (vgl. z. B. [172]). Hier muß die Differenzenergie zwischen allen zulässigen Folgen ermittelt werden, wobei p_{M} im wesentlichen durch die minimale Differenzenergie bestimmt wird.

Weiterhin ist bei der Fehlerwahrscheinlichkeitsberechnung auch der Einfluß der beiden in Bild 5.26 angegebenen Filter zu berücksichtigen. Während das Matched–Filter $H_{\mathrm{MF}}(f)$ das Eingangsrauschen in bestmöglicher Weise unterdrückt (vgl. Abschnitt 4.4.1), bewirkt das Dekorrelationsfilter $H_{\mathrm{DF}}(f)$ im allgemeinen einen Anstieg der Störleistung σ_d^2 vor dem Viterbi–Entscheider. Dieses Filter ist jedoch unbedingt erforderlich, da der oben beschriebene Viterbi–Algorithmus seine volle Leistungsfähigkeit nur dann erreicht, wenn die Störanteile $d_{\mathrm{N}\nu}$ der einzelnen Abtastwerte miteinander unkorreliert sind.

Zur Abschätzung einer groben Näherung für die (mittlere) Fehlerwahrscheinlichkeit wird die Unkorreliertheit der gaußverteilten Störungen am Entscheider vorausgesetzt. Der Effektivwert σ_d des Detektionsstörsignals sei ebenso bekannt wie die Grundimpulswerte $g_0, \dots g_{-v}$ gemäß (5.69). Der Viterbi–Entscheider sei so dimensioniert, daß alle von Null verschiedenen Grundimpulswerte berücksichtigt werden.

Bezeichnet man mit g_{max} den größten aller Grundimpulswerte, so lautet die Näherung für die Fehlerwahrscheinlichkeit des Viterbi–Entscheiders:

$$p_{VE} \approx Q\left(\frac{g_{max}}{\sigma_d}\right) . \tag{5.79}$$

Dieses Ergebnis wird nun anhand einiger typischer Beispiele diskutiert und mit der entsprechenden Fehlerwahrscheinlichkeit p_{SE} eines Schwellenwertentscheiders verglichen. Zur Vereinfachung werden alle Größen als normiert betrachtet. Sind alle Grundimpulswerte mit Ausnahme von g_0 identisch Null (*"Nyquistentzerrung"*), so weist der Viterbi–Entscheider die gleiche Fehlerwahrscheinlichkeit wie ein Schwellenwertentscheider auf. Dies ist nicht weiter verwunderlich, da auch der Viterbi–Empfänger mit $v = 0$ eine symbolweise Entscheidung trifft. Das bedeutet, daß der Einsatz eines Viterbi– bzw. eines Korrelationsempfängers nur bei Vorhandensein von Impulsinterferenzen von Vorteil ist. Ebenso ist der Viterbi–Entscheider gut geeignet, anders geartete statistische Bindungen im Nutzsignal (z. B. in Form einer redundanten Codierung) zu detektieren.

Betrachten wir nun die Zahlenwerte von Beispiel 5.2 im Abschnitt 5.1.3. Hier lauten die normierten Grundimpulswerte bei Berücksichtigung der Zeitverschiebung um einen Bittakt: $g_0 = 0{,}474$; $g_{-1} = 2{,}052$; $g_{-2} = 0{,}474$. Mit dem Störeffektivwert $\sigma_d = 0{,}36$ erhält man somit $p_{VE} \approx 6 \cdot 10^{-9}$ anstelle von $p_{SE} \approx 2{,}5 \cdot 10^{-4}$ bei Schwellenwertentscheidung. Dies entspricht einem Störabstandsgewinn von ca. 5,4 dB.

Dieser Systemvergleich wurde unter der Voraussetzung $\sigma_d = $ const. durchgeführt. Berücksichtigt man weiterhin, daß eine Gesamtoptimierung des Systems mit Viterbi–Entscheidung (vgl. Bild 5.26) zu schmalbandigeren Filtern führt als die Optimierung des herkömmlichen Systems gemäß Bild 5.1, so ist bei Viterbi–Entscheidung unter der Voraussetzung einer konstanten Rauschleistungsdichte L_0 am Empfängereingang für den Störeffektivwert σ_d am Entscheider eigentlich ein deutlich kleinerer Wert einzusetzen als bei Schwellenwertentscheidung. Das bedeutet, daß der Störabstandsgewinn bedeutend größer ist, als es die genannten Zahlen vermitteln.

Weiterhin ist diesem Zahlenbeispiel zu entnehmen, daß "Vorläufer" durchaus größer sein können als der Hauptwert. Nach (5.79) richtet sich die Fehlerwahrscheinlichkeit allein nach dem größten aller Grundimpulswerte. Eine Zeitverschiebung gegenüber dem nur aus Darstellungsgründen gewählten Koordinatensystem um Vielfache der Symboldauer T ändert die Leistungsmerkmale der Viterbi–Entscheidung nicht.

Zum Abschluß soll noch ein Hinweis auf die zahlreichen im Kapitel 6 verzeichneten Arbeiten gegeben werden, die sich mit dem Thema Viterbi–Entscheidung in irgendeiner Form beschäftigen: [13], [36], [66], [75], [76], [77], [91], [92], [106], [156], [172], [226], [233], [235], [238], [239].

5.4   Digitale Modulationsverfahren

Inhalt: Die Digitalsignalübertragung im Basisband ist nur bei leitungsgebundenen Übertragungsstrecken anwendbar, nicht jedoch z. B. bei Mobilfunk– oder Satellitenverbindungen. Bei einem solchen Bandpaßkanal muß das Digitalsignal vor der Übertragung auf einen Träger moduliert werden, was einer Frequenzbandverschiebung entspricht. Wie bei den Analogsignalen kann auch bei einem Digitalsignal die Amplitude, die Frequenz oder die Phase moduliert werden. In diesem Abschnitt werden die entsprechenden Modulationsverfahren ASK, FSK und PSK anhand von Blockschaltbild, Signalverläufen und Leistungsdichtespektren beschrieben, wobei insbesondere auf die Gemeinsamkeiten und die Unterschiede zur Basisbandübertragung eingegangen wird.

5.4.1   Digitale Amplitudenmodulation (ASK)

Eine Möglichkeit der Digitalsignalübertragung über einen Bandpaßkanal bietet die *ASK* (*"Amplitude Shift Keying"*). Bild 5.33 zeigt das entsprechende Blockschaltbild. Die Signalverläufe sind für eine typische Systemkonfiguration in Bild 5.34 dargestellt.

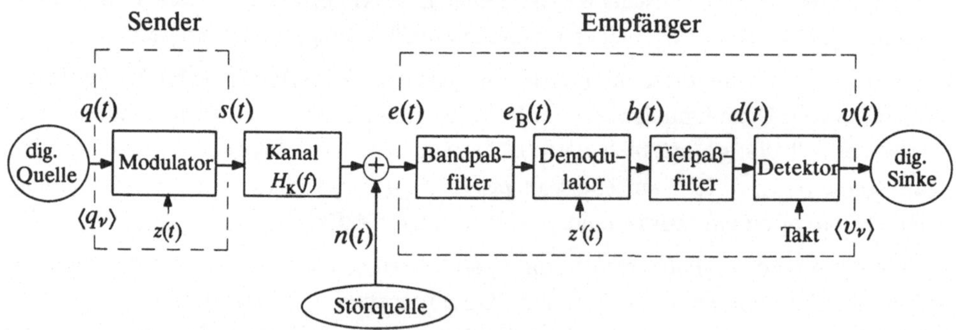

Bild 5.33: Blockschaltbild eines ASK–Übertragungssystems.

Das Quellensignal $q(t)$ sei binär und unipolar (vgl.Bild 5.34(a)). Im nachfolgenden *Modulator* wird dieses Signal mit dem sinusförmigen Trägersignal $z(t)$ der Frequenz f_{T} multipliziert, woraus sich das in Bild 5.34(b) dargestellte Sendesignal $s(t)$ ergibt.

Das Empfangssignal $e(t)$ kann wie bei der Basisbandübertragung mit (5.3) berechnet werden, doch muß bei modulierter Übertragung der Kanalfrequenzgang $H_{\mathrm{K}}(f)$ stets als Bandpaß angesetzt werden. Die Kanalkenngrößen sind beispielsweise die Mittenfrequenz f_{M} und die Bandbreite Δf_{K}. Die Trägerfrequenz f_{T} sollte sinnvollerweise gleich f_{M} gewählt werden.

Für Bild 5.34(c) ist ein gaußförmiger Bandpaßkanal (vgl. Bild 5.41) zugrunde gelegt. Es ist zu erkennen, daß durch den nichtidealen Kanalfrequenzgang im wesentlichen die Flanken der Hüllkurve des Empfangssignals beeinträchtigt werden, während die lange "0"– und die lange "L"–Folge von den Impulsinterferenzen weniger beeinflußt werden.

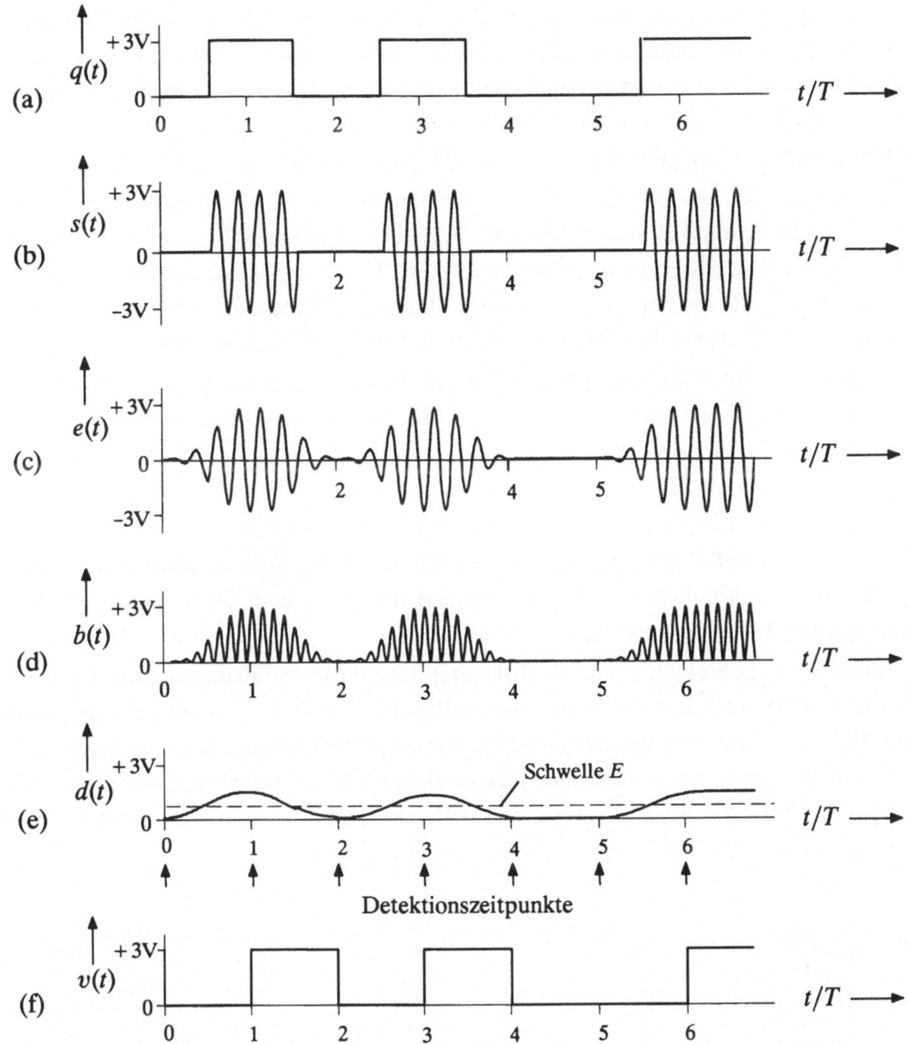

Bild 5.34: Signalverläufe eines ungestörten ASK–Systems bei gaußförmigem Bandpaßkanal gemäß (5.85) und idealer Synchrondemodulation ($f_T = 4/T$).

Beim Empfänger muß die sendeseitige Modulation durch einen *Demodulator* rückgängig gemacht werden. Hierzu gibt es zwei prinzipielle Realisierungsformen, nämlich die kohärente Synchron- und die inkohärente Hüllkurvendemodulation.

Bei *Synchrondemodulation* kann auf den Bandpaß am Empfängereingang verzichtet werden, so daß $e_B(t) = e(t)$ ist. Diesem Signal wird nun das empfangsseitige Trägersignal $z'(t)$ multiplikativ überlagert, das exakt die gleiche Frequenz f_T wie das sendeseitige Trägersignal $z(t)$ besitzen muß. Außerdem sollten die Phasenlagen der beiden Signale möglichst gut übereinstimmen. Eine Phasenabweichung führt zu einer Erhöhung der Fehlerwahrscheinlichkeit.

In Bild 5.34(d) ist das Ausgangssignal des idealen Demodulators dargestellt. Es zeigt, daß dem Nutzsignal auch Anteile mit der doppelten Trägerfrequenz ($\pm 2 \cdot f_\mathrm{T}$) überlagert sind. Diese Intermodulationsprodukte müssen durch das nachfolgende Tiefpaßfilter eliminiert werden. Außerdem ist es die Aufgabe dieses Filters, die Störleistung vor dem Detektor zu begrenzen. Die Signalverläufe in Bild 5.34 gelten für den störungsfreien Fall.

Da das in Bild 5.34(e) dargestellte Detektionssignal $d(t)$ ein Basisbandsignal ist, kann zur Symboldetektion z. B. der in Abschnitt 5.1.1 beschriebene Schwellenwertentscheider eingesetzt werden. Aufgrund der unipolaren ASK–Basisbandsignale ist hier die Entscheiderschwelle $E = 0$ allerdings nicht geeignet. Bei idealer Phasensynchronisation liegt der optimale Schwellenwert etwa bei einem Viertel der Sendeamplitude, hier also bei 0,75 V.

Weiterhin sollte erwähnt werden, daß die in Abschnitt 5.3 angegebenen komplexeren Entscheidungsstrategien natürlich auch bei ASK–Systemen anwendbar sind.

Der Nachteil der Synchrondemodulation ist die Notwendigkeit einer Phasenregelung, z. B. mittels eines VCO (*"Voltage Controlled Oscillator"*). Dies führt in der Praxis oft zu Schwierigkeiten. Aus diesem Grund wird häufig die *Hüllkurvendemodulation* angewandt. Da sich in diesem Fall die additiven Störungen $n(t)$ direkt auf das demodulierte Signal $b(t)$ auswirken, muß allerdings die Störleistung schon vor dem Demodulator durch ein Bandpaßfilter begrenzt werden.

Bild 5.35 zeigt eine mögliche Realisierung des Hüllkurvendemodulators. Er besteht aus einer Diode mit dem differentiellen Widerstand $r \ll R$ und einem parallel geschalteten RC–Glied. Solange das Eingangssignal $e_\mathrm{B}(t)$ größer als das Ausgangssignal $b(t)$ ist, lädt sich die Kapazität C über die relativ kleine Zeitkonstante $T_\mathrm{ein} = r \cdot C$ auf. Wird dagegen $e_\mathrm{B}(t)$ kleiner als $b(t)$, so sperrt die Diode, und C entlädt sich mit der deutlich größeren Zeitkonstanten $T_\mathrm{aus} = R \cdot C$ über den Widerstand R.

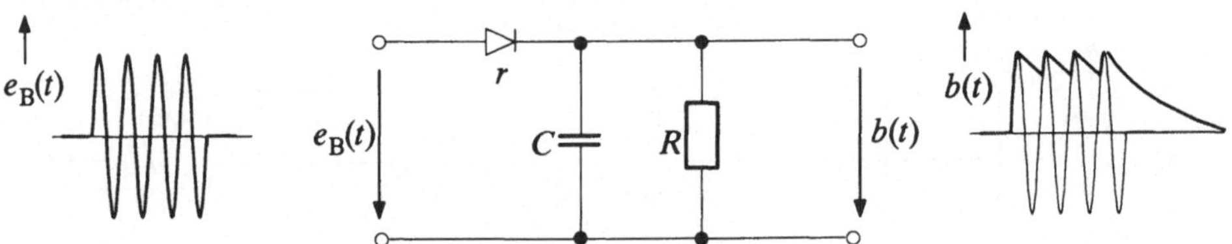

Bild 5.35: Realisierung eines Hüllkurvendemodulators und zugehörige Signale.

Leistungsdichtespektren

Wichtige Eigenschaften des ASK–Systems lassen sich anhand der Leistungsdichtespektren (vgl. Abschnitt 4.1.2) sehr anschaulich erklären. Bild 5.36 zeigt diese für die in Bild 5.34 dargestellten Zeitverläufe, wobei für beide Bilder die gleichen Voraussetzungen gelten. Die Amplituden aller Signale seien gleich $\hat{g}_s$. Das LDS des rechteckförmigen unipolaren NRZ–Quellensignals $q(t)$ lautet entsprechend (4.47) und Bild 4.16:

$$L_q(f) = \frac{T}{4} \cdot \hat{g}_s^2 \cdot \mathrm{si}^2(\pi \cdot f \cdot T) + \frac{\hat{g}_s^2}{4} \cdot \delta(f) \, . \tag{5.80}$$

Neben einem si²–förmigem Anteil beinhaltet $L_q(f)$ auch eine Diracfunktion bei $f = 0$.

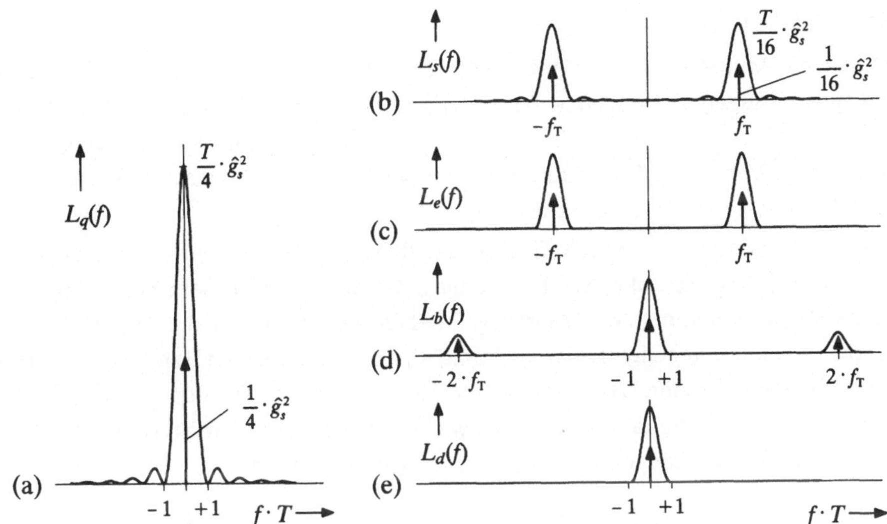

Bild 5.36: Leistungsdichtespektren der Signale von Bild 5.34.

Für das LDS $L_s(f)$ des ASK–Sendesignals $s(t)$ gilt unter der Voraussetzung $f_T \cdot T \gg 1$:

$$L_s(f) = \frac{1}{4} \cdot [L_q(f - f_T) + L_q(f + f_T)] \ . \tag{5.81}$$

Die Ableitung dieser Gleichung kann über die (bei Zufallssignalen nicht explizit angebbaren) Amplitudenspektren $S(f)$ bzw. $Q(f)$ und entsprechende Grenzübergänge erfolgen. Bei sinusförmigem Trägersignal $z(t)$ mit der Anfangsphase $\phi_T = 0$ besteht zwischen diesen folgender Zusammenhang: $S(f) = [Q(f - f_T) - Q(f + f_T)]/(2j)$. Berücksichtigt man weiter, daß $L_s(f)$ proportional zu $|S(f)|^2$ ist, und daß die Mischprodukte $Q(f - f_T) \cdot Q^*(f + f_T)$ bzw. $Q^*(f - f_T) \cdot Q(f + f_T)$ für $f_T \cdot T \gg 1$ verschwinden, so folgt daraus obige Gleichung. Aus (5.81) und Bild 5.36(b) ist zu ersehen, daß $L_s(\pm f_T) = L_q(0)/4$ ist. Dieses Ergebnis ist verständlich, da die Leistung des Sendesignals – diese entspricht der Fläche unter dem LDS $L_s(f)$ – nur halb so groß ist wie die des Quellensignals.

Das Leistungsdichtespektrum am Empfängereingang beträgt aufgrund von (4.90) $L_e(f) = L_s(f) \cdot |H_K(f)|^2$. Hierbei ist – ebenso wie bei den nachfolgenden Gleichungen – nur der Nutzsignalanteil berücksichtigt ($L_n(f) = 0$). Bei einem Bandpaß mit $H_K(\pm f_T) = 1$ ist der Verlauf von $L_e(f)$ in den Bereichen um $\pm f_T$ ähnlich dem von $L_s(f)$. Ebenso sind die diskreten Spektralanteile bei den Frequenzen $\pm f_T$ für beide Signale identisch. Dagegen werden die Ausläufer der beiden si^2-Funktionen durch den Bandpaßkanal abgeschwächt.

Das LDS $L_b(f)$ entsteht bei Synchrondemodulation durch beidseitige Frequenzbandverschiebung des Amplitudenspektrums $E(f)$ um die Trägerfrequenz f_T, Summation der beiden Anteile zu $B(f) = E(f - f_T) + E(f + f_T)$ sowie Bildung von $|B(f)|^2$. Daraus folgt die Größenbeziehung $L_b(0) = L_e(\pm f_T)$, während die beiden Nebenmaxima bei $\pm 2 \cdot f_T$ um den Faktor 4 kleiner sind (vgl. Bild 5.36(d)).

Schließlich gilt für das LDS des Detektionssignals: $L_d(f) = L_b(f) \cdot |H_E(f)|^2$, wobei $H_E(f)$ den Frequenzgang des Tiefpaßfilters angibt (vgl. Bild 5.33).

Basisbandmodell

Durch die Multiplikation eines Basisbandsignals, z. B. des Quellensignals $q(t)$, mit einem sinusförmigen Trägersignal $z(t)$ wird das Amplitudenspektrum vor dem Kanal – und dementsprechend auch das Leistungsdichtespektrum – um die Trägerfrequenz f_T beidseitig verschoben. Nach dem Kanal wird diese Verschiebung durch den Demodulator im Idealfall wieder vollständig rückgängig gemacht.

Da das Basisbandsignal durch die Frequenzbandverschiebung in seiner Form nicht verändert wird, liegt es nahe, die Berechnung der Signale nach dem Demodulator zu vereinfachen. Dies kann z. B. dadurch geschehen, daß man sich die Modulation und Demodulation quasi gegeneinander "gekürzt" denkt und dafür den Bandpaßkanal $H_K(f)$ durch den entsprechenden Basisband–Kanalfrequenzgang $H_K'(f)$ entsprechend Bild 5.37 ersetzt. Da diese Modifikation nur bei Synchrondemodulation möglich ist, kann das Bandpaßfilter am Empfängereingang unberücksichtigt bleiben.

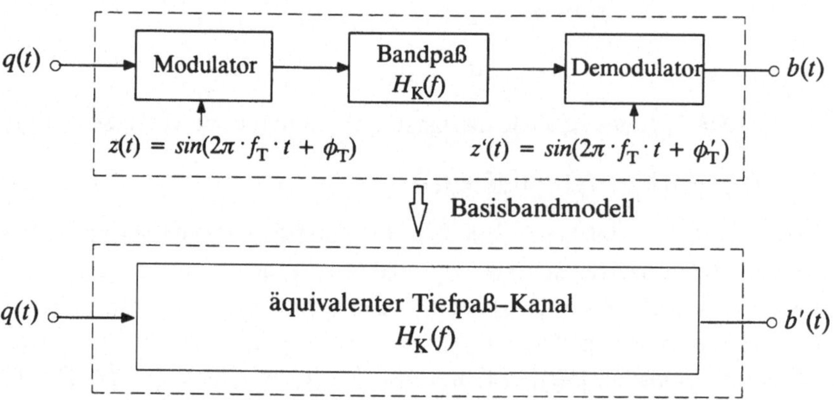

Bild 5.37: Äquivalentes Basisbandmodell für eine ASK mit Synchrondemodulation (Anmerkung: $b(t)$ und $b'(t)$ sind bis auf den $2 \cdot f_T$ – Anteil identisch).

Für den Frequenzgang des äquivalenten Basisbandmodells gilt (vgl. [211]):

$$H_K'(f) = \frac{1}{2} \cdot \cos(\Delta\phi_T) \cdot H_K(f + f_T) \, . \tag{5.82}$$

Hier ist nur der Anteil des Bandpaßkanals $H_K(f)$ von Interesse, der durch die Frequenzverschiebung um f_T (nach links) in das Basisband fällt. Der Spektralanteil bei $-2 \cdot f_T$ wird durch den nachfolgenden Tiefpaß eliminiert, und muß nicht weiter betrachtet werden.

Der Faktor ½ in (5.82) berücksichtigt den prinzipiellen Verlust durch das Modulationsverfahren, der trigonometrisch durch die Beziehung $\cos^2(\alpha) = ½ + ½ \cdot \cos(2\alpha)$ erklärt werden kann. Der Basisbandanteil von $b(t)$ hat somit nur die Hälfte der Sendeamplitude.

Besteht zwischen Modulations– und Demodulationsträgersignal eine konstante Phasendifferenz von $\Delta\phi_T = \phi_T' - \phi_T$, so sind die Nutzsignale nach dem Demodulator und damit auch die entsprechenden Spektren um den Faktor $\cos(\Delta\phi_T)$ kleiner, was im Basisbandmodell von Bild 5.37 ebenfalls berücksichtigt ist.

Beispiel 5.9:   Im folgenden wird das Basisbandmodell anhand der Amplitudenspektren von Bild 5.38 beschrieben. Zur besseren Veranschaulichung werden hierzu die Spektren als gaußförmig und der Kanalfrequenzgang als rechteckförmig mit der Mittenfrequenz $f_M = f_T$ angenommen. Um reelle Spektren zu erhalten, sind die beiden Trägerphasen zu $\phi_T = \phi_T' = -\pi/2$ gewählt, was der Modulation mit einer Cosinusschwingung entspricht ($\Delta\phi_T = 0$). Der Tiefpaßfrequenzgang ist als rechteckförmig mit $\Delta f_E > \Delta f_K$ vorausgesetzt. Das Detektionssignal $d(t) \circ\!\!-\!\!\bullet\ D(f)$, das für die Bestimmung des Augendiagramms und der Fehlerwahrscheinlichkeit benötigt wird, ist nach beiden Berechnungsarten identisch.

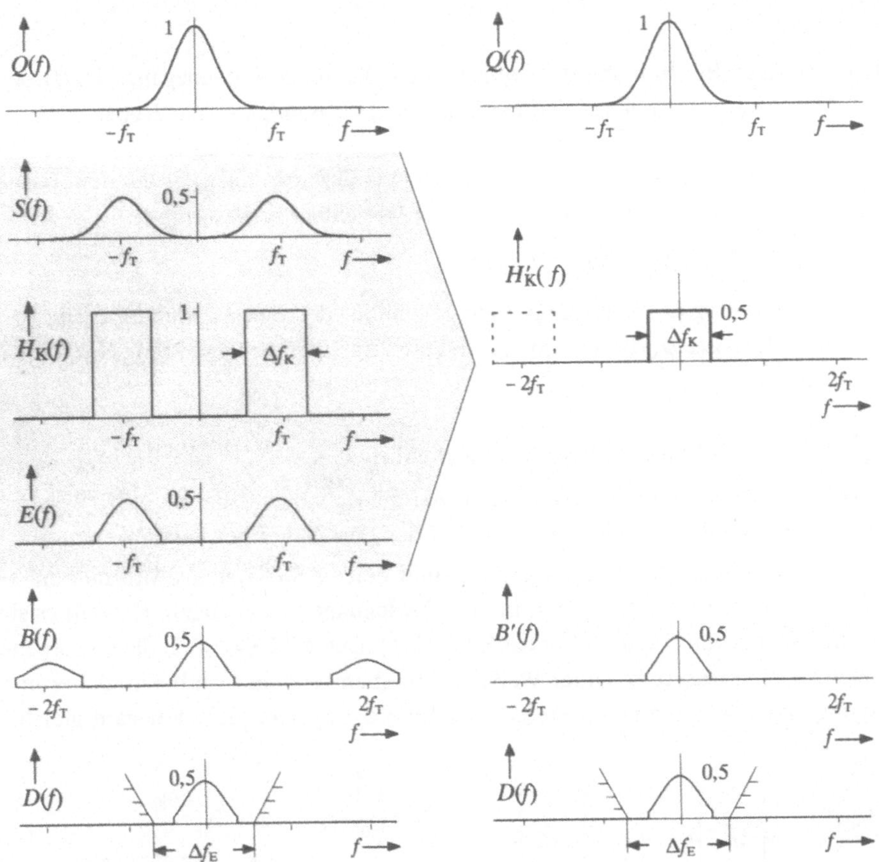

Bild 5.38: Amplitudenspektren bei phasenrichtiger Synchrondemodulation (links) und Bedeutung des äquivalenten Basisbandfrequenzgangs $H_K'(f)$ (rechts).

Die Berechnung des äquivalenten Basisbandfrequenzgangs ist nicht immer so einfach wie in Beispiel 5.9 dargestellt. Ist $H_K(f)$ nicht symmetrisch um die Trägerfrequenz f_T und zudem komplex wie beispielsweise in Bild 5.39(a), so ergibt sich der äquivalente Basisbandfrequenzgang $H_K'(f)$ gemäß 5.39(b). Die Basisband–Impulsantwort $h_K'(t) \circ\!\!-\!\!\bullet\ H_K'(f)$ ist komplex, auch wenn die Impulsantwort $h_K(t) \circ\!\!-\!\!\bullet\ H_K(f)$ des Bandpasses als reell angenommen wird. Diese Annahme ist zutreffend, wenn der Realteil des Bandpaßfrequenzgangs eine gerade und der Imaginärteil eine ungerade Funktion ist, d. h. die Symmetriebeziehungen $\mathrm{Re}\{H_K(-f)\} = \mathrm{Re}\{H_K(f)\}$ und $\mathrm{Im}\{H_K(-f)\} = -\mathrm{Im}\{H_K(f)\}$ erfüllt sind.

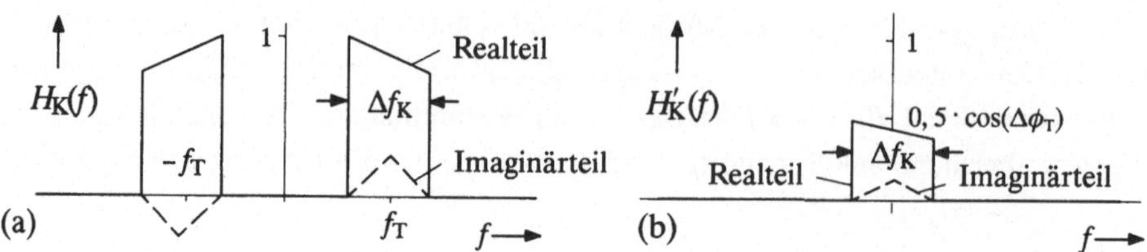

Bild 5.39: Zur Bestimmung des äquivalenten Basisbandfrequenzgangs $H_K'(f)$ bei einem komplexen und unsymmetrischen Bandpaßkanal $H_K(f)$.

Das Detektionssignal (ohne Berücksichtigung der Störungen) ist aus dem Basisbandmodell mit $h_K'(t) \circ\!\!-\!\!\bullet\, H_K'(f)$ nach folgender Gleichung zu bestimmen:

$$d(t) = \mathrm{Re}\left[\, q(t) * h_K'(t) * h_E(t)\,\right]. \tag{5.83}$$

Die Verkleinerung der Signalamplitude gegenüber der Basisbandübertragung ist durch den Faktor $\tfrac{1}{2}\cdot\cos(\Delta\phi_T)$ bereits im äquivalenten Basisbandfrequenzgang $H_K'(f)$ von (5.82) berücksichtigt.

Signalstörabstand und Fehlerwahrscheinlichkeit

Bisher wurden die Störungen außer Betracht gelassen, die bei ASK–Systemen im Modulator, Kanal, Demodulator sowie bei der Basisbandfilterung auftreten.

Zur Beurteilung der Übertragungsqualität eines ASK–Systems wird nun ein additiv überlagertes Rauschsignal $n(t)$ mit in die Überlegungen einbezogen. Handelt es sich bei $n(t)$ um "*Weißes Rauschen*", so ist das LDS $L_n(f)$ nach Bild 5.40(a) in die entsprechenden Gleichungen einzusetzen. Unter Weißem Rauschen versteht man bei modulierter Übertragung, daß $L_n(f)$ in einem Bereich $\pm B_n$ um die Trägerfrequenz konstant gleich L_0 ist.

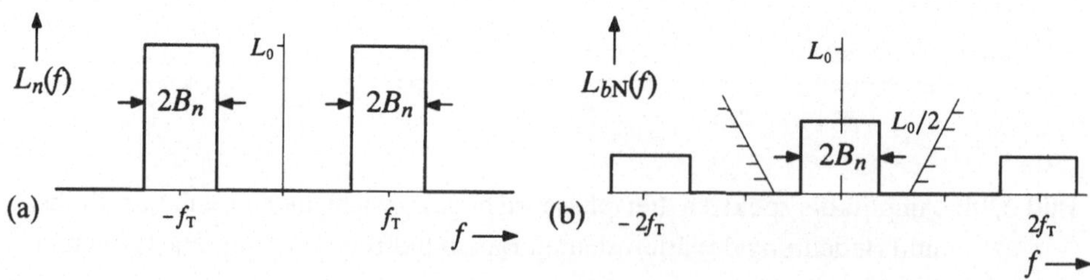

Bild 5.40: Rauschleistungsdichtespektren bei ASK–modulierter Übertragung am Empfängereingang (a) und nach dem Synchrondemodulator (b).

Bezeichnet man mit B_n die einseitige physikalische Bandbreite im äquivalenten Basisband, so ergibt sich die Leistung des Rauschsignals $n(t)$ zu $\sigma_n^2 = 4\cdot L_0\cdot B_n$.

Im Vergleich zur Basisbandübertragung ist diese Leistung doppelt so groß. Für die Berechnung der Fehlerwahrscheinlichkeit ist jedoch der Störanteil $d_\mathrm{N}(t)$ des Detektionssignals entscheidend, der sich aus $n(t)$ durch Demodulation und Filterung ergibt. Bei Synchrondemodulation erhält man die Rauschleistungsdichte $L_{b\mathrm{N}}(f)$ des Störanteils von $b(t)$ entsprechend Bild 5.40(b). Dabei ist berücksichtigt, daß entsprechend der Schmalbandnäherung die Störleistung durch die Demodulation halbiert wird. Im Bereich niedriger Frequenzen beträgt somit die Rauschleistungsdichte $L_{b\mathrm{N}}(f) = L_0/2$. Unter der weiteren Annahme, daß die Rauschanteile bei $\pm 2 \cdot f_\mathrm{T}$ vollständig vom Basisbandfilter unterdrückt werden, erhält man für die Rauschleistung des Detektionssignals:

$$\sigma_d^2 = \int\limits_{-\infty}^{+\infty} L_{b\mathrm{N}}(f) \cdot |H_\mathrm{E}(f)|^2 \, df = \frac{L_0}{2} \cdot \int\limits_{-\infty}^{+\infty} |H_\mathrm{E}(f)|^2 \, df \,. \tag{5.84}$$

Die Fehlerwahrscheinlichkeit bzw. der Störabstand kann am einfachsten nach dem Basisbandmodell ermittelt werden, wie das nachfolgende Beispiel zeigen soll.

Beispiel 5.10: Gegeben sei ein ASK–Übertragungssystem mit folgenden Kenngrößen:

- unipolares rechteckförmiges NRZ–Quellensignal mit den Amplitudenwerten $0\,\mathrm{V}$ und $3\,\mathrm{V}$ und der Bitrate $R = 1\,\mathrm{GBit/s}$,

- ideale ASK–Modulation mit einer Trägerfrequenz $f_\mathrm{T} \gg R$,

- gaußförmiger Bandpaßkanal mit der Mittenfrequenz $f_\mathrm{M} = f_\mathrm{T}$ und der äquivalenten Bandbreite $\Delta f_\mathrm{K} = 2 \cdot R$ (vgl. Bild 5.41(a)):

$$H_\mathrm{K}(f) = \exp\left[-\pi \cdot \left(\frac{f+f_\mathrm{M}}{\Delta f_\mathrm{K}}\right)^2\right] + \exp\left[-\pi \cdot \left(\frac{f-f_\mathrm{M}}{\Delta f_\mathrm{K}}\right)^2\right] , \tag{5.85}$$

- thermisches Rauschen mit der Rauschleistungsdichte $L_0 = 3 \cdot 10^{-11}\,\mathrm{V^2/Hz}$,

- Synchrondemodulation unter Berücksichtigung eines Phasenversatzes $\Delta\phi_\mathrm{T}$,

- gaußförmiges Tiefpaßfilter (vor dem Detektor) mit optimierbarer Grenzfrequenz f_E,

- optimale Entscheiderschwelle E und optimaler Detektionszeitpunkt $T_\mathrm{D} = 0$.

Bild 5.41 zeigt den Kanalfrequenzgang $H_\mathrm{K}(f)$ sowie die dazugehörige Impulsantwort $h_\mathrm{K}(t)$.

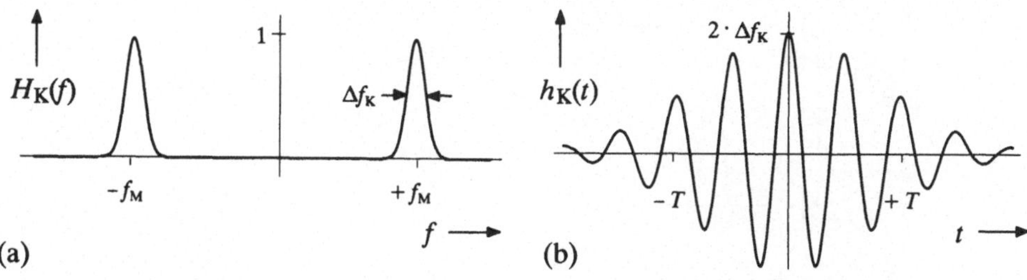

Bild 5.41: Frequenzgang (a) und Impulsantwort (b) des Gaußbandpasses nach (5.85).

Der äquivalente Basisbandfrequenzgang ergibt sich aus (5.82) mit $f_K = \Delta f_K/2$ zu

$$H_K'(f) = \frac{1}{2} \cdot \cos(\Delta\phi_T) \cdot \exp\left[-\pi \cdot \left(\frac{f}{2 \cdot f_K}\right)^2\right]. \tag{5.86}$$

Die dazugehörige Impulsantwort $h_K'(t) \circ\!\!-\!\!\bullet\, H_K'(f)$ ist ebenso wie die Hüllkurve der Bandpaß–Impulsantwort $h_K(t)$ gaußförmig und allein durch die systemtheoretische Bandbreite Δf_K bzw. die Grenzfrequenz $f_K = \Delta f_K/2$ bestimmt. Die in Bild 5.41(b) gezeigte Bandpaß–Impulsantwort erhält man durch Fourierrücktransformation von (5.85):

$$h_K(t) = 2 \cdot \Delta f_K \cdot \exp(-\pi \cdot \Delta f_K^2 \cdot t^2) \cdot \cos(2\pi \cdot f_M \cdot t). \tag{5.87}$$

Zur Optimierung der Tiefpaßgrenzfrequenz f_E kann auf die Ergebnisse von Abschnitt 5.1 zurückgegriffen werden. Für den Detektionsgrundimpuls gilt mit (5.23) und (5.87):

$$g_d(t) = \frac{1}{2} \cdot \cos(\Delta\phi_T) \cdot \hat{g}_s \cdot \left[Q\left(2\sqrt{2\pi} \cdot f_{KE} \cdot (t - \frac{T}{2})\right) - Q\left(2\sqrt{2\pi} \cdot f_{KE} \cdot (t + \frac{T}{2})\right)\right], \tag{5.88}$$

wobei f_{KE} die resultierende Grenzfrequenz von Kanal und Empfänger ist. Dabei gilt: $1/f_{KE}^2 = 1/f_K^2 + 1/f_E^2$.

Die vertikale Augenöffnung kann mit (5.20) berechnet werden, allerdings ist der Faktor aufgrund der unipolaren Amplitudenkoeffizienten gleich 1. In [207] wird gezeigt, daß für den Sonderfall rechteckförmiger Sendeimpulse und eines gaußförmigen Gesamtfrequenzgangs die vertikale Augenöffnung auch analytisch angebbar ist. Man erhält für den aufgrund der symmetrischen Impulsform optimalen Detektionszeitpunkt $T_D = 0$:

$$\ddot{o}(T_D = 0) = \frac{1}{2} \cdot \cos(\Delta\phi_T) \cdot \hat{g}_s \cdot \left[1 - 4 \cdot Q\left(\sqrt{2\pi} \cdot \frac{f_{KE}}{R}\right)\right]. \tag{5.89}$$

Die Detektionsstörleistung ist bei ASK – wie oben bereits erwähnt – nur halb so groß wie bei der Basisbandübertragung (vgl. Bild 5.40). Analog zu (5.26) gilt somit:

$$\sigma_d^2 = L_0 \cdot f_E/\sqrt{2}. \tag{5.90}$$

Aus diesen beiden Größen kann mit (5.18) das ungünstigste Signalstörleistungsverhältnis ϱ_U als Maß für die mittlere Fehlerwahrscheinlichkeit p_M errechnet werden. In Bild 5.42 ist $10 \cdot \lg \varrho_U$ in Abhängigkeit der normierten Tiefpaßgrenzfrequenz f_E/R dargestellt. Die optimale Grenzfrequenz beträgt bei den gegebenen Randbedingungen $f_{E,opt} \approx R$, der dazugehörige ungünstigste Störabstand ca. 12,5 dB. Dieser Wert ist um 3 dB (bzw. 9 dB) niedriger als bei unipolarer (bzw. bipolarer) Basisbandübertragung. Eine nichtideale Phasenregelung verringert ϱ_U zusätzlich um den Faktor $\cos^2(\Delta\phi_T)$.

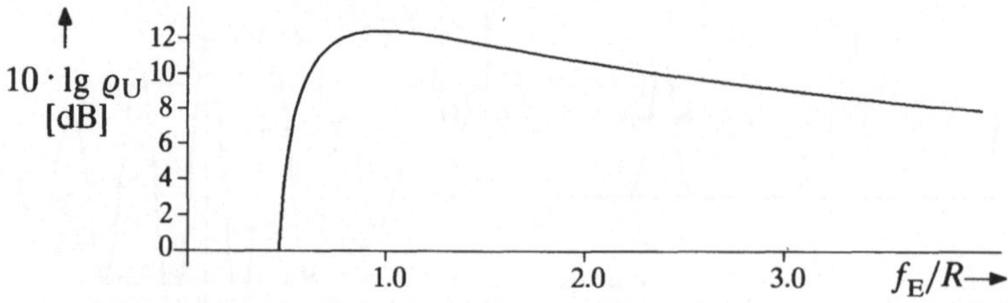

Bild 5.42: (Ungünstigster) Signalstörabstand $10 \cdot \lg \varrho_U$ bei einem ASK–System mit oben genannten Parametern und $\Delta\phi_T = 0$ in Abhängigkeit von f_E/R.

5.4.2 Digitale Frequenzmodulation (FSK)

Eine weitere Möglichkeit zur Umsetzung eines Basisbandsignals in einen höheren Frequenzbereich bietet die *FSK* (*"Frequency Shift Keying"*). Im Unterschied zur ASK wird hier nicht die Amplitude, sondern die Frequenz f_T des Trägersignals

$$z(t) = \hat{z} \cdot \sin(2\pi \cdot f_T \cdot t + \phi_T) \tag{5.91}$$

entsprechend dem anliegenden Digitalsignal $q(t)$ umgetastet. Mit den bipolaren Amplitudenkoeffizienten $a_v \in \{-1, +1\}$ ergibt sich für das FSK–Sendesignal:

$$s(t) = \hat{s} \cdot \sin(2\pi \cdot t \cdot (f_T + a_v \cdot \Delta f) + \phi_T) \; . \tag{5.92}$$

Hierbei bezeichnet Δf wie bei analoger Frequenzmodulation den *Frequenzhub*. Im folgenden wird die Trägerphase stets $\phi_T = 0$ gesetzt. Mit den Abkürzungen

$$f_0 = f_T - \Delta f \tag{5.93}$$

und

$$f_1 = f_T + \Delta f \tag{5.94}$$

kann man für das Sendesignal von (5.92) auch folgendermaßen schreiben:

$$s(t) = \begin{cases} \hat{s} \cdot \sin(2\pi \cdot f_1 \cdot t) & \text{für} \quad a_v = +1 \; , \\[2ex] \hat{s} \cdot \sin(2\pi \cdot f_0 \cdot t) & \text{für} \quad a_v = -1 \; . \end{cases} \tag{5.95}$$

Sind die beiden, die Symbole "0" und "L" repräsentierenden Frequenzen f_0 und f_1 ganzzahlige Vielfache der Bitrate R, so ist $s(t)$ ein sinusförmiges Signal ohne Phasensprünge mit stückweise konstanter Frequenz (vgl. Bild 5.43(b)). Die Hüllkurve des Sendesignals ist im Gegensatz zur ASK konstant.

Den Zeitverlauf eines FSK–Signals kann man sich in diesem Fall aus zwei zeitlich gegeneinander verschobenen ASK–Signalen mit den beiden Trägerfrequenzen f_0 und f_1 zusammengesetzt denken. Entsprechend ergibt sich auch das Spektrum aus der Überlagerung zweier ASK–Spektren mit den Mittenfrequenzen f_0 und f_1. Desweiteren finden auch alle im Abschnitt 5.4.1 angestellten Überlegungen Anwendung.

Der Kanal weist wie beim ASK–System im allgemeinen eine Bandpaßcharakteristik auf, jedoch mit einem größeren Bandbreitenbedarf. Ebenso können die Störungen in gleicher Weise wie bei ASK angesetzt werden. Für die folgende Signalbeschreibung entsprechend Bild 5.43 wird ein idealer Kanal und $n(t) = 0$ vorausgesetzt, so daß das am Empfänger anstehende Signal $e(t) = s(t)$ ist. Von den möglichen Realisierungsformen des FSK–Empfängers ist hier die Zweifiltervariante mit inkohärenter Hüllkurvendemodulation gewählt, auch bekannt unter dem Begriff *"Frequenzdiskriminator"* (vgl. Bild 5.44).

Zur inkohärenten Demodulation muß das FSK–Signal im Empfänger mittels zweier Bandpaßfilter zunächst getrennt werden. Die Bandpässe im oberen bzw. unteren Zweig besitzen idealerweise die Mittenfrequenzen f_0 bzw. f_1, und sollten die Signalanteile der jeweils anderen Frequenz möglichst gut unterdrücken.

Die Bilder 5.43(c) und (d) zeigen die Signalverläufe $e_{B0}(t)$ und $e_{B1}(t)$ am Ausgang der als gaußförmig angenommenen Bandpässe. Es ist zu erkennen, daß die Hüllkurve von

$e_{B0}(t)$ nur zu solchen Zeiten relativ große Werte annimmt, zu denen das FSK–Signal die Frequenz f_0 aufweist. Die Frequenz f_1 im Sendesignal, die durch den Gaußbandpaß nicht vollständig unterdrückt wird, führt zu Intermodulationsprodukten, d. h. zu Signalanteilen mit den Frequenzen $f_0 \pm f_1$.

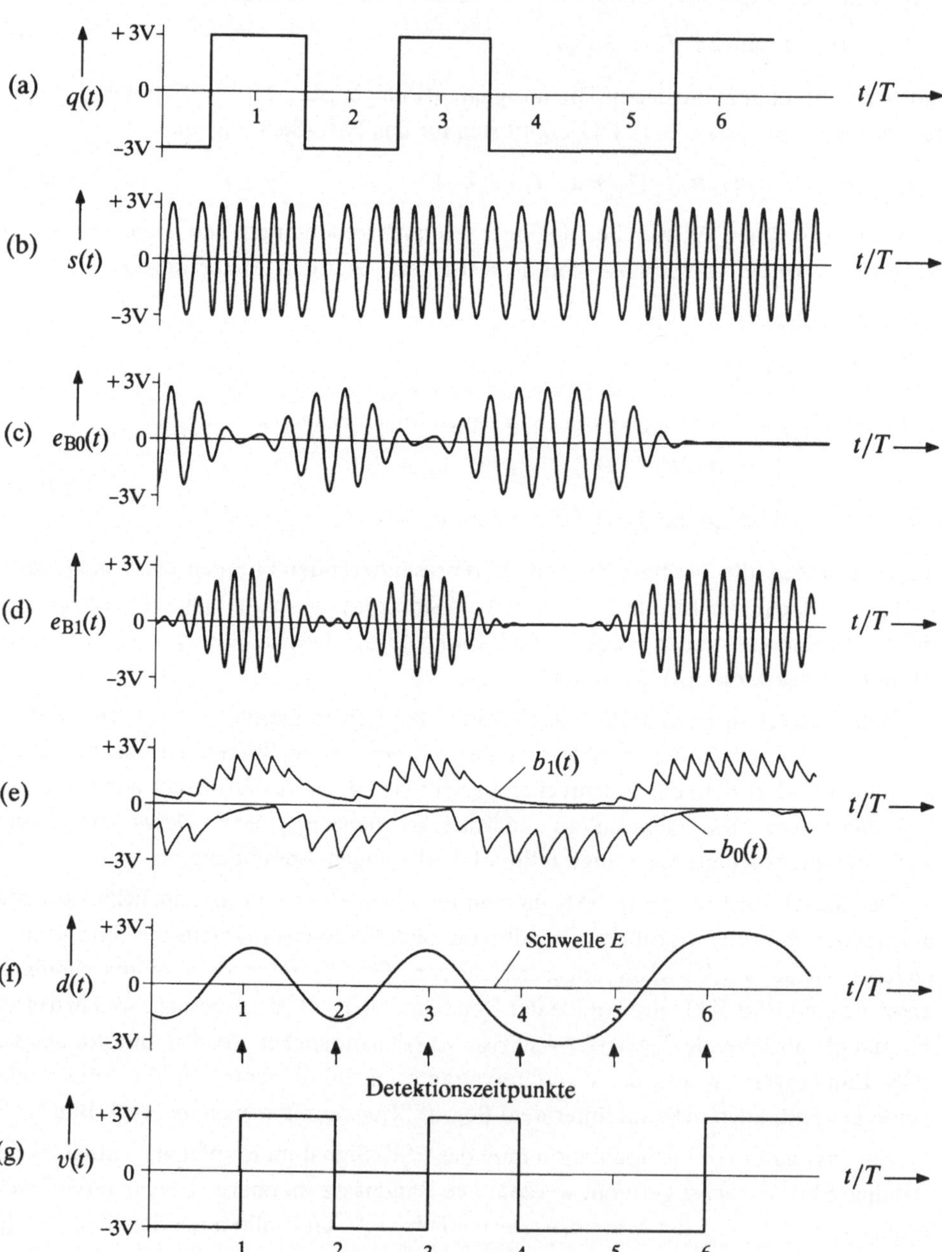

Bild 5.43: Beispielhafte Signalverläufe eines ungestörten FSK–Systems $(n(t) = 0)$
bei idealem Kanal und Hüllkurvendemodulation $(f_0 = 3/T, f_1 = 5/T)$.

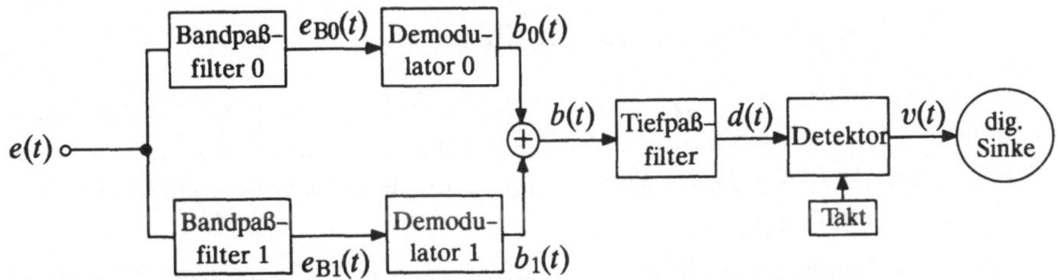

Bild 5.44: Realisierung eines FSK–Empfängers mit zwei auf die Frequenzen f_0 und f_1 abgestimmten Bandpaßfiltern und Hüllkurvendemodulation.

Je kleiner die Bandbreite des Bandpasses am Empfängereingang ist, um so besser werden diese Intermodulationsprodukte unterdrückt. Andererseits führt eine zu geringe Bandbreite zu Impulsinterferenzen, so daß bezüglich der Filterbandbreite ein Optimum existiert. Der Kurvenverlauf $e_{B1}(t)$ kann in ähnlicher Weise interpretiert werden.

Durch Tiefpaßfilterung des Differenzsignals $b(t) = b_1(t) - b_0(t)$ der beiden Hüllkurven erhält man das bipolare Detektionssignal $d(t)$ von Bild 5.43(f), das in gleicher Weise wie bei einem bipolaren Basisbandsystem entschieden werden kann (vgl. Abschnitt 5.1).

Fehlerwahrscheinlichkeit

Zur Abschätzung der Fehlerwahrscheinlichkeit setzen wir zunächst wieder Synchrondemodulatoren voraus. Auch in diesem Fall hat das Detektionssignal einen ähnlichen Verlauf wie in Bild 5.43(f) für Hüllkurvendemodulation gezeigt. Ein Vergleich mit dem entsprechenden Detektionssignal bei ASK (vgl. Bild 5.34(d)) macht deutlich, daß bei FSK die Signalamplitude um den Faktor 2 größer ist als bei ASK. In gleichem Maße vergrößert sich auch die vertikale Augenöffnung.

Bei der bisherigen Betrachtungsweise wurden Störungen nicht berücksichtigt. Liegt am Empfängereingang von Bild 5.44 Weißes Rauschen an, so besitzen die Störanteile der beiden synchrondemodulierten Signale $b_0(t)$ und $b_1(t)$ die gleichen statistischen Eigenschaften und auch den gleichen Effektivwert wie das demodulierte Signal $b(t)$ bei ASK. Aufgrund der Bandpaßfilterung mit unterschiedlichen Mittenfrequenzen können diese Störanteile als unkorreliert angenommen werden. Die Störleistung σ_b^2 des Differenzsignals $b(t) = b_1(t) - b_0(t)$ ist somit doppelt so groß wie beim vergleichbaren ASK–System. Aus (5.18) folgt somit für das FSK–System ein um 3 dB größerer Signalstörabstand.

Für diesen Gewinn muß allerdings eine größere Bandbreite in Kauf genommen werden. Einer Verringerung des Frequenzhubes sind durch die benötigte Bandbreite des Tiefpaßfilters bei Synchrondemodulation (bzw. des Bandpasses bei Hüllkurvendemodulation) Grenzen gesetzt. Der Einsatz eines FSK–Systems bietet sich daher bei Kanälen mit ungünstigen Übertragungseigenschaften, aber ausreichender Bandbreite an.

Bei inkohärenter Hüllkurvendemodulation ergibt sich – wie auch bei ASK – ein etwas geringerer Störabstand als bei kohärenter Demodulation. Der Verlust beträgt abhängig von den weiteren Empfängerparametern zwischen 1,5 und 3 dB. Genauere quantitative Ergebnisse bezüglich FSK finden sich z. B. in [7], [27], [162], [177], [211], [253].

5.4.3 Digitale Phasenmodulation (PSK)

Der dritte Parameter des Trägersignals $z(t)$ gemäß (5.91), der entsprechend dem Digitalsignal $q(t)$ variiert werden kann, ist die Trägerphase ϕ_T. Dieses Modulationsverfahren bezeichnet man als *PSK* ("*Phase Shift Keying*"), im deutschsprachigen Raum teilweise auch als Phasenumtastung.

Für das PSK–Sendesignal gilt im Bereich von $(\nu-\frac{1}{2})\cdot T < t < (\nu+\frac{1}{2})\cdot T$ allgemein:

$$s(t) = \hat{s} \cdot \cos\left(2\pi \cdot f_T \cdot t - \frac{\pi}{2} \cdot a_\nu\right) , \tag{5.96}$$

wobei a_ν bipolare Amplitudenkoeffizienten darstellen.

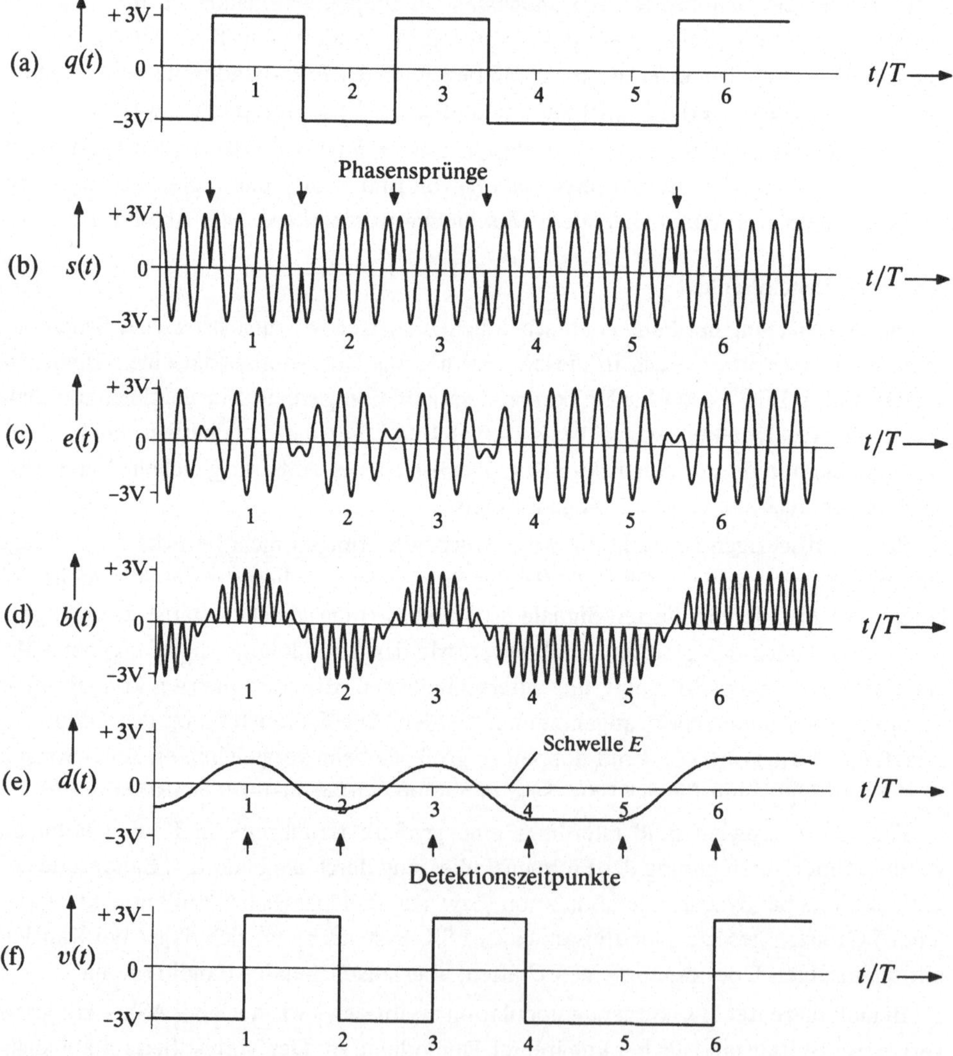

Bild 5.45: Beispielhafte Signalverläufe eines ungestörten binären PSK–Systems bei bandbegrenztem Kanal und Synchrondemodulation.

Zunächst betrachten wir die binäre PSK. Hier erhält man aus (5.96) mit $a_v \in \{-1, +1\}$ nach einfachen trigonometrischen Umformungen:

$$s(t) = \begin{cases} +\hat{s} \cdot \sin(2\pi \cdot f_T \cdot t) & \text{für} \quad a_v = +1 \ , \\[2mm] -\hat{s} \cdot \sin(2\pi \cdot f_T \cdot t) & \text{für} \quad a_v = -1 \ . \end{cases} \tag{5.97}$$

Bild 5.45(b) zeigt das zu dem in Bild 5.45(a) dargestellten binären bipolaren Quellensignal gehörige PSK–Sendesignal. Es ist zu erkennen, daß im modulierten Signal $s(t)$ Phasensprünge auftreten. Weiterhin wird deutlich, daß die PSK einer Amplitudenumtastung (ASK) mit den Amplitudenkoeffizienten $a_v \in \{-1, +1\}$ entspricht. Als Modulator kann somit ebenfalls ein Multiplizierer verwendet werden. Eine weitere Möglichkeit bietet die Kombination eines differenzierenden Elementes und eines spannungsgesteuerten Oszillators (VCO). Ist dessen Eingangssignal gleich der Ableitung $dq(t)/dt$ des Nachrichtensignals, so ist die Phase des Ausgangssignals $s(t)$ wie gewünscht proportional zu $q(t)$.

Da die Hüllkurve des Sendesignals konstant ist, ist die PSK im Gegensatz zur ASK auch unempfindlich gegenüber nichtlinearen Verzerrungen auf dem Kanal. Auftretende Amplitudenschwankungen können durch eine Begrenzung des Empfangssignals $e(t)$ leicht eliminiert werden. Jede Bandbegrenzung des modulierten Signals $s(t)$ führt aber zu Einbrüchen der Hüllkurve an den Stellen, an denen die Phase um $\pm 180°$ wechselt (vgl. Bild 5.45(b) und (c)).

Hüllkurvendemodulation ist aufgrund der konstanten Einhüllenden nicht möglich. PSK–modulierte Signale müssen deshalb stets kohärent demoduliert werden, so daß nach den in Abschnitt 5.4.1 gegebenen Erläuterungen auf das Bandpaßfilter am Eingang (vgl. Bild 5.33) verzichtet werden kann. Eine etwaige Phasenabweichung $\Delta\phi_T$ zwischen den beiden Trägersignalen hat auch hier eine Verkleinerung der vertikalen Augenöffnung um den Faktor $\cos(\Delta\phi_T)$ zur Folge (vgl. Abschnitt 5.4.1).

Fehlerwahrscheinlichkeit

Oben wurde bereits darauf hingewiesen, daß die binäre PSK als ASK mit bipolaren Amplitudenkoeffizienten interpretiert werden kann. Die PSK–Augenöffnung ist deshalb doppelt so groß wie bei kohärenter ASK. Da hinsichtlich der Störungen kein Unterschied zu den in Abschnitt 5.4.1 angestellten Übrlegungen besteht, ergibt sich bei PSK ein um 6 dB größerer Signalstörabstand als bei ASK. Gegenüber FSK beträgt der Störabstandsgewinn noch 3 dB (vgl. Abschnitt 5.4.2).

Darüberhinaus können fast alle Angaben von Abschnitt 5.4.1 bezüglich Basisbandmodell, Systemoptimierung und Leistungsdichtespektren uneingeschränkt auf das PSK–System übertragen werden. Bei den Leistungsdichtespektren ist allerdings zu beachten, daß aufgrund der quasi–bipolaren Modulation keine frequenzdiskreten Anteile bei den Frequenzen $\pm f_T$ auftreten. Die 6 dB–Störabstandsverbesserung gegenüber der ASK kann damit auch so erklärt werden, daß bei Phasenumtastung die gesamte zur Verfügung stehende Sendeleistung zur Informationsübertragung eingesetzt wird. Hinsichtlich des erzielbaren Signalstörabstands ist die PSK das effektivste aller digitalen Trägerfrequenzverfahren (siehe auch [4], [18], [78], [250]).

5.4.4   Mehrstufige Phasenmodulation

Zur Verringerung des Bandbreitebedarfs werden bevorzugt mehrstufige Verfahren verwendet. Bei einem 4–PSK–System werden mittels eines Seriell/Parallel–Wandlers jeweils zwei aufeinanderfolgende Symbole des Quellensignals $q(t)$ in je ein Bit auf den zwei parallelen Strängen $q_1(t)$ und $q_2(t)$ umcodiert (*"Dibit"*). Die Bitdauer der beiden so gewonnenen Signalen wird dadurch gegenüber der des Quellensignals $q(t)$ verdoppelt. Damit wird die Bandbreite der einzelnen Spektren halbiert. Die beiden Signale $q_1(t)$ und $q_2(t)$ werden nach der Umcodierung mit den zueinander orthogonalen Trägersignalen $z_1(t)$ und $z_2(t)$ PSK–moduliert und anschließend gemeinsam über den Kanal übertragen (vgl. Bild 5.46(a)).

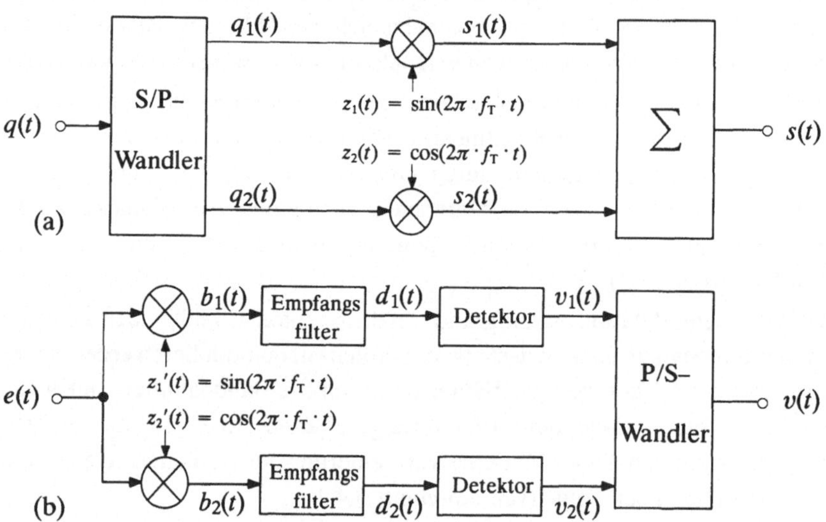

Bild 5.46: Sender (a) und Empfänger (b) bei vierstufiger PSK.

Streng genommen zeigt Bild 5.46(a) das Blockschaltbild eines 4–QAM–Modulators. Da aber bei vierstufigen Systemen und idealer Modulation mit einem Rechtecksignal das QAM–Signal dem PSK–modulierten Signal entspricht, kann das vierstufige PSK–Signal mit derselben Anordnung gewonnen werden. Aus den Phasenlagen 0°, 180° bzw. 90°, 270° der Signale $s_1(t)$ und $s_2(t)$ ergeben sich die resultierenden Phasenlagen 45°, 135°, 225°, 315° des 4–PSK–Sendesignals $s(t)$ entsprechend Bild 5.46(a).

Bild 5.46(b) zeigt das Blockschaltbild eines möglichen quaternären PSK–Empfängers. Das Empfangssignal $e(t)$ wird getrennt mit zwei um 90° verschobenen Trägersignalen synchrondemoduliert, anschließend gefiltert und detektiert. Aus den beiden Signalen $v_1(t)$ und $v_2(t)$ wird durch einen Parallel/Seriell–Wandler das Sinkensignal $v(t)$ gewonnen.

In der spektralen Darstellung wird zu dem rein imaginären Spektrum $S_1(f)$ das rein reelle Spektrum $S_2(f)$ hinzuaddiert. Der Gewinn an Bandbreite wird somit durch das gleichzeitige Übertragen zweier voneinander trennbarer Spektren der jeweils halben Bandbreite erreicht.

Durch Demodulation und Filterung geht die jeweils orthogonale Signalkomponente verloren. Wie auch am Phasendiagramm von Bild 5.47(b) zu erkennen ist, darf daher die Amplitude des Störsignals nur mehr das $1/\sqrt{2}$-fache der Amplitude des Sendesignals betragen. Im Vergleich zur binären PSK verringert sich somit – bei gleichbleibender Sendeleistung – das Signalstörleistungsverhältnis um den Faktor 2. Da aber auch nur die Hälfte der Bandbreite benötigt wird, kann durch eine Halbierung der Filtergrenzfrequenz die Störleistung in gleichem Maße verringert werden. Bei jeweiliger Optimierung der Parameter und Synchrondemodulation führen somit beide Systeme zur gleichen Fehlerwahrscheinlichkeit.

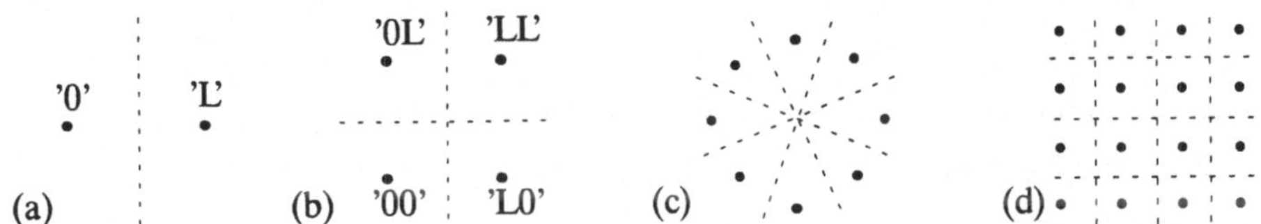

Bild 5.47: Phasendiagramme und Bereichsgrenzen einiger Modulationsverfahren:
2–PSK (a), 4–PSK bzw. 4–QAM (b), 8–PSK (c) und 16–QAM (d).

Dem Phasendiagramm ist weiter zu entnehmen, daß beim 4–PSK–Verfahren (mit Gray–Codierung) die ”00”/”LL”– bzw. ”0L”/”L0”–Übergänge Phasensprünge von $180°$ verursachen. Wie bei der binären PSK führen diese Phasensprünge bei Bandbegrenzung zu Einbrüchen in der Hüllkurve, die das Signal empfindlich gegenüber nichtlinearen Verzerrungen auf der Übertragungsstrecke machen. Eine Möglichkeit zur Verringerung dieser Beeinträchtigung besteht darin, die beiden Signale $q_1(t)$ und $q_2(t)$ um eine halbe Symboldauer (bezogen auf die Teilsignale) versetzt zu übertragen Dadurch treten nur noch $90°$–Phasensprünge auf, da sich aufgrund dieser Maßnahme die beiden Dibits nicht gleichzeitig ändern können.

Beim Übergang von der binären zur quaternären PSK (vgl. Bild 5.47(b)) konnte die benötigte Bandbreite bei gleichbleibender Übertragungsgüte um die Hälfte reduziert werden. Der Bedarf an Bandbreite läßt sich durch den Einsatz von Modulationsverfahren mit höherstufiger Phasenumtastung noch weiter verringern. Wie aber schon das Beispiel der 8–PSK von Bild 5.47(c) zeigt, muß mit der Erhöhung der Stufenzahl stets ein zunehmender Verlust an Signalstörabstand und somit eine höhere Fehlerwahrscheinlichkeit in Kauf genommen werden.

Der Verlust läßt sich jedoch durch Kombinationen aus den in Abschnitt 5.4 dargestellten Modulationsverfahren anstelle einer noch höherstufigen PSK verringern, z. B. durch die *Quadraturamplitudenmodulation* (QAM) als Kombination von ASK und PSK. In Bild 5.47(d) ist das Phasendiagramm für ein 16–QAM–System dargestellt. Hierbei wird in den beiden Strängen $q_1(t)$ und $q_2(t)$ jeweils ein vierstufiges bipolares ASK–Signal übertragen. Die beiden Stränge können dabei unabhängig voneinander behandelt und dementsprechend auch unabhängig voneinander entschieden werden.

Der Trend geht momentan zu noch höherer Stufenzahl, z. B. zum 256–QAM–System.

5.5　Einige Aspekte zur Systemsimulation

In den vorangegangenen Abschnitten von Kapitel 5 stand die Modellierung und Optimierung verschiedener Varianten digitaler Übertragungssysteme im Vordergrund. Nun folgen einige Gedanken über die Möglichkeiten und Grenzen der Systemsimulation.

Dazu werden zunächst nochmals die verschiedenen Funktionseinheiten eines digitalen Übertragungssystems zusammengestellt:

- digitale Quelle inklusive Multiplexeinrichtung,
- Codiereinrichtung,
- Modulation,
- Kanal unter Berücksichtigung von Verzerrungen und additiven Störungen,
- Empfangsfilter, entweder im Basisband oder bei einer Zwischenfrequenz,
- Demodulation,
- Entzerrung,
- Symboldetektion,
- Decodiereinrichtung,
- digitale Sinke inklusive Demultiplexeinrichtung,
- Einheit zur Rahmen- und Bitsynchronisierung, Takt- und Trägerrückgewinnung.

Es ist anzumerken, daß nicht jedes Digitalsystem alle hier aufgeführten Systemkomponenten beinhaltet.

Die in dieser Zusammenstellung mit ”Kanal” bezeichnete Einheit kann z. B. eine Zweidrahtleitung, ein Koaxialkabel, ein Lichtwellenleiter, eine Mobil- bzw. Richtfunkstrecke oder eine Satellitenverbindung sein. Durch die Vorgabe des Übertragungsmediums sind bereits viele der Systemparameter festgelegt, z. B. der Kanalfrequenzgang und der die Rauschstörungen beschreibende stochastische Prozeß.

Während bei leitungsgebundener Übertragung lineare Verzerrungen im wesentlichen durch den Skineffekt hervorgerufen werden, und als dominante Störquellen neben dem thermischen Empfängerrauschen vorwiegend Impulsstörungen und Nebensprechen von benachbarten Leitungen anzusehen sind, wird bei einer Mobil- oder Richtfunkstrecke das zeitvariante frequenzselektive Fading die Hauptursache für Übertragungsfehler sein. Auch bei der optischen Übertragung sind systemspezifische Beeinträchtigungen wie Schrotrauschen und Laserphasenrauschen zu berücksichtigen, deren Einfluß auch noch von der Betriebsart (z. B. Direktempfang oder kohärent-optische Detektion) abhängt.

Aufgrund der Vielfalt möglicher Übertragungsmedien und Modulationsverfahren lassen sich keine allgemeingültigen Regeln für die Dimensionierung eines digitalen Übertragungssystems angeben. Vielmehr muß bei jeder Neu- oder Weiterentwicklung eine detaillierte Systemanalyse und eine an die Rahmenbedingungen angepaßte Optimierung von Neuem erfolgen, auch wenn gewisse Richtlinien von bereits realisierten Systemkonzepten übernommen werden können und sollten.

Häufig spielen betriebstechnische, wirtschaftliche und politische Aspekte eine wichtige Rolle bei der Auswahl eines Übertragungsverfahrens. Auf diese Gesichtspunkte soll hier nicht eingegangen werden. Vielmehr bedeutet die Planung eines Digitalsystems aus der universitären Sicht des Autors die Bereitstellung "möglichst guter" Digitalkanäle bei vorgegebenen technischen Randbedingungen wie Bitrate, verfügbarer Sendeleistung, Übertragungsmedium und Störungen, wobei als das entscheidende Qualitätsmerkmal die zu erwartende Fehlerhäufigkeit dient.

Zu Beginn einer jeden Systemplanung muß zunächst geklärt werden, welche Lösungswege aufgrund der Randbedingungen überhaupt in Frage kommen. Beispielsweise kann bei Funkstrecken oder Lichtwellenleitern die Basisbandübertragung von vorneherein ausgeschlossen werden. Anschließend sind für die möglichen Realisierungsformen Grobkonzepte in Form von Blockschaltbildern zu entwerfen. Desweiteren müssen die einzelnen Systemkomponenten sowie die zu erwartenden Störgrößen durch geeignete physikalische und/oder mathematische Modelle beschrieben werden, wobei meist ein Kompromiß zwischen möglichst guter Nachbildung der zu modellierenden Systemkomponenten und mathematischer Handhabbarkeit gefunden werden muß.

Auch nach der Festlegung wichtiger Systemgrößen aufgrund dieser Vorauswahl verbleiben eine Vielzahl von Systemparametern und Funktionsverläufen. Vor einer Systemsimulation sollten möglichst viele dieser variierbaren Größen mittels Optimierung bestimmt werden, sei es in analytischer Form oder durch numerische Verfahren. Zu den optimierbaren Systemgrößen gehören beim Sender der verwendete Code (insbesondere Stufenzahl und Redundanz) sowie die Sendeimpulsform, während empfangsseitig neben dem Detektionsalgorithmus vor allem die Filterkomponenten einer Optimierung bedürfen. Anzumerken ist, daß das betrachtete Blockschaltbild vor einer Optimierung aus Rechenzeitgründen meist drastisch vereinfacht werden muß.

Hierzu einige Beispiele: Die Synchronisationseinrichtung zur Erzeugung von Taktsignal und empfangsseitigem Trägersignals, die meist eine Frequenz– und Phasenregelung beinhaltet (bei optischen Systemen zusätzlich eine Polarisationsregelung), kann in einem ersten Ansatz als ideal angenommen werden. Ein Bandpaßsystem kann durch das entsprechende Basisbandmodell ersetzt werden. Für die Frequenzgänge sind vorzugsweise systemtheoretische Funktionen mit nur wenigen Parametern anzusetzen, und die mittlere Fehlerwahrscheinlichkeit als das entscheidende Gütekriterium ist durch rechenzeitgünstigere Näherungen, z. B. durch die ungünstigste Fehlerwahrscheinlichkeit, zu ersetzen. Bei all derartigen Maßnahmen ist jedoch streng darauf zu achten, daß der grundsätzliche Zusammenhang zwischen physikalischer Realität und Modell nicht verloren geht.

Die hier beschriebene Vorgehensweise kann durchaus schwierig sein, trotzdem sollte nicht darauf verzichtet werden. Eine sofortige Realisierung des Systems und dessen Anpassung an die gestellten Anforderungen nach dem Prinzip *"Try and Error"* führt selten zu einem befriedigenden Ergebnis und nie zum Optimum. In einigen Fällen ist dieser Weg schon aus technischen Gründen unmöglich oder zumindest unwirtschaftlich, z. B. bei der Planung zukünftiger Satellitenverbindungen.

Erst im Anschluß an die Optimierungsphase sollte auf die Simulation übergegangen werden. Unter Simulation wird hier die funktionelle Nachbildung eines Übertragungssystems (oder einzelner Teilkomponenten) auf einer Recheneinheit verstanden.

Die Vorgehensweise bei einer Simulation wird entscheidend dadurch geprägt, ob sie in Echtzeit erfolgen soll oder nicht. Beim Einsatz eines herkömmlichen Digitalrechners (z. B. Personalcomputer, Workstation, Großrechenanlage) ist eine Echtzeitsimulation nicht möglich. Im allgemeinen ist hier die erforderliche Rechenzeit T_R zur Simulation eines Zeitausschnitts der Dauer T_0 um ein Vielfaches größer als T_0, wobei T_R sowohl von der Komplexität des Simulationsobjekts als auch von der Leistungsfähigkeit und Auslastung des eingesetzten Rechners abhängt.

Durch den Einsatz spezieller Prozessoren (z. B. Signalprozessoren und Parallelrechner) ist unter Umständen eine Echtzeitsimulation ($T_R = T_0$) möglich. Diese bietet unter anderem den Vorteil, daß die mittels Simulation gewonnenen Signale nach einer Digital/Analog–Wandlung physikalisch vorliegen und somit auch eine hybride Simulationstechnik mit Hard– und Softwarekomponenten ermöglicht wird. Außerdem stellt der jeweilige Programmteil zur Simulation einzelner Systemkomponenten gleichzeitig die digitale Realisierung dieser Komponente dar.

Grenzen der Echtzeitsimulation sind durch die Leistungsfähigkeit der Prozessoren und die Komplexität des Übertragungssystems gegeben, so daß derzeit (1993) nur relativ geringe Bitraten im kbit/s–Bereich in Echtzeit simuliert werden können.

Zur Verdeutlichung hierzu ein Zahlenbeispiel: Bei einer Bitrate von $R = 1$ kbit/s und einer Zeitdiskretisierung von 100 Abtastwerten pro Bit ergibt sich für die Zeitrasterung $T_A = 10\,\mu s$. Ein Prozessor mit einer Rechenleistung von 50 MFLOPS kann während dieses Intervalls 500 Gleitkommaoperationen abarbeiten. Durch Kopplung mehrerer parallel betriebener Prozessoren kann auf diese Weise die Simulation eines vollständigen Übertragungssystems mit vielen Einzelkomponenten in Echtzeit erfolgen.

Eine Simulation ohne Echtzeitbedingungen stellt weniger starke Anforderungen an Hardware, Software und Programmierer. Inzwischen gibt es eine große Anzahl kommerzieller Simulationsprogramme auf dem Gebiet der Digitalsignalübertragung.

Diese Simulationsprogramme basieren meist auf den im vorliegenden Buch beschriebenen Grundlagen der Systemtheorie und der Statistik. Es ist nicht die Intention des Autors, eine Bewertung der verschiedenen, aus Fachzeitschriften hinreichend bekannten Simulationsprogramme vorzunehmen. Vielmehr sollten mit diesem Buch dem Leser die theoretischen und programmtechnischen Voraussetzungen an die Hand gegeben werden, um die Angaben und Ausgaben derartiger Programme überprüfen zu können.

Die in den Kapiteln 2 bis 5 sowie im Anhang aufgeführten Programme entstammen meist dem Praktikum "Simulation von Nachrichtensystemen" (vgl. [208]). Dieses ist als Tutorial mit programmtechnischen Übungen konzipiert und behandelt die im Buch angesprochene Thematik (Dauer der Versuchsdurchführung inklusive Vorbereitung: ca. 80 Stunden). Das Softwarepaket mit 18 interaktiven Graphikprogrammen kann über den Lehrstuhl für Nachrichtentechnik der Technischen Universität München bezogen werden.

Abschließend soll an einigen Beispielen der Bezug zwischen der Simulation einzelner Funktionseinheiten eines digitalen Übertragungssystems und den in den Kapiteln 2 bis 4 dargelegten Grundlagen hergestellt werden:

– Die Simulation einer redundanzfreien digitalen Quelle kann als diskrete Zufallsgröße (Abschnitt 3.5.1) oder mit Hilfe von PN–Generatoren (Abschnitte 3.5.2 und 4.2.3) erfolgen. Statistische Bindungen innerhalb des Quellensignals können z. B. durch Markovprozesse (Abschnitt 4.2.5) eingebracht werden.

– Zur Berücksichtigung eventueller Codier- und Decodiereinrichtungen kann auf die Erläuterungen in den Abschnitten 4.2.4 und 5.2 zurückgegriffen werden. Es ist anzumerken, daß in diesem Buch hinsichtlich Codierung die spektrale Anpassung des Sendesignals an den Übertragungskanal (*"Leitungscodierung"*) im Vordergrund steht. Hierbei werden sowohl Codes zur symbolweisen als auch zur blockweisen Codierung behandelt. Fehlererkennung und Fehlerkorrektur werden dagegen nur am Rande erwähnt. Hierzu sei auf die im Kapitel 6 angegebene Literatur verwiesen.

– Von den zahlreichen aus der Literatur bekannten digitalen Modulationsverfahren sind neben der grundlegenden Basisbandübertragung (Abschnitt 5.1) auch die wichtigsten trägermodulierten Systeme – nämlich ASK, FSK und PSK – behandelt (Abschnitt 5.4). Bei letzteren kann das erforderliche Trägersignal z. B. mit einem rekursiven Filter zweiter Ordnung generiert werden (siehe Beispiel 2.10 in Abschnitt 2.3.3).

– Eine Alternative zur vollständigen Simulation von trägermodulierten Systemen bietet das äquivalente Basisbandmodell (Abschnitt 5.4.1). Dieser Weg ist vor allem dann empfehlenswert, wenn sich die Untersuchungen auf die nichtbandpaßspezifischen Eigenschaften wie Fehlerwahrscheinlichkeit, Code–Effizienz usw. beschränken.

– Der Einfluß des Kanalfrequenzgangs (lineare Verzerrungen) entspricht im Zeitbereich der Faltungsoperation seiner Impulsantwort mit dem Eingangssignal. Bei einer Echtzeitsimulation muß die Berechnung des Kanalausgangssignals stets auf diese Weise erfolgen. Die erforderliche Rechenzeit kann jedoch entscheidend verringert werden, wenn es gelingt, den Kanalfrequenzgang durch ein rekursives Filter niedriger Ordnung zu approximieren (vgl. Programmbeispiel 2.5 im Abschnitt 2.3).

– Eine blockweise Berechnung des Kanalausgangssignals im Frequenzbereich mittels Fast–Fouriertransformation (Abschnitt 2.1.4 und 2.1.5) kann u. U. von Vorteil sein. Zu beachten sind hier die Übergänge zwischen den einzelnen FFT–Blöcken, insbesondere bei der Simulation von Signalen mit weitreichenden statistischen Bindungen. Die im Abschnitt 4.1.4 angesprochene Überlappung der Intervalle schafft Abhilfe.

– Gaußverteilte Störungen können entsprechend Abschnitt 3.3 nach der Additionsmethode oder dem Box–Muller–Verfahren generiert werden. Dagegen erzeugt man Störungen mit davon abweichender Amplitudenverteilung meist durch nichtlineare Transformation (Abschnitt 3.4.1). Voraussetzung für die Anwendung dieser Algorithmen ist die Bereitstellung eines Zufallsgenerators für statistisch unabhängige und gleichverteilte Größen. Programmtechnisch erzielt man eine solche Gleichverteilung mit – auch hinsichtlich der zeitlichen Bindungen – guten statistischen Eigenschaften z. B. mit Hilfe eines "Linear Congruential Generator" (Abschnitt 3.2).

- "Farbige Störungen" können aus einem Zufallssignal mit statistisch unabhängigen Abtastwerten entsprechend Abschnitt 4.3.2 durch lineare Filterung erzeugt werden, wobei die Bestimmung der Filterkoeffizienten für ein zu modellierendes Leistungsdichtespektrum ein nicht zu unterschätzendes Problem darstellt (vgl. Abschnitt 4.3.3). Für den Fall nicht gaußverteilter Störungen mit statistischen Bindungen werden im Abschnitt 4.3.4 zwei mögliche Verfahren kurz skizziert.

- Für bestimmte Anwendungen, z. B. Effizienzuntersuchungen von Codes, ist es vorteilhaft, den gesamten Kanaleinfluß (Verzerrungen und Störungen) durch ein diskretes Modell auf Bitfehlerebene zu erfassen. Als äußerst rechenzeitsparend erweist sich hier, falls keine Echtzeitanforderungen vorliegen, die in Abschnitt 3.5.1 beschriebene Fehlerabstandssimulation. Zur Erfassung von Kanälen mit Bündelfehlercharakteristik eignen sich die Modelle von Gilbert–Elliott und McCullough (vgl. Abschnitt 4.2.6), die auf Markovprozessen erster Ordnung basieren.

- Bei sendeseitiger Modulation mit einem sinusförmigen Träger muß im Empfänger das Signal wieder in das Basisband zurückgesetzt werden. In dieser Arbeit sind von der Vielzahl möglicher Demodulationsverfahren die kohärente Synchron– sowie die inkohärente Hüllkurvendemodulation beschrieben (Abschnitt 5.4). Einige weitere Demodulationsverfahren können den zitierten Literaturstellen entnommen werden.

- Der Empfänger stellt eine wichtige Einheit des gesamten Übertragungssystemes dar, dessen Dimensionierung die Fehlerwahrscheinlichkeit in starkem Maße beeinflußt. Auf die Besonderheiten der linearen Signalentzerrung wird insbesondere in den Abschnitten 4.4 ("Optimale Filter") und 5.1.5 ("Nyquistsysteme") eingegangen. Allgemeine Angaben zur Systemoptimierung finden sich im Abschnitt 5.1.4.

- Ein wichtiges Beurteilungskriterium von Übertragungssystemen mit Schwellenwertentscheidung ist die vertikale Augenöffnung. Eine Programmimplementierung zur Simulation des Augendiagramms ist im Abschnitt 5.1.3 bzw. Anhang angegeben.

- Durch eine intelligentere Empfängerstrategie – z. B. Entscheidungsrückkoppelung, Korrelations– und Viterbi–Empfänger (Abschnitt 5.3.1 bis 5.3.3) – können deutlich günstigere Ergebnisse erzielt werden als mit einem einfachen Schwellenwertentscheider gemäß Abschnitt 5.1.1, insbesondere bei stark verzerrenden Kanälen. Für einen Viterbi–Entscheider sind die Algorithmen zur Bestimmung von Fehlergrößen und entschiedener Symbolfolge in Form eines FORTRAN– bzw. C–Programms (siehe Abschnitt 5.3.3 bzw. Anhang) explizit angegeben.

- Die Bitfehlerquote bestimmt man durch einen Vergleich von Quellen– und Sinkensymbolfolge entsprechend Abschnitt 3.5.1. Bei einer sequentiellen Simulation kann (im Gegensatz zu einer Echtzeitsimulation) die Synchronisationseinheit zur Vereinfachung als ideal angenommen werden. Die vielfachen Aufgaben dieser Systemeinheit, z. B. regelungstechnische Aspekte zur Stabilisierung von Frequenz, Phase und Polarisation, sind nicht Inhalt dieses Buches.

Der Autor dankt dem Leser, der bis zu den letzten Zeilen diese Buches durchgehalten hat, für das entgegengebrachte Interesse.

6 Literaturverzeichnis

[1] Aaron, M.R.; Tufts, D.W.: *Intersymbol Interference and Error Probability*. In: IEEE Trans. Inform. Theory Vol. IT–12 (1966), S. 26–34.

[2] Achilles, D.: *Die Fourier–Transformation in der Signalverarbeitung – Kontinuierliche und diskrete Verfahren in der Praxis*. 2. Auflage. Berlin: Springer, 1985.

[3] Aein, J.M.; Haucock, J.C.: *Reducing the Effects of Intersymbol Interference with Correlation Receivers*. In: IEEE Trans. Inform. Theory, Vol. IT–9 (1963), S. 167–175.

[4] Anderson, J.B.; Aulin, T.; Sundberg, C.E.: *Digital Phase Modulation*. New York: Plenum Press, 1986.

[5] Andexser, W.: *Untersuchung von Datenübertragungssystemen mit adaptiver quantisierter Rückkopplung*. Dissertation, Technische Universität Stuttgart, 1977.

[6] Antreich, K.: *Mathematische Methoden der Informationstechnik*. Vorlesungsmanuskript, Lehrstuhl für Rechnergestütztes Entwerfen, Technische Universität München, 1991.

[7] Aulin, T.; Sundberg, C.E.: *An Easy Way to Calculate Power Spectrum for Digital FM*. In: IEEE Proc. Commun. 1983, S. 519–525.

[8] Azizi, S.A.: *Entwurf und Realisierung digitaler Filter*. München: Oldenbourg, 1981.

[9] Bailey, N.T.J.: *The Elements of Stochastic Processes*. New York: John Wiley & Sons, 1964.

[10] Bamler, R.: *Mehrdimensionale lineare Systeme*. Berlin: Springer, 1989.

[11] Bamler, R.; Hofer-Alfeis, J.: *2D Linear Space Variant Processing by Coherent Optics: A Sequence Convolution Approach*. In: Optics Comm. 43 (1982), S. 97–102.

[12] Bear, D.: *Principles of Telecommunication–Traffic Engineering*. London: The Institution of Electrical Engineers, 1980.

[13] Beare, C.: *The Choice of the Desired Impulse Response in Combined Linear Viterbi Algorithm Equalizers*. In: IEEE Trans. Commun. Vol. COM–26 (1978), S. 1301–1307.

[14] Becker, J.; Dreyer, H.J.; Haacke,W.; Nabert, R.: *Numerische Mathematik für Ingenieure*. 2. Auflage. Stuttgart: B.G. Teubner, 1985.

[15] Belfiore, C.A.; Park, J.H.: *Decision Feedback Equalization*. In: Proc. of the IEEE Vol. 67 (1979), S. 1143–1156.

[16] Bell, R.J.: *Introductory Fourier Transform Spectroscopy*. New York: Academic Press, 1972.

[17] Bellanger, M.: *Digital Processing of Signals*. Chichester: John Wiley & Sons, 1984.

[18] Benedetto, S.; Biglieri, E.; Castellani, V.: *Digital Transmission Theory*. Englewood Cliffs, New Jersey: Prentice Hall, 1987.

[19] Benes, V.E.: *Mathematical Theory of Connecting Networks and Telephone Traffic*. San Diego: Academic Press, 1965.

[20] Bennett, W.; Davey, J.: *Data Transmission*. New York: McGraw–Hill, 1965.

[21] Berger, T.; Tufts, D.W.: *Optimum Pulse Amplitude Modulation. Part I: Transmitter-Receiver Design and Bounds from Information Theory*. In: IEEE Trans. Inform. Vol. IT–13 (1966), S. 196–208.

[22]   Berghaus, T.: *Equalization of a Coaxial Cable for Digital Transmission*. TH–Report 78–E–80, Universität Eindhoven.

[23]   Bernstein, S.N.: *Sur l'extension de Théorème limite du calcul des probabilités aux sommes de quantités dépendantes*. In: Math. Ann. 97 (1926), S. 1.

[24]   Bertelsmeier, M.: *Blockcodes für digitale Basisbandübertragung – Vergleich einiger 4B3T–Blockcodes*. In: NTG–Fachbericht 64 (1978).

[25]   Blackman, R.B.; Tukey, J.W.: *The Measurement of Power Spectra*. New York: Dover, 1958.

[26]   Blahut, R.E.: *Principles and Practice of Information Theory*. Reading, Massachusetts: Addison–Wesley, 1987.

[27]   Bocker, P.: *Datenübertragung – Band I: Grundlagen*. 2. Auflage. Berlin: Springer, 1983.

[28]   Böhme, J.F.: *Stochastische Signale*. Stuttgart: B.G. Teubner, 1993.

[29]   Box, G.E.P.; Muller, M.E.: *A Note on the Generation of Random Normal Deviates*. In: Ann. Math. Stat. 29 (1958), S. 610–611.

[30]   Bratley, P.; Fox, B.L.; Schrage, L.E.: *A Guide to Simulation*. New York: Springer, 1987.

[31]   Brigham, E.O.: *FFT – Schnelle Fourier-Transformation*. München: Oldenbourg, 1982.

[32]   Bronstein, I.N.; Semendjajew, K.A.: *Taschenbuch der Mathematik*. Frankfurt: Harry Deutsch, 1979.

[33]   Burrus, C.S.; Parks, T.W.: *DFT/FFT and Convolution Algorithms – Theory and Implementation*. New York: John Wiley & Sons, 1985.

[34]   Byatt, W.; Karni, S.: *Mathematical Methods in Continous and Discrete Systems*. Holt-Saunders, 1982.

[35]   Campbell, G.A.; Foster, R.M.: *Fourier Integrals for Practical Applications*. Princeton: Van Nostrand, 1961.

[36]   Cantoni, A.; Kwong, K.: *Further Results on the Viterbi Algorithm Equalizer*. In: IEEE Trans. Inform. Vol. IT–20 (1974), S. 764–767.

[37]   Cariolaro, G.L.: *Error Probability in Digital Fibre Communication Systems*. In: IEEE Trans. Inform. Vol. IT–24 (1978), S. 213–221.

[38]   Cattermole, K.W.: *Signale und Wellen*. Weinheim: Chemie, 1985.

[39]   CCITT: *Digital Networks – Transmission Systems and Multiplexing Equipment*. Genf: Red Book Volume III – Fascicle III.3, Recommendations G.700–G.956, 1985.

[40]   Chung, K.L.: *Markov Chains with Stationary Transition Probabilities*. Berlin: Springer, 1967.

[41]   Chung, K.L.: *Elementare Wahrscheinlichkeitstheorie und stochastische Prozesse*. Berlin: Springer, 1978.

[42]   Conrads, D.: *Datenkommunikation (Verfahren, Netze, Dienste)*. Braunschweig: F. Vieweg & Sohn, 1989.

[43]   Cooley, J.W.; Lewis, P.A.W.; Welch, P.D.: *The Finite Fourier Transform*. In: IEEE Trans. Audio- and Electroacoust. AU–17 (1969), S. 77–85.

[44]   Cooley, J.W.; Lewis, P.A.W.; Welch, P.D.: *The Fast Fourier Transform Algorithm: Programming Considerations in the Calculation of Sine, Cosine and Laplace Transforms*. In: J. Sound and Vibration 12 (1970), S. 315–337.

[45]   Cooley, J.W.; Tukey, J.W.: *An Algorithm for the Machine Calculation of Complex Fourier Series*. In: Math. Comput. 19 (1965), S. 279–301.

[46]   Cramer, H.: *Mathematical Methods of Statistics*. Princeton: Princeton University Press, 1974.

[47]   Cygan, D.; Franz, J.; Söder, G.: *Einfluß eines Filters auf nicht–gaußverteilte Zufallsprozesse.* In: Arch. Elektr. Übertr.-techn. 40 (1986), S. 377–384.

[48]   Davenport, W.B.: *Probability and Random Processes.* New York: McGraw–Hill, 1970.

[49]   Derr, F.: *Optische Übertragungssysteme mit quaternärer Phasenmodulation und Überlagerungsempfang.* Dissertation. Technische Universität München, 1991.

[50]   Dieter, U.: *Pseudo–Random Numbers: The Exact Distribution of Pairs.* In: Math. Comput. 25(1971), S. 855–883.

[51]   Dippold, M.: *Die Entzerrung von Gradientenlichtwellenleitern mittels Quantisierter Rückkopplung.* Dissertation. Technische Universität München, 1985.

[52]   Dirndorfer, J.: *Simulation und Analyse hochratiger digitaler Übertragungssysteme unter Berücksichtigung der Quantisierten Rückkopplung.* Dissertation. Technische Universität München, 1983.

[53]   Doetsch, G.: *Anleitung zum praktischen Gebrauch der Laplace–Transformation und der Z–Transformation.* München: Oldenbourg, 1967.

[54]   Doetsch, G.: *Einführung in Theorie und Anwendung der Laplace–Transformation.* 2. Auflage. Basel: Birkhäuser, 1970.

[55]   Dorsch, B.: *Vorwärtsfehlerkorrektur bei zeitvarianter Störung,* In: Frequenz 35 (1981), S. 96–106.

[56]   Dorsch, B.; Hagenauer, J.: *Kanalcodierung.* CCG – Kurs IT 11.15, Oberpfaffenhofen, 1991.

[57]   Duel–Hallen, A.: Heegard, C.: *Delayed Decision–Feedback Sequence Estimation.* In: IEEE Trans. Commun. Vol. COM–37 (1989), S. 428–436.

[58]   Duhamel, P.: *Implementation of Split–Radix–FFT–Algorithm for Complex, Real and Real–Symmetric Data.* In: IEEE Trans. ASSP 34 (1986), S. 285–295.

[59]   Duhamel, P.; Hollmann,H.: *Split–Radix–FFT–Algorithm.* In: Electron. Lett. 20 (1984), S.14–16.

[60]   Eichin, K.: *Echtzeitsimulation eines digitalen Übertragungssystems mit Direct–Sequence–Bandspreizung durch gekoppelte Signalprozessoren.* In: Frequenz 46 (1992), S. 285–290.

[61]   Eichin, K.; Heidner, D.; Söder, G.: *Impulsinterferenzen in digitalen Übertragungssystemen mit Direct–Sequence–Bandspreizung.* In: Frequenz 44 (1990), S. 56–61.

[62]   Elliott, E.O.: *Estimates of Error Rates for Codes on Burst–Noise Channels.* In: Bell Syst. Techn. J. 42 (1963), S. 1977–1997.

[63]   Engel, A.: *Wahrscheinlichkeitsrechnung und Statistik.* Stuttgart: Ernst Klett, 1973.

[64]   Entenmann, W.: *CCD–Filter.* München: Oldenbourg, 1980.

[65]   Färber, G.: *Die Kanalkapazität allgemeiner Übertragungskanäle bei begrenztem Signalwertbereich, beliebiger Signalübertragungszeit sowie beliebiger Störung.* In: Arch. Elektr. Übertr.-techn. 21 (1976), S. 565–574 und S. 653–660.

[66]   Falconer, D.; Magee, F.: *Adaptive Channel Memory Truncation for Maximum Likelihood Sequence Estimation.* In: Bell Syst. Techn. J. 52 (1973), S. 1541–1562.

[67]   Fano, R.M.: *Informationsübertragung.* München: Oldenbourg, 1966.

[68]   Fettweis, A.: *Wave Digital Filters: Theory and Practice.* In: Proc. IEEE 74 (1986), S. 270–327.

[69]   Fettweis, A.: *Elemente nachrichtentechnischer Systeme.* Stuttgart: B.G. Teubner, 1990.

[70]   Fetzer, V.: *Einschwingvorgänge in der Nachrichtentechnik.* Berlin: VEB Technik, 1958.

[71]   Finger, A.: *Digitale Signalstrukturen in der Informationstechnik.* Berlin: VEB Verlag Technik, 1985.

[72]   Fisz, M.: *Wahrscheinlichkeitsrechnung und mathematische Statistik.* Berlin: VEB Verlag der Wissenschaften, 1958.

[73]   Fliege, N.: *Systemtheorie.* Stuttgart: B.G. Teubner, 1991.

[74]   Föllinger, O.: *Laplace– und Fourier–Transformation.* Berlin: Elitera, 1977.

[75]   Forney, G.D.: *Lower Bounds on Error Probability in the Presence of Large Intersymbol Interference.* In: IEEE Trans. Commun. Vol. COM–20 (1972), S. 76–77.

[76]   Forney, G.D.: *Maximum Likelihood Sequence Estimation of Digital Sequences in the Presence of Intersymbol Interference.* In: IEEE Trans. Inform. Vol. IT–18 (1972), S. 363–378.

[77]   Forney, G.D.: *The Viterbi Algorithm.* In: Proc. IEEE 61 (1973), S. 268–278.

[78]   Franz, J.: *Optische Übertragungssysteme mit Überlagerungsempfang.* Berlin: Springer, 1988.

[79]   Fritz, F.J.; Huppert, B.; Willems, W.: *Stochastische Matrizen.* Berlin: Springer, 1979.

[80]   Fritzsche, G.: *Signale und Funktionaltransformationen.* Berlin: VEB Technik, 1985.

[81]   Fritzsche, G.: *Theoretische Grundlagen der Nachrichtentechnik.* 4. Auflage. Berlin: VEB Technik, 1987.

[82]   Gallager, R.G.: *Information Theory and Reliable Communication.* New York: John Wiley & Sons, 1968.

[83]   Gardiner, C.: *Handbook of Stochastic Methods.* Berlin: Springer, 1983.

[84]   Gerdsen, P.: *Digitale Übertragungstechnik.* Stuttgart: B.G. Teubner, 1983.

[85]   Gerke, P.R.: *Digitale Kommunikationsnetze.* Berlin: Springer, 1991.

[86]   Gilbert, E.N.: *Capacity of Burst–Noise Channels.* In: Bell Syst. Techn. J. 39 (1960), S. 333–350.

[87]   Glave, F.E.: *An Upper Bound on the Probability of Error due to Intersymbol Interference for Correlated Digital Signals.* In: IEEE Trans. Inform. Vol. IT–18 (1972), S. 356–363.

[88]   Gray, R.M.; Davisson, L.D.: *A Mathematical Approach for Engineers.* Englewood Cliffs, New Jersey: Prentice Hall, 1986.

[89]   Hänsler, E.: *Grundlagen der Theorie statistischer Signale.* Berlin: Springer, 1983.

[90]   Hänsler, E.: *Statistische Signale.* Berlin: Springer, 1991.

[91]   Hagenauer, J.: *Viterbi Decoding of Convolutional Codes for Fading and Burst–Channels.* In: Proc. of the 1980 Zurich Seminar, 1980.

[92]   Hagenauer, J.; Höher, P.: *A Viterbi Algorithm with Soft–Decision Outputs and its Applications.* In: Proc. of the GLOBECOM'89 (1989), S. 47.1.1– 47.1.7.

[93]   Hamming, R.W.: *Coding and Information Theory.* Englewood Cliffs, New Jersey: Prentice Hall, 1980.

[94]   Harris, F.J.: *On the Use of Windows for Harmonic Analysis with the Discrete Fourier Transform.* In: Proc. IEEE 66 (1978), S. 51–63.

[95]   Hauske, G.: *Statistische Methoden der Nachrichtentechnik.* Vorlesungsmanuskript. Lehrstuhl für Nachrichtentechnik, Technische Universität München, 1980.

[96]   Haykin, S.: *Digital Communications.* New York: John Wiley & Sons, 1988.

[97]   Heller, W.D.; Lindenberg, H.; Nuske, M.; Schriever, K.H.: *Wahrscheinlichkeitsrechnung (Teil 1 und 2).* Basel: Birkhäuser, 1979.

[98]   Herter, E.; Röcker, W.; Lörcher, W.: *Nachrichtentechnik: Übertragung, Vermittlung und Verarbeitung.* 2. Auflage. München: Hauser, 1981.

[99]   Heute, U.: *Fehler in DFT und FFT – Neue Aspekte in Theorie und Anwendung.* Habilitation, Universität Erlangen–Nürnberg, 1982.

[100]   Höge, H.: *Berechnung der Fehlerwahrscheinlichkeit in regenerativen Systemen mit quanti-sierter Rückkopplung*. In: Arch. Elektr. Übertr.-techn. 30 (1976), S. 130–135.

[101]   Hölzler, E.; Holzwarth, H.: *Pulstechnik I und II*. Berlin: Springer, 1975 und 1976.

[102]   Hofer–Alfeis, J.: *Übungsbeispiele zur Systemtheorie*. Berlin: Springer, 1985.

[103]   Huber, J.: *Codierung für gedächtnisbehaftete Kanäle*. Dissertation, Universität der Bundeswehr, München, 1982.

[104]   Huber, J.: *Zur Anwendung von Kanalmodellen für Codierverfahren*. In: NTG–Fach-berichte 84 (1983), S. 51–59.

[105]   Huber, J.: *Detektoren und Optimalfilter für Digitalsignale mit Impulsinterferenzen, Teil I: Optimaldetektion und Whitened Matched Filter, Teil II: Suboptimale Filter*. In: Frequenz 41 (1987), S. 161–167 und S. 189–196.

[106]   Huber, J.: *Trelliscodierung – Grundlagen und Anwendungen in der digitalen Übertragungs-technik*. Berlin: Springer, 1992.

[107]   Jackson, L.B.: *Digital Filters and Signal Processing*. Boston: Kluwer, 1986.

[108]   Jayant, N.S.; Noll, P.: *Digital Coding of Waveforms*. Englewood Cliffs, New Jersey: Prentice Hall, 1984.

[109]   Jelinek, F.: *Probabilistic Information Theory*. New York: McGraw–Hill, 1968.

[110]   Jeng, Y.C.; Liu, B.; Thomas, J.B.: *Probability of Error in PAM–Systems with Intersymbol Interference and Additive Noise*. In: IEEE Trans. Inform. Vol. IT–23 (1977), S. 575–582.

[111]   Jessop, A.; Waters, D.B.: *4B3T, an Efficient Code for PCM Coaxial Line Systems*. In: Proc. of 17th International Scientific Congress on Electronics, Rome 1970, S. 275–283.

[112]   Johann, J.: *Modulationsverfahren – Grundlagen analoger und digitaler Übertragungs-systeme*. Berlin: Springer, 1992.

[113]   Kaden, H.: *Theoretische Grundlagen der Datenübertragung*. München: Oldenbourg, 1968.

[114]   Kammeyer, K.D.: *Nachrichtenübertragung*. Stuttgart: B.G. Teubner, 1992.

[115]   Kammeyer, K.D.; Kroschel, K.: *Digitale Signalverarbeitung*. Stuttgart: B.G. Teubner, 1989.

[116]   Kanal, L.N.; Sastry, A.R.K.: *Models for Channels with Memory and their Applications to Error Control*. In: Proc. IEEE Vol. 66 (1978), S. 724–744.

[117]   Kay, S.M.; Marple, S.L.: *Spectrum Analysis – a Modern Perspective*. In: Proc. IEEE 69 (1981), S. 1380–1419.

[118]   Khintchine, A.: *Korrelationstheorie der stationären stochastischen Prozesse*. In: Math. Ann. 109 (1934), S. 604–615.

[119]   Kittel, L.: *Analoge und diskrete Kanalmodelle für die Signalübertragung beim beweg-lichen Funk*. In: Frequenz 36 (1982), S. 153–160.

[120]   Knuth, D.E.: *The Art of Computer Programming (Vol. 1)*. 2. Auflage. Reading, Mass.: Addison–Wesley, 1973.

[121]   Knuth, D.E.: *The Art of Computer Programming (Vol. 2)*. 2. Auflage. Reading, Mass.: Addison–Wesley, 1981.

[122]   Kolmogoroff, A.N.: *Grundbegriffe der Wahrscheinlichkeitsrechnung*. Berlin: Springer, 1933.

[123]   Korn, G.A.: *Random–Process Simulation and Measurements*. New York: McGraw–Hill, 1966.

[124]   Korn, I.: *Digital Communication*. Amsterdam: North Holland, 1985.

[125]   Kreß, D.: *Zur Übertragung digitaler Signale auf Kabeln*. Habilitation. Technische Hochschule Ilmenau, 1975.

[126]   Kreß, D.: *Theoretische Grundlagen der Übertragung digitaler Signale*. Berlin: Akademie-Verlag, 1979.

[127]   Kreß, D.; Irmer, R.: *Angewandte Systemtheorie*. Berlin: VEB Verlag Technik, 1989.

[128]   Kreyszig, E.: *Statistische Methoden und ihre Anwendungen*. 3. Auflage. Göttingen: Vandenhoeck & Ruprecht, 1968.

[129]   Krick, W.; Baack, C.: *Vergleich von "Nyquist-" und "Partial-Response-" Übertragungsverfahren für digitale Lichtwellenleitersysteme*. In: Arch. Elektr. Übertr.-techn. 35 (1981), S. 265-274.

[130]   Kroschel, K.: *Statistische Nachrichtentheorie. 1. Teil: Signalerkennung und Parameterschätzung*. 2. Auflage. Berlin: Springer, 1986.

[131]   Kroschel, K.: *Statistische Nachrichtentheorie. 2. Teil: Signalschätzung*. 2. Auflage. Berlin: Springer, 1988.

[132]   Kroschel, K.: Datenübertragung. Berlin: Springer, 1991.

[133]   Küpfmüller, K.: *Die Systemtheorie der elektrischen Nachrichtenübertragung*. 4. Auflage. Stuttgart: Hirzel, 1974.

[134]   Lacroix, A.: *Digitale Filter*. 2. Auflage. München: Oldenbourg, 1985.

[135]   Lee, W.U.; Hill, F.S.: *A Maximum-Likelihood Sequence Estimator with Decision-Feedback Equalization*. In: IEEE Trans. Commun., Vol. COM-25 (1977), S. 971-979.

[136]   Lee, E.A.; Messerschmitt, D.G.: *Digital Communication*. Boston: Kluwer Academic Publishers, 1988.

[137]   Lehn, J.; Wegmann, H.: *Einführung in die Statistik*. 2. Auflage. Stuttgart: B.G. Teubner, 1992.

[138]   Lucky, R.; Saltz, J.; Weldon, E.: *Principles of Data Communications*. New York: McGraw-Hill, 1968.

[139]   Lücker, R.: *Grundlagen digitaler Filter*. Berlin: Springer, 1980.

[140]   Lüke, H.D.: *Signalübertragung*. 5. Auflage. Berlin: Springer, 1992.

[141]   Lüke, H.D.: *Korrelationssignale*. Berlin: Springer, 1992.

[142]   Lugananni, R.: *Intersymbol Interferences and Probability of Error in Digital Systems*. In: IEEE Trans. Inform. Theory Vol. IT-15 (1969), S. 682-688.

[143]   Lutz, E.; Tröndle, K.: *Mittelwert, Effektivwert und Wahrscheinlichkeitsdichte des Taktjitters in digitalen Übertragungssystemen*. In: Arch. Elektr. Übertr.-techn. 34 (1980), S. 104-110.

[144]   Lutz, E.; Tröndle, K.: *Systemtheorie der optischen Nachrichtentechnik*. München: Oldenbourg, 1983.

[145]   Mäusl, R.: Digitale Modulationsverfahren. Heidelberg: Dr. Hüthig, 1985.

[146]   Magee, F.; Proakis, J.: *Adaptive Maximum-Likelihood-Sequence Estimation for Digital Signaling in the Presence of Intersymbol Interference*. In: IEEE Trans. Inform. Theory Vol. IT-19 (1973), S. 1128-1154.

[147]   Maier, M.: *Adaptive Entzerrung hochratiger digitaler Übertragungssysteme unter Berücksichtigung der Quantisierten Rückkopplung*. Dissertation. Technische Universität München, 1989.

[148]   Marko, H.: *Das optimale Sendesignal (Leitungscode) für digitale Übertragungssysteme*. In: Nachrichtentechn. Z. 28 (1975), S. 7-12.

[149]   Marko, H.: *Methoden der Systemtheorie*. 2. Auflage. Berlin: Springer, 1982.

[150]   Marko, H.; Trönde, K.; Söder, G.: *Vergleich binärer und mehrstufiger Regenerativverstärkersysteme für koaxiale Kabel bei symmetrischer Impulsform unter Berücksichtigung der Toleranzen*. In: Nachrichtentechn. Z. 29 (1976), S. 601 - 608.

[151]   Marko, H.; Trönde, K.; Söder, G.: *Vergleich optimaler binärer und mehrstufiger Regenerativverstärkersysteme mit quantisierter Rückkopplung und unsymmetrischer Impulsform.*
In: Nachrichtentechn. Z. 30 (1976), S. 316 - 323.

[152]   Marsaglia, G.: *Random Numbers Fall Mainly in the Planes.* In: Proc. Nat. Acad. Sci.
(1968), S. 25–28.

[153]   Marwedel, P.: *Einfluß linearer und nichtlinearer Systeme auf stochastische Prozesse.* In:
Arch. Elektr. Übertr.-techn. 29 (1975), S. 480–484.

[154]   Mathews, J.W.: *Sharp Error Bound for Intersymbol Interference.* In: IEEE Trans. Inform.
Theory. Vol. IT-18 (1972), S. 440–447.

[155]   McCullough, R.H.: *The Binary Regenerative Channel.* In: Bell Syst. Techn. J. 47 (1968),
S. 1713–1735.

[156]   McLane, P.J.: *A Residual Intersymbol Interference Error Bound for Truncated-State
Viterbi Detectors.* In: IEEE Trans. Inform. Theory Vol. IT-26 (1980), S. 548–553.

[157]   Meyer, G.: *Digitale Signalverarbeitung.* Berlin: VEB Verlag Technik, 1982.

[158]   Michelson, A.; Levesque, A.: *Error Control Coding – Fundamentals and Applications.*
New York: John Wiley & Sons, 1985.

[159]   Morgenstern, G.: *Zur Berechnung der spektralen Leistungsdichte von digitalen Basisband-
Signalen.* In: Der Fernmelde-Ingenieur 33 (1979).

[160]   Müller, P.H.: *Lexikon der Stochastik.* Berlin: Akademie-Verlag, 1975.

[161]   Müller, R.: *Rauschen.* Berlin: Springer, 1979.

[162]   Neidlinger, S.: *Polarisations-Diversitätsempfang in kohärenten optischen Systemen –
Entwicklung und Realisierung.* Dissertation. Technische Universität München, 1991.

[163]   Niederreiter, H.: *Quasi-Monte Carlo Methods and Pseudo-Random Numbers.* In: Bull.
Amer. Math. Soc., 1978, S. 957–1042.

[164]   Nußbaumer, H.J.: *Fast Fourier Transform and Convolution Algorithms.* Berlin: Springer,
1982.

[165]   Nyquist, H.: *Certain Topics in Telegraph Transmission Theory.* In: Trans. AIEE Commun.
and Electronics. Vol. 47 (1928), S. 617–644.

[166]   Oberhettinger, F.: *Tabellen zur Fourier-Transformation.* Berlin: Springer, 1957.

[167]   Oppenheim, A.V.; Schafer, R.W.: *Digital Signal Processing.* Englewood Cliffs, New
Jersey: Prentice Hall, 1975.

[168]   Papoulis, A.: *The Fourier Integral and its Applications.* New York: Mc Graw-Hill, 1962.

[169]   Papoulis, A.: *Probability, Random Variables, and Stochastic Processes.* New York:
McGraw-Hill, 1965.

[170]   Papoulis, A.: *Signal Analysis.* New York: McGraw-Hill, 1977.

[171]   Payne, W.H.: *FORTRAN Tausworthe Pseudorandom Number Generator.* In: Commun.
ACM (1970), S. 57.

[172]   Peters, U.: *Empfangsstrategien für die Digitalsignalübertragung im Basisband.* Dissertation, Hochschule der Bundeswehr München, 1983.

[173]   Peterson, W.W.: *Prüfbare und korrigierbare Codes.* München: Oldenbourg, 1967.

[174]   Pierce, J.R.: *Information Rate of a Coaxial Cable with Various Modulation Systems.*
In: Bell Syst. Techn. J. 45 (1966), S. 1197–1207.

[175]   Platzer, H.; Etschberger, K.: *Fouriertransformation zweidimensionaler Signale.* In:
Laser + Elektro-Optik 4 (1972), S. 39–45 und S. 43–49.

[176]   Press, W.H.; Flannery, B.P.; Teukolsky, S.A.; Vetterling, W.T.: *Numerical Recipes.* Cambridge: Cambridge University Press, 1986.

[177]   Proakis, J.G.: *Digital Communications.* 2. Auflage. New York: McGraw–Hill, 1989.

[178]   Proakis, J.G.; Manolakis, D.G.: *Introduction to Digital Signal Processing.* New York: Macmillan, 1988.

[179]   Rabiner, L.R.: *On the Use of Symmetry in FFT Computation.* In: IEEE Trans. Acoust. Speech and Signal Processings 27 (1979), S. 233–239.

[180]   Reinschke, K.; Schwarz, P.: *Verfahren zur rechnergestützten Analyse linearer Netzwerke.* Berlin: Akademie Verlag, 1976.

[181]   Renyi, A.: *Wahrscheinlichkeitsrechnung.* Berlin: VEB Verlag der Wissenschaften, 1962.

[182]   Rocks, M.: *Calculation of Duobinary Transmission Systems with Optical Waveguides.* In: IEEE Trans. Commun, Vol. COM–30, S. 2464–2470.

[183]   Rohling, H.; Schürmann, J.: *Diskrete Fensterfunktionen für die Kurzzeitspektralanalyse.* In: Arch. Elektr. Übertr.-techn. 34 (1980) 1, S. 7–15.

[184]   Rossi, C.: *Window Functions for Nonrecursive Digital Filters.* In: Elect. Lett. 3 (1967), S. 559–561.

[185]   Roth, D.: *Wahrscheinlichkeitstheoretische Eigenschaften und Spektralverhalten des duobinären Codes im Basisband.* In: Frequenz 27 (1973), S. 98–103.

[186]   Ruopp, G.: *Entwurf und Eigenschaften von 4B3T–Codes.* In: Arch. Elektr. Übertr.-techn. 31 (1977), S. 481–488.

[187]   Rupprecht, W.: *Netzwerksynthese.* Berlin: Springer, 1972.

[188]   Saal, R.: *Handbuch zum Filterentwurf.* Berlin: AEG–Telefunken, 1979.

[189]   Sachs, L: *Angewandte Statistik.* 7. Auflage. Berlin: Springer, 1992.

[190]   Saltzberg, B.R.: *Intersymbol Interference Error Bounds with Application to Ideal Band-limited Signaling.* In: IEEE Trans. Inform. Theory Vol. IT–14 (1968), S. 563–568.

[191]   Schmidt, G.: *Simulationstechnik.* München: Oldenbourg, 1980.

[192]   Schönfelder, H.: *Bildkommunikation.* Berlin: Springer, 1983.

[193]   Schrage, L.: *A More Portable FORTRAN Random Number Generator.* In: ACM Trans. Math. Software (1979), S. 132–138.

[194]   Schrüfer, E.: *Signalverarbeitung.* München: Hanser, 1990.

[195]   Schuberth, W.: *Verkehrstheorie elektronischer Kommunikationssysteme.* Heidelberg: Dr. Hüthig, 1986.

[196]   Schüßler, H.W.: *Digitale Signalverarbeitung.* 2. Auflage. Berlin: Springer, 1988.

[197]   Schüßler, H.W.: *Netzwerke, Signale und Systeme, Band I: Systemtheorie linearer elektrischer Netzwerke.* 3. Auflage. Berlin: Springer, 1991.

[198]   Schüßler, H.W.: *Netzwerke, Signale und Systeme, Band II: Theorie kontinuierlicher und diskreter Signale und Systeme.* 3. Auflage. Berlin: Springer, 1991.

[199]   Schwartz, M.: *Abstract Vector Spaces Applied to Problems in Detection and Estimation Theory.* In: IEEE Trans. Inform. Theory Vol. IT–12 (1966), S. 327–336.

[200]   Shannon, C.E.: *A Mathematical Theory of Communication.* In: Bell Syst. Techn. J. 27 (1948), S. 379–423 und S. 623–656.

[201]   Shannon, C.E.: Communication in the Presence of Noise. In: Proc. IRE Vol. 37 (1949), S. 10–21.

[202]   Shimbo, O.; Celebiler, M.: *The Probability of Error Due to Intersymbol Interference and Gaussian Noise in Digital Communication Systems.* In: IEEE Trans. Commun. Vol. COM–19 (1971), S. 113–119.

[203]   Siebert, H.P.: *Einsatzmöglichkeiten der Spektrumanalyse.* In: Elektronik 26 (1985), S. 60–75.

[204]   Sieg, R.: *Statistische Modelle und Untersuchungen zur Interpretation der CCITT–Empfehlung G.821*. Diplomarbeit. Lehrstuhl für Nachrichtentechnik, Technische Universität München, 1990.

[205]   Söder, G.: *Optimierung und Vergleich binärer und mehrstufiger digitaler Übertragungssysteme mit und ohne quantisierte Rückkopplung*. Dissertation. Technische Universität München, 1981.

[206]   Söder, G.: *Modellierung, Simulation und Optimierung von Nachrichtensystemen*. Habilitation. Technische Universität München, 1992.

[207]   Söder, G.; Tröndle, K.: *Digitale Übertragungssysteme* – Theorie, Optimierung und Dimensionierung der Basisbandsysteme. Berlin: Springer, 1985.

[208]   Söder, G. et al.: *Simulation von Nachrichtensystemen*. Praktikumsanleitung. Lehrstuhl für Nachrichtentechnik, Technische Universität München, 1992.

[209]   Spies, P.P.: *Grundlagen stochastischer Modelle*. München: Hanser, 1982.

[210]   Stanley, W.D.; Dougherty, G.R.; Dougherty, R.: *Digital Signal Processing*. Reston: Reston Publ. Co., 1984.

[211]   Stein, S.; Jones, I.J.: *Modern Communication Principles*. New York: McGraw–Hill, 1967.

[212]   Störmer, H. et al.: *Verkehrstheorie – Grundlagen für die Bemessung von Nachrichten–Vermittlungsanlagen*. München: Oldenbourg, 1966.

[213]   Sundberg, C.E.; Hagenauer, J.: *Hybrid Trellis–Coded 8/4–PSK Modulation Systems*. In: IEEE Trans. Commun. Vol. COM–38 (1990), S. 602–614.

[214]   Sweeney P..: *Codierung zur Fehlererkennung und Korrektur*. München: Hanser, 1992.

[215]   Swoboda, J.: *Ein statistisches Modell für die Fehler bei linearer Datenübertragung auf Fernsprechkanälen*. In: Arch. Elektr. Übertr.-techn. 23 (1969), S. 313–322.

[216]   Tamburelli, G.: *Decision Feedback and Feedforward Receiver (for Rates Faster then Nyquist's)*. In: Alta Frequenza, Vol. XLV (1976), S. 224–231.

[217]   Taub, H.; Schilling, D.L.: *Principles of Communication Systems*. New York: McGraw–Hill, 1971.

[218]   Tausworthe, R.C.: *Random Numbers Generated by Linear Recurrence Modulo two*. In: Math. Comput. 19 (1965), S. 201–209.

[219]   Thomä, R.: *Zur Theorie und Technik der Signal– und Systemanalyse mittels diskreter Fouriertransformation*. Habilitation, Technische Hochschule Ilmenau, 1989.

[220]   Thomas, J.B.: *Introduction to Probability*. New York: Springer, 1986.

[221]   Thomas, J.B.: *An Introduction to Communication Theory and Systems*. New York: Springer, 1988.

[222]   Titsworth, R.C.; Welch, L.R.: *Power Spectra of Signals Modulated by Random and Pseudorandom Sequences*. Tech. Rep., Jet Propulis Lab., Pasadena/Ca, 1961.

[223]   Trees van, H.L.: *Detection, Estimation and Modulation Theory, Volume Part I – Part III*. New York: John Wiley & Sons, 1971.

[224]   Tröndle, K.: *Codier– und –Decodiermethoden zur Fehlerkorrektur digitaler Signale*. Habilitation, Technische Universität München, 1974.

[225]   Tröndle, K.; Huber, J.: *Übersicht über die Systemtheorie und ihre Anwendung bei zeitvarianten Kanälen*. In: Frequenz 40 (1986), S. 26–30.

[226]   Tröndle, K.; Peters, U.: *Prädiktionsdetektion mit quantisierter Rückkopplung*. In: Nachrichtentechn. Z. Archiv. 5 (1983), S. 63–75.

[227]   Tröndle, K.; Söder, G.; Lutz, E.: *Akkumulation des Phasenjitters in regenerativen digitalen Übertragungssystemen*. In: Arch. Elektr. Übertr.-techn. 32 (1978), S. 341–349.

[228]   Tröndle, K.; Weiß, R.: *Einführung in die Puls–Code-Modulation*. München: Oldenbourg, 1974.

[229]   Tucker, H.G.: *An Introduction to Probability and Mathematical Statistics.* New York: Academic Press, 1962.

[230]   Tufts, D.; Berger, T.: *Optimum Pulse Amplitude Modulation. Part II: Inclusion of Timing Jitter.* In: IEEE Trans. Inform. Theory Vol. IT-13 (1967), S. 209–216.

[231]   Unbehauen, R.: *Systemtheorie.* 5. Auflage. München: Oldenbourg, 1990.

[232]   Unger, H.G.: *Optische Nachrichtentechnik.* Berlin: Elitera, 1976.

[233]   Ungerböck, G.: *Adaptive Maximum–Likelihood Receiver for Carrier–Modulated Data–Transmission System.* In: IEEE Trans. Commun. Vol. COM-29 (1981), S. 886–890.

[234]   Ungerböck, G.: Channel Coding with Multilevel/Phase Signals. In: IEEE Trans. Inform. Theory. Vol. IT-28 (1982), S. 55–67.

[235]   Ungerböck, G.: *Trellis Coded Modulation with Redundant Signal Sets, Part I.* In: IEEE Commun. Mag. 25 (1987), S. 5–11.

[236]   Vich, R.: *Z Transform, Theory and Applications.* Dordrecht: D. Reidel, 1987.

[237]   Vielhauer, P.: *Lineare Netzwerke.* Berlin: VEB Verlag Technik, 1982.

[238]   Viterbi, A.: *Error Bounds for Convolutional Codes and an Asymptotically Optimum Decoding Algorithm.* In: IEEE Trans. Inform. Theory Vol. IT-13 (1976), S. 260–269.

[239]   Viterbi, A.J.; Omura, J.K.: *Principles of Digital Communication and Coding.* New York: McGraw–Hill, 1979.

[240]   Wahl, F.M.: *Digitale Bildsignalverarbeitung.* Berlin: Springer, 1984.

[241]   Wehrmann, W.: *Einführung in die stochastisch–ergodische Impulstechnik.* Wien: Oldenbourg, 1973..

[242]   Welch, P.D.: *The Use of Fast Fourier Transform for the Estimation of Power Spectra: a Method Based on Time Averaging over Short, Modified Periodiograms.* In: IEEE Trans. AU 15 (1967), S. 70–73.

[243]   Wellhausen, H.W.: *Beitrag zur Übertragung digitaler Basisband–Signale über Koaxialkabel.* In: Der Fernmelde–Ingenieur 26 (1972).

[244]   Wellhausen, H.W.: *Dämpfung, Phase und Laufzeiten bei Weitverkehrs–Koaxialpaaren.* In: Frequenz 31 (1977), S. 23–28.

[245]   Wendland, B; Schröder, H.: *Fernsehtechnik.* Heidelberg: Dr. Hüthig, 1991.

[246]   Wiener. N.: *Generalized Harmonic Analysis.* In: Acta Math. 55 (1930), S. 117–258..

[247]   Wiener. N.: *The Extrapolation, Interpolation and Smoothing of Stationary Time Series with Engineering Applications.* New York: John Wiley & Sons, 1971.

[248]   Winkler, H.J.: *Algorithmen zur Erzeugung und Beschreibung deterministischer und stochastischer Signale.* Diplomarbeit, Lehrstuhl für Nachrichtentechnik, Technische Universität München, 1990.

[249]   Winkler, G.: *Stochastische Systeme – Analyse und Synthese.* Wiesbaden: Akademische Verlagsgesellschaft, 1977.

[250]   Wozencraft, J.M.; Jacobs, I.M.: *Principles of Communication Engineering.* New York: John Wiley & Sons, 1965.

[251]   Wunsch, G., Schreiber, H.: *Stochastische Systeme.* Berlin: VEB Verlag Technik, 1984.

[252]   Zador, P.L.: *Error Probabilities in Data System Pulse Regenerators with DC Restoration.* In: Bell Syst. Techn. J. 45 (1966), S. 979.

[253]   Ziemer, R.; Péterson, R.L.: *Digital Communication and Spread Spectrum Systems.* New York: McMillon, 1985.

Anhang: C-Programme

Inhalt: Im folgenden sind die C-Implementierungen aller im Buch angegebenen FORTRAN-Programme zusammengestellt. Die Nomenklatur ist so weit wie möglich an die Programmbeschreibungen in den entsprechenden Kapiteln angepaßt.

Programm 2.1 (vgl. Seite 20)

Fast-Fouriertransformation (Radix–2–Algorithmus nach Cooley und Tukey).

```c
# include <math.h>
void FFT(N,TA,dir,Re,Im)
int N,dir ;
float TA,Re[ ],Im[ ] ;
{
  int ldN,L,nue ;
  void BUK(),STUFE() ;
  ldN=(log((double)N)/log(2.)+.5);
  BUK(N,Re,Im) ;
  if (dir==0)
    for (nue=0;nue<=N-1;nue++)
    {
      Re[nue]/=N*TA ;
      Im[nue]/=N*TA ;
    }
  for (L=1;L<=ldN;L++)
    STUFE(L,N,dir,Re,Im) ;
  if (dir!=0)
    return ;
  for (nue=0;nue<=N-1;nue++)
  {
    Re[nue]*=TA ;
    Im[nue]*=TA ;
  }
}
void STUFE(L,N,dir,Re,Im)
int L,N,dir ;
float Re[ ],Im[ ] ;
{
  int i,IL,k,m ;
  double arg,pi,ReW,ImW,ReX,ImX ;
  pi=4.0*atan(1.0) ;
  IL=pow(2.0,L-1) ;
  for (i=0;i<=IL-1;i++)
  {
    arg=-pi*i/IL ;
    if (dir==0)
      arg=-arg ;
    ReW=cos(arg) ;
    ImW=sin(arg) ;
    for (k=i;k<=N-1;k+=2*IL)
    {
      m=k+IL ;
      ReX=ReW*Re[m]-ImW*Im[m] ;
      ImX=ReW*Im[m]+ImW*Re[m] ;
      Re[m]=Re[k]-ReX ;
      Im[m]=Im[k]-ImX ;
      Re[k]+=ReX ;
      Im[k]+=ImX ;
    }
  }
}
void BUK(N,Re,Im)
int N ;
float Re[ ],Im[ ] ;
{
  int kappa,nue,k ;
  float H ;
  kappa=0 ;
  for (nue=1;nue<=N-1;nue++)
  {
    k=N ;
    while ( k+kappa > N-1)
    k/=2 ;
    kappa=kappa%k+k ;
    if ( kappa > nue )
    {
      H=Re[nue] ;
      Re[nue]=Re[kappa] ;
      Re[kappa]=H ;
      H=Im[nue] ;
      Im[nue]=Im[kappa] ;
      Im[kappa]=H ;
    }
  }
}
```

Programm 2.2 (vgl. Seite 24)
Schnelle Fast–Fouriertransformation
für reelle Eingangsfolgen.

```c
# include <math.h>
void RFFT(N,TA,dir,Re,Im)
int N,dir ;

float TA,Re[],Im[]  ;

{
  void FFT() ;
  int Nhalbe,kappa,nue,mue  ;
  float c,s,DRg,DRu,DIg,DIu  ;
  double arg,pi  ;
  pi=4.0*atan(1.0)  ;
  Nhalbe=N/2  ;

  for (nue=0;nue<=Nhalbe-1;++nue)
  {
    Re[nue]=Re[2*nue]  ;
    Im[nue]=Re[2*nue+1]  ;
  }

  FFT(Nhalbe,TA,dir,Re,Im)  ;
  Re[Nhalbe]=Re[0]  ;
  Im[Nhalbe]=Im[0]  ;

  for (mue=0;mue<=Nhalbe/2;++mue)
  {
    kappa=Nhalbe-mue  ;
    DRg=(Re[mue]+Re[kappa])/2.0  ;
    DRu=(Re[mue]-Re[kappa])/2.0  ;
    DIg=(Im[mue]+Im[kappa])/2.0  ;
    DIu=(Im[mue]-Im[kappa])/2.0  ;
    arg=pi*(double)mue/\
        (double)Nhalbe  ;
    c=cos(arg)  ;
    s=cos(arg)  ;
    if (dir==0)
      s=-s  ;
    Re[mue]=DRg+DIg*c-DRu*s  ;
    Im[mue]=DIu-DIg*s-DRu*c  ;
    Re[kappa]=DRg-DIg*c+DRu*s  ;
    Im[kappa]=-DIu-DIg*s-DRu*c  ;
  }

  for (mue=1;mue<=Nhalbe-1;++mue)
  {
    Re[N-mue]=Re[mue]  ;
    Im[N-mue]=-Im[mue]  ;
  }

  if (dir==0)
  {
    for (mue=0;mue<=N-1;++mue)
    {
      Re[mue]=0.5*Re[mue]  ;
      Im[mue]=0.5*Im[mue]  ;
    }
  }
}
```

Programm 2.3 (vgl. Seite 25)
Schnelle Fast–Fouriertransformation für
reelle und symmetrische Eingangsfolgen.

```c
# include <math.h>
# ifndef NMAX
# define NMAX 1024
# endif
void RSFFT(N,TA,X)
int N ;
float TA,X[ ]  ;

{
  void RFFT()  ;
  int Nhalbe,N4,nue  ;
  float B0,H,s,Re[NMAX],Im[NMAX]  ;
  double arg,pi  ;
  pi=4.0*atan(1.0)  ;
  Nhalbe=N/2  ;
  N4=Nhalbe/2  ;

  for (nue=1;nue<=N4-1;++nue)
  {
    H=X[2*nue+1]-X[2*nue-1]  ;
    Re[nue]=X[2*nue]+H  ;
    Re[Nhalbe-nue]=X[2*nue]-H  ;
  }

  Re[0]=X[0]  ;
  Re[N4]=X[Nhalbe]  ;
  RFFT(Nhalbe,TA,1,Re,Im)  ;
  B0=0.0  ;
  for (nue=1;nue<=Nhalbe-1;nue+=2)
    B0+=X[nue]  ;
  B0*=2.0  ;
  X[0]=Re[0]+B0  ;
  X[Nhalbe]=Re[0]-B0  ;

  for (nue=1;nue<=N4;++nue)
  {
    arg=2.0*pi*nue/N  ;
    s=2.0*sin(arg)  ;
    H=Im[nue]/s  ;
    X[nue]=Re[nue]+H  ;
    X[Nhalbe-nue]=Re[nue]-H  ;
  }

  for (nue=1;nue<=Nhalbe-1;++nue)
    X[N-nue]=X[nue]  ;
}
```

Programm 2.4 (vgl. Seite 49)

Residuenberechnung von ein-, zwei-
und dreifachen Polstellen

```c
# include <math.h>


/* Definition einer Struktur,      */
/* um einen Datentyp "COMPLEX"      */
/* zu erhalten                      */
typedef struct cmplx
   {
   float x ; /* Realteil           */
   float y ; /* Imaginärteil       */
   } complex ;


complex addcplx(),subcplx() ;
complex mulcplx(),divcplx() ;
complex expcplx() ;


complex RES1(t,m,n,pi,nj,pakt,p)
int m,n ;
float t ;
complex pi[ ],nj[ ],pakt,p ;
{
   int i,j ;
   complex resid,arg ;
   complex Zaehler={1.0,0.0} ;
   complex Nenner={1.0,0.0} ;

   for (j=1;j<=m-1;++j);
     Zaehler=mulcplx(subcplx\
              (p,nj[j-1]),Zaehler) ;

   for (i=0;i<=n-1;++i)
   {
     if (pakt.x==pi[i].x && \
         pakt.y==pi[i].y)
          continue ;
     Nenner=mulcplx(subcplx\
               (p,pi[i]),Nenner) ;
   }

   arg.x=p.x*t ;
   arg.y=p.y*t ;
   resid=mulcplx(divcmplx \
     (Zaehler,Nenner),expcplx(arg));
   return (resid) ;
}


complex RES2(t,m,n,pi,nj,pakt)
int m,n ;
float t ;
complex pi[ ],nj[ ],pakt ;
{
   complex X1,X2,p,resid,RES1() ;
   float dp=0.01 ;
   p.x=pakt.x+dp ;
   p.y=pakt.y ;
   X1=RES1(t,m,n,pi,nj,pakt,p) ;
   p.x=pakt.x-dp ;
```

```c
   X2=RES1(t,m,n,pi,nj,pakt,p) ;
   resid=subcplx(X1,X2) ;
   resid.x/=2.0*dp ;
   resid.y/=2.0*dp ;
   return (resid) ;
}


complex RES3(t,m,n,pi,nj,pakt)
int m,n ;
float t ;
complex pi[ ],nj[ ],pakt ;
{
   complex X1,X2,X3,p,resid ;
   float dp=0.01 ;
   p.x=pakt.x+dp ;
   p.y=pakt.y ;
   X1=RES1(t,m,n,pi,nj,pakt,p) ;
   p.x=pakt.x-dp ;
   X2=RES1(t,m,n,pi,nj,pakt,p) ;
   p.x=pakt.x ;
   X3=RES1(t,m,n,pi,nj,pakt,p) ;
   X3.x*=2.0 ;
   resid=subcplx(addcplx(X1,X2),X3);
   resid.x/=2.0*dp*dp ;
   resid.y/=2.0*dp *dp;
   return (resid) ;
}


/* Komplexe Addition               */
complex addcplx(zahl1,zahl2)
   complex zahl1,zahl2 ;
{
   complex result ;
   result.x=zahl1.x+zahl2.x ;
   result.y=zahl1.y+zahl2.y ;
   return (result) ;
}


/* Komplexe Subtraktion            */
complex subcplx(zahl1,zahl2)
complex zahl1,zahl2 ;
{
   complex result ;
   result.x=zahl1.x-zahl2.x ;
   result.y=zahl1.y-zahl2.y ;
   return (result) ;
}


/* Komplexe Multiplikation         */
complex mulcplx(zahl1,zahl2)
complex zahl1,zahl2 ;
{
   complex result ;
   result.x=zahl1.x*zahl2.x-\
            zahl1.y*zahl2.y ;
   result.y=zahl1.x*zahl2.y+\
            zahl1.y*zahl2.x ;
   return (result) ;
}
```

```
/* Komplexe Division                 */
complex divcplx(zahl1,zahl2)
complex zahl1,zahl2 ;
{
  complex result ;
  float pytag ;
  pytag=zahl2.x*zahl2.x+\
        zahl2.y*zahl2.y ;
  result.x=zahl1.x*zahl2.x+\
           zahl1.y*zahl2.y ;
  result.y=zahl1.y*zahl2.x-\
           zahl1.x*zahl2.y ;
  result.x/=pytag ;
  result.y/=pytag ;
  return (result) ;
}


/* Komplexe Exponentialfunktion    */
complex expcplx(arg)
complex arg ;
{
  complex result;
  float pi,f ;
  pi=4*atan(1.0) ;
  f=exp((double)arg.x) ;
  result.x=f*cos(arg.y) ;
  result.y=f*sin(arg.y) ;
  return (result) ;
}
```

Programm 2.5 (vgl. Seite 54)

Ausgangswerte eines digitalen Filters M-ter Ordnung.

```
# define Mmax 11
float y(M,x,a,b,nue)
int M,nue ;
float a[ ],b[ ],x ;
{
  float rueck ;
  int mue,i ;
  static float z[Mmax] ;

  if (!nue)
  {
    for (mue=1;mue<=M;++mue)
      z[mue]=0.0 ;
  }
  rueck=a[0]*x+z[1] ;
  for (i=1;i<=M-1;++i)
    z[i]=z[i+1]+a[i]*x-b[i]*rueck ;
  z[M]=a[M]*x-b[M]*rueck ;
  return (rueck) ;
}
```

Programm 3.1 (vgl. Seite 70)

Numerische Bestimmung von WDF, VTF und Momenten.

```
# define Anz 201
# include <math.h>
void WDFVTF(xM,wdf,vtf,m1,m2,sigma)
float xM[ ],wdf[ ],vtf[ ] ;
float *m1,*m2,*sigma ;
{
  float xmin,xmax,deltax ;
  float hN[Anz],x(),xnue ;
  int i,nue,N ;
  N=10000 ;
  xmax=4.02 ;
  xmin=-4.02 ;
  deltax=(xmax-xmin)/(Anz) ;
  *m1=0.0 ;
  *m2=0.0 ;

  for (i=0;i<=Anz-1;++i)
  {
    xM[i]=xmin+(i+0.5)*deltax ;
    vtf[i]=0.0 ;
  }

  for (nue=1;nue<=N;++nue)
  {
    xnue=x();
    i=(int)floor((double)\
      ((xnue-xmin)/deltax)) ;
    hN[i]+=1.0/N ;
  }

  for (i=0;i<=Anz-1;++i)
  {
    wdf[i]=hN[i]/deltax ;
    if (!i)
      vtf[i]=hN[i] ;
    else
      vtf[i]=vtf[i-1]+hN[i] ;
    *m1+=hN[i]*xM[i] ;
    *m2+=hN[i]*xM[i]*xM[i] ;
  }

  *sigma=sqrt((double)\
         (*m2-*m1*(*m1))) ;
  return;
}
```

Programm 3.2 (vgl. Seite 77)

Erzeugung einer gleichverteilten Zufallsgröße incl. Rahmenprogramm.

```c
# include <stdio.h>
# include <math.h>
main()
{
  float xmin,xmax,x() ;
  int N,nue ;
  long k ;
  printf("xmin xmax N k\n") ;
  scanf("%f%f%d%d",&xmin,&xmax\
        ,&N,&k);
  if (k<=0)
    k=1 ;
  for (nue=1;nue<=N;++nue)
    printf("\n%30.9f",\
        x(&k,xmin,xmax)) ;
}


float x(k,xmin,xmax)
long *k ;
float xmin,xmax ;
{
  float random(),r ;
  r=random(k) ;
  return (xmin+(xmax-xmin)*r) ;
}


float random(k)
long *k;
{
  long a,m,q,r,s ;
  a=16807 ;
  m=2147483647 ;
  q=127773 ;
  r=2836 ;
  s=(long)floor((double)(*k/q)) ;
  *k=a*(*k-q*s)-r*s ;
  if (*k<=0)
    *k+=m ;
  return ((float)*k/(float)(m)) ;
}
```

Programm 3.3 (vgl. Seite 80)

Näherung des komplementären
Gauß'schen Fehlerintegrals $Q(x)$.

```c
# include <math.h>
float Q(x)
float x ;
{
  double pi,v,sum,xd ;
  float rueck ;
  xd=(double)x ;
  pi=4.0*atan(1.0) ;
  v=1.0/(x*x) ;
```

```c
  sum=v/(1.0+8.0*v/\
      (1.0+9.0*v/(1.0+10*v/\
      (1.0+11.0*v/(1.0+12.0*v))))) ;
  sum=v/(1.0+3.0*v/\
      (1.0+4.0*v/(1.0+5*v/\
      (1.0+6.0*v/(1.0+7.0*sum))))) ;
  rueck=0.5/(exp(xd*xd/2.0)*xd/\
      sqrt(2.0)*sqrt(pi)*\
      (1.0+v/(1.0+2.0*sum))) ;
      return (rueck) ;
}
```

Programm 3.4 (vgl. Seite 87)

Generierung einer exponentialverteilten
bzw. laplaceverteilten Zufallsgröße.

```c
# include <math.h>
float elz(ch,k,lambda)
char ch ;
long *k ;
float lambda;

{
  float random(),u,vz ;
  if (ch=='e')
  {
    u=0 ;
    while (u==0.0)
      u=random(k) ;
  }

  else if(ch=='l')

  {
    u=0 ;
    while (u==0.0)
      u=2.0*random(k)-1.0 ;
  }
  else
    return (0.0);
  vz=1.0 ;
  if (u<0.0)
    vz=-1.0 ;
  return (vz*log(1/fabs(u))/lambda);
}
```

Programm 3.5 (vgl. Seite 96)

Erzeugung diskreter Zufallsgrößen mit
Wertevorrat $\{0, 1, \ldots, M-1\}$

```c
int x1(k,M,p)
long *k ;
int M ;
float p[];

{
  int mue ;
  float u,grenze,random() ;
  u=random(k) ;
  grenze=0.0 ;

  for (mue=0;mue<=M-1;++mue)
  {
    grenze+=p[mue];
    if (u<grenze)
        return(mue) ;
  }
}

int x2(k,M)
long *k ;
int M ;
{
  float u,random() ;
  u=random(k) ;
  return ((int)(M*u)) ;
}
```

Programm 3.6 (vgl. Seite 117)

Berechnung von Korrelationskoeffizient
und Winkel der Korrelationsgeraden.

```c
# include <math.h>
void KORR(rhoxy,Theta)
float *rhoxy,*Theta ;
{
  int nue,N=10000 ;
  float m1x,m2x,m1y,m2y,mxy;
  float muexy,sigmax,sigmay;
  float x,y,pi;
  void zwdfkt() ;
  m1x=m2x=m1y=m2y=mxy=0.0 ;
  muexy=sigmax=sigmay=0.0 ;
  *rhoxy=*Theta=0.0 ;
  pi=4.0*atan(1.0) ;

  for (nue=1;nue<=N;++nue)
  {
    zwdfkt(&x,&y) ;
    m1x+=x/N ;
    m1y+=y/N ;
    m2x+=x*x/N ;
    m2y+=y*y/N ;
    mxy+=x*y/N ;
  }
```

```c
  sigmax=sqrt(m2x-(m1x*m1x)) ;
  sigmay=sqrt(m2y-(m1y*m1y)) ;
  muexy=mxy-(m1x*m1y) ;
  *rhoxy=muexy/(sigmax*sigmay);
  *Theta=atan((*rhoxy*sigmay)/\
          (sigmax)) ;
  *Theta*=180.0/pi ;
}
```

Programm 4.1 (vgl. Seite 129)

Berechnung der diskreten AKF-Werte.

```c
# define k 40
void AKF(lx)
float lx[] ;
{
  int i,j,nue,lambda,n=10000 ;
  float H[41],x() ;
  for (lambda=0;lambda<=k;\
                  ++lambda)
  {
    lx[lambda]=0.0 ;
    H[lambda]=x() ;
  }
  i=0 ;

  for (nue=0;nue<n;++nue)
  {
    j=0;
    for(lambda=0;lambda\
        <=k;++lambda) {
      j= i+lambda ;
      if(j>k)
        j=j-k-1 ;
      lx[lambda]+=H[i]*H[j] ;
    }
    H[i]=x() ;
    ++i ;
    if (i>k)
      i=0 ;
  }

  for(lambda=0;lambda<=k;++lambda)
    lx[lambda]/=n ;
  return ;
}
```

Programm 4.2 (vgl. Seite 160)

Erzeugung gaußverteilter Zufallsgrößen
mit bzw. ohne statistischen Bindungen.

```c
# define Mmax 40
# include <stdio.h>
# include <math.h>
float gssabh(M,a,k)
long *k ;
int M ;

float a[] ;
{
  int mue ;
  static int start ;
  float xnue,gauss() ;
  static float H[Mmax+1] ;

  if (start==0)
  {
    for (mue=0;mue<=M;++mue)
      H[mue]=gauss(0.0,1.0) ;
    start=1 ;
  }

  for (mue=M;mue>=1;--mue)
    H[mue]=H[mue-1] ;
  H[0]=gauss(0.0,1.0,k) ;
  xnue=0.0 ;

  for (mue=0;mue<=M;++mue)
    xnue+=a[mue]*H[mue] ;
  return (xnue) ;
}

float gauss(ml,sigma,k)
int ml ;
float sigma ;
long *k ;

{
  float v,w,pi,u,random() ;
  pi=4.0*atan(1.0) ;
  u=random(k) ;
  w=cos((double)(2.0*pi*u)) ;
  v=0.0

  while (v==0)
    v=random() ;

  return (ml+sigma*w*sqrt(log\
      ((double)(1.0/v))*2.0)) ;
}
```

Programm 5.1 (vgl. Seite 186)

Berechnung der Augenlinien und der
vertikalen Augenöffnung.

```c
# define ApS 36
# define nvmax 3
# include <math.h>
/* Bei nvmax=3 ->max.128 Augenl.  */
void AUGE(gd,nv,oef,fld)
float gd[],fld[][128] ;
int nv ;
float *oef ;

{
  long i,j,nu,Anzahl;
  long amitte,gdmitte ;
  int a[2*nvmax+1] ;
  float dS,ob,un ;
  ob=100000.0 ;
  un=-100000.0 ;
  amitte=nv ;
  gdmitte=144 ;
  for (nu=-nv;nu<=nv;++nu)
    a[nu+amitte]=-1 ;
  Anzahl=pow(2.0,(double)(2*nv+1));

  for (i=0;i<=Anzahl-1;++i)
  {
    for (j=-ApS;j<=ApS;++j)
    {
      dS=0.0 ;
      for (nu=-nv;nu<=nv;++nu)
        dS+=a[nu+amitte]*\
            gd[j-nu*ApS+gdmitte] ;

      fld[j+ApS][i]=dS ;
      if (j==0)
      {
        if (a[amitte]==1 && dS<ob)
          ob=dS ;
        if(a[amitte]==-1 && dS>un)
          un=dS ;
      }
    }

    for (nu=-nv;nu<=nv;++nu)
    {
      a[nu+amitte]=-a[nu+amitte] ;
      if (a[nu+amitte]==1)
        break ;
    }
  }
  *oef=ob-un ;
  if(*oef < 0.0) *oef=0 ;
}
```

Programm 5.2 (vgl. Seite 220)

Viterbi–Entscheidung für $v = 2$.

```c
# define g0 0.4
# define g1 0.3
# define g2 0.3
# include <math.h>


void VITERBI(nue,dnue,Znue,AUS)
  int nue,*Znue ;
  float dnue,AUS[] ;

{

  static int TSF[4] ;

  int Lnue,v[4],TSFneu[4],i,Index ;
  static float dNutz[8] ;
  static float GAMMA[4] ;
  float S0,S1,H[4],eps[8] ;
  void VGL() ;

  if (nue==-1)
  {
    Lnue=0 ;
    *Znue=0 ;
    dNutz[7]=g0+g1+g2 ;
    dNutz[6]=-g2+g1+g0 ;
    dNutz[5]=g2-g1+g0 ;
    dNutz[4]=-g2-g1+g0 ;


    for (i=0;i<=3;++i)
    {
      dNutz[i]=-dNutz[7-i] ;
      GAMMA[i]=0.0 ;
      TSF[i]=0 ;
    }
  }

  for (i=0;i<=7;++i) {
    eps[i]=(dnue-dNutz[i]) ;
    eps[i]*=eps[i] ;
  }

  for (i=0;i<=3;++i)
    H[i]=GAMMA[i] ;

  for (i=0;i<=3;++i)
  {
    S0=H[i/2]+eps[i] ;
    S1=H[i/2+2]+eps[i+4] ;

    if (S0<S1)
    {
      GAMMA[i]=S0 ;
      v[i]=0 ;
    }

    else

    {
      GAMMA[i]=S1 ;
      v[i]=1 ;
    }
  }

  if (nue>=1)
  {
    for (i=0;i<=3;++i)
    {
      Index=2*v[i]+i/2 ;
      TSFneu[i]=2*TSF[Index]+v[i] ;
    }
    for (i=0;i<=3;++i)
      TSF[i]=TSFneu[i] ;
    ++Lnue ;
    VGL(Lnue,TSF,Znue,AUS) ;
    Lnue-=*Znue ;
  }
}


void VGL(Lnue,TSF,Znue,AUS)
int Lnue,TSF[],*Znue,AUS[] ;
{
  int i,l,Faktor,X,Y ;
  *Znue=0 ;

  for (l=1;l<=Lnue;++l)
  {
    Faktor=(int)pow(2.0,(double)\
           (Lnue-l)) ;
    X=TSF[0]/Faktor ;

    for (i=0;i<=3;++i)
    {
      Y=TSF[i]/Faktor ;
      if (Y != X)
        return ;
    }

    AUS[*Znue]=X ;
    ++(*Znue) ;
    for (i=0;i<=3;++i)
      TSF[i]-=X*Faktor ;
  }
}
```

Sachregister

FFT reelle Folgen, 24, 256
FFT reelle/symmetrische Folgen, 25, 256
Korrelationskoeffizient, 117, 260
Näherung Q(x), 80, 259
Residuenberechnung (LT), 49, 257
Viterbi–Entscheidung, 220, 262
WDF, VTF und Momente, 70, 258
Prozeß, stochastischer. *Siehe* Zufallsprozeß
Prozeßverlust, 42—43
Pseudoternärcode, 146
Pseudozufallsgenerator, 74, 98
PSK, 113, 236—239, 243
Pulscodemodulation, differentielle, 88, 145

Q

QR. *Siehe* Entscheidungsrückkopplung
Quadraturamplitudenmodulation, 4, 238
Quantil, 90
Quantisierung, 67
Quaternärsystem, 196, 199
Quellencodierung, 145
Quellensignal, 176, 194, 224, 226
Quellensymbolfolge, 97, 176, 180, 194, 207

R

Radix–2–Algorithmus, 18—22
Radix–4–Algorithmus, 22
Randwahrscheinlichkeitsdichtefunktion, 114
Rate, 109
Rauschbandbreite, 42—43
Rauschen. *Siehe* Rauschsignal
Rauschleistungsdichte, 127, 177, 183, 189
Rauschsignal, 4, 58, 63, 80, 93, 121, 157, 230
Rayleighverteilung, 93—94
Rechteckfenster, 37, 39, 41, 43
Rechtecksignal, 64, 173
Redundanz, 144—148, 194—195
redundanzfrei, 140, 145, 176, 183, 207, 242
Redundanzreduktion, 145
Regressionsgerade. *Siehe* Korrelationsgerade
Residuensatz, 45—49, 51—53
Residuum, 46—47, 49, 52-53, 257
Restfehlerwahrscheinlichkeit, 105
Reziprozitätsgesetz, 126
Riceverteilung, 93—94
roll–off–Faktor, 39, 192
Rückkopplung, 103, 203
Rückschlußwahrscheinlichkeit, 207
RZ, 141

S

Satellitenverbindung, 240
Satz von Bayes, 207
Satz von Steiner, 69
Scharmittelung, 61, 69, 151, 181
Schieberegister, 75, 100
Schmalbandfilter, 126
Schrotrauschen, 240
Schwarz'sche Ungleichung, 167
Schwellenwert, 177, 180, 189, 197, 226
Schwellenwertentscheider, 81, 177, 180, 196, 203, 244
Seitenkeule, 35, 37
Seitenkeulenabfall, 40, 43
Sendeimpulsform, 176, 194
Sendeleistung, 189, 199, 241
Sendesignal, 176, 194, 227
Sensorik, 4
Separierbarkeit, 28, 30
Signalleistung. *Siehe* Leistung, mittlere
Signalstörabstand, 189, 205, 230—232, 235
Signalstörleistungsverhältnis, 167—171, 182, 188, 201, 232
Signifikanzzahl, 92
Singularität, 45, 51
Sinkensignal, 177, 240
Sinkensymbolfolge, 97, 179—180, 207—211
Skalierungsfehler, 41, 43
Skineffekt, 179, 240
Sombrero–Funktion, 33
Spektralanalyse, 134
   deterministischer Signale, 34—43
Spektraleigenschaften, 121—174, 176, 194
Spektralfunktion. *Siehe* Spektrum
Spektrallinie, 6, 35, 41
Spektraltransformation, 5—56
   kausaler Systeme, 44—56
Spektrum, 6-7, 34, 40, 132, 156, 167, 176, 193
Spitzenwertbegrenzung, 199—200
Split–Radix–Algorithmus, 22
Spread Spectrum. *Siehe* Bandspreizung
Sprungfunktion, 65, 104
Startwert, 76
Stationarität, 61, 69, 121, 123, 139, 150, 153
Stichprobe, 92
Störleistung, 168, 177, 179, 185, 222, 231
Streuung, 69, 70—71, 72, 78, 82, 89, 90, 93—94, 105, 108, 125, 157, 161, 179-180
Stufenzahl, 58, 63, 149, 176, 195
Symboldauer, 138, 177

Springer-Verlag und Umwelt

Als internationaler wissenschaftlicher Verlag sind wir uns unserer besonderen Verpflichtung der Umwelt gegenüber bewußt und beziehen umweltorientierte Grundsätze in Unternehmensentscheidungen mit ein.

Von unseren Geschäftspartnern (Druckereien, Papierfabriken, Verpackungsherstellern usw.) verlangen wir, daß sie sowohl beim Herstellungsprozeß selbst als auch beim Einsatz der zur Verwendung kommenden Materialien ökologische Gesichtspunkte berücksichtigen.

Das für dieses Buch verwendete Papier ist aus chlorfrei bzw. chlorarm hergestelltem Zellstoff gefertigt und im pH-Wert neutral.